梦竟重现

Vue10 三维景观创作详解

王颖汝 薛继红◆编著

清华大学出版社
北京

内 容 简 介

e-on 软件公司出品的 Vue 10 xStream 是用于模拟 3D 自然环境系列软件中的旗舰产品，能够创建超级真实而又极富艺术表现力的三维自然环境，是专业 CG 艺术家和美术爱好者必备的利器，在影视广告、建筑可视化、文化艺术创作等诸多领域占居重要的地位。毫不夸张地说，学习、应用好这个强大的创作工具，是借鉴、赶超国际先进水平的需要，是创造商机的需要，更是获得良好就业机会的需要。

本书共分九章，详细地讲解了 Vue 10 xStream 的地形、大气、生态系统、材质、函数、滤镜、色彩图等重要的核心知识，还详细地讲解了安装、界面、操作、创建对象、编辑对象、工作流程、植物、水面、相机和渲染等基础知识。书中大量运用图片、比较、比喻、典型实例等讲解方法，力求形象、通俗、准确、易懂，使广大读者既能学得深入，又能学得轻松高效。

本书读者群包含：游戏设计师、CG 艺术家、影视广告设计师、建筑设计师以及其他行业的设计工作者，另外本书也可以作为社会培训、院校师生的教材。

图书在版编目(CIP)数据

梦境重现：Vue 10 三维景观创作详解 / 王颖汝，薛继红编著.—北京：清华大学出版社，2013.3

ISBN 978-7-302-30170-7

Ⅰ.①梦… Ⅱ.①王… ②薛… Ⅲ.①景观设计—计算机辅助设计—图形软件　Ⅳ.TU986.2-39

中国版本图书馆 CIP 数据核字（2012）第 223324 号

责任编辑：栾大成
装帧设计：杨玉芳
责任校对：徐俊伟
责任印制：沈　露

出版发行：清华大学出版社

网　　　址：http://www.tup.com.cn，http://www.wqbook.com

地　　　址：北京清华大学学研大厦 A 座　　　邮　编：100084

社 总 机：010-62770175　　　　　　　　　　邮　购：010-62786544

投稿与读者服务：010-62776969，c-service@tup.tsinghua.edu.cn

质 量 反 馈：010-62772015，zhiliang@tup.tsinghua.edu.cn

印 装 者：北京嘉实印刷有限公司

经　　销：全国新华书店

开　　本：210mm×285mm　　印　张：19　　插　页：1　　字　数：1057 千字

版　　次：2013 年 3 月第 1 版　　　　　　　印　次：2013 年 3 月第 1 次印刷

印　　数：1～5000

定　　价：89.00 元

产品编号：048507-01

Vue xStream 来了！带来了数字自然景观艺术创作的一场革命！

一、Vue 系列产品在业界的地位

　　e-on 软件公司成立于 1997 年（官方网址为：http://www.e-onsoftware.com），开创了"数字自然"的概念，并在全世界范围内成为数字自然的倡导者和领导者。数字自然是用计算机技术模仿自然世界的艺术，也常称为 3D 自然环境、三维风景、三维景观。

　　Vue 系列软件是当今最强大的 3D 数字自然环境创作软件，使用了很多独特的专利技术，合作伙伴包括 Apple、Intel、NVIDIA、Matrox、Autodesk、Softimage、NewTek、MAXON、Smith Micro、DAZ 3D 等知名的硬件和软件公司，客户包括工业光魔、梦工厂、威塔数码等许多知名的与自然景观环境创作有关的电影公司、工作室、游戏公司、广告公司、规划设计公司等，Vue 系列软件还受到了许多风景画家、插画艺术家、美术爱好者的青睐！如果您想学习和使用最先进、最有效

率、效果最好的主流三维数字自然环境创作软件，Vue 是首选。

　　Vue 系列软件为专业 CG 艺术家和爱好者提供了一套完整的工具集，用以创建和渲染特别丰富而逼真的自然环境。在许多影视大片中的成功应用（诸如《阿凡达》、《加勒比海盗 4》、《2012 世界末日》、《功夫熊猫 2》、《赤壁》、《画壁》、《诸神之战》、《澳洲乱世情》、《特种部队：眼镜蛇的崛起》、《历史频道 美国：我们的故事》、《返老还童》、《斯巴达克斯：竞技场之神》、《泰坦尼克》、《奇多广告》等，在建筑可视化方面的成功案例也很多），给人们带来了无比震撼的视觉盛宴，其真实感和宏大场面令人难以置信！Vue 软件本身以及在诸多大片中的应用，赢得了许许多多的奖项和荣誉，无可争议地确立了其在 3D 自然环境创作软件中的王者地位。

　　Vue xStream 是 e-on 软件公司的旗舰产品之一，在其出品的系列产品中功能最强大、协作性最好、价格也最贵，是最高端的产品。它的升级非常快，e-on 软件公司于 2010 年 11 月上旬推出了 Vue 9.0 xStream 版本，于 2011 年 11 月上旬又推出了 Vue 10 xStream 版本，这两个版本更是把其丰富的功能、出众的效果、富有趣味性的操作使用、友好的协同性、更快的渲染性能推向了顶峰，也充分展示了 e-on 软件公司强大的研发能力和市场竞争力。

　　Vue xStream 不但能够独立

地进行艺术创作设计，还能够充分、灵活地与 3ds Max、Cinema4D、LightWave、Maya、XSI、Poser、VRay 等其他主流 3D 软件进行很好的协同工作（在和主程序衔接时，多以独立菜单的形式出现，足见对 Vue 的重视程度），实现"强强联合"、"黄金组合"，在这些 3D 软件中启动 Vue 后，仍然使用这些 3D 软件标准的操作方法，就可以高效地创建和编辑复杂且漂亮精致的自然环境。

　　可见，Vue xStream 是一款非常成熟、成功的软件，在影视广告、建筑可视化、文化艺术创作等诸多领域占居重要的地位。毫不夸张地说，学习、应用好这个强大的创作工具，是借鉴、赶超国际先进水平的需要，是创造商机的需要，是获得良好就业机会的需要。

二、Vue 系列产品易学易用，并且有官方免费版本和学习版本

Vue 10 xStream，和 3ds Max、Cinema4D、LightWave、Maya、XSI、Poser 等虽然同属于三维软件，但也有显著的不同：对于其他三维软件来说，如果您不是职业需要，一般不会去使用它们，因为它们太难了、太枯燥了！相比其他 3D 软件，Vue 10 xStream 非常容易使用和学习，在界面图形化方面做得非常好（堪与Cinema4D 媲美），即便您不是专业 CG 人员，而只是画家或业余美术爱好者，使用这个强大、易用的工具，也可以轻松地把您的艺术创造力表现出来！

与其他 3D 软件相比，Vue 10 xStream 对硬件的要求并不高，现在电脑的硬件配置都比较高，在一般家庭电脑或学生电脑上都能够正常运行。当然，如果是专业工作室，为了赶工期，最好选用高一些的配置或架设网络渲染。

尤其值得一提的是，为了普及 Vue，e-on 官方推出了免费的 Vue 10 Pioneer 版本，如果您只是一名普通的爱好者，使用免费的 Vue 10 Pioneer 就可以创作出优秀的作品！此外，e-on 官方还推出了个人学习版本 Vue 10 xStream PLE（可以在官网注册后免费下载），用于初学者学习最高端的 Vue 10 xStream 版本，这是非常人性化的举措，因为，我们可以"零成本"获得正规的学习资源！

所以说，Vue 既是一款功能、性能超强的软件，同时，也是一款易学、易用的软件。未来，不但会有更多的专业 CG 人士、还会有更多的非专业人士选用这个软件。

三、本书为谁而写

在众多三维软件中，Vue 像一颗迅速升起的新星，通过网上的一些 Vue 专业论坛，能明显感受到许多年轻设计师对 Vue 的赞誉、甚至是狂热的追捧，也能欣赏到许多高水平的作品，还有一些三维或美术工作室在招聘使用 Vue 的设计师。这说明，Vue 这颗新星必将会发出更耀眼的光芒。但是，市场上关于 Vue 的中文教程却少得可怜，也没有成熟的汉化包，使许多喜欢 Vue 的朋友走了不少弯路，也妨碍了它的应用推广。出版本书的目的，就是为了能使以下人员更好地学习、使用 Vue：

（1）职业 CG 人员和 CG 艺术家：例如影视广告特效设计师、动漫游戏场景设计师、舞台设计师、园林景观设计师或景区规划师、建筑规划师、室外建筑动画渲染师、插画艺术家、产品设计师、网页美术设计师。在激烈的市场和职场竞争中，精通了Vue，一定能够提高工作效率和艺术水平，能够帮助公司赢得更多的商机，也帮助创作者轻松地获得更大的业绩，成为职场和市场的大赢家。

（2）准专业 CG 人员：例如环境艺术类专业、动漫游戏专业、广告设计专业、美

术专业等专业的教师和大学生。及早学习并精通 Vue，等于把自己定位在更高的起点上，是明智而科学的选择，拿着自己原创的优秀作品，能够更容易地获得良好的就业机会，从而更好地施展才华。

（3）中国画艺术家：这本书也特别推荐给中国的国画艺术家。中国的山水文化、园林文化、军旅山水文化丰富而悠久，中国画的题材非常丰富。随着科技的飞速进步，难道中国画永远都只能使用毛笔和宣纸来创作吗？上海世博会上那幅影响很大的电子版清明上河图，也许能够回答这个问题。此外，我们如何同国外日益崛起的数字自然创

作艺术竞争呢？非常希望 Vue 能为我们优秀的传统文化所用，催生"数字国画"、"数字山水"等新的艺术形式和作品。

（4）农业科技工作者：现代农业离不开科技进步，农业科普是推广应用先进农业科技的重要途径，Vue 正是制作农业科普宣传多媒体培训教材或课件的利器。

（5）美术爱好者：因为 Vue 是一款计算机技术和美术艺术相结合的软件，非常适合家庭三代人共同学习和创作，既学习了计算机和 3D 风景艺术，又陶冶了审美素质，既能够锻炼形象思维能力，也能够锻炼逻辑思维能力，所以离退休在家的人士、喜欢美术的学生等都可以学。

（6）其他人员：如婚纱摄影人员可用 Vue 来创作外景；军人在艰苦的训练之余可以用 Vue 来描绘秀丽的河山；白领、旅游工作者、摄影师可以在辛苦的工作之余用 Vue 来消遣，替代累人的小游戏；网页美工也可以创作更炫更酷的原创作品。

（7）本书也很适合用做培训班的教材。

四、本书特色

1. 内容翔实、深入，循序渐进，结构合理

不管是 Vue 的核心知识，还是基础概念，均进行了精细化剖析，有深度、有广度，按照学习规律有条不紊地进行讲解，章节划分合理，能适应多种层次的需要。

2. 以汉化的形式进行中文、英文对照说明，准确清楚

在本书中，以汉化的形式，对英文界面的中文意思进行说明，因为本书和汉化的作者是同一个团队成员，所以，本书和汉化之间非常和谐统一。对于相关专业术语，翻译时进行了反复推敲和比较，既力求和三维术语一致，又力求符合艺术行业术语特征，扫除了广大中文用户学习、使用 Vue 的主要障碍。

同时，为了兼顾原来习惯使用英文的用户，在进行文字表述时，对于大多数常用的按钮、菜单、选项，仍然附带英文词条（中文翻译附带在英文词条的后面）。

3. 作比较、打比方，概念清晰，通俗易懂

对于一些有近似之处的知识，进行比较，使读者保持清醒的头脑，避免认识上的误区和概念的混淆；还有许多形象贴切的比喻，帮助读者更容易地理解、记忆。

4. 理论剖析与典型范例相结合，图文并茂、形象生动

书中提供有典型的应用范例，使用了大量图片帮助读者理解各种参数设置的作用，能够较好地说明选项和参数的典型应用，帮助读者更牢固地把各项知识融会贯通。

五、本书的编著人员

本书由王颖汝、薛继红主编；副主编包括：刘尚争（南阳理工学院，负责编写第 6、第 9 章）、陈居现（南阳理工学院，负责编写第 2 章）、张 丹（南阳理工学院，负责编写第 8 章）、常 进（南阳理工学院，负责编写第 5 章）、郭桂丛（河南工业职业技术学院，负责编写第 4 章）、王泽生（南阳医学高等专科学校第一附属医院，负责编写第 3 章）、田 晓（南阳师范学院，负责编写第 7 章）；编委包括：崔岩岩（河南工业职业技术学院，负责编写第 1 章）、薛协召、朱春省、罗 霄、窦志扬、夏琳崇、张东阳；其他参编人员包括：赵旭洋、马倩倩、徐运先、王书嵩、常萌萌、安 宁、樊 轩、邱金亮、王 军、李洪丞、李 萍、薛 洁、李焕新、王颖林、王康健、王春保等人，他们在翻译、技术支持和资料整理方面花费了大量心血，在此一并向他们表示衷心感谢！同时，在编写本书的过程中，还得到了清华大学出版社栾大成编辑以及有关专家的鼎力支持和鼓励，在此也表示衷心感谢！

由于本 Vue 中文教程和汉化包在市场上属于首次推出，其专业术语非常多，本书作者虽然做了极大努力，但仍有可能存在疏漏和不足，读者朋友和同行朋友如果认为某些地方能够改进得更好，望不吝赐教，欢迎您把意见反馈到下面的邮箱中：vhappyeasy@163.com，以便本书作者更好地为广大 Vue 爱好者服务，我们会非常感谢！

——乐易 5D 创作室　王颖汝（笔名：乐易）

本书中使用的标记符号

作为一款功能十分强大的软件，Vue 提供了非常多的参数设置。初学者在阅读、记忆、使用时，难免会产生混淆。

在本书中，为了帮助初学者更容易地阅读、记忆和理解，在进行文字表述时，使用了许多特殊的标记符号。下面，分别加以说明。

"【 】"——标记主菜单或编辑器的标题。例如：File【文件】主菜单、Terrain Editor【地形编辑器】对话框。

"〖 〗"——标记标签页的名称、下拉列表或子菜单。例如，Effects〖效果〗标签。

"▽"——标记下拉列表。例如，Aspect ratio〖宽高比 ▽〗下拉列表。

"▶"——标记弹出子菜单。

">>"——标记对话框和标签之间以及主菜单和子菜单之间的隶属关系。例如，Terrain Editor【地形编辑器】对话框 >>Effects〖效果〗标签。

"[ ]"——标记一般的参数、选项、菜单命令。

"[[ ]]"——标记参数组。例如，Render Options【渲染选项】对话框 >>Picture size and resolution[[图片大小和分辨率]] 参数组。

"（x，y，z）"——用在范例中，标记对象的位置值。

"（（XX=x，YY=y，ZZ=z））"——用在范例中，标记对象的大小值。

"{ }"——标记函数节点。在表述函数节点时，会标记前缀节点的类别图标，例如 "Projected Texture Map{◯投影纹理贴图}" 节点。因为输入节点和输出节点的图标差异较小，容易混淆，所以，对于输入节点，还会标记前缀 "IN"，例如 "Position{ IN⬇位置 }"，而对于输出节点，还会标记前缀 "OUT"，例如 "Color{ OUT⬆颜色 }"。

"{{NEW10.0}}"——标记包含在 Vue 10.0 版本中的新功能。

"￥"——用在界面汉化中，标记包含在 Vue 10.0 版本中的新参数或新选项。

"￥￥"——用在界面汉化中，标记包含在 Vue 10.0 版本中的新标签页或新参数组。

"‖"——标记双重图标。例如，🖼[🔧大气编辑器 ‖ 🔧载入大气…] 按钮。

"□"——标记数值输入框或文本输入框。例如，Scale[比例 □] 参数、Name[名称 □]。

"↔"——标记用于调整数值的滑竿上只有一个滑块（单滑块）。例如，Brightness[亮度↔] 参数。

"↔↔"——标记用于调整数值的滑竿上有两个滑块（双滑块）。例如，Altitude range[高程范围 □ ↔↔ □]。

"▨"——标记设置颜色的色块。例如，Current color[当前颜色 ▨]。

"▨▨"——标记色彩图。例如，Altitudes[高程 ▨▨] 色彩图。

"◉"——标记函数预览框。例如，[高程生成函数 ◉]。

"◐◑"——标记材质预览框。例如，Underlying material[基地材质 ◐◑]。

"▦"——标记滤镜预览框。

"☐"——标记未勾选的复选框。

"☑"——标记勾选了的复选框。

"✓"——标记勾选了的菜单项。

"O"——标记未选择的单选按钮。

"◉"——标记选择了的单选按钮。例如，◉Preview[预览]。

"ⵉ"——标记能使用函数驱动的参数。

"L"——标记能被公布的参数。

» | 目　录

第 3 章　取景和渲染

第4章　深入编辑

第 7 章 大气

第 9 章　函数

第 1 章　Vue 10 基础

在影视广告制作、动漫游戏创作、建筑园林设计等工作中，利用计算机软、硬件技术制作三维场景或三维景观，是一项基础性的工作。三维景观在作品中的表现力非常重要，工作量非常大，因此，选择并熟练使用一款功能强大、性能出众的创作软件，对于提高创作三维景观的艺术水平和工作效率至关重要。

e-on 软件公司开发的 Vue 10 系列软件提供了一套当今世界上最先进的创建三维景观的解决方案，在许多影视大片中获得了空前成功的应用，Vue 系列软件已经成为 CG 专业工作者和艺术家必备的利器。

在 Vue 系列软件的用户群中，除了 CG 专业工作者和艺术家，还有很大一部分是 CG 艺术爱好者或美术爱好者，他们以纯粹欣赏、追求大自然之美为出发点，有的使用 Vue 表达对大自然之美的理解和感受，有的使用 Vue 表达创造大自然之美的冲动和愿望。

Vue 在许多行业领域中有着非常广泛的应用，针对不同的用户群和应用领域，e-on 软件公司分别推出了功能和价格不同的一系列软件产品，Vue 10 xStream 是其中的旗舰产品，其功能最为强大，价格也最为昂贵，Vue 10 xStream 不但能够独立地进行艺术设计创作，还能够充分、灵活地与 3ds Max、Maya、Cinema 4D、LightWave、XSI、Poser 等主流 3D 软件进行很好地协同工作。

为了普及 Vue 10 xStream，e-on 官方还推出 Vue 10 xStream PLE（个人学习版），用于初学者学习最高端的 Vue 10 xStream 版本，其操作使用方法与 Vue 10 xStream 正式版本完全相同（只有极个别的差异），我们可以在 e-on 官网注册后免费下载 Vue 10 xStream PLE。这是非常人性化的举措，因为初学者可以"零成本"获得正规的学习资源！

Vue 10 xStream PLE 不同于一般的测试版本或试用版本，该个人学习版是在 Vue 10 xStream 正式版本发布之后才推出的，对正式版本发布之后发现的漏洞已经及时地进行了完善，所以其性能比正式版还要稳定一些。

Vue 10 xStream PLE 版本包含正式版本的全部功能并且永久有效！学习者可以保存工作成果，导出和渲染没有尺寸限制！

但是，Vue 10 xStream PLE 也存在以下功能限制：

（1）只能用于个人的非经营性用途；

（2）不能和其他用户交换文件；

（3）渲染图片上带有水印和商标，但渲染分辨率低于 800×600 以下的图片时，在 30 天内无水印！

如果您非常想学习 Vue 10 xStream，但是又暂时得不到正式版本，建议您使用 Vue 10 xStream PLE 进行学习。

要得到 Vue 10 xStream PLE 的安装包，请到 e-on 官方网站免费下载。用户需要先在官方网站免费注册一个账号，并提供一个有效的电子邮箱。登录该账号后，打开 Vue 10 xStream PLE 的下载页面，网站根据用户的下载请求，把一个下载链接发送到注册账号时登记的邮箱中。然后，通过该邮箱，您可以使用迅雷免费下载安装包。

安装包是一个压缩文件，文件名为"Vue10PLE.zip"。

此外，因为 Vue 在国内受到火爆追捧，通过网络，也可以获得许多学习资源。

本书既适合于 Vue 10 xStream，也适合于 Vue 10 xStream PLE。

1.2.1　Vue 的安装需求

Vue 10 是一种 32/64 位软件，它的运行平台包括：Windows® 32/64 位 XP、Vista、Windows 7 以及 Mac OS X。

运行 Vue 对计算机硬件的要求并不苛刻，现在家庭新购置的普通计算机，性能大都不错，一般都能够正常地安装和运行。

当 Vue 场景中包含大量生态系统（如上千万棵植物）时，要实时刷新场景，对显卡的要求较高。本教程中，会讲解生态系统场景优化显示的方法，使用这些方法，即使您的电脑只有一般的配置（如 2GB 内存、集成显卡），也不妨碍您创建复杂的生态系统场景。所以，如果您处在学习阶段，就没有必要急着追求过高的硬件性能。

对于专业 CG 人员来说，因为需要创建的商业作品一般来说比较复杂，应该采用较高的硬件配置。建议使用 64 位系统、至少 4GB 内存和独立显卡，必要时架设网络渲染。对于非常复杂的动画场景，如果硬件配置太低，场景的及时显示可能会成为问题，视图刷新困难，会严重影响场景编辑操作，更会影响创作者的创作心情。

如果使用的显示器是 19 寸的，屏幕分辨率须设置到 1152×864 才能够充分显示所有的工具栏按钮，这种分辨率下，按钮尺寸比较大，有利于操作。建议采用较大尺寸的显示器，可以采用 1600×1200 的分辨率，以便获得较多的场景显示空间。

1.2.2 Vue 的安装过程

近两年，Vue 的升级非常快，这充分说明了该软件的研发力度和竞争力都很强大。

Vue 10 xStream 和 Vue 10 xStream PLE 与老版本的 Vue 9.0/9.5 xStream 不但可以同时安装在一台电脑内，而且也可以同时打开它们，完全没有必要为了安装 Vue 10 而先卸载 Vue 9.0，这方便了我们比较版本之间的差异，利于研究 Vue 10 的新功能。

安装 Vue 10 xStream PLE 不需要产品序列号和激活文件，这一点与 Vue 10 xStream 正式版不同。

下面，我们以 Vue 10 xStream PLE（个人学习版本）为例，说明安装的一般步骤。

1. 启动安装文件

将 Vue 10 xStream PLE 的安装包 "Vue10PLE.zip" 进行解压，其中包含的文件如下图所示。

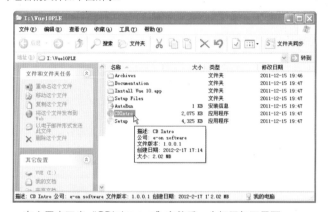

在上图中双击 "CDIntro.exe" 文件后，会打开如下界面。

请选择界面中最上面的一项 "Install Vue 10[安装 Vue 10]"，进入安装向导对话框。

如果在安装包解压后的文件夹中直接双击 "Setup.exe" 文件，会直接进入安装向导对话框。

2. 安装向导、安装选项、许可协议

安装向导对话框中，说明文字的意思是，欢迎您使用安装向导，并建议您在安装之前先退出其他正在运行的应用程序。不过在安装过程中同时运行个别小型软件的话，影响不大。如下图所示。

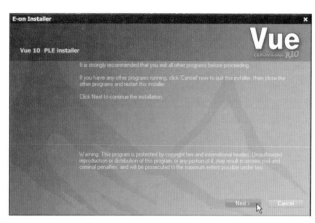

请单击 Next > [下一步] 按钮，会进入安装选项设置界面。安装选项设置界面如下图所示。

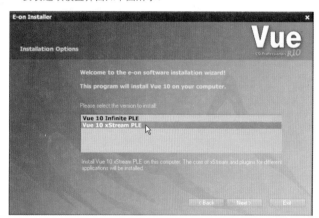

请选择下侧的 "Vue 10 xStream PLE" 选项，然后单击 Next > [下一步] 按钮，会进入软件许可协议设置界面。安装协议询问您是否同意一些安装条款，如下图所示。

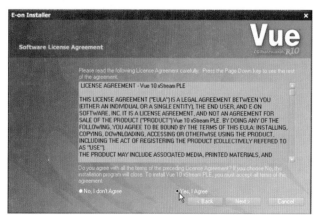

选择"Yes,I Agree[是，我同意]"单选按钮，然后单击 Next > [下一步]按钮，会安装一些必须的支持程序。过程很快，如下面两幅图所示。

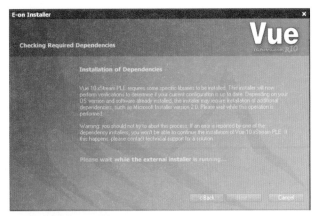

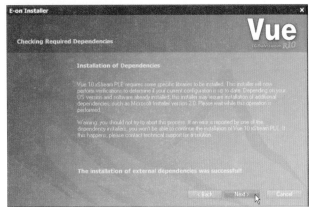

在上面的对话框中，继续单击 Next > [下一步]按钮，会进入用户信息设置界面。

如果您在安装过程的半途中想退出安装，可以单击 Exit [退出]按钮退出安装过程，或单击 < Back [后退]按钮后退。

3. 输入用户信息

在用户信息设置界面中，要求输入用户名称、公司名称等信息（要求是英文字符），如下图所示。

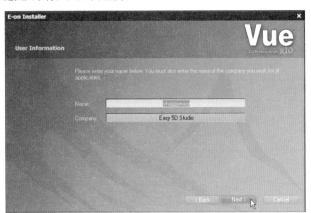

请在上图中输入用户和用户所在单位的英文名称，当然，也可以随意输入。然后单击 Next > [下一步]按钮，会进入选择协作软件设置界面。

4. 选择协作软件

Vue 10 xStream PLE 既可以独立运行，也可以作为 3ds Max、Cinema 4D、LightWave、Maya、XSI 等其他大型 3D 软件的插件而存在，从而实现"强强联合"，当这些大型软件运行后，可以从其中调用 Vue 软件及场景文件。

在选择协作软件设置界面中，可以看到，Vue 10 xStream PLE 新增加了对 Cinema 4D 13.0、3ds Max 2012、Maya 2012 等最新软件版本的支持，是喜欢尝鲜的朋友们的福音。如下图所示。

下面，以 Cinema 4D 13.0 为例，说明作为插件安装的方法。

在上图所示的树状列表中，展开"Cinema 4D"，选择其中的"Cinema 4D 13.0"选项，选中其右侧的复选框，或单击下侧的 Browse... [浏览…]按钮，会弹出文件夹树状列表窗口（类似资源管理器），从中选择 Cinema 4D 13.0 的安装位置文件夹，如下图所示。

单击 确定 按钮，在安装界面中，会自动填入 Cinema 4D 13.0 的安装位置文件夹信息，而且，在安装窗口的树状列表中，"Cinema 4D 13.0"选项的右侧会出现一个勾选号，如下图所示。

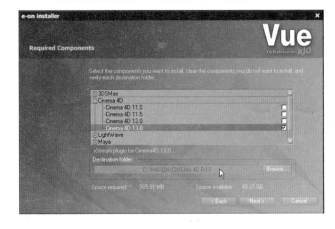

正确地选择了 Cinema 4D 13.0 所在的安装位置文件夹后，在安装 Vue 10 xStream PLE 的同时，还会把实现联接的插件程序安装到 Cinema 4D 13.0 中。

在上面的对话框中，继续单击 Next > [下一步] 按钮，会进入选择安装类型和安装位置的设置界面。

5. 选择安装类型和安装位置

安装类型和安装位置设置界面如下图所示。

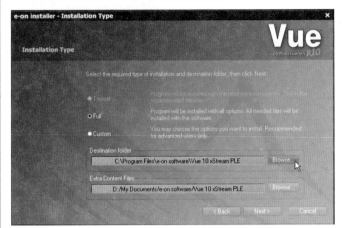

安装类型一般是选择 "Full[全部]" 项。

安装向导默认将 Vue 安装在 C: 盘中，但是，建议最好不要安装在 C: 盘中，以免导致 C: 盘臃肿、系统缓慢。

上图对话框中有两个 Browse... [浏览] 按钮，上面的用于选择主程序的安装位置，下面的用于选择扩展资源的安装位置。

单击 Browse... [浏览] 按钮，会弹出文件夹树状列表对话框（类似资源管理器），可以从中选择目标文件夹（相应的两个安装位置文件夹最好是提前创建好），如下图所示。

我们把安装位置由 "C: 盘" 改为 "D: 盘"，如下图所示。

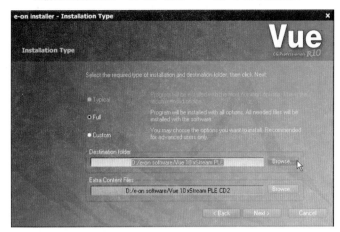

在上面的对话框中，继续单击 Next > [下一步] 按钮，会正式开始复制文件，显示安装进度对话框。

6. 安装进度、完成安装

下面是安装进度对话框，约耗时 5 分钟，速度还是挺快的，如下图所示。

安装进度结束后，接着弹出提示完成安装的对话框，如下图所示。

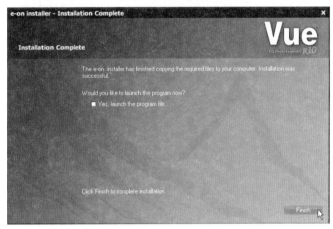

单击 Finish [完成] 按钮，完成并关闭该对话框，如果选中 "Yes,launch the program file[是的，运行程序文件]" 复选框，会立即运行 Vue 10 xStream PLE。

1.2.3　启动 Vue 主程序

可以通过"开始"菜单启动 Vue，如右图所示。

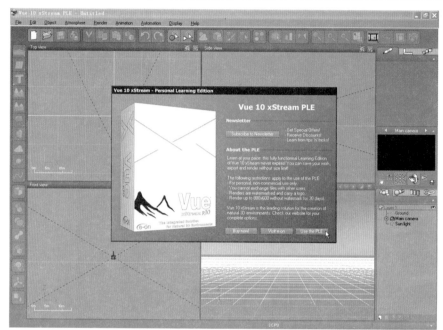

为了方便，可以在桌面上创建一个快捷图标。
也可以通过双击 Vue 的场景文件来直接启动
Vue，这些方法都是 Windows XP 的标准操作方法。
右图是 Vue 10 xStream PLE 的启动画面。

单击 Use the PLE ［使用 PLE] 按钮，就可以开
始使用了！

1.2.4　Vue 的汉化

Vue 10 目前只有英文版本，在本书中，将以汉化的形式，对英文界面的中文意思进行说明，因为本书和汉化包的作者是同一个团队成员，所以，
本书和汉化包之间非常和谐统一，必将能够扫除广大中文用户学习、使用 Vue 的主要障碍。

汉化包中的所有词语全部采用人工翻译，对
于相关专业术语，翻译时进行了反复地推敲和比
较，既力求和三维术语一致，又力求符合艺术行业
术语特征，并经过反复推敲琢磨，目的是要达到"精
准"的境界，因为只有"精准"的汉化才有实用价
值，才能够帮助用户正确地理解各种参数、选项、
按钮的含义和用途，才能够指导用户进行正确地操
作使用。

在该汉化包中，包含一些繁体字，但我们认为，
少量繁体字不会妨碍正常操作使用，汉化包的关键
在于是否"精准"，个别繁体字不应当成为我们应
用这款功能强大的软件的理由。实际工作中，最好
使用稍大一些的显示器，会把这部分繁体字显示得
更清楚一些。

右图是 Vue 10 xStream PLE 汉化之后的主界面

在本书中，将以汉化的形式，对英文界面的
中文意思进行说明。

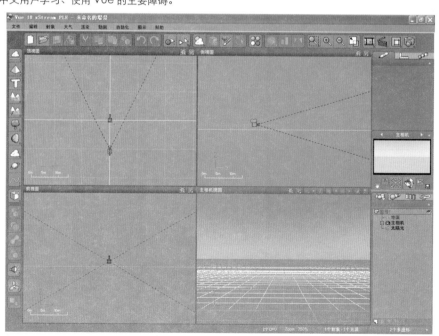

1.2.5 获取帮助

像所有的软件一样，Vue 的 Help[帮助] 主菜单位于菜单栏最右侧，如右图所示。

通过 Help[帮助] 主菜单，我们可以学习 Vue 自带的入门教程和 PDF 格式的使用手册，还可以到其官方网站了解最新信息，因为都是英文语言的，需要您有较好的英文基础（可以使用一些翻译工具来帮助阅读）。

1.3 初识主界面 《《

本节，我们来认识 Vue 的主界面，内容比较概括，是从总体上来把握 Vue。各种命令、面板等的详细使用方法，将在以后的章节中深入、详细地讲解。

1.3.1 Vue 主界面构成

下图是 Vue 软件的主界面。

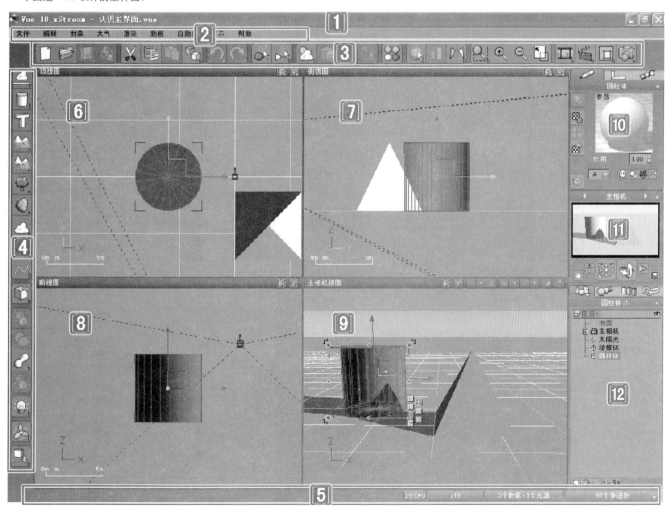

[1]——标题栏。

[2]——菜单栏。

[3]——顶部工具栏，也叫做控制工具栏。

[4]——左侧工具栏，也叫对象工具栏或对象创建栏。

[5]——状态栏。

[6]——顶视图。

[7]——侧视图。

[8]——前视图。

[9]——相机视图。

[10]——[对象属性]面板。

[11]——[相机控制中心]面板。

[12]——世界浏览器。[10]、[11]和[12]合称场景信息栏。

1.3.2　界面图形化

总的来说，Vue在界面图形化方面做得非常优秀，在其工具栏、面板、对话框、编辑器中，包含了许多图标、按钮；当载入对象、材质、大气时，还会启用可视化浏览器，帮助用户进行选择。由于设计形象、直观、合理，大多数图标可以"望图生意"。界面图形化有以下显而易见的好处：

（1）便于记忆，能够减轻记忆的劳动量，提高效率；

（2）便于在界面中快速寻找相应的命令，节省时间；

（3）便于共享资源文件；

（4）尤其是便于英文差的用户使用，因为图标符号是无国界的。

可以说，在Vue中，界面图形化做得很优秀、很人性化，希望大家在学习Vue的时候，要善于观察图标按钮的特点和差异，熟练掌握各种图标、按钮的操作，从而把Vue使用得轻松顺手。

1.3.3　标题栏

标题栏显示了当前的工作项目文件名。一个Vue主程序界面只能打开一个场景文件，要打开多个文件，需要开启多个主程序界面。

在屏幕最下面的工具条中，会显示每一个Vue场景文件对应的标签，当鼠标光标移动到某个标签上面时，会弹出提示信息，完整地显示对应的文件名称。

1.3.4　菜单栏

几乎所有的软件都有菜单栏，菜单栏将各种命令进行了科学的集中归类，了解了各种菜单命令，也就对软件有了总体的把握。下图是Vue的主菜单：

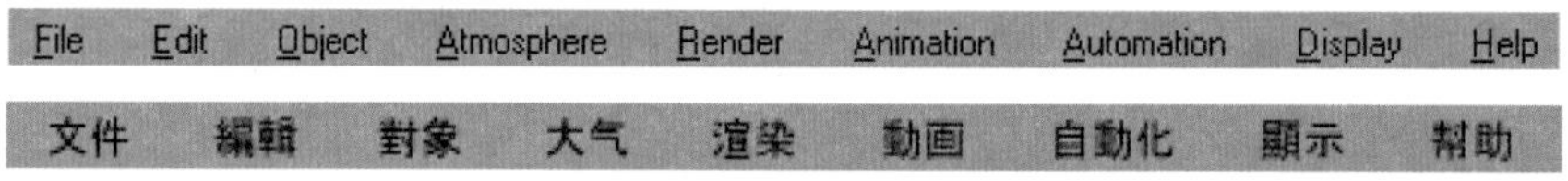

File	Edit	Object	Atmosphere	Render	Animation	Automation	Display	Help
文件	编辑	对象	大气	渲染	动画	自动化	显示	帮助

在弹出的菜单命令中，如果命令后面有三个小点"…"，表示将打开一个对话框；如果有一个朝右向的小三角"▶"，表示将弹出子菜单；如果有快捷键，则表示在最右端；如果命令文字显示为灰色，则表示处于禁用状态。

有的菜单项被选择后，其前面会出现一个"√"号，再次选择它则取消了勾选，它们分别代表了两种状态，我们把这种菜单项称为"菜单选项"。

虽然Vue在界面图形化方面做得非常优秀，但是，Vue的菜单并不像另一款大型3D软件Cinema 4D那样，将图标按钮集成到菜单中去，所以比较来说，使用菜单很枯燥，许多人可能都有这种感受。

但是，菜单也有优点：

（1）它将各种命令进行了科学的集中归类，了解了菜单命令也就对软件有了总体的把握；

（2）有一些菜单命令并未设计相应的图标按钮，只能通过菜单来调用；

（3）菜单命令后面附有相应的快捷键，熟练使用Vue后，就可以使用快捷键来代替鼠标操作，既加快了操作速度，又减少了长期操作鼠标造成的手部疲劳损伤，熟练使用快捷键还是专业高手的一种体现。

1.3.5　工具栏 {{NEW9.0}}

工具栏分为左侧工具栏和顶部工具栏。

左侧工具栏也叫对象栏或对象创建栏，集成了大多数创建对象、导入对象、组合对象的图标，还包括少量其他功能的图标。

顶部工具栏也叫做控制工具栏，集成了文件操作、编辑、撤销、重做、大气、视图操作、渲染等非常重要的常用图标按钮。

从 Vue 9.0 开始，对工具栏作了改进：按钮图标的尺寸增大了，屏幕分辨率须设置到 1152×864，才能够充分显示所有的按钮；有一些图标被整合成了双重图标；增加了一些原先没有的图标；还有一些原先位于左侧工具栏中的图标被移到了顶部工具栏。

关于工具栏中不同按钮的功能，会在以后的讲解中分别详细讲述。

1.3.6 双动作图标和折叠图标

Vue 中的图标、按钮设计得非常先进合理，形式变化也比较多。

有一些按钮、图标只有一种功能，例如 ▢ [新建…]、▨ [打开…]、T [文字] 等。除此之外，在 Vue 中，有许多按钮、图标具有多种功能。

（1）双动作图标

有的按钮、图标，依据使用鼠标左键单击或是使用鼠标右键单击的不同，而具有两种功能。例如 ▨ 按钮，它的右下角有一个小四方点标记，工具提示信息为 ▨ ，如果用鼠标左键单击该按钮，其功能是创建一种植物；如是用鼠标右键单击该按钮，图标会变为 ▨ 形状，其功能是载入植物品种，会打开【可视化植物浏览器】对话框。这种按钮图标叫做双动作图标，也有人翻译为双重图标。

双动作图标的翻译有多种，有的把左键功能称为第一功能，右键功能称为第二功能，有的把右键动作称为后备动作或候补动作。

（2）折叠图标

有的按钮图标内包含多个图标，具有两种以上的功能。例如 ▨ 图标，它的右下角有一个朝右的小三角标记符号，用鼠标右键单击时，或鼠标左键长按时，会展开，形状变成 ▨▨ ，不要松开鼠标按键，移动到需要的按钮图标上面再松开鼠标按键，就执行相应按钮图标的功能。

一般来说，上述这类按钮图标包含的都是同一类型或功能相似的按钮图标，这种按钮图标叫做折叠图标，也有人翻译为多重图标或群组图标。

多重图标折叠后，会显示成刚刚执行过的按钮图标，可以直接用鼠标左键单击执行此图标的功能。

1.3.7 场景信息栏

场景信息栏位于主界面右侧，包括三大部分，从上到下依次是：【对象属性】面板、【相机控制中心】面板、【世界浏览器】面板。

- 【对象属性】面板包括〖外观〗标签、〖参数〗标签、〖动画〗标签等三个标签。具有对选定的对象进行显示管理、调整参数、材质编辑、更换编辑、动画编辑等功能。

- 【相机控制中心】面板用于在编辑过程中调整场景的视图显示和取景。

- 【世界浏览器】面板包括〖对象〗标签、〖材质〗标签、〖库〗标签、〖链接〗标签等四个标签。主要功能是组织管理场景中的对象，对同类材质、同类对象等进行批量编辑，管理导入对象和纹理图链接。

以上这些面板，我们会在以后的章节中详细讲解。

1.3.8 三维视图区

三维视图是位于 Vue 主界面中间的几个大窗口，其中包括四个不同的场景视图，这是创建、观察、编辑场景的地方。

Top view【顶视图】显示从上面看到的场景，Front view【前视图】显示从正前方看到的场景，而 Side view【侧视图】显示从右侧看到的场景。由于这三个视图都是正交投影，它们也被称为"正交视图"，正交视图显示的对象没有透视变化，非常适合于移动、旋转和缩放对象。

底部右侧的视图是【相机视图】，【相机视图】可以用于取景和渲染。默认的【相机视图】是 Main camera view【主相机视图】，也常简称【主视图】，它显示的场景，就像从相机或人眼中看到的一样，具有透视变化，如果四处移动相机，该视图中显示的内容会相应改变。

注意：【顶视图】并不是从 Top camera [顶部相机] 中观察到的视图，因为 Top camera [顶部相机] 是相机中的一员，从 Top camera [顶部相机] 中观察到的视图属于【相机视图】的一种。

除了上述视图，还有一种不常用的【透视图】，【透视图】顾名思义也是一种能使场景产生透视变化的视图。

1.3.9　无限栅格 {{NEW9.0}}

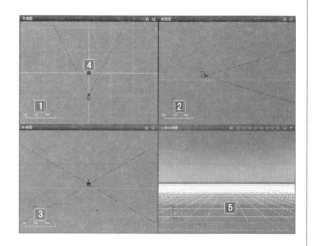

无限栅格是在【相机视图】和【顶视图】内的地面平面上显示的辅助栅格，和常见的绘图纸上的栅格线类似，如右图：

[1]——【顶视图】比例尺。

[2]——【侧视图】比例尺。

[3]——【前视图】比例尺。

[4]——【顶视图】无限栅格。

[5]——【相机视图】无限栅格。

在【顶视图】中，无限栅格可以以任何缩放级别进行显示；在【相机视图】中，无限栅格可以在任何相机高度进行显示。

无限栅格划分为三种比例，最小的栅格只有 1 个栅格单元，其栅格线颜色比较轻淡；中间大小的栅格包括 5×5 个小栅格单元；最大的栅格包括 10×10 个小栅格单元，其栅格颜色最明亮。当缩放视图时，无限栅格所包含的子栅格单元数量是可以动态改变的，改变时还会伴随着淡入或淡出的过渡效果。

注意：如果场景中的地面对象被删除，那么，也就不能显示无限栅格了。

{{NEW9.0}} 无限栅格功能是 Vue 9.0 增加的新功能。

1.3.10　比例尺 {{NEW9.0}}

在三个正交视图的左下角，会显示一个小型的比例尺，它表明视图当前缩放的级别，同时，该比例尺还会与无限栅格单元进行动态匹配，这样，就可以在任何时间得知 1 个无限栅格单元代表多远的距离。

这项富有创意的功能极大地方便了复杂场景的创建，使艺术家可以更容易地进行构图。

在【相机视图】中没有比例尺。

{{NEW9.0}} 比例尺功能是 Vue 9.0 增加的新功能。

1.3.11　状态栏

状态栏位于主界面的最下侧，对于初学者很重要，通过观察状态栏，用户就能够清楚地知道自己究竟干了些什么。

状态栏的左侧主要显示渲染状态、命令操作信息等，右侧主要显示一些硬件信息、对象和灯光数量、资源占用情况等信息。一般来说，不超过 200 个对象以及不超过 20 个灯光比较合理，超过后，有关数字会显示成红色。

1.3.12　时间轴

【时间轴】面板也是主界面的重要组成部分，只不过默认状态下，该面板并未打开，可以使用顶部工具栏中的 🔲 [🖰显示时间轴 ‖ 🖰动画向导] 按钮显示或者隐藏【时间轴】面板。

1.3.13　对话框

在主界面中，单击某些按钮后，会弹出对话框，对话框的形式有多种，最主要的有两类：编辑器和可视化浏览器。

编辑器顾名思义具有编辑复杂的对象、材质、函数等功能，不同主体的编辑器各不相同。

可视化浏览器则是 Vue 为了方便用户形象直观地载入植物、大气、对象等而设计的一种图文并茂的浏览选取工具，它极大地减轻了使用者的记忆劳累，提高了工作效率。我们会在以后的章节中详细讲解。

在对话框中，根据参数的功能或形式的相似性，会把参数划分为一些标签页或者参数组。参数组一般用一个黑色的矩形框住。

把鼠标移动到对话框的边缘，当鼠标指针变为↔、↕、↖等形状时，进行拖动，可以改变对话框面板的大小。但是，有些对话框不允许调整大小。

1.3.14 右键弹出快捷菜单

Vue 的许多功能，也可以直接从右键弹出菜单中调用，右键弹出菜单也叫上下文关联菜单或快捷菜单，菜单的内容由软件根据环境或右键单击目标的不同，判断用户想要执行哪些操作，从而显示最能满足当前需要的合理命令项。

1.4 创建基本对象 《

基本对象是"纯粹数学"的对象，它们由基本的数学方程定义，该方程定义了对象的位置和形状。虽然这听起来很复杂，但是，其数学复杂性被"用户友好"的工具隐藏起来，所以基本对象最容易使用。

Vue 中的基本对象分别是：球体、圆柱体、立方体、棱锥体、圆锥体、圆环体、平面。渲染引擎每次进行计算时，都必须考虑这类对象。

在表现自然场景时，基本对象没有什么用武之地，但是，基本对象可以起到很好的辅助作用。

1.4.1 使用工具栏创建基本对象

打开 Vue 的主程序，会自动创建一个未命名的空白场景。

在左侧工具栏中，从上面数第二个图标，它的右下角带有一个朝右的小三角符号，表示这是一个折叠图标，如果所需的基本对象的图标未显示出来，请用鼠标左键长按或鼠标右键右击该图标，它就会展开，显示为，不要松开鼠标，移动到所需的图标上再松开，就会创建相应的基本对象。

1.4.2 用菜单创建基本对象

进入 Object【对象】主菜单 >>Create〖创建▶〗子菜单，从中选择需要的项目，如下图：

Water	Shift+W	水面	Shift+W
Ground Plane	Shift+G	地平面	Shift+G
Sphere	Shift+S	球体	Shift+S
Cylinder	Shift+C	圆柱体	Shift+C
Cube	Shift+U	立方体	Shift+U
Cone	Shift+O	圆锥体	Shift+O
Pyramid	Shift+Y	棱锥体	Shift+Y
Torus	Shift+R	圆环体	Shift+R
Plane	Shift+P	平面	Shift+P
Alpha Plane	Shift+H	Alpha平面	Shift+H
Heightfield Terrain	▶	高度场地形	▶
Procedural Terrain	▶	程序地形	▶
Plant	Shift+V	植物	Shift+V
From Plant Species...	Shift+Ctrl+V	载入植物品种…	Shift+Ctrl+V
Rock	Shift+K	岩石	Shift+K
From Rock Template...		载入岩石模板…	
MetaCloud		云团	
MetaCloud From Preset...		载入预置的云团…	
MetaCloud Primitives		云团基元	
Planet	Shift+N	行星	Shift+N
Spline	Shift+I	样条曲线 ¥	Shift+I
Road		道路 ¥	
Text	Shift+E	文字	Shift+E
Directional Ventilator		定向风机	
Omni Ventilator		万向风机	

1.4.3 使用快捷键创建基本对象

熟练的用户也可以使用键盘上的快捷键创建基本对象，快捷键标示在菜单中。

由于使用快捷键的记忆量较大，不建议初学者使用。

1.4.4 最简单的选择和编辑

选择对象的最简单方法是在视图中直接单击来选择，被选择的对象以高亮红色显示。

在场景中单击选择某个对象，被选择的对象上会出现变换工具，如下图中红、绿、蓝三色箭头分别代表沿 X、Y 和 Z 轴向的移动工具。

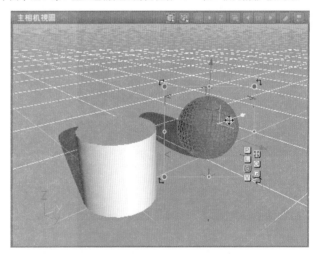

在场景中，最简单的编辑操作是在视图中直接拖动对象。将鼠标光标移动到变换工具上，当变为黄色时按下鼠标拖动（鼠标光标会变成一个四向箭头），就可以移动该对象了。

基本对象可以进行各种变换，如移动位置、以任何方向调整大小、旋转、扭转。变换基本对象能够产生某种令人难以置信的形状变化。

由于 Vue 不支持编辑基本对象的面、边、点等子元素，所以除了变换基本对象以外，不能够将基本对象变化成其他特殊复杂的形状。例如，在 C4D、3ds Max 中，可以从一个球体开始编辑变化出一条恐龙来，但在 Vue 中，这是做不到的。但是，这并不是因为 Vue 软件不完善，而是因为 Vue 的定位是创作风景，它专注的是风景元素的创作设计。此外，Vue 拥有与其他主流 3D 软件的接口，可以协同工作，通过"强强联合"、导入网格对象等方式，实现优势互补。

除了圆环体和阿尔法平面以外，当选择其他基本对象时，顶部工具栏中的 [编辑对象…] 按钮处于灰色禁用状态，表示没有专用的编辑器。

1.5 文件操作 《

本节，我们首先熟悉 Vue 中与文件操作有关的命令。

像所有的软件一样，File【文件】主菜单位于菜单栏的最左侧，每当开始一项工作时，首先要涉及新建场景文件、保存等操作，这些是在各类软件中很常见的命令，如下图：

1.5.1 新建文件

刚打开 Vue 的主程序时，会自动创建一个未命名的空白场景。

选择 File【文件】主菜单 >>New…[新建…] 命令，或者单击顶部工具栏中的 [新建…] 按钮，均会打开 Please select an atmosphere for your scene【请为您的场景选择一种大气】对话框，如下图：

该对话框也即【可视化大气浏览器】对话框，之所以先弹出【可视化大气浏览器】对话框，是因为任何风光场景都离不开特定的大气环境，在上图右侧列表框中选择一种大气的预览图，在其上双击或者单击对话框右下角的 OK [确定] 按钮，就新建了一个 "空" 的场景文件。

1.5.2 打开文件

选择 File【文件】主菜单 >> Open…[打开…] 命令，或者单击顶部工具栏中的 [打开…] 按钮，都会打开 Please select scene to load【请选择要载入的场景】对话框，如下图：

该对话框也即【可视化场景文件浏览器】对话框，通过该浏览器，可以方便地打开场景文件。在上图右侧列表中选择一种场景文件的预览图，在预览图上双击或者单击对话框右下角的 OK [确定] 按钮，就打开了一个现有的场景文件。在后文的"可视化浏览器"一节中，我们还要以上图【请选择要载入的场景】对话框为例，深入讲解其用法。

打开一个新的场景文件，需要关闭当前的场景文件，如果当前场景中存在已编辑过但尚未保存的内容，在新建场景文件或者打开现有的场景文件时，都会弹出提示信息，询问是否保存现有场景文件，见下文。

要同时打开两个场景文件，需要开启两个 Vue 主程序窗口。

> 注意：不能使用低版本的 Vue 软件打开高版本的 Vue 软件创建的场景文件。
>
> 注意：如果需要在两个场景文件之间进行"复制—粘贴"，则要在不关闭同一主程序的前提下进行。

1.5.3 最近的文件

进入 File【文件】主菜单 >>Recent Files〖最近的文件▶〗子菜单，这里显示了最近的文件列表，记录了最近使用过的一些场景文件，在这儿可以方便地打开这些文件。

1.5.4 合并文件

选择 File【文件】主菜单 >>Merge…[合并…] 命令，会弹出 Please select scene to load【请选择要载入的场景】对话框，可以把其他 Vue 场景文件合并到当前场景文件中，但一般只合并模型性质的对象，不包括大气。

1.5.5 关闭场景文件和关闭主程序

选择 File【文件】主菜单 >> Close[关闭] 命令，会关闭场景文件，但不会关闭主程序。

1.5.6 保存文件和另存文件

工作中我们要注意及时保存工作成果，请选择 File【文件】主菜单 >>Save[保存] 命令，或者用鼠标左键单击顶部工具栏中的 🖫 [🖱保存‖🖱保存为…] 按钮，如果新建的场景文件进行编辑后是首次进行保存，会打开【另存为】对话框，如右图：

在上图中，下半部分是 Vue 附加的信息，其含义如下图：

可以在上述对话框中输入文件名（场景文件名后缀默认是".vue"）并选择想要存放场景文件的文件夹路径。场景文件保存之后，再次执行 [保存] 命令，就不再弹出【另存为】对话框了。

在对话框下部，是保存场景文件的选项。

（1）☑Incorporate texture maps[合并纹理贴图]：将有关纹理图片"捆绑"到场景文件中保存。

（2）☑Compress file[压缩文件]：使场景文件较小。

（3）Title[标题]：可以为场景文件输入一个标题，标题与文件名不是一个概念。

（4）Description[描述]（或 [说明]）：还可以为场景文件输入一段描述说明。

输入 [标题] 和 [描述] 信息，对于帮助自己或他人今后"阅读"此场景文件非常有用，当再次打开该文件时，能够在可视化浏览器中看到 [标题] 和 [描述] 中记载的信息。

设置好以上信息后，单击 [保存⑤] 按钮，就会关闭该对话框并保存当前场景文件。如果选择的文件夹路径中包含同名文件，还会弹出提示信息询问是否进行覆盖。

要用另外的文件名保存场景文件，请选择 File【文件】主菜单 >>Save as…[保存为…] 命令，或者用鼠标右键单击顶部工具栏中的 🖫 [🖱保存‖🖱另存为…] 按钮，🖫 是一个双重图标，右击时变为 🖫，意思是另行保存场景文件，同样会弹出【另存为】对话框，在其中可以输入另外一个文件名进行保存。

要关闭主程序，请使用 File【文件】主菜单 >> Exit[退出] 命令，或者单击主界面右上角的 ☒ [关闭] 按钮。

当关闭文件和关闭主程序时，如果还有已经编辑过但尚未保存的场景内容，还会弹出提示信息，询问是否保存现有场景文件。

当关闭场景文件时，或者退出主程序时，或者打开新的场景文件时，如果现有的场景文件中有已编辑过但尚未保存的场景内容，均会弹出提示信息，询问是否保存现有场景文件，其使用方法与普通的软件操作一样，如下图：

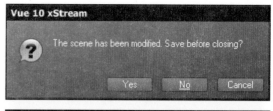

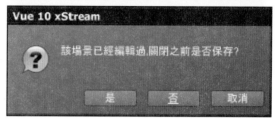

在前文中，新建或打开场景文件时，都会弹出有关的可视化浏览器。可视化浏览器的主要优势是可以通过预览图片进行选择，这是 Vue 非常人性化的设计。本节我们以 Please select scene to load【请选择要载入的场景】（即【可视化场景文件浏览器】）为例，详细讲解可视化浏览器的特色和使用方法，其他种类的可视化浏览器的使用方法是类似的。

1.6.1 可视化浏览器的结构

单击主界面顶部工具栏中的 [打开···] 按钮，会打开 Please select scene to load【请选择要载入的场景】对话框，如下图：

[1]——可视化浏览器标题栏。

[2]——收藏夹列表。

[3]——项目列表（显示小型预览）。

[4]——所选项目的预览。

[5]——所选项目的标题。

[6]——所选项目的描述（或说明）。

[7]——所选项目的文件名和保存
位置。

在 Please select scene to load【请选择要载入的场景】对话框中，包括上部和下部两大部分。

下部左侧是呈树状结构的收藏夹列表，下部右侧是当前选择的收藏夹包含的场景文件缩略图列表。

上部显示被选择的场景文件的有关信息。注意，这些信息中可能包含英文字符或日文字符，这是因为，这些场景文件是 e-on 软件公司官方提供的资源，为了方便不同语言的用户，提供了不同的语言信息，不过，到目前为止，这些资源还不支持简体中文，在实际工作中，对于不熟悉外文的用户，我们可以把英文或日文字符改为汉语拼音。

收藏夹其实就是与硬盘上某个文件夹相对应的快捷方式，收藏夹列表呈树状结构，但是，收藏夹并不一定包含对应文件夹中所包含的子文件夹内的场景文件，如果收藏夹还包含子收藏夹，这些子收藏夹也未必指向相对应的某个子文件夹。

1.6.2 使用可视化浏览器的收藏项目

单击某个收藏夹，就选择了该收藏夹，它会反色显示。而右边的预览列表，显示的就是对应文件夹中包含的场景文件的微型预览图片。单击选择某个场景文件的微型预览图，预览图的四周会突出显示成一个白色的长方形。如果缩略预览图数量比较多而不能全部显示时，右边会出现一个上下滚动条。

选择某个场景文件的微型预览图后，在可视化浏览器上部的场景文件信息区中，最左侧显示被选择场景文件的大型预览图，通过该预览图，就可以得知该场景文件中的内容，这也是"可视化"概念的主要来历；在场景文件信息区的右侧，显示该场景文件的标题和描述，标题和描述就是保存场景文件时输入的有关信息；所选择场景文件的文件名和保存路径信息，则指明了场景文件在硬盘上保存时使用的文件名称和所在的文件夹位置。

要载入某个场景文件，可以先选择其在右侧列表中的微型缩略预览图，之后单击右下角的 OK [确定] 按钮，或者直接双击该微型缩略预览图，就可以载入所选择的场景文件了，同时，关闭可视化浏览器对话框；单击 × [取消] 按钮，放弃载入场景文件，并关闭可视化浏览器对话框；单击 ? [帮助] 按钮，则打开 PDF 格式的帮助手册，并直接跳转到有关可视化浏览器部分的内容处。

1.6.3 虚拟收藏夹

在可视化浏览器左上角，某些文件的预览图上会出现一个 ⊙ 图标，这个图标表明安装 Vue 主程序后还没有把 CD2 素材包光盘上的一些场景资源文件复制到硬盘中。

虽然可以有选择性地从光盘中只复制某一些资源文件，以节省硬盘空间，但是，因为现在电脑配置的硬盘容量都很大，建议的作法是把整个 CD2 素材包光盘上的资源文件一次性地全部复制到硬盘中相应的文件夹中，这样做之后，预览图上的 ⊙ 图标会消失。

1.6.4 组织和管理收藏夹

在可视化浏览器内对收藏夹进行科学地组织管理，可以提高工作效率。

1. 新建收藏夹

收藏夹实际上是指向包含所需项目的文件夹的快捷方式，可以向收藏夹列表中添加任意数量的收藏夹，方法是单击收藏夹列表底部的 ⬛ [新建收藏夹] 按钮，会弹出一个标准的文件夹浏览器，用以浏览和选择所需的目标文件夹位置，如下图：

找到新建收藏夹要指向的目标文件夹后单击选择，然后单击 确定 按钮，接着会再弹出一个对话框，用以输入新建收藏夹的名称，该名称默认和所选文件夹名称相同，但用户也可以重新输入一个容易记忆的个性化名称，如下图：

最后，单击 OK [确定] 按钮，等待一下，Vue 需要花费一两秒钟时间创建并显示预览，接着新建收藏夹的名称就出现在收藏夹列表中了。

如果上面所选的文件夹中包含有子文件夹，并且该子文件夹中包含有可用项目，那么，当新建和父级文件夹相应的收藏夹之后，该收藏夹中也会自动生成和子文件夹相应的子收藏夹！

> 必须注意，收藏夹具有快捷方式性质，它只是指向某个文件夹位置，如果向收藏夹对应（或指向）的文件夹中添加了新的场景文件，会相应地添加新的预览图。如果文件夹被清空，则选择其对应的收藏夹时，可视化浏览器的上部会显示"空收藏夹"字样，如下图：

如果选择 File【文件】主菜单 >>Options…[选项…] 命令，进入 Options【选项】对话框 >>Operations〖操作〗标签 >>User configuration files[[用户配置文件]] 参数组中，改变 Vue 的内容文件夹，则新的内容文件夹之中包含可用项目的子文件夹，均会自动添加到可视化浏览器的收藏夹列表中，关键之处在于，此操作会影响所有类型的可视化浏览器。

2. 删除收藏夹

要从收藏夹列表中删除某个收藏夹，先单击选择该收藏夹，使之呈反色高亮显示，再单击底部的 🗑 [删除收藏夹] 按钮，会弹出一个要求确认的对话框，如下图：

如果要删除的收藏夹中包含子收藏夹，则会弹出和上图稍有不同的确认对话框，如下图：

在上面的对话框中单击 是 按钮即可从列表中删除被选择的收藏夹。

> 请注意，删除某个收藏夹只是删除了快捷方式，并不会从硬盘中删除其指向的相应文件夹和文件。

3. 删除收藏项目

在可视化浏览器中选择一个收藏夹，并在右侧的项目列表（显示小型预览）中选择某个收藏项目，按 Delete 键，可以删除收藏的项目。删除收藏项目时分为以下两种情况。

（1）如果该收藏项目是安装 Vue 软件时预置的收藏夹内的预置场景文件，按 Delete 键，会弹出询问对话框，如下图：

单击 确定 按钮，会从当前收藏夹中删除所选缩略图，但是，并没有从硬盘中删除源文件。

（2）如果该收藏项目不是安装 Vue 软件时预置的收藏夹内的预置场景文件，而是在预置的收藏夹中或者在用户自建的收藏夹中放置的用户场景文件，则 Vue 会给予不同的处理方式。这种情况下选择收藏夹内的某个场景文件后，按 Delete 键，会弹出询问对话框，如下图：

> 在上图中单击 否 按钮，只删除缩略预览图，不会从硬盘上删除源场景文件；但是，如果单击 是 按钮，不仅删除缩略预览图，而且会直接从硬盘彻底地删除源场景文件（跳过"回收站"，进行物理删除），这一点大家要特别注意！

4. 移动收藏夹和分级编组

通过重新组织收藏夹，可以使收藏夹列表更有条理。

要移动某个收藏夹，请单击它且不松开鼠标按键，然后拖动，鼠标指针变为"▶"形状，拖动时会跟随鼠标出现一条粗横线，此时松开鼠标按键，就可以把该收藏夹释放在粗横线位置。

要把某个收藏夹移动到另一个收藏夹中成为其子收藏夹，按住 Ctrl 键进行拖动，鼠标指针变为"▶"形状，把该收藏夹拖动到另一个收藏夹上释放就可以了。如果目标位置已经具有子收藏夹并且已经展开树状层级结构的话，也可以直接拖动进入其子级。

含有子收藏夹的父级收藏夹名称前面会标识一个"⊞"或"⊟"符号，单击可以展开或折叠。

选择父级收藏夹时，其包含的子收藏夹在可视化浏览器右侧的预览列表中显示在下侧，前面带一个文件夹图标📁，在这里双击子收藏夹可以直接进入该子收藏夹。选择子收藏夹时，父级收藏夹的名字也会被一个矩形框住。

由上可知，收藏夹的层级结构和相应的文件夹层级结构之间未必是相同的。

5. 重命名收藏夹

要重命名收藏夹，请分两次单击该收藏夹的名字（不同于双击），就可以输入新的收藏夹名字了，更名后按下 Enter 键或在收藏夹名字之外的地方单击予以确认，按 Esc 键则取消重命名。

6. 锁定收藏夹

单击收藏夹列表下面的🔓 [锁定收藏夹] 按钮，使之切换为🔒状态，锁定之后，不能再对收藏夹进行重命名、新建、删除、移动位置等操作；再次单击🔒，可以解锁。

7. 以 Windows 方式载入其他文件

如果要载入的文件并没有位于任何一个收藏夹中，可以单击收藏夹列表下面的➡ [浏览文件] 按钮，会弹出标准的 Windows 文件浏览器对话框（默认显示的文件夹是当前所选收藏夹对应的文件夹），用户可以找到某个文件夹从中直接选择需要的文件。这种方法有一个好处是，如果保存文件时使用了简体中文标题和中文描述，能够正确地显示出来。

如果载入文件时，不想使用 Vue 的可视化浏览器，而仍然使用传统的 Windows 方式选择文件，也是可以的，方法是选择 File【文件】主菜单→Options…[选项…] 命令，会弹出 Options【选项】对话框，进入 General Preferences 〖一般参数〗标签 >> Load/save options[[载入／保存选项]] 参数组中，勾选☑Bypass Visual Browser for scenes and pictures[略过可视化浏览器载入场景和图片] 复选框，然后单击 Options【选项】对话框右下角的 OK [确定] 进行确认，以后再载入场景文件（例如单击📂 [打开…] 按钮）时就会跳过可视化浏览器，直接弹出标准的打开文件对话框，但是，一般不建议这样做，因为使用可视化浏览器毕竟更形象直观一些。

1.6.5 丰饶之角 3D

"丰饶之角"的故事源于古希腊神话：宙斯幼年和哺育他的母山羊玩耍时不小心推倒了她，摔断了一支美丽的羊角，仙女阿玛尔忒亚赶忙为母山羊治伤，宙斯则拾起这只羊角，赋予它神奇的魔力，能出产各种美味的食物，并将它赠给了这名善良的仙女，从此这只羊角被称为"丰饶之角"。

在 Vue 软件中，"Cornucopia3D[丰饶之角 3D]"其实是指热心的 Vue 用户群相互提供的一个在线服务平台，在这里大家可以在论坛上交流经验和知识，展示作品，提供培训和教程，进行竞赛和辩论，在线购买模型、材质等场景组件，其中也不乏广告性和赢利性的内容。这样，用户实际上就处于一个"开放"的学习和应用环境中，在这里可以找到富有艺术性的创意、精致的设计元素等各类丰富的内容，满足用户各种不同的需要，能够大大地加快创作进程、提升技巧，建议大家经常到"Cornucopia3D[丰饶之角 3D]"官方网站浏览，很能开阔视野。

在可视化浏览器中，也收藏了一些来自"Cornucopia3D[丰饶之角 3D]"的资源，它们都带有一个羊角标识，这类资源需要从网上下载，有的还要收取一定的费用。很明显，收藏夹中的这类收藏项目具有广告或赢利性质。

用户可以根据需要设置是否显示来自"Cornucopia3D[丰饶之角 3D]"的收藏项目。

单击收藏夹列表下侧的 按钮（在这里左键或右键单击的效果一样），会展开一组图标，在该组图标中，如果选中 图标，表示显示被选择收藏夹中全部 Cornucopia3D 项目，如果选中 图标，表示显示精选的最好 Cornucopia3D 项目，如果选中 图标，表示隐藏全部 Cornucopia3D 项目。

第 2 章　创建场景

对于任何 3D 软件，创建模型、光源、相机等对象，都是最基础的功能，本节我们讲解如何创建对象。对于一些编辑方法比较简单的对象，还会顺便讲解它的编辑方法。

创建对象时，要认识不同对象的主要特征，最重要的是掌握场景中自然元素"多样性变化"的特色。

在 Vue 中，创建对象的图标按钮主要位于主界面左侧工具栏中（也叫对象工具栏），也有一些创建对象的重要按钮分布在其他地方，本书中将不把使用菜单命令创建对象作为重点。

2.1.1 创建自然元素

1. 水面、地面、云层

水面、地面、云层统称为无限平面。

无限平面也是由数学方程定义的，然而，无限平面与基本对象不同，无限平面是无边界对象，这意味着它们在各个方向无限延伸，把世界分成两半，一半在无限平面对象的外侧（或上侧），另一半在内侧（或下侧）。

有三种不同类型的无限平面对象：水面（或海洋）、地面和云层。它们的主要区别在于分配给它们的材质以及其初始位置不同。

创建无限平面的图标按钮位于左侧工具栏最上端，默认是 ▇，它的右下角带有一个朝右的小三角符号，表示这是一个折叠图标，如果所需的无限平面对象的图标未显示出来，请长按鼠标左键或右击该图标，它就会展开，显示为 ▇▇▇，不要松开鼠标，移动到所需的图标上再释放，就会创建相应的无限平面对象。

单击 ▇ [水面] 图标，就可以在场景中创建一个名为 "Sea [海洋]" 的水面对象，它代表了海平面。请注意，水面对象只能在场景中创建一次，当创建一个水面后，即使多次重复单击 ▇ [水面] 图标，也不能创建多个水面对象，这是可以理解的，大海理应只有一个。

当选择了水面对象 "Sea [海洋]" 时，单击顶部工具栏中的 🔧 [编辑对象…] 按钮，会弹出 Water Surface Options【水面选项】对话框，能进一步编辑水面对象，这部分内容我们放在后文中详细讲解。

新建场景时，场景中默认已经创建了一个名称为 "Ground [地面]" 的对象作为场景的地面，高度位于 0 海拔处。

单击 ▇ [地平面] 按钮，可以在场景中创建多个地面平面，新创建的地面平面名称是 "Infinite plane [无限平面]"。

场景中也可以创建多个云层平面，在 Vue 8.0 以前，云层只出现在 Atmosphere Editor【大气编辑器】>>Clouds【云】标签 >>Cloud layers【云层】列表内，而不会出现在【世界浏览器】内。但是，从 Vue 8.5 开始，云层会作为对象出现在【世界浏览器】面板内，可以在场景中直接使用变换工具变换云层对象。

要创建云层对象，请单击 ☁ [添加云层…] 按钮，会弹出可视化材质浏览器，可以为新建的云层对象选择材质。关于创建云层和对云层的详细编辑调整，在后文"大气"章节中详细讲解。

地面和水面具有视觉上的"裁切"功能，在【前视图】和【侧视图】中，在地面或水面下侧的对象部分会被遮挡，这种功能有助于理解三维场景。

所有无限平面都是水平创建的。与基本对象一样，无限平面可以进行变换操作，并给它们分配材质，例如，可以旋转地面使地面倾斜（但不能使水面倾斜）。但是，调整一个无限平面的大小不会产生什么结果，因为它是无限的。

然而，从太空的视角看，无论是平面场景或是星球场景，无限平面是具有一定半径的球面，当调整无限平面的海拔高度时，如果在太空中观察无限平面，会看到其大小也会相应变化（见后文"创建球形场景"章节）。

2. 标准地形和程序地形

地形是使用复杂的分形算法构建的，可以创建山脉等复杂的结构；地形是一种特殊设计的多边形网格，可以有效地处理大量的子多边形；地形是用于构建风景的最基本的自然元素。和其他对象一样，地形可以被移动、旋转、缩放、扭转，还可以赋予材质。

地形从大的方面分为两种不同的类型：一种是标准地形，另一种是程序地形。

标准地形使用固定大小的分辨率来表现表面上不同地点处的高度变化，标准地形也叫做 "heightfields" [高度场]，这是最简单直观的地形类型。

创建标准地形要用到左侧工具栏中的 ⛰ [🔘 标准高度场地形 ‖ 🔘 编辑器中的高度场地形…] 图标，该图标右下角有一个小点，表明这是一个双重图标。左键单击该图标，可以直接在场景中创建一个标准地形，标准地形刚创建时，其形状看起来像一座山脉，这种山脉形状具有随机性（每次创建的山脉都具有不同的独特性），也就是说，两座山脉的形状不会完全相同（除非它们碰巧使用了相同的种子）。

如果右击该图标，图标变为 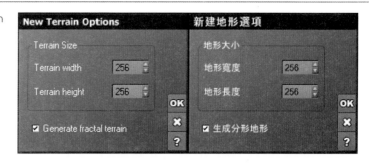 形状，会弹出 New Terrain Options【新建地形选项】对话框，如右图：

输入地形宽度和长度参数后单击 **OK** [确定] 按钮，会接着弹出 Terrain Editor【地形编辑器】对话框，可以在该对话框中对地形进行深入地编辑。

程序地形使用了一种非常复杂的技术，根据观察距离的远近来构建和优化显示，这种技术能够动态地调整地形的细节级别，所以程序地形可以呈现无限的细节。它之所以称为"程序地形"，是因为地形表面不同点处的高程是使用复杂的数学函数生成的，幸运的是，Vue 提供了预置的程序地形给用户选择，从而把这种数学复杂性隐藏起来。熟练的用户通过调整函数的参数或使用笔刷，可以自定义程序地形的外观。

创建程序地形要用到左侧工具栏中的 [程序地形 ‖ 载入预置的程序地形…] 按钮，左键单击该图标，可以直接在场景中创建一个程序地形。

该图标右下角有一个小点，表明这是一个双重图标。如果用右键单击该图标，图标则变为 形状，会弹出 Please select a terrain model【请选择一种地形模型】对话框（即【可视化地形浏览器】对话框），可以从中选择某种无限地形或程序地形，如左图：

地形生成后，还可以使用 Terrain Editor【地形编辑器】进行深入编辑，要打开【地形编辑器】，可以直接在 3D 视图中双击地形，也可以在 World Browser【世界浏览器】面板中直接双击地形对象的名称，也可以在已经选择了地形对象的情况下，单击顶部工具栏中的 [编辑对象…] 按钮，还可以单击【世界浏览器】面板下侧的 [编辑选择的对象] 按钮。当然，要创建地形或打开 Terrain Editor【地形编辑器】，还可以使用 Object【对象】主菜单中的相关命令。

在 Terrain Editor【地形编辑器】内，有各种各样的工具，例如：侵蚀效果工具、手工雕刻工具、特殊效果工具、描绘材质工具等等，使用这些工具可以创建出千变万化的地形形状。Terrain Editor【地形编辑器】是本书非常重要的内容，我们会在后文"地形"章节中深入地进行讲解。

另外，在 Vue 中还可以创建球形地形，球形地形主要用于星球场景或用于城市级场景的弯曲地形，后文我们都会进行详细地讲解。

3. 植物

植物是 Vue 最具有特色的功能之一，植物是使用 SolidGrowth 技术生成的，该技术使用了一套不可思议的复杂算法，使得同一种植物可以生长成各种形态。植物还是使用了多种材质的非常复杂的对象，动辄由成千上万的子多边形面组成。

像其他对象一样，可以移动、缩放、旋转、扭转植物。植物也可以对风机和风控制器作出响应，还可以对全局微风设置作出响应。

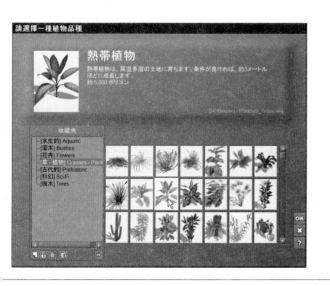

创建植物要用到左侧工具栏中的 [植物 ‖ 载入植物品种…] 按钮，该图标右下角有一个小点，表明这是一个双重图标。左键单击该图标，可以直接在场景中创建一株植物。如果是首次创建植物，会从可用的植物品种列表中随机选择一种，之后再次单击该按钮，仍会创建与上次创建的植物同属于一个品种的植物。

植物被创建时，在保持品种特性的前提下，生长形态具有随机性，所以，相同品种的两株植物形态看上去永远不会相同，使用中国画的说法就是"一树一态，千树千态"。如果要找到某个植物品种的特定形状，方法是试着多创建几棵同一品种的植物，从中挑选喜欢的那一棵。

如果用右键单击该图标，图标则变为 形状，会弹出 Please select a plant species【请选择一种植物品种】对话框（即【可视化植物浏览器】对话框），使用这种方法可以改选所创建植物的品种（与上次所创建的植物品种可以不同），从预览列表中选择某种植物品种后，单击 **OK** [确定] 按钮，或直接双击其在预览列表中的预览图，就可以相应地创建一棵植物，如左图：

Vue 与 Botanica 和 Vue Infinite 植物品种兼容，Botanica 和 Vue Infinite 植物品种允许从已有的植物品种建立新的植物品种，使用这些软件创建的植物品种也能正常地用于 Vue。

通过 Cornucopia3D[丰饶之角 3D]，可以找到更多门类和品种的植物。

植物创建后，可以使用 Plant Editor【植物编辑器】对话框进行编辑，在该对话框中，提供了许多工具，用于编辑植物的形状，也可以创建新的植物品种。Plant Editor【植物编辑器】是本书重要的内容，我们会在后文的"植物编辑器"章节中深入地进行讲解。

4. 岩石 {{NEW10.0}}

岩石是使用复杂的算法随机创建的一种特殊多边形网格，其算法与创建植物的算法非常相似，所以，每次生成的岩石形状不会雷同。

像其他对象一样，可以移动、缩放、旋转、扭转岩石，并可赋予材质。

要创建岩石，可以使用左侧工具栏中的 [岩石 ‖ 载入岩石模板…]图标，这是一个双重图标，它的用法和 [植物 ‖ 载入植物品种…]图标非常相似。

用鼠标左键单击 图标会直接在场景中创建一块岩石对象。如果用鼠标右键单击 图标，该图标会变为 形状，释放鼠标后会打开 Please select a rock template【请选择一种岩石模板】对话框（即【可视化岩石浏览器】对话框），如右图：

> {{NEW10.0}}，这是 Vue 10 增加的新功能。

从岩石预览列表中选择某种岩石的预览图后，单击 [确定]按钮，或者直接双击其在预览列表中的预览图，就可以创建一块岩石。此后，如果再次用鼠标左键单击 图标，还会创建一块和上次在【请选择一种岩石模板】对话框中所选的岩石种类相同的岩石，但是，岩石形状会稍有不同。

创建岩石会耗费几秒种的时间，因为所有的岩石都是依据不同的分形和噪波生成的，这些分形和噪波是岩石的形状、大小呈现随机性变化的内因。

在场景中双击岩石对象，或者在选中岩石对象的情况下，单击顶部工具栏中的 [编辑对象…]按钮，会打开 Polygon Mesh Options【多边形网格选项】对话框，可以编辑岩石的光滑程度，但通常来说，默认的设置产生的效果最佳。

在实际场景中，单个或几个石块的表现力是有限的，为了表现场景中的大规模岩石效果，往往还要结合他表现岩石效果的方法例如，使用岩石生态系统材质，可以创建大量的石块和卵石，适宜表现满是石块的海滩或者由岩块构成的海岸线；使用凹凸或置换材质，适用于表现大范围、高密度覆盖的岩石分布；使用 HyperBlobs[超级块]，非常适宜创建具有极其丰富而细腻翔实细节的岩石形态。

5. 行星

在 Vue 中，只有行星对象被放置在大气云层之外，像其他对象一样，可以移动、缩放、旋转、扭转行星对象，但是，不能赋予行星对象材质。

要创建行星，请单击左侧工具栏中的 [行星]按钮即可，一个场景中可以创建多颗行星。要编辑行星的外观，可以在 Object Properties【对象属性】面板中进行，行星没有专用的编辑器。

在主界面右侧 Object Properties【对象属性】面板 >> 【外观】标签中单击 [显示选项]按钮，可以展开显示选项菜单，默认情况下，已经勾选了 ✓Main View Only[只出现在主视图]项，表示行星对象在未被选择的情况下，只在主视图中显示。

选择一个行星对象后，Object Properties【对象属性】面板的 【外观】标签显示如右图：

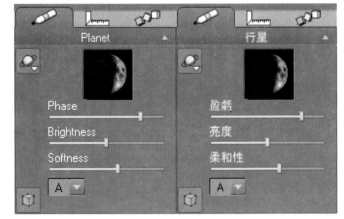

面板上部显示的是行星预览，对行星的编辑可以动态地在行星预览上反映出来。

[选择行星…]：该下拉图标位于面板的左上角，单击该图标（可以左键单击，也可以右键单击），会展开行星列表，可以从中选取某个行星名称来改变行星的外观，如果从行星列表中选择了 ✓Saturn[土星]项，还会附带创建土星环。如左图：

None	无类型
✓Moon	✓月亮
Mercury	水星
Venus	金星
Earth	地球
Mars	火星
Jupiter	木星
Saturn	土星
Uranus	天王星
Neptune	海王星
Pluto	冥王星
Custom	自定义

如果从行星列表中选择了√Custom[自定义]项，会弹出 Please select a picture to load【请选择一幅要载入的图片】对话框（即可视化图片浏览器），可以从中选择一幅图片作为行星表面的贴图。如果想使用图片创建一个带环的自定义行星，方法是先选择√Saturn[土星]项，再改选为 Custom[自定义]项。

在行星预览的下面，有 3 个参数滑块，可以自定义行星的外观。

- Phase[盈亏↔]：行星的盈亏是由于人眼从不同的角度观察被太阳照射的行星照亮面而形成的，但是，在Vue中，行星的盈亏与太阳在场景中的实际位置完全没有关系，所以，如果要比较真实地表现行星的盈亏与太阳照射的关系，应仔细地手工匹配行星盈亏与场景中太阳位置的关系。

- Brightness[亮度↔]：控制行星的亮度，如果天空比较明亮，行星的亮度就应设置得比较低；而如果天空很暗（比如晚上），行星就应显得比较明亮。

- Softness[柔和性↔]：控制行星从照亮区到背光暗区过渡的逐渐性。

行星与其他种类的对象有一个显著的不同之处，行星是放置在云层后面的，所以行星会被云层遮住，这是比较符合真实情况的。

如果场景中创建了多颗行星，会按照行星在 World Browser【世界浏览器】中出现的上下顺序进行处理计算，也就是说，最下面的行星会被放在最上面那颗行星的后面，要改变行星出现的顺序，只需要在 World Browser【世界浏览器】中移动行星的排列顺序就可以了。

可以在 3D 视图中使用移动、缩放和旋转工具编辑行星的位置、大小和方向。

6. 云团

云团是单独飘浮的云彩，就像其他普通对象一样能够四处移动、旋转和缩放。云团是对云层很好的补助，当场景中需要大片醒目的云彩（例如积雨云）时，特别有用，如果想把一朵云彩放在一个精确的位置，而又不想使用复杂的程序云层，也可以使用云团。

要创建云团，要用到左侧工具栏中的 [云团 ‖ 载入预置的云团…]图标，该图标右下角有一个小点，表明这是一个双重图标。左键单击该图标，可以直接在场景中创建一个云团对象（当然也可以从 Object【对象】主菜单中选择相关命令）。

> 注意：只有在 ◉Spectral model[光谱大气模式]中才可以创建云团（启动 Vue 时默认创建的场景使用的就是 ◉Spectral model[光谱大气模式]，关于 ◉Spectral model[光谱大气模式]，见后文"大气"章节。

像植物一样，云团是根据一套定义其整体外观的规则随机构建的，所以每次创建一个新的云团，形状都会不同于之前创建的云团。

定义云团整体外观的规则集中在一组云团模型文件中，要选用新的云团模型，请用右键单击 图标，则图标变为 形状，会弹出 Please select a cloud model【请选择一种云模型】对话框（即【可视化云模型浏览器】对话框），浏览器中显示了所有可用的云团模型，单击选择一种需要的云团模型，再单击 OK[确定]按钮，或者直接双击云团预览图，就可以创建一种新的云团模型，如右图：

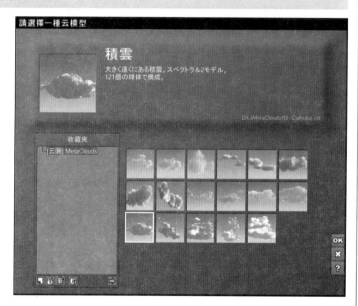

云团是联合许多扁球状的基本云团单元构建的，可以单独地编辑这些云团单元，在World Browser【世界浏览器】面板中单击云团对象前面的"田"符号，使之变为"曰"，就展开了所包含的云团单元，单击选择其中某个云团单元，能够在一定程度上移动或缩放（云团对象可以进行整体旋转和任意缩放，但云团单元只能保持比例进行缩放，且不能旋转），这样就可以改变云团的形状来满足场景的需要。

在 World Browser【世界浏览器】面板中展开了云团对象所包含的云团单元后，单击选择其中某个云团单元的名字，此时左侧工具栏中的 按钮图标会转变成 [云团单元 ‖ 载入预置的云团…]图标，单击该图标会给云团对象添加一个新的扁球状云团单元，刚创建的云团单元处于被选择状态，可以依需要进行移动或缩放。要删除某个云团单元，请先选择该云团单元，然后按 Delete 键。

为了获得真实的云团与光线和大气相互作用的效果，云团对象被赋予一种特殊类型的体积材质，同一云团中的所有的云团单元均被赋予了同一种材质。

云团对象既可以进行整体动画，也可以单独地进行云团单元动画，综合使用这两种方式，可以实现难以置信的"云彩变形"动画效果。

2.1.2　3D 文字和中文字符

3D 文字是一种特殊的多边形网格，它是把 2D 文字拉伸成三维而创建的。

3D 文字可以移动、缩放、旋转、扭转，并且可以赋予材质。

要创建 3D 文字，请单击左侧工具栏中的 **T** [文字] 按钮，会弹出 Text Editor【文字编辑器】对话框，可以直接输入英文字符并定义字符的形状，定义好字符之后单击 **OK** 按钮，文字就会出现在 3D 视图中。

虽然在 Vue 的 Text Editor【文字编辑器】内不能直接输入简体中文字符，但是却可以粘贴简体中文字符，粘贴的简体中文字符虽然在 Text Editor【文字编辑器】的文字输入区中显示为 "？"，但在场景中却显示得很正常！如右图：

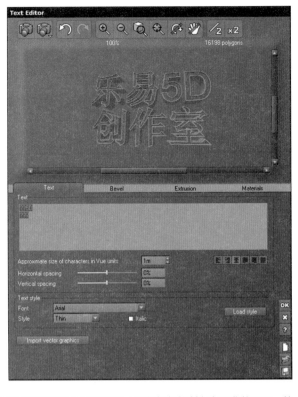

在上图中，可以直接使用鼠标或预览区上面的按钮控制文字预览的显示。单击 **Load style** [载入样式] 按钮，会弹出 Please select text style to load【请选择要载入的文字样式】对话框（即可视化文字样式浏览器），里面预置了多种文字样式可供用户选择，如左图：

在 Text Editor【文字编辑器】中，除了可以把 2D 文字拉伸为三维，还可以把 2D 矢量图形拉伸为三维的，单击 **Import vector graphics** [导入矢量图形] 按钮，就会弹出【打开】文件浏览器，可以从硬盘中选择并导入要拉伸的矢量图形，这个功能极大地扩展了 Text Editor【文字编辑器】的用途。

在 World Browser【世界浏览器】面板中，为了便于组织和管理文字，每一个 3D 文字对象所包含的字符都创建成独立的多边形网格，并且被组织成一个简单组对象。如果双击 3D 文字对象，则会再次弹出 Text Editor【文字编辑器】，可以重新编辑和调整其中的字符，如更换字符、对齐字符、倒角、拉伸、为文字的不同部分赋予不同的材质等；如果展开 3D 文字对象的层级结构，选择某个或某几个字符，可以单独地进行移动。如果双击其中的某个字符，则会弹出 Polygon Mesh Options【多边形网格选项】对话框，可以单独地对其进行调整。

2.1.3　光源

在 Vue 中，有 7 种光源。其中 5 种简单光源（或称基本光源）是：点光源、二次方点光源、聚光灯、二次方聚光灯和平行光；另外两种是区域光：包括面光源和发光对象，区域光相对于简单光源来说，也称为 "高级光源"。不同种类的光源会按不同的方式发射光线。

不同种类的光源对象在场景中有不同的代表符号，如右图分别是点光源、二次方点光源、聚光灯、二次方聚光灯在前视图中显示的代表符号：

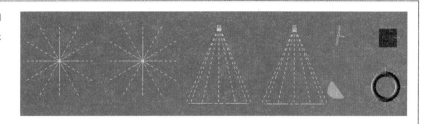

1. 简单光源和高级光源的主要区别

简单光源之所以冠以"简单"一词，是因为它只从一个单一的"数学点"发射光线，这是模拟光源最简单的方法，计算方法也最简单和容易。但这只是近似地模拟光源，这种方法很容易在照亮区和阴影区之间造成不自然的尖锐过渡。为了解决这个问题，可以使用"软阴影"，在照亮区和阴影区之间制造光滑过渡的假象。

对于真实的光源，光通常是从光源的整个表面（划分为许多发光点）发射出来的。区域光源就能够比较真实地模拟现实中的光源，可以把区域光源理解为由成千上万个点光源组合而成，效果很真实，计算速度也要慢很多。所以，区域光源也称为"高级光源"。区域光不需要"软阴影"设置，因为它的特性决定了一定会在照亮区和阴影区之间产生自然柔和的过渡。

2. 简单光源

不同种类的简单光源投射光线的方式是不同的。

点光源和二次方点光源从光源中心点起始向所有的方向发射光线，亮度（或强度）的减弱与离光源中心点的距离密切相关，其功能类似常见的灯泡，二次方点光源与标准的点光源很相似，不同之处在于二次方点光源的亮度衰减得更快。

聚光灯和二次方聚光灯从光源中心点起始发射光线，光线的分布形成圆锥形状，亮度（或强度）在圆锥轴向上的减弱与离光源中心点的距离成比例，其功能类似常见的手电筒或车灯，可以调整光锥的锥角（发散角），也可以调整沿光锥径向的衰减速度，二次方聚光灯与标准的聚光灯很相似，不同之处在于二次方聚光灯的亮度在圆锥轴向上衰减得更快。

平行光只沿一个方向发射光线，光束之间是平行的。平行光也被称为"无限光"或"全局光"（其他光源相应地称为"有限范围光"），平行光最适合用来模拟无限（或接近无限）的光源，如太阳光。光源很遥远，光的亮度不会在场景内发生衰减变化。平行光在三维视图中使用一个小太阳形的 3D 符号 ▨ 作为代表，平行光只有光线方向是重要的，与代表符号在场景中的位置不相关。平行光是景观场景中最常用到的光源。

要创建简单光源，要用到左侧工具栏中的 ⊙ 按钮图标，直接单击该图标即可以创建一个光源。该按钮右下角有一个朝右的小三角符号，表明这是一个折叠图标。如果所需的光源类型没有显示出来，请用右键单击该图标（或左键长击），该图标就可以展开成为 ⊙ ▣ ◀ ◀ ，把光标移动到其中的目标图标上释放鼠标按键，就可以创建相应的光源（当然也可以从 Object【对象】主菜单中选择相关的命令）。

新建场景时，带有一个白色的平行光，名字为 "▨ Sun light [太阳光]"。

光源可以移动、缩放和旋转，但不能扭转。缩放光源会影响点光源和聚光灯等有限范围光的功率，而平行光是无限的，其功率不受缩放操作的影响。

不能直接为光源赋予材质（可以赋予滤光板材质），但可以定义光线的颜色。

3. 区域光

区域光包括面光源和发光对象。

面光源是一种矩形的平面发光面板，光线从矩形的整个表面发射出来，可以对之进行缩放，改变其长宽比例。创建面光源的方法和上面创建简单光源的方法相同，展开折叠图标后选择最右端的 ▢ [面光源] 图标，就可以创建一个面光源。

发光对象是一种在整个表面（大多是三维空间的）上的所有点都会发射光线的对象，任何实体对象都可以转换为发光对象，方法是先选择一个对象，然后选择 Object【对象】主菜单 >> Convert to Area Light[转换成区域光] 命令（也可以在 3D 视图右键弹出菜单中选择该命令）。当一个对象被转换成发光对象时，对象上原来被赋予的材质会自动转换成光源的滤光板材质，所以，如果对象转换之前某些材质部分是红色的，而另一些材质部分是绿色的，转换成发光对象以后，其发射的光线仍然是有红有绿。

> 注意：对象转换成区域光后，不能够再转换回普通的对象！

区域光源发射的光线亮度与发光表面的面积大小成比例，发光表面积越大，发出的光亮度就越强劲，此外，还可以调整区域光的功率参数来改变发光亮度。

2.1.4　风机

在 Vue 中，风机对象产生的风能够吹动植物对象，但对场景中其他种类的对象没有影响，风机对象在渲染时不显示。风机分为以两种类型。

（1）定向风机：朝着某个特定的方向的范围内吹风，类似电风扇；

（2）万向风机：风由一个中心点吹向四面八方。

创建风机要使用左侧工具栏中的 🌀 [定向风机] 图标，它的右下角带有一个朝右的小三角符号，表示这是一个折叠图标，如果所需的风机类型的按钮图标未显示出来，请长按鼠标左键或右击该图标，它就会展开，显示为 🌀 🌀，不要松开鼠标，移动到所需的图标上再松开，就会创建相应的风机对象。

定向风机在视图中显示的代表符号包括扇页和两个虚线风锥（内风锥是强风区，外风锥是径向衰减区），如右图左是定向风机在前视图中显示的代表符号，类似聚光灯；万向风机在视图中显示的代表符号向四面八方发散出一些虚线（虚线长短表示风力影响范围的远近），如右图右是万向风机在前视图中显示的代表符号，类似点光源。

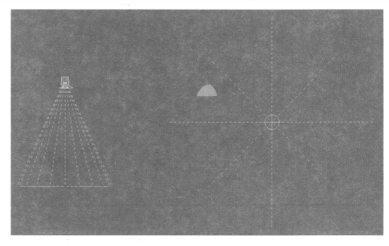

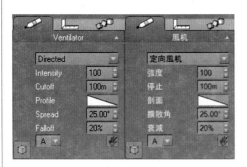

风机对象没有专用的编辑器，要编辑风机，可以在 Object Properties【对象属性】面板 >> ✏️〖外观〗标签中进行。

选择一个风机对象后，在 Object Properties【对象属性】面板的 ✏️〖外观〗标签中，通过 Ventilator type〖风机类型 ▽〗下拉列表，可以改变风机类型，包括上面所讲的 Directed[定向风机] 和 Omni[万向风机] 两种类型，选择不同的风机类型，参数有所不同，如左图是定向风机的参数，类似聚光灯。

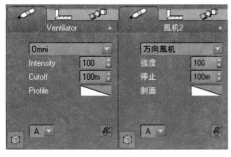

左图是万向风机的参数，类似点光源。

- Intensity[强度▢]：控制风机吹出的风力强度，同时还会改变风力的影响范围。调整风力强度时，在视图中，会从风机对象发散出的虚线长短直观地表现出来。注意，风力强度可以设置成负值，"吹风"会变成"吸风"！

- Cut off[停止]：控制风机停止影响植物的距离，也可以从视图中风机对象发散出的虚线长短直观地表现出来，该设置和上面的 Intensity[强度▢]设置共同影响风力的影响范围。

- Profile[剖面▦]：使用一个滤镜定义风机吹出的风力强度随着远离风机如何衰减变化，滤镜的横坐标代表离风机的距离，纵坐标代表风力的强度。默认情况下，风机吹出的风力强度随着远离风机呈线性下降，现实生活中的电风扇一般都是这个特点。然而，载入一个新的滤镜，或者编辑现有的滤镜曲线，都可以改变风力强度随着远离风机而衰减变化的特性。关于如何载入和编辑滤镜，参见后文"滤镜"章节。

- 🔥[影响生态系统]：单击该按钮，切换为 🖐 状态，风机就会影响生态系统内的植物，因为生态系统内的植物数量可能非常多（如果是动态生态系统，植物数量还可能不确定），风机会优先影响靠近风机的那些植物。

注意：①通过这个参数我们应该理解，风机可以影响的植物包括两个方面，不但可以影响一定范围内的独立的植物对象，还可以影响生态系统中一定范围内的植物实例；②风机对象的 🔥 图标与普通对象（如球体）的 🔥 图标乍一看很相似，其实不同，不要发生混淆！

如果选择了 Directed [定向风机] 类型，除了上面所讲的参数外，还会多出下面两个参数。

- Spread[扩散角▢]：调整风锥的扩散角度，准确来讲，是风锥中心轴线和风锥边缘的夹角，而不是指风锥两个边缘之间的夹角（不是顶角，而是顶角的一半）。该数值越大，风锥的伸展角度就越大，最大为90°（风锥会变成一个巨大的平面圆）。如果硬要输入大于90°的值，风锥也仍显示为一个平面圆，会把风吹到风机前面的所有地方。

- Falloff[衰减▢]：控制内风锥边缘到外风锥边缘由强到弱的过渡速度，这是沿径向的衰减，而不是沿轴向的衰减。该值越大，表示衰减区域所占比例就越大，或者说衰减区域就越厚，过渡显得就越缓慢。

风机像其他对象一样可以四处移动、旋转和缩放大小，但缩放风机大小指的是改变风机产生的风力强度。不能赋予风机对象材质。

风机还可以链接到其他物体上面，给人的印象是吹风效果好像是由该物体造成的一样，例如，可以模拟直升机降落到田野时螺旋桨吹歪下面的草木的效果。

2.1.5　3D 多边形网格模型

多边形网格有时也称为"3D 模型"，是集成了许多 3D 子多边形面的对象，根据边数的多少，子多边形面可以是三角形、四边形或者是 n 边形，这种"3D 模型"对象是在其他 3D 软件中创建的，不同的 3D 软件一般使用不同的模型格式。Vue 可以通过文件格式转换器把所支持格式的模型进行转换并导入进 Vue 的场景中，因此，尽管 Vue 创建或编辑多边形网格的能力有限，但是能够"广开言路"，"借力"其他 3D 软件创建的各式各样的现成模型资源，从而可以减少用户的重复劳动，加快了创作速度。

多边形网格的最大优点是能够任意造型，然而，当需要创建球体之类的"标准"形状时，直接使用 Vue 自身就有能力创建的基本对象会更加高效，产生的视觉效果也更好，因为在一个多边形网格对象表面上，子多边形的数量是有限的，可能会看到断裂的边缘，而在一个 Vue 基本对象的表面上不会出现这种现象。

多边形网格可以进行移动、缩放、旋转或扭转，并且可以赋予材质，某些多边形网格的不同部分还可以赋予不同的材质。但是在 Vue 中，只能从整体上对多边形网格对象进行光滑或精简等简单而有限的编辑，而不能直接修改点、线、面等子元素。

Vue 安装时已经预置了许多精美的多边形网格对象，要载入这些多边形网格对象，请左键单击左侧工具栏中的 🖰 [🖰 载入对象 >> ‖ 🖰 保存对象…] 按钮(对应的菜单命令分别是 File【文件】主菜单 >>Load Object…[载入对象…] 命令和 Save Object…[保存对象…] 命令)，会弹出 Please select object to load【请选择要载入的对象】对话框，即可视化对象浏览器，可以从中选择需要的多边形网格对象，如右图：

在可视化对象浏览器右侧的预览列表中选择某个多边形网格模型对象的预览图，然后单击 [确定] 按钮，或者直接在预览图上面双击，就可以载入该多边形网格对象。多边形网格对象一般来说结构都比较复杂，在【世界浏览器】中往往表现为带层级结构的组对象。

有的读者朋友可能会有疑问，在上述载入多边形网格对象的过程中，为什么没有通过导入选项进行格式转换处理呢？这是因为，可视化对象浏览器中预置的多边形网格对象都是曾经导入过 Vue 场景的对象，在那时候，其格式已经被转换过，并被保存成 Vue 的 ".vob" 对象格式，所以再次向场景中载入 ".vob" 格式的对象时，就不需要再次进行格式转换了！

> 注意：为了有所区别，把从可视化对象浏览器中直接向场景中添加对象的过程称为"载入对象"，而把将其他格式的 3D 模型经过格式转换再添加到场景中的过程称为"导入对象"（需要使用 File【文件】主菜单 >>Import Object…[导入对象…] 命令）。

Vue 还可以导入带有动画信息的多边形网格。

2.2　选择对象 《

在对对象进行任何修改之前，如复制、变换、编辑、组合、删除，必须先选择此对象。本节我们讲解各种选择对象的方法。

被选择的对象在视图中显示为高亮红色，在 World Browser【世界浏览器】中也会反色高亮显示对象的名称。

要选择一个对象，可以在活动的 3D 视图内单击该对象（如果单击的是非活动 3D 视图，会首先激活该视图，所以必须再次单击该对象进行选择），也可以在【世界浏览器】中单击对象的名称进行选择，还可以按共性条件或使用菜单进行选择。方法有多种，用户应根据需要灵活选用。

由于 Vue 不支持面、边、点等子对象的编辑，所以也没有相应的子对象选择工具（样条曲线除外）。

2.2.1　在 3D 视图中选择

在 3D 视图内选择对象，即在四个视图内根据对象的几何体或代表符号进行选择，它的优点是形象、直观，它的缺点是当场景内的对象较多时容易发生混淆和误选。

（1）鼠标单击选择：即在视图中直接单击要选择的对象几何体或代表符号。如果要选择的对象包含在某个组对象内，在 3D 视图中单击，将会选择整个组对象，选择某个特定成员对象的唯一办法是使用 World Browser【世界浏览器】。在 3D 视图中进行单击选择，被选择的对象在顶视图、侧视图、前视图中均不会被居中显示。

（2）鼠标框选：在 3D 视图中点击所有对象几何体以外的地方（即空白处），不要松开鼠标按键拖动鼠标，绘制一个矩形框，该矩形框也叫做"选择区域"，对象几何体中心（不一定是轴心）处于选择区域内部的所有对象将会被选中。

（3）加选、减选：点击对象的同时按住 Shift 键，可以添加多个对象扩展选集，按住 Shift 键的同时重新单击某个已经选中的对象，会从选集中取消选择它。

（4）选择重叠对象：当鼠标光标之下存在视觉上重叠或相互遮挡的对象时，使用单击进行选择的同时按住 Ctrl 键，会反选未选择的对象，也就是说，如果当前光标下重叠或遮挡的对象都没有被选择的话，按住 Ctrl 键单击，会选择所有的对象；如果当前光标下重叠或遮挡的对象已有部分被选择的话，按住 Ctrl 键单击，会反选其余没有被选择的对象。

（5）全部取消选择：在视图的空白处单击就可以全部取消选择对象。

> 注意：如果是通过 World Browser【世界浏览器】 >> Materials〖材质〗标签选择某一类对象时，此功能在主视图内无效。

（6）禁止选择：对于某个对象，如果在 Object Properties【对象属性】面板 >> Aspect【外观】标签中单击 [预览选项] 按钮，从弹出菜单中勾选 ✓Locked[锁定]，使对象设置成被锁定状态，或者在【世界浏览器】中锁定对象所在的图层，就无法在视图中单击选择这些对象（但是无论是否锁定都可以在【世界浏览器】中通过对象名称进行选择）。无限平面，如地面、水面，创建时就被设置成被锁定状态，无法直接在 3D 视图中单击选择，如右图：

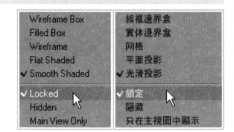

2.2.2　在世界浏览器内选择

在 World Browser【世界浏览器】 >> Objects〖对象〗标签内，Vue 以树状形式把场景内的对象组织起来，在这里，可以通过选择对象的名称来选择对象。

（1）鼠标单击选择：用鼠标单击要选择对象的名称，被选择对象的名称会以反色高亮显示。

（2）选择组内的成员对象：在【世界浏览器】中单击组对象前面的"⊞"使之变为"⊟"，将组对象展开，然后用鼠标单击选择成员对象的名称。要选择组对象内的成员对象必须在【世界浏览器】中进行。

世界浏览器不支持框选。

（3）范围选择：使用 Shift 键扩展选集，与标准的 Windows 操作方法相同。

（4）加选、减选：使用 Ctrl 键加选或减选，与标准的 Windows 操作方法相同。

> 注意：Shift 键和 Ctrl 键在【世界浏览器】中的用法和在视图中选择对象时的用法不相同。

（5）使用箭头键：先单击一下【世界浏览器】 >> Objects〖对象〗标签，用鼠标单击选择某个对象后，使用键盘上的向上、向下箭头键，可在树状对象名称列表中逐个选择相邻的对象。

> 注意：不要与在视图中使用箭头键轻推移动对象的操作混淆。

（6）选择图层中的所有对象：在【世界浏览器】中用鼠标单击要选择的图层名称，图层及图层内所有对象将同时被选中。

（7）选择某种类型的对象：如果对象是按 ☑Sort By Types[按类型排序]（见后文）组织的，单击类型名称可以选择该类型中的所有对象。

（8）全部取消选择：在【世界浏览器】的空白处单击。

> 注意：要选择在视图内被隐藏、锁定的对象，无法在视图内直接选择，只能在【世界浏览器】内选择。

与在 3D 视图中单击选择对象有所不同的是，使用【世界浏览器】选择对象后，会重新定位顶视图、侧视图、前视图等正交视图（不包括主视图），使得以被选择的对象为中心来显示视图。这是因为，在 File【文件】主菜单 >>Options…[选项…] 命令 >>Options【选项】对话框 >>Display Options〖显示选项〗标签 >>View Options〖 视图选项 〗参数组中，默认已经勾选了 ☑Center views on objects selected in world browser[把视图中心居中到在世界浏览器内选择的对象上] 选项，如果取消勾选该选项，可以关闭该项功能。

2.2.3 按共性条件选择类别

可以按照多个对象所具有的某个共性条件进行选择。

从 Vue9.0 开始，把原来位于左侧工具栏中的折叠按钮图标 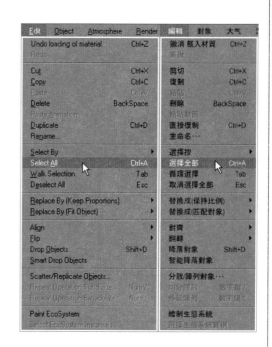 移到了顶部工具栏中，里面包括 3 种按共性条件选择的按钮，在按共性条件选择之前，需要先选择一个对象（只能有一个，如果有两个以上的对象已被选择，这些按钮将禁用），进行选择时就是以这个对象的当前设置作为共性条件。

(1) 按网格颜色选择：单击 [按网格颜色选择] 选择与当前对象网格颜色相同的所有对象。

(2) 按对象材质选择：单击 [按对象材质选择] 选择与当前对象材质相同的所有对象。

(3) 按对象类型选择：单击 [按对象类型选择] 选择与当前对象类型相同的所有对象。

以上三种选择方式，也可以通过 Edit【编辑】主菜单 >>Select by〖选择按 ▶〗子菜单中的三个命令来完成。

(4) 在 Summary of Materials【材质一览】面板中选择：单击顶部工具栏中的 [显示材质一览] 按钮，弹出 Summary of Materials【材质一览】面板，在材质预览列表中单击某个材质预览，将选择使用该材质的所有对象。

(5) 在 World Browser【世界浏览器】>> Materials〖材质〗标签中选择：在材质列表中单击某个材质，将选择使用该材质的所有对象。

对于上面（4）、（5）两种选择方式，可以进入 File【文件】主菜单 >>Options…[选项…] 命令 >>Options【选项】对话框 >>General Preferences〖一般参数〗标签 >>Object Options[[对象选项]] 参数组中关闭此功能。

2.2.4 使用菜单和快捷键选择

在 Edit【编辑】主菜单中，也包括一些选择对象的命令，并附有快捷键，如右图：

除了上面所讲过的 Edit【编辑】主菜单 >>Select by〖选择按 ▶〗子菜单中的 3 个命令外，还有以下几个命令。

- Select All[选择全部]：使用此命令选择场景中的全部对象。

- Walk Selection[循环选择]：当选择了多个对象后，重复选择此命令能够依次选择其中的每个对象，这一操作被称为"循环选择"或"漫步选择"，如果改用 Tab 键也可以实现这种操作目的，就是说反复按 Tab 键可以更方便快捷地循环换选已经选择的多个对象中的每一个。例如，可以按住 Ctrl 键选择光标下所有重叠的对象，然后多次按下 Tab 键循环通过这些对象，直到到达想要选择的那一个对象。

- Deselect All[取消选择全部]：选择此命令会取消一切选择。要取消选择全部对象，还可以采用在视图或【世界浏览器】的空白处单击、单击工具栏上没有图标的地方、按 Esc 键等方法。

2.3 编辑操作 《《

本节，我们讲解对象的常用编辑操作。

2.3.1 变换工具和工具助手

对象可以移动、旋转、缩放、扭转、改变轴心位置，这些操作统称为变换。

1. 选择变换工具

当选择了一个对象时，在所有视图中，该对象的轴心上均会出现一套变换工具。变换工具用于移动、旋转、缩放对象。变换工具首先出现在 Maya 中，现如今已经成为 3D 图形软件变换对象的行业标准。

变换工具分为三种：位置工具（或称为移动工具）、旋转工具和缩放工具（或称为大小工具）。如右图是移动工具和变换工具助手：

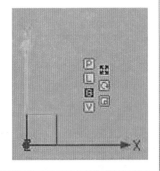

在活动视图中，变换工具助手出现在变换工具的右侧，其中包括两列按钮，右边一列单选按钮用于选择变换工具的模式，左边一列用于选择变换坐标系。

变换的方向可以锁定（或称为约束）到只沿 1 个轴，同时沿 2 个轴，或者同时沿 3 个轴。变换工具的 X、Y 和 Z 轴向分别用红、绿、蓝三色进行区别。

> 务必注意，变换工具的 X、Y、Z 轴与坐标系的 X、Y、Z 轴有密切联系，然而却是两个不同的概念。

默认变换工具模式是位置工具模式，改变成其他变换工具模式的方法如下。

（1）单击活动视图中变换工具助手右侧的几个变换模式按钮。

（2）使用菜单命令 Display【显示】主菜单 >> Gizmos〖变换工具 ▶〗子菜单中相关命令，如右图：

（3）熟练的用户，可以使用快捷键（标识在菜单命令右侧）更方便一些。

当 Vue 和其他 3D 软件协同工作时，为了和其他协同工作的 3D 软件使用统一的变换工具，可以使用上图中的菜单命令隐藏变换工具和变换工具助手。根据工作需要，还可以使用上图菜单中的相关命令或快捷键调整变换工具的大小（不会影响操作结果）。

如果选择的是单个对象，进行变换操作时，在 Object Properties【对象属性】面板 >> ▇▇ Numerics〖参数〗标签中，可以看到有关数值的动态变化。

2. 使用位置工具移动对象

位置工具（或称为移动工具）用于移动所选择的对象，包括三个互相垂直相交于一点并且带有圆锥形箭头的红色、绿色、蓝色变换轴，其样式如右图：

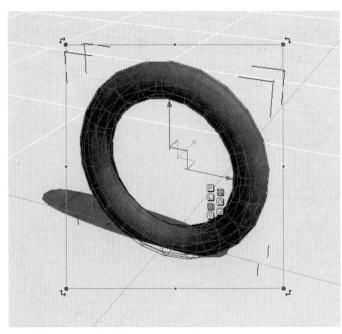

如果当前显示的不是位置工具模式，请单击变换工具助手中的"▦"按钮，使之变为"▦"状态，就转变为位置工具模式了。

位置工具的用法如下。

（1）把对象锁定到单个轴向上移动

在视图中移动鼠标到某个圆锥形箭头（或轴）上时，鼠标光标会变为"✛"样式，当该箭头（或轴）的颜色变成亮黄色时，单击该箭头（或轴）并且不要松开鼠标按键进行拖动，就能够沿着该轴的方向移动被选择的对象，而且被选择对象的移动方向被锁定到该轴的方向，只能沿该轴的方向移动，不能沿其他轴向移动。

一般来说，使用变换工具时，均需要锁定变换方向，以得到清晰明确的移动效果。

（2）把对象锁定到两个轴向构成的平面内移动

在 X、Y、Z 三个轴的交点处有三个矩形，当鼠标光标移动到某两个轴的交点矩形时，该矩形会变成亮黄色，单击该亮黄色矩形并拖动，就可以把被选择的对象锁定到该矩形所在的平面内进行移动。

（3）任意移动

默认情况下，Display【显示】主菜单 >>Gizmos〖变换工具 ▶〗子菜单中已经勾选了√Allow Moving Outside Gizmo[允许在变换工具外侧进行移动] 菜单选项，那么，如果直接在位置工具之外的对象身上单击鼠标进行拖动（鼠标光标也显示为"✛"样式），则不会锁定对象的移动方向，可以任意移动。

> 注意：这种移动方式即使是在旋转工具模式和缩放工具模式下仍然有效！如果取消勾选上述菜单选项，则可以禁用此功能。

3. 使用旋转工具旋转对象

旋转工具用于旋转所选择的对象，包括 3 个红色、绿色、蓝色的同心 3D 旋转圆环，每个圆环控制着对象绕相应颜色的坐标轴旋转，最外面还有 1 个白色旋转圆环，该白色旋转圆环控制对象绕垂直于屏幕的"屏幕 Z"轴（从屏幕指向用户）进行旋转。旋转工具的形状如右图：

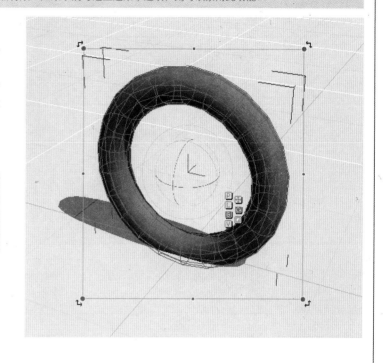

> 如果当前显示的不是旋转工具模式，请单击变换工具助手中的"🔘"按钮，使之变为"🔘"状态，就能转变为旋转工具模式了。旋转对象时，在屏幕左下角的状态栏内，会动态反馈旋转量信息。

旋转工具的用法如下。

（1）把对象锁定到绕单个轴向上旋转

在视图中移动鼠标到 3D 旋转圆环上时，鼠标光标会变为"↻"样式，当某个旋转圆环的颜色变成亮黄色时，单击该旋转圆环并且不要松开鼠标按键进行拖动，就能够使被选择的对象在 3D 旋转圆环所在的平面内绕着相应的轴旋转，而且被选择对象被锁定到只绕该轴进行旋转。状态栏中的提示信息样式为 x : 21.102, y : 0.000, z : 0.000 。

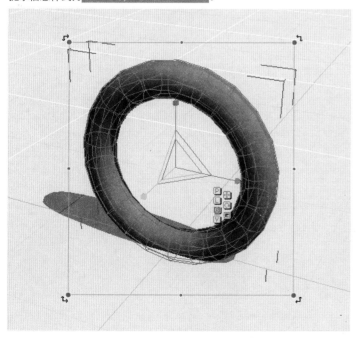

可见，锁定旋转方向和锁定移动方向的方法是类似的。

（2）任意旋转

把鼠标的光标离开 3D 旋转圆环一些，但又靠近旋转工具的中心，会出现一个灰白色的圆盘，同时所有的 3D 旋转圆环都会变为亮黄色，单击并拖动此圆盘，就可以绕着"屏幕 X"轴和"屏幕 Y"轴任意进行旋转，状态栏中的提示信息样式为 cam X : 16.000, cam Y : -18.000 。但是，使用这种方法不太容易进行精确的控制。

（3）在屏幕平面内旋转对象

在 3D 视图内，锁定最外边的白色旋转圆环，进行拖动可以绕垂直于屏幕的"屏幕 Z"轴（从屏幕指向用户）旋转对象，状态栏中的提示信息样式为 cam Z : -18.990 。

4. 使用缩放工具缩放对象

缩放工具（或称为大小工具）用于缩放被选择对象的大小，其形状与位置工具有些类似，但缩放工具的轴端是圆点箭头而不是圆锥形的箭头，两个轴之间是等腰梯形而不是矩形，其形状如左图：

如果当前显示的不是缩放工具模式，请单击变换工具助手中的"▣"按钮，使之变为"▣"状态，就转变为缩放工具模式了。鼠标光标移动到缩放工具上时会变为"✕✕"样式。

锁定旋转方向和锁定移动方向的方法是类似的，以此类推，锁定缩放方向的方法也是类似的。下面，我们简单说明缩放工具的用法。

(1) 沿单个轴向上缩放对象。锁定某个圆点箭头（或轴）进行拖动，只在该轴向上进行缩放。

(2) 沿两个轴向上缩放对象。锁定某两个轴之间的梯形进行拖动，会在这两个轴向上同时进行等比缩放。

(3) 沿三个轴向上等比缩放。锁定三个轴之间的三角形进行拖动，会在这三个轴向上同时进行全局性的等比例缩放。

除了上述缩放对象的方法以外，在 3D 视图中还可以使用缩放手柄进行缩放，见下文。

5. 扭转对象

在 3D 视图内使用变换工具，先旋转对象，再缩放对象，就可以使对象扭转。例如先把对象绕 Z 轴旋转 45°，然后垂直缩放，再绕 Z 轴反向旋转回初始位置，该对象就被扭转了，扭转效果比较复杂，甚至难以理解，所以不太常用。我们还可以使用【对象属性】面板 >> [参数] 标签设置扭转效果，但更不直观。

针对地形对象，使用扭转，可以得到悬崖效果。

2.3.2 坐标系

1. 世界空间

要理解对象相对于彼此如何定位和定向，必须定义一个坐标系统。在 Vue 中，该坐标系由彼此都成直角的三个轴构成，这是非常经典的世界坐标系统，中学数学中会经常讲到这种坐标系统，如右图：

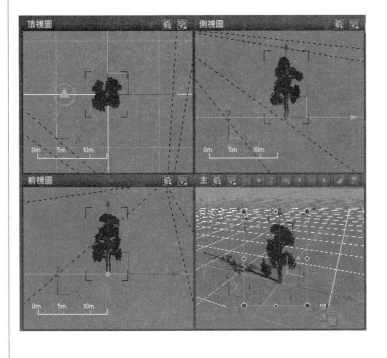

世界坐标系统是对世界空间的数学描述。

场景中只能使用一个固定的世界坐标系统，它不能移动，也不能旋转。

场景世界的中心称为原点，当创建一个新的场景时，原点位于正交视图的正中间，地面创建时其轴心就是定位于原点，其海拔高度 z=0。所有对象的位置都是相对于原点而言的。

从顶视图中看，X 轴是左右水平的，正值代表原点右侧的点，而负值代表原点左侧的点；在顶视图中，Y 轴是上下垂直的，正值代表该视图中原点上侧的点，而负值代表原点下侧的点。垂直轴被称为 Z 轴，正数代表地面以上的点，负值代表地面以下的点。

在主视图的左下角，会显示一组垂直相交的红、绿、蓝三色线段，并附带有红、绿、蓝颜色的 X、Y、Z 字符，这叫做"3D 轴"，在正交视图中，它们出现在视图左下角比例尺的上面，如左图：

3D 轴的方向就代表了世界坐标系三个轴的方向，通过这组红、绿、蓝三色线段，非常有助于我们理解场景在视图中的显示方向。

注意：3D 轴的交点并没有位于世界坐标系的原点处。

2. 对象空间

每个对象都拥有一个对象空间，对象空间也使用三个轴表示，但与世界空间不同，它链接或关联到对象自身上，且独立于该对象在世界空间内的方位。不管以任何方式旋转或扭转对象，对象空间也会随着对象步调一致地旋转或扭转（坐标轴之间的夹角不再呈现直角），因此对象空间是与特定对象自身相关联的。

对象坐标系统是对对象空间的数学描述。

3. 对象原点和枢轴点

每个对象都拥有一个唯一的对象原点，对象原点的位置如何确定呢？

对象原点通常是创建该对象时由程序自动定义的。对象的类型不同，其对象原点的确定方式也不同。

基本对象的对象原点一般位于边界框的中心，例如，球体的对象原点位于球心，圆锥体的对象原点在 Y 方向上并不位于自身靠近底部的形心（或质心）处，而是位于正中间；植物的对象原点位于根部；岩石对象的对象原点一般位于岩石自身的形心（或质心）；地面对象创建时，其对象原点位于世界原点处。

对象原点不能脱离它所从属的对象独立移动，移动对象会同时移动其对象原点，移动对象原点也就是移动对象自身。

有的 3D 软件可以自定义对象原点，这反映出不同的 3D 软件有不同的功能特点，大家不要和 Vue 混淆。

缩放或者旋转对象时，一般是以对象原点作为中心。但是，有时候需要以对象原点之外的某个地方为中心进行缩放或者旋转，又该怎么办呢？

为了解决这个问题，在 Vue 中，引入了"枢轴点"的概念。在视图中，枢轴点显示为一个绿色圆圈"●"，但是它默认并不显示，要显示枢轴点，需要具备两个条件：

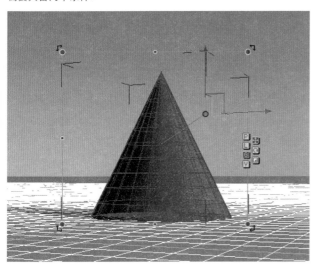

（1）选择该对象，如果不选择某个对象，则不会显示它的枢轴点；

（2）进入 Object Properties【对象属性】面板 >> 📋 Numerics 〖参数〗标签页 >> 🔲[枢轴点位置]子标签页，单击 👁[显示枢轴点 开/关]按钮，把它切换成黄色的 👁样式，在 3D 视图中，就可以显示被选择对象的绿色枢轴点了。

可以看到，枢轴点的初始位置与对象原点重合。

如果把鼠标光标移动到枢轴点上时会变为"✛"形状，进行拖动就可以把枢轴点移动到一个新的位置，在枢轴点和对象原点之间，由一条绿色的线段连接起来，使我们更容易看清楚二者之间的相对位置，如左图：

在移动枢轴点的同时，该对象的变换工具也会跟着移动，这样，就能够以原点之外的枢轴点为中心缩放或者旋转对象啦！

> 注意：如果给对象制作路径动画，附着在路径上的是对象原点，而不是对象的枢轴点。

4. 对象的边界标示

在场景中，有的对象有空间边界，如植物、球体、长方体、岩石等，这些对象被选择时，它们的周围会出现八个暗红色的顶角点，每个顶角点发出三条引出线，它们互相连接就形成一个长方体框架（或线框），刚好把被选择的对象"装"起来！这八个暗红色的顶角点就是对象在对象空间内的边界标示，当旋转对象时，边界标示也会旋转，如右图：

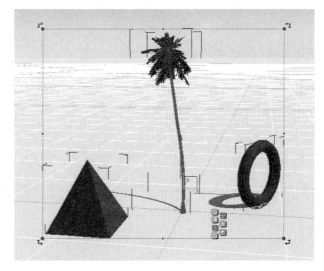

显然，根据对象边界标示长方体框架的方向，可以判断对象或对象空间在世界空间内的旋转方向；根据顶角点处三条线段的长短不同，可以判断对象在相应方向上的相对大小。

有的对象没有厚度，如平面对象、阿尔法平面对象，当选择这些对象时，它们的边界标示只有四个顶点。

有的对象没有空间边界，例如地面、水面、无限地形，它们没有边界标示。

当选择多个对象时，或者选择一个组对象内的部分对象时，其中的各个对象均是单独显示自己的边界标示。当选择组对象时，只显示整个组对象的边界标示。

除了对象空间内的边界标示，在世界空间内，对象还可以显示另外一种边界，要显示这种边界，请在 Display【显示】主菜单 >> Gizmos〖变换工具 ▶〗子菜单中取消勾选 Show Gizmos[显示变换工具] 项，当选择某个对象后，就不再显示默认的变换工具和变换手柄，而是呈现一个粉红色的长方体框架（或线框），这个长方体框架也能够刚好把对象"装"起来（平面对象除外），但是，无论怎样旋转对象，该线框的各个边线总是平行于世界坐标轴，而不是平行于对象坐标轴，所以它反映的是对象在世界空间内的边界范围，如右图：

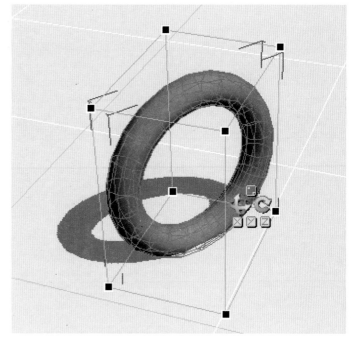

5. 世界空间和对象空间的不同应用

当使用对象空间与世界空间时，需要理解两种空间坐标系统之间的差异或区别，它们的差异或区别会造成不同的效果，主要体现在三个方面。

一是材质映射模式方面。如左图，是在世界空间和对象空间内的同一材质，因为对象发生旋转，而产生不同的材质效果。关于材质映射模式见后文"材质"章节。

二是程序地形的映射模式方面。见后文"地形"章节。

三是变换对象方面。使用变换工具变换对象时，选择不同的坐标系，会产生不同的变换结果。

通过 3D 视图直接变换对象与通过【对象属性】面板 >> [▭] Numerics〖参数〗标签变换对象，也存在空间的差异。

3D 视图默认操作在世界空间中，如果在 3D 视图中使用缩放手柄缩放某个对象，其结果依赖对象方向而定。例如：尝试创建一个立方体，在顶视图中，使用缩放手柄先上下缩放，再旋转 45°，其形体保持长方体；现在，换一种顺序，创建另外一个立方体，在顶视图中，使用缩放手柄先旋转 45°，再上下缩放，其截面被扭转成菱形了，可见其结果是不一样的，如右图：

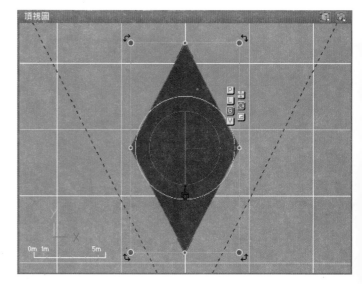

Object Properties【对象属性】面板 >> ▣▣ 〖参数〗标签中的大部分参数工作在对象空间中，尝试重复上述操作，这次使用 ▣▣ 〖参数〗标签进行控制，其结果在两种情况下是一致的。该标签的使用方法，见后文。

世界空间坐标系被固定而不能够发生变化，而场景中的对象随着一系列变换操作，可以拥有各自不同的对象空间，或者说拥有不同的局部坐标轴向和对象原点，下一小节，我们会进一步学习在对象上应用变换操作时，如何通过选择不同的坐标系而选用不同的变换轴向和变换中心，以实现更复杂的变换操作。

6. 为变换工具选择变换坐标系

在使用变换工具对所选择的对象进行变换操作前，可以先选择好不同的变换坐标系，确定以哪个点或按哪个方向进行变换。尤其是当选择了多个对象时，灵活地选用不同的变换中心和变换方向，会产生不同的变换结果。

一般来说，场景中有四种变换坐标系模式可供选择。

1) Local coordinates[局部坐标系]

使用被选择对象自身的坐标原点和轴向进行变换。

单击变换工具助手中的 "▣" 按钮，使之变为 "▣" 状态，就可以转变为 [局部坐标系] 模式。

变换方向与对象空间坐标系的轴向平行，变换中心是对象原点而不是对象的枢轴点。

如果选择了多个对象，在视图中也只出现一套变换工具。一般来说，这套变换工具出现在首先被选择的对象上。拖动鼠标进行旋转或缩放时，所有被选择对象均以自身对象原点为变换中心，以自身轴向为变换方向，各个对象之间互不干扰、互不相同、"各自为政"。

> 注意：在旋转工具模式中，即使选择了 "▣ [局部坐标系]"，如果在视图中用鼠标锁定最外侧的白色旋转圆环，也仍然可以围绕视图坐标系的·"屏幕 Z" 轴进行旋转。

2) Global coordinates[全局坐标系]

使用世界空间坐标系的轴向进行变换。单击变换工具助手中的 "▣" 按钮，使之变为 "▣" 状态，就可以转变为 [全局坐标系] 模式。

变换方向与世界空间坐标系的轴向平行，变换中心是对象的枢轴点而不是对象原点。

如果选择了多个对象，在视图中只出现一套变换工具，变换中心不在其中任何一个对象的枢轴点上，而是在这几个枢轴点的形心上。

3) Parent coordinates[父坐标系]

所有被选择对象统一使用第一个被选择对象（即父对象）的坐标系。单击变换工具助手中的 "▣" 按钮，使之变为 "▣" 状态，就转变为 [父坐标系] 模式了。

只有当选择了多个对象时，该模式才有意义，在视图中只在第一个被选择的父对象上面出现一套变换工具。

变换方向与父对象的轴向平行，变换中心是父对象的对象原点而不是枢轴点。

如果只选择了一个对象，该模式与 Local coordinates[局部坐标系] 模式效果相同。

4) View coordinates[视图坐标系]

变换操作时，我们还会用到 "视图平面轴" 的概念，所谓视图平面轴，是指与我们的显示器屏幕上下边线平行的一条水平轴与与显示器屏幕左右边线平行的一条垂直轴，在本书中，为了方便，我们把上述水平轴称为 "屏幕 X" 轴，垂直轴称为 "屏幕 Y" 轴，这两条轴和另外一条垂直于显示器屏幕的 "屏幕 Z" 轴（从显示器指向用户的假想轴）构成 "视图坐标系"，不管视图角度如何调整，视图坐标系各个轴的方向都会保持不变。在相机视图中，"视图平面轴" 在场景中的实际指向取决于视角，会随视角的变化而不断变化。

在相机视图中，水平轴 "屏幕 X" 和垂直轴 "屏幕 Y" 构成的视图平面有时也称为 "相机平面"。

该模式在视图坐标系统中进行变换，视图坐标系统的 "屏幕 Z" 轴总是朝向屏幕前的用户，它在相机视图中比较有用，因为对象总是可以在视图平面内进行移动、旋转或缩放。单击变换工具助手中的 "▣" 按钮，使之变为 "▣" 状态，就转变为 [视图坐标系] 模式了。

变换方向与视图坐标系的轴向平行，变换中心是对象的枢轴点而不是对象原点。

如果选择了多个对象，和 [全局坐标系] 一样，在视图中只出现一套变换工具，变换中心不在其中任何一个对象的枢轴点上，而是在这几个枢轴点的形心上。

此外，如果启用了星球地形场景，还会多出一个 Spherical Coordinates[球形坐标系] 按钮，图标为 "▣"（见后文 "地形" 章节）。

要选择不同的变换坐标系模式，也可以使用 Display【显示】主菜单 >>Gizmos 〖变换工具 ▶〗子菜单中的相关命令或快捷键来完成。

在实际工作中，可以根据实际需要，灵活地综合运用不同的坐标系模式，以便高效地构建复杂的场景。

7. 确定变换中心和方向的途径

在前面，我们接触了变换中心和变换方向的概念，在变换操作中，对于这两个问题，我们始终要有清醒的认识。

在 Vue 中，变换中心的确定途径一般有以下几种。

（1）使用对象原点。

（2）使用对象的枢轴点。

（3）使用多个枢轴点的形心。

（4）使用变换手柄的中心或变换手柄的角点。

在 Vue 中，变换方向的确定途径一般有以下几种。

(1) 使用世界坐标系的轴向。

(2) 使用对象坐标系的轴向。

(3) 使用视图坐标系的轴向。

综合使用这些方法时可能会感觉很凌乱，实际工作中，我们一般是熟练掌握其中少数几种方法，能够满足应用即可，没有必要完全熟练掌握所有方法。

2.3.3　变换手柄

变换手柄分为缩放手柄和旋转手柄两种，它们与 Photoshop 中的变换手柄很类似。

为了和其他 3D 软件使用统一的变换工具协同工作，或者是为了界面的整洁，可以通过 Display【显示】主菜单 >>Gizmos〖变换工具 ▶〗子菜单中的有关命令分别隐藏缩放手柄或旋转手柄。

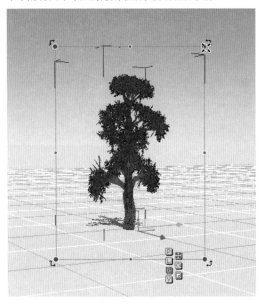

1. 缩放手柄

缩放手柄包括 8 个黑色圆点，它们用灰色线段相连组成一个矩形，其中 4 个角点圆形较大，叫做全局缩放手柄，而另 4 个边线的中点圆形较小，叫做单向缩放手柄，当选择一个对象时，缩放手柄矩形刚好把被选择对象的边界标示框包裹住，它会随着对象的缩放而调整大小，如左图：

要准确地使用缩放手柄，务必理解以下三个要点。

(1) 大小方面：缩放手柄相连形成一个矩形平面（而不是长方体），矩形的大小刚好把被选择对象的边界框包裹住，而不是只包裹住对象的形状网格。

(2) 方向方面：缩放手柄相连构成的矩形平行于屏幕平面（即视图平面），缩放方向平行于视图坐标轴，而不是平行于世界坐标轴或对象坐标轴。

(3) 位置方面：缩放手柄相连构成的矩形在 "屏幕 Z" 方向的位置是通过对象的枢轴点，而不是通过对象原点（除非枢轴点和对象原点重合），更不是通过矩形和边界框的视觉交点。

使用缩放手柄进行缩放时，可以把矩形的中心或角点作为缩放中心，只有理解了以上三个要点，才能够正确地把握缩放中心在场景中的确切位置。

使用缩放手柄可以很灵活地缩放对象。

1) 拖动角点进行全局缩放

鼠标光标移动到矩形角点处 4 个较大的全局缩放手柄上面时，会变成 "➤ ➤" 样式，单击并拖动可以在 3 个轴向上进行等比例缩放。

默认是以缩放手柄矩形的对角点为缩放中心，其位置在 "屏幕 X" 轴向和 "屏幕 Y" 轴向上很容易确定，不好理解的是在 "屏幕 Z" 轴向上的位置，大家可以根据上文所讲的第三条理解要点进行确定。

按住 Shift 键进行拖动，缩放方向被锁定到 "屏幕 X" 轴向和 "屏幕 Y" 轴向上，可以自由地进行非等比例缩放；先按住 Shift 键，再同时按住 Ctrl 键，会同时沿 "屏幕 X" 轴向和 "屏幕 Y" 轴向进行等比例缩放。

2) 拖动中点进行单向缩放

鼠标光标移动到矩形边线中点 4 个较小的单向缩放手柄上面时，会变成 "◄┼►" 或 " ↕ " 样式，单击拖动会锁定 "屏幕 X" 轴或锁定 "屏幕 Y" 轴进行缩放。

3) 在围绕中心和对角（或对边）之间切换缩放中心

拖动缩放手柄进行缩放时，按下 Alt 键，可以临时切换缩放中心。

默认情况下，在 Object Properties【对象属性】面板 >> ▦ 〖参数〗标签 >> ▣ [大小] 子标签中已启用了 "▣ [围着对角缩放 开 / 关]" 项，拖动缩放手柄默认是围着缩放手柄矩形的对角或对边进行缩放，按着 Alt 键的功能是从围着对角或对边临时切换到围着缩放手柄矩形的中心进行缩放，这里所指的 "缩放手柄矩形的中心"，是指缩放手柄矩形的形心，既不是指对象原点，也不是指枢轴点。缩放手柄矩形的中心在 "屏幕 X" 轴向和 "屏幕 Y" 轴向上的位置很容易确定，不好理解的是在 "屏幕 Z" 轴向上的位置，大家可以根据上文所讲的第三条理解要点进行确定。

如果把"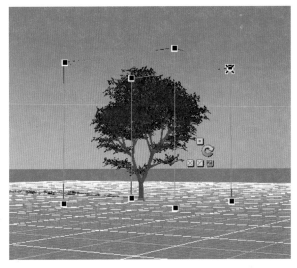"切换为"▣"，拖动缩放手柄会围着缩放手柄矩形的中心进行缩放，按住 Alt 键则临时切换到围着缩放手柄矩形的对角或对边进行缩放。

注意：围绕对角或对边缩放对象时，还会改变该对象的位置值。

2. 旋转手柄

在 4 个全局缩放手柄的外侧，还有 4 个弯曲的双向箭头，它们就是旋转手柄。

把鼠标移动到旋转手柄上，或者移动到矩形的边线外侧时，均会变成"↰↲"形状（该双向箭头会动态转变方向，其内侧总是朝向矩形的中心），单击拖动，鼠标光标会变成"↻"形状，可以绕"屏幕 Z"轴旋转对象，旋转轴通过的是枢轴点，而不是通过对象原点（除非枢轴点和对象原点重合），也不是通过矩形的中心。

3. 其他变换手柄

在 Vue 中，还提供了另外一种变换手柄。要显示这种变换手柄，请在 Display【显示】主菜单 >>Gizmos〖变换工具 ▶〗子菜单中取消勾选 Show Gizmos[显示变换工具] 项，当选择某个对象后，就不再显示变换工具和变换手柄，而是呈现一种带 8 个黑色方块的手柄（前面讲过，粉红色的长方体线框能够反映对象针对世界空间的边界范围），这种变换手柄工作在世界空间中。如右图：

拖动黑色方块手柄（如果选择了多个对象，则是白色方块手柄），可以进行缩放。进行这种缩放的关键，是要明白缩放的中心在哪里，如果在辅助工具中启用了"▣"按钮，缩放中心是对象的枢轴点（不是长方体的形心），缩放的方向和世界坐标轴平行；如果把该按钮切换为"▣"，则围着对顶角或对边进行缩放。

还可以在工具中拖动🅧、🅨或🅩图标锁定单个方向进行缩放。

在工具中拖动旋转图标可以进行旋转，旋转轴通过对象的枢轴点，旋转轴的方向和世界坐标轴平行，它的旋转轴向可以单击辅助工具🅧、🅨或🅩进行锁定。

这组变换手柄和工具不太常用，具体操作请大家结合前面讲解过的知识，自行练习。

2.3.4 【对象属性】面板

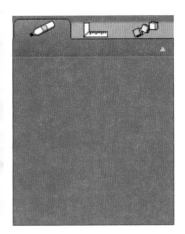

Vue 主界面右侧的 Object Properties【对象属性】面板显示当前被选择对象（集）的属性信息，不同类型的对象具有不同的属性信息，可以在该面板中编辑这些属性值。

如果没有选择对象，该面板是空的，如左图：

1.【对象属性】面板的组成

Object Properties【对象属性】面板是由 3 个标签页组成的，分别如下。

- Object Properties【对象属性】面板>> ✏️ Aspect〖外观〗标签页：此标签控制被选对象（集）的可视化外观信息。

- Object Properties【对象属性】面板>> 📊 Numerics〖参数〗标签页：此标签使用数值精确控制被选择对象（集）的位置、旋转、大小（缩放）、扭转和枢轴点的位置。

- Object Properties【对象属性】面板>> 🎬 Animation〖动画〗标签页：此标签控制被选择对象的动画特性（如运动类型、跟踪和链接关系等）。

当鼠标光标在这几个标签上稍微停留时，会弹出显示该标签名称的提示信息。

【对象属性】面板的最上面一栏是标题栏，标题栏显示被选择对象的名称，如果有多个对象被选择的话，标题栏显示为 "Mixed objects（n）〔混合对象（数量）〕"字样，括号内显示的是被选择对象的数量。如果不需要显示【对象属性】面板，请单击右上角的 "▲" 按钮把它折叠起来，折叠后该按钮变为 "▼" 样式，再次单击 ▼ 会重新展开。【对象属性】面板折叠后只显示标题栏，双击标题栏也可以折叠或展开该面板。

本节我们讲解 📊 〖参数〗标签和 ✏️ 〖外观〗标签。其中 ✏️ 〖外观〗标签中有关材质的更多内容还要在后文"材质"章节中进一步讲解。

2.〖参数〗标签

在前文中已多次提到了 📊 〖参数〗标签页，在该标签页中，可以输入精确的数值，控制被选择对象（集）沿不同轴向的位置、旋转、大小（缩放）、扭转和枢轴点的位置。当在视图中用变换工具或变换手柄变换对象时，如果只选择了一个对象，或者选择了多个对象但同名参数的值相等，在该标签页中会反馈相应的参数值。

📊 〖参数〗标签的面板中包含五个子标签的切换图标，分别是：🔲 [位置]、🔷 [方向]、🔳 [大小]、🔶 [扭转] 和 ⭕ [枢轴点位置]，这些切换图标位于面板左侧的图标栏内，单击某个图标使之变成黄色，就可以切换到相应的子标签页并显示相应的参数。

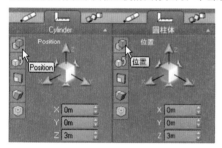

3. 位置

单击 🔲 [位置] 按钮，切换为黄色背景的 🔲 样式，显示的子标签如左图：
位置的值是指对象原点在世界坐标系中的位置值，而不是指枢轴点的位置值。

注意：如果给对象制作路径动画，附着在路径上的是对象原点，而不是对象的枢轴点。

要改变位置的值，方法有多种。

（1）在 X、Y 或 Z 轴向右侧的数值输入框内单击，数值会反色显示，可以直接输入新的数值。一般来说，这种方法最常用，如右图：

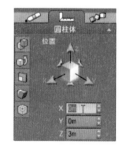

（2）在 X、Y 或 Z 轴向右侧的数值输入框内的右端，都有一个 "🔼" 图标，如果用鼠标在 "🔼" 图标上进行拖动，该图标会变为黄色背景的 "🔼" 样式，鼠标光标也会变为上下双向箭头的 " ↕ " 样式，向上拖动会增大现有值，向下拖动会减小现有值。

（3）在 "🔼" 图标中，实际上包含了 "▲" 和 "▼" 两个按钮。单击方向朝上的三角形按钮 "▲" 可以增加现有值（数值也会反色显示），单击方向朝下的三角形按钮 "▼" 可以减小现有值，数值的增减步幅为 5 厘米。

（4）在 X、Y 或 Z 轴向右侧的数值框内单击，数值会反色显示，向上或向下滚动鼠标滚轮键，会增大或减小该数值，最小增减步幅为 5 厘米。

（5）使用位置控制器沿单个轴向移动对象。在面板的中上部，是移动位置的变换控制器，位置控制器有六个手柄，把鼠标光标移动到标示有 X、Y 或 Z 的手柄上面时，鼠标光标会变成双向箭头形状（控制器中间的立方体会根据被锁定的移动方向形象地加以强调），此时按下鼠标进行拖动可以沿着单个轴向改变位置值。如左图：

（6）使用位置控制器在平面内移动对象。在位置控制器中，把鼠标光标移动到中间的三个稍小一些的手柄上面时，鼠标光标会变成四向箭头形状，此时按下鼠标进行拖动可以改变相应的两个轴向的位置值（左右拖动改变 X、Y 或 Z 顺序中排列在上面的轴向的值，上下拖动改变 X、Y 或 Z 顺序中排列在下面的轴向的值）。如右图：

注意：在这里不能够用控制器使对象同时在三个方向上任意移动。

（7）同时改变多个对象的位置。先选择多个对象，在 X、Y 或 Z 轴向右侧的数值输入框内，如果这些对象某个轴向的位置值相等，就会显示出来，否则，就显示为空白。如果在其中输入一个数值，会把所有被选择对象的该项位置值统一设置为新输入的数值；使用位置控制器，也可以同时移动被选择的多个对象。

4．方向

单击 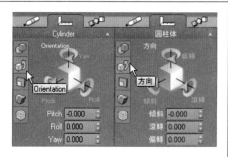 [方向]按钮，切换为黄色背景，显示的子标签如右图：

改变方向值的方法与改变位置值的方法类似。

方向的度量单位是度"°"，而不是弧度。

在方向控制器中，只有三个手柄，用鼠标拖动时，只能锁定到绕单个轴向旋转。

> 特别需要注意的是，方向的值之中，Yaw[偏转：□]与世界空间相关，而Pitch[倾斜：□]、Roll[滚转：□]与对象空间相关，这种旋转方式比较适于操纵交通工具（如飞机）。

Yaw[偏转：□]的旋转轴方向与世界坐标的 Z 轴平行，并且通过枢轴点。

Pitch[倾斜：□]、Roll[滚转：□]的旋转轴虽然也通过枢轴点，但是，其方向与对象坐标轴平行！

当选择了多个对象时，通过输入数值或使用方向控制器，也可以同时改变多个对象的方向。

5．大小

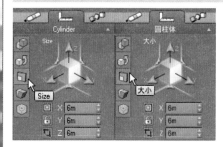

单击  [大小]按钮，显示的子标签如左图：

> 改变大小值的方法与改变位置值的方法类似。需要特别注意：大小值与对象空间相关，与对象旋转程度无关，因此，在该子标签中缩放已经旋转过的对象，是一种快捷而准确的方法。

使用输入数值的方法改变对象大小时，缩放中心位于对象原点，缩放方向与对象坐标轴平行。

使用大小控制器，不但可以锁定沿 1 个轴向缩放、同时沿 2 个轴缩放，还可以沿 3 个轴向等比缩放，缩放中心位于枢轴点，缩放方向与对象坐标轴平行。

在该子标签下部，有几个切换按钮。

（1）"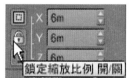"[显示实际对象尺寸 开 / 关]：是一个切换按钮，默认是按下的，显示为黄色，会显示被选择对象的实际大小；如不按下该按钮，表现为"□"样式，会显示内部尺寸，主要用于和以前的老版本兼容。

（2）🔓 [锁定缩放比例 开 / 关]：是一个切换按钮，按下该按钮，变为黄色的"🔓"样式（三个大小值的左侧还出现一条竖线，表示锁定），如右图：

锁定缩放比例后，如果在某一个轴向的大小值输入框内输入一个新值，其他两个轴向上的值也会被自动调整，从而保持原有的比例。

> 但是要注意，如果用鼠标在大小控制器上锁定某个轴向拖动进行缩放，不受此设置的约束。

（3）"🔲"[围着对角缩放 开 / 关]：也是一个切换按钮，默认已按下该按钮，具体用法前文已经讲过，这里不再重复。

6．扭转

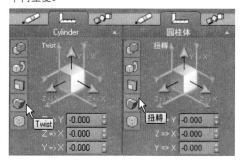

单击 [扭转]按钮，显示的子标签如左图：

对象扭转之后，对象空间的各个对象坐标轴之间可能就不再保持直角关系。在该子标签页中改变扭转值的视觉效果不是很直观，最好监视着 3D 视图进行操作。同时，由于复杂的矩阵运算，在几个方向上反复扭转对象可能无法恢复对象的初始构造。

7．枢轴点位置

单击 [枢轴点位置]按钮，切换为黄色背景的 样式，显示的子标签如右图：

在前文中我们已经讲过了对象原点和枢轴点的概念，理解了它们的区别，该子标签页的内容也就容易理解了。

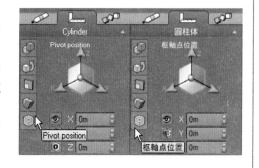

[显示枢轴点 开 / 关]：是一个切换按钮，单击后变成黄色的"" 样式，在 3D 视图中会显示被选择对象的枢轴点，枢轴点显示为一个绿色圆圈""，再次单击"" 会隐藏枢轴点。

枢轴点的初始位置与对象原点重合。在视图中，如果把鼠标光标移动到枢轴点上时会变为

"✛"形状，进行拖动就可以把枢轴点移动到一个新的位置，在枢轴点和对象原点之间，由一条绿色的线段连接起来，使我们更容易看清楚二者之间的相对位置。

除了在视图中直接拖动改变枢轴点的位置，在该子标签页中，也可以通过输入数值设置枢轴点的位置，或者使用上部的枢轴点位置控制器进行调整。

　　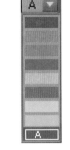 [相对坐标 开 / 关]：也是一个切换按钮，单击变成黄色的 "" 样式，表示右侧显示的枢轴点位置值是相对于世界坐标系而言的，移动对象时，显示的枢轴点的位置值会相应改变。否则，是相对于对象坐标系而言的，移动对象时，显示的枢轴点的位置值不会改变。

　　0 [重设枢轴点]：单击该按钮，可以重新把枢轴点放回到对象原点，二者重新重合在一起。

8.〖外观〗标签

　　在 **Aspect** 〖外观〗标签页中具体显示的内容、控件或参数，取决于被选择对象的类型，例如，对于我们前面已学习过的行星对象和风机对象，在该标签页中的内容就有不相同的。相反，不管选择何种类型的对象，**〖参数〗**标签页和 **〖动画〗**标签页中的显示内容、控件或参数是基本相同的。

　　如果选择了多个不同类型的对象，**〖外观〗**标签页中只显示所有对象共有的同名控件或参数。请大家先分别选择一个行星对象和一个风机对象，再同时选择它们，观察 **〖外观〗**标签页中实际上显示哪些控件，有哪些不同之处。

　　如果选择了多个对象，而且它们共有的同名参数具有不同的设置，该控件的参数值区会显示为空白。

　　在 **〖外观〗**标签页中，有两个控件是所有类型的对象共有的，一个是 **A ▼** 〖预览颜色〗下拉列表，另一个是 ◉ [预览选项] 按钮图标。

9. 对象的预览颜色

　　单击 **A ▼** Preview color〖预览颜色〗，会弹出预览颜色下拉列表，用以选择对象在三维视图中的显示颜色，如右图：

　　一般情况下，对象创建时使用的是 "**A** [自动]" 项（光源对象使用的不是该选项，而是黄色），对象会在视图中显示材质的颜色或贴图。如果在〖预览颜色〗下拉列表中改用其他颜色，则会在视图中用该颜色代替材质颜色或贴图。

　　当场景比较复杂时，为不同的对象分配不同的显示颜色是个很好的做法，因为用户能够比较容易地识别不同颜色的对象。如左图，是一棵树木和一个圆环体的预览颜色分别被改为黄色和蓝色时的显示效果：

　　当选择了一种新的预览颜色时，当前选择的对象会在活动视图中闪烁一下，以显示新的预览颜色（该功能可以在 Options【选项】对话框 >>General Preferences〖一般参数〗标签 >>Object Options[[对象选项]] 参数组中关闭）。

10. 对象的预览选项

　　用鼠标左键单击（也可以右击）◉ Preview options[预览选项] 按钮，会弹出对象的预览选项下拉菜单，用以定义当前选择的对象在三维视图中的显示质量，这些设置会在所有的视图中生效，或者说对所有视图是全局性的。如右图：

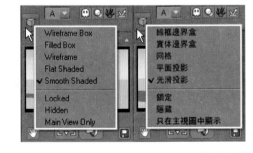

　　预览选项下拉菜单分为上、下两组单选项目，上侧一组单选项目涉及到被选择对象在 3D 视图中的预览质量，包括五种质量级别，它们是按照由低到高的顺序排列的。

　　1）✓Smooth Shaded[光滑投影]

　　这是默认设置，质量最好，相比而言显示速度最慢。如左图，是一棵树木和一个圆环体分别在未被选择和被选择时的光滑投影显示效果：

　　因为这种预览质量能够显示最多的对象模型结构细节，所以编辑场景时一般就使用这种预览质量。相比而言，这种预览质量占用的系统资源较多，如果场景非常复杂，对象非常多（例如包含数十万棵植物的森林），而用户的硬件配置又相对较低，系统的运行就可能会变得缓慢，视图的刷新就可能会有点 "卡"，这个问题该怎样改进呢？为了解决这个问题，Vue 还提供了另外四种较低的预览质量，预览质量越低，对象的显示效果就越简单粗糙，占用的系统资源就越少。

2）Wireframe Box[线框边界盒]

把对象在其对象空间内的边界标示用线条连接起来，构成一个只有线条的通透长方体框架，这就是对象的线框边界盒，这种预览质量的细节最少，但显示速度最快。如右图，是一棵树木和一个圆环体分别在未被选择和被选择时的线框边界盒显示效果：

可见，线框边界盒太简单了，无法分辨对象的形状和细节。

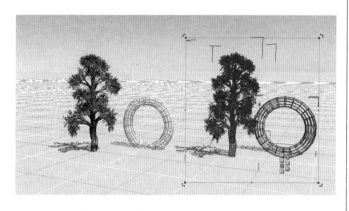

3）Filled Box[实体边界盒]

其与上述 [线框边界盒] 相同，但 [实体边界盒] 是不透明的实体盒子。如左图，是一棵树木和一个圆环体分别在未被选择和被选择时的实体边界盒显示效果：

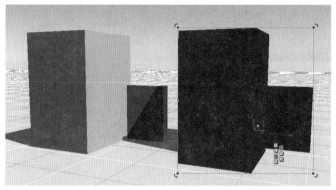

4）Wireframe[网格]

显示构造成对象的子多边形的网格线条，当想看"透"对象时很有用。如右图，是一棵树木和一个圆环体分别在未被选择和被选择时的网格显示效果：

5）Flat Shaded[平面投影]

显示构造成对象的子多边形的实体平面，效果接近 [光滑投影]，但显示速度快些。如左图，是一棵树木和一个圆环体分别在未被选择和被选择时的平面投影显示效果：

预览选项下拉菜单的下侧一组单选按钮涉及到对象在 3D 视图中的可选性和可见性，这些选项如下。

1）Locked[锁定]

勾选此项，则当使用 Wireframe[网格] 以上的预览质量时，对象的预览颜色会显示成灰色（原有的预览颜色设置暂时失效），在三维视图中不能单击选择被锁定的对象。当不想选择某个对象，但仍需要在视图中将它作为参考时，勾选该项非常有用。

无限平面（如地面）创建时就是被锁定的。

被锁定对象的名称在【世界浏览器】>> Objects〖对象〗标签中也显示成灰色，仍然可以在【世界浏览器】中选择被锁定的对象，被选择后仍然会显示成高亮红色（和锁定层中的被选择对象在视图中显示得不一样，选择被锁定层中的对象时不显示成高亮红色）。

2）Hidden[隐藏]

勾选此项，则对象将不会显示在三维视图中，当然，也无法在三维视图中用鼠标单击选择被隐藏的对象。

被隐藏对象的名称在【世界浏览器】>> Objects〖对象〗标签内显示成淡灰色，而且是斜体的，仍然可以在【世界浏览器】中选择被隐藏的对象，即使对象被隐藏了，它被选择后，在所有的视图中都是可见的。

3）Main View Only[只在主视图中显示]

勾选此项，则对象只会出现在主视图中，而不会在其他（正交）视图中显示。行星对象创建时默认已经勾选了 ✓Main View Only[只在主视图显示] 选项。

选择不同的预览颜色和预览质量设置，只是为了达到方便高效地编辑场景，最终渲染场景时，预览颜色和预览质量都不影响对象的渲染结果。要想在渲染时隐藏某个对象，见下文 Hide from render[渲染时隐藏] 选项。

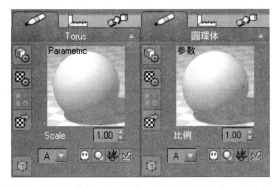

11. 选择单个对象时更换材质

场景中的对象，除了少数非模型性质的对象（如行星、风机、光源等），大多数都是模型性质的，例如：基本对象（球体、圆柱体、长方体、棱锥体、圆锥体、圆环体、平面、阿尔法平面）、无限平面（水面、地面）、植物、岩石、地形或者组对象，对于这些对象，材质是它们非常重要的外观属性。

在 Object Properties【对象属性】面板 >> ✎ Aspect【外观】标签页中，可以灵活地管理对象的材质。如右图，是当选择了一个圆环体对象时，✎【外观】标签页中显示的内容：

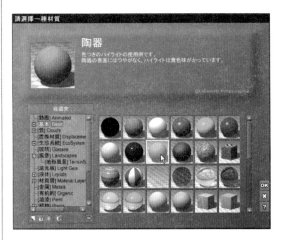

面板中占据最大面积的图片就是材质预览框。其下侧标示材质比例参数"Scale[比例：□]"，改变该比例值会在渲染场景时影响材质的大小，如果选择了使用不同材质比例的多个对象，这个参数项显示为空白。

材质定义对象表面的外观，要更换赋予对象的材质，常用的基本方法有以下几种。

1）使用面板左侧工具栏中的按钮

单击【对象属性】面板 >> ✎【外观】标签左侧工具栏中的 ▦ [载入材质…] 按钮，会弹出 Please select a material【请选择一种材质】对话框，即【可视化材质浏览器】，如左图：

在【可视化材质浏览器】中包含了许多很优秀的材质，是很实用的资源库，可以帮助用户快速高效地创建优秀的图片或动画，所以大家应该熟悉该浏览器中丰富的材质。

在上图的右侧列表中单击某个材质的小型预览图片，然后单击 ▣K [确定] 按钮，或者直接双击某个材质的小型预览图片，就用新材质替换了原有的材质。

【可视化材质浏览器】是非模式对话框，可以在保持打开状态的同时访问其他界面元素。

2）使用鼠标右键弹出快捷菜单

在 ✎【外观】标签中的材质预览图上用鼠标右键单击，弹出快捷菜单，从中选择 Load a material[载入一种材质] 命令，也可以打开上述的【可视化材质浏览器】。如右图。

在该快捷菜单中使用 Copy Material[复制材质] 命令配合 Paste Material[粘贴材质] 命令，可以将一个对象的材质复制到另一个对象上面，使用 Reset Material[重设材质] 命令可以把材质重设为默认材质。

3）使用主菜单或快捷键

使用 Object【对象】主菜单 >>Change Object Material…[更换对象材质…] 命令或使用快捷键 Ctrl+M，也会弹出上述【可视化材质浏览器】。

4）用鼠标拖放更换材质

可以从 ✎【外观】标签的材质预览中、【可视化材质浏览器】的材质预览列表中、Summary of Materials【材质一览】面板的材质预览列表中，直接向视图中的对象几何体或直接向【世界浏览器】中的对象名字上进行拖放，也可以给目标对象更换（或赋予）材质，拖动时鼠标光标会变为"🖐"形状，对于不适宜的目标对象会显示为"🚫"形状。

从【可视化材质浏览器】的材质预览列表中，或者从 Summary of Materials【材质一览】面板的材质预览列表中，也可以向 ✎【外观】标签中的材质预览上拖放材质。

5）使用【材质一览】面板

在 Vue 主界面中，单击顶部工具栏中的 ▦ [显示材质一览] 按钮，会弹出 Summary of Materials【材质一览】面板，在这里更换或编辑某个材质，会影响场景中使用该材质的所有对象，可以理解为"批量更换"、"批量编辑"。

上述内容，大家应重点掌握使用【可视化材质浏览器】载入材质的操作，有关材质的更多内容还要在后文"材质"章节中进一步讲解，到那时再回过头来复习一下，会对材质有更全面深入的认识。

12. 选择多个对象时更换材质

如果选择了多个对象并且它们使用了不同的材质，或者如果所选对象带有子对象层级结构、是由几个材质（如植物、导入的对象、组对象）组成的，在材质预览的底部会出现一组三角形箭头按钮，同时还会出现被选择对象使用的材质数量和当前材质预览的序号。

例如，在场景中先后创建一个圆环体、一个立方体、一棵椰子树，然后同时选择这三个对象，在 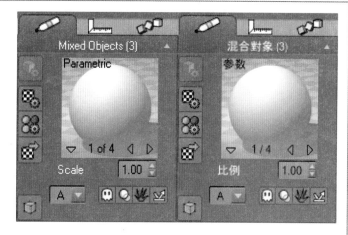 〖外观〗标签页中显示的内容如右图：

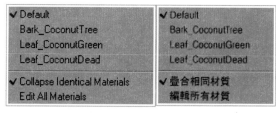

要在材质预览图中显示其他材质中的某一个材质预览，使之成为当前材质，方法如下。

（1）可以使用左三角箭头按钮"◁"或右三角箭头按钮"▷"，单击依次浏览不同的材质。

（2）单击下三角箭头"▽"，弹出下拉列表，上半部分显示的就是不同材质名称的列表，从中选择某个材质名称，该材质就成为了当前材质，材质预览也同时切换过来，如左图：

（3）如果右键单击材质预览图，弹出快捷菜单，可以看出它与单个对象的材质预览图的右键快捷菜单明显不同，如左图：

在快捷菜单上侧，排列着不同材质的材质名称子菜单列表，鼠标光标移动到该材质名称子菜单上时，会弹出一个二级子菜单，该二级子菜单与上一小节讲过的只选择单个对象时材质预览的右键弹出菜单相同，从该二级子菜单中选择某项命令时，会首先切换成该材质的材质预览，切换之后，与当前材质预览对应的当前材质名称子菜单前面标记有一个"✓"号。

在上图右键弹出菜单中，还包括下列子菜单和命令。

1）Assign To All[赋予给所有]

使用材质预览中当前显示的材质替换所有对象的材质。

2）✓Collapse Identical Materials[叠合相同材质]

默认已勾选此项，被多个对象使用的相同材质只会在材质列表中出现一次。

什么是相同材质呢？所谓"相同材质"，不仅指材质的名称要相同，材质的类型和所有参数都要相同。举例来说，一棵树的树干和树枝往往使用同一种材质，该材质就是树干和树枝使用的相同材质；又例如在场景中创建了一个圆环体和一个立方体，它们都使用了默认赋予的材质，那么该材质就是二者的相同材质。

如果取消勾选此选项，材质预览图下侧显示的材质总数量会把相同材质重复计算在内，在右键弹出菜单中会出现相同名称的材质子菜单，如右图：

3）Edit All Materials[编辑所有材质]

此命令和左侧工具栏中 [编辑所有材质] 按钮的功能相同，见下文。

4）Load Multi-Material[载入多重材质]、Save Multi-Material[保存多重材质]、Copy Multi-Material[复制多重材质]、Paste Multi-Material[粘贴多重材质]

这是关于多重材质的一组命令，多重材质是自 Vue 8.5 增加的新功能。

13. 侧工具栏 {{NEW9.0}

在材质预览图左侧的图标栏内，有以下按钮图标 .

1) [编辑被选择的对象]

{{NEW9.0}} 这是自 Vue 9.0 开始在 〖外观〗标签页中新增加的按钮，从而多了一条打开对象的编辑器对话框的新途径，根据被选择对象的类型不同，会弹出不同的编辑器窗口。

2) [编辑材质]

{{NEW9.0}} 这是自 Vue 9.0 开始在 〖外观〗标签页中新增加的按钮，单击该按钮，会弹出 Material Editor【材质编辑器】对话框，可以深入编辑材质的众多参数。

直接双击材质预览图，或者从材质预览图右键弹出菜单中选择 Edit Material[编辑材质] 命令，和该按钮的作用相同。关于如何编辑材质，是本书很重要的内容，详见后文"材质"章节。

3) [编辑所有材质]

和材质预览图右键弹出菜单中的 Edit All Materials[编辑所有材质] 命令相同，{{NEW9.0}} 这也是自 Vue9.0 开始在 〖外观〗标签页中新增加的按钮。单击此按钮，会弹出 Material Editor【材质编辑器】对话框，可以同时编辑所有材质。

> 注意：如果是双击材质预览图，和 [编辑材质] 按钮相同，被编辑的只是当前材质。

使用该按钮要注意以下几点：

- 能够同时进行编辑的各个不同材质的类型应相同，例如，所有材质均是简单材质类型，或者所有材质均是混合材质类型；

- 原有各个材质的同名参数值如果互不相同，【材质编辑器】窗口无法同时显示同名参数的所有不同参数值，只显示出当前材质的有关参数；

- 编辑某个参数后，所有材质的该参数统一采用新的参数值；

- 未编辑的参数值仍然保持原来的参数值不变，仍然可以互不相同；

- 在弹出的【材质编辑器】对话框中，对话框标题栏显示的不是材质的名称，而是 "n materials[n个材质]" 字样，表明当前同时编辑的材质数量。

使用这种方法可以实现"以一当十、当百"的功效，例如，当导入一批多边形网格对象后，如果想同时改变它们所包含的各个材质的亮度，就可以使用这种方法。

要同时编辑多个材质，还可以通过 World Browser【世界浏览器】>> Materials 〖材质〗标签来完成。

4) [载入材质…]

这个按钮很常用，上文已经讲过。

14. 下侧图标栏

在材质预览下侧的图标栏内，有以下几个图标。

1) [渲染时隐藏]

此选项用于渲染时隐藏对象。单击此图标变为黄色，表示启用了此选项，该对象就不会在渲染图片（或渲染动画）时出现，但它仍然会显示在3D 视图中（除非也明确地设置了在视图中隐藏该对象），它的名称仍然会出现在【世界浏览器】中。此选项对于创建场景中的辅助对象（如被跟踪、但不必渲染的对象）很有用。

对于光源对象来说，如果设置成 [渲染时隐藏]，表示光源被关闭而不发射光线。

用户还可以通过在【世界浏览器】中单击对象名称前侧的标识图标实现 [渲染时隐藏] 功能。当一个对象被设置成 [渲染时隐藏] 时，在【世界浏览器】中该对象名称前侧的标识图标上会打上一个 "×" 号。

2) [在 G- 缓冲内渲染被对象遮蔽的区域]

只有当生成 G- 缓冲信息时此选项才有用。选择此选项，颜色变成黄色，当渲染器处理到该对象时，不仅会渲染该对象，还会继续收集它背后的有关信息。在后处理阶段，如果要删除该对象，可以利用这些信息填补空缺，这些信息还可用于生成精确的运动模糊效果。

3) [繁殖生态系统时忽略此对象]

单击该选项会变成黄色，那么，即使该对象刚好位于那些对外来对象敏感的生态系统的正中间，也不会影响生态系统的种群繁殖结果。

4) [忽略间接照明]

当场景中选用全局光照以上的光照模式时（见后文"大气"章节），该选项才可用，单击该选项会变成黄色的 "" 样式，渲染时就不再计算在该对象上面产生的间接照明效果，但该对象仍可能会在周围其他对象上面制造间接照明效果（视光照模式设置而定）。是否设置该选项，用户可以根据渲染的质量要求和速度要求进行平衡取舍。

2.3.5　其他常用编辑操作

1. 使用键盘移动对象 {{NEW9.0}}

　　使用键盘上的箭头键和翻页键，可以轻微地移动对象，即轻推对象。

　　按键盘上的向左或向右箭头键，会在当前活动视图中沿"屏幕 X"方向移动被选择对象，按向下或向上箭头键，会沿"屏幕 Y"方向移动被选择对象，按 PageUp 或 PageDown 翻页键，则沿"屏幕 Z"方向移动被选择对象。显然，如果是在正交视图中，对象在场景中的实际移动方向取决于当前哪一个是活动视图，如果是在相机视图中，对象在场景中的实际移动方向与视角有关。

> {{NEW9.0}}自 Vue 9.0 开始，对轻推功能进行了改进，改进后，轻推步幅（或轻推幅度）与当前活动视图的缩放程度成反比，如果视图被缩得很小或离相机很远，则轻推步幅比较大，反之较小（而在 Vue 8.5 以前的早期版本中，一次轻推固定地等于 5 个距离单位）。
>
> 这样改进有一个很实用的好处：当视图被缩得很小或离相机很远时，仍然能够得到视觉上明显的移动效果，而当视图被放得很大或离相机很近时，也不至于会突然把对象移出视野之外。
>
> 轻推时按住 Shift 键，只会轻推当前步幅的 1/10。

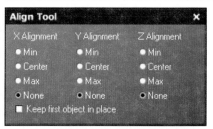

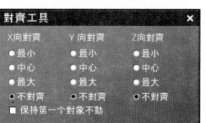

2. 对齐对象

　　对齐对象和翻转对象也属于变换对象的范畴，自 Vue 9.0 开始，把 [对齐工具] 按钮和 [垂直轴翻转 ‖ 水平轴翻转] 按钮从左侧工具栏内移至顶部工具栏内。

　　选择两个以上的对象时，[对齐工具] 按钮才可用，单击该按钮，弹出【对齐工具】面板，如左图：

　　对齐分为 X、Y、Z 三个方向，这三个方向是相对于世界坐标系而言的。

　　下面，我们以顶视图中 X Alignment[X 向对齐] 为例进行说明。

　　○Min[最小]：在 X 轴向上，如果某个对象的最左侧边缘与其他对象的最左侧边缘相比较处于最左端，则该对象在 X 轴向上保持不动，其他对象一律向左移动位置，直到它们的最左侧边缘也达到最左端的位置。

　　○Center[中心]：在 X 轴向上，所有对象的对象原点（不是枢轴点）居中对齐。

　　○Max[最大]：与"○Min[最小]"相反。

　　⊙None[不对齐]：在 X 轴向上，对象都不对齐或都不移动。

　　□Keep first object in place[保持第一个对象不动]：如果选中该复选框，进行对齐时，以第一个选择的对象为基准位置。

3. 翻转对象

　　Vue 主界面顶部工具栏中的 [垂直轴翻转 ‖ 水平轴翻转] 按钮是一个双重图标，左键单击使对象产生左、右镜像对称的变化，右键单击该图标变为 " " 形状，使对象产生上、下镜像对称的变化。

　　翻转对象只能在正交视图中进行。

　　所谓"垂直轴"是指视图坐标系的"屏幕 Y"轴，"水平轴"是指"屏幕 X"轴，在不同的正交视图中，它们在场景中指向的实际方向是不一样的，因此选择相同的对象，而在不同的正交视图中执行相同的翻转命令，会得到不同的翻转效果。

　　翻转对象时，以对象原点为中心（不是枢轴点），如果对象原点和枢轴点位置分离，枢轴点也会跟着翻转。

4. 降落对象

　　Vue 主界面左侧工具栏中的 [降落对象 ‖ 智能降落对象] 按钮是一个双重图标。左键单击该图标，可以把一个对象沿着世界坐标系的 Z 轴降落到下面的对象上，但是其效果比较机械。如右图，是一个圆锥体降落到一个地形表面上之前和之后的效果。

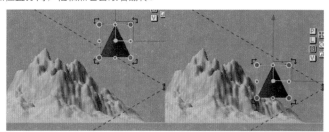

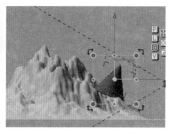

　　如果用鼠标右键单击 [降落对象 ‖ 智能降落对象] 图标，会变为 形状，被降落的对象会根据下侧对象表面的倾斜程度适当调整自身方向，感觉上降落得更"稳当"一些，所以称为"智能降落对象"，如左图：

5. 撤销、重做

　　在顶部工具栏中，使用 [撤销 ‖ 撤销撤销列表…] 按钮和 [重做 ‖ 重做重做列表…] 按钮，可以方便地进行撤销或重做，类似 Photoshop 的历史记录功能。

如果左键单击 🔄 [🖱撤销 ‖ 🖱撤销撤销列表…] 按钮，可以撤销上一次操作。

如果用右键单击（或左键长按）🔄 [🖱撤销 ‖ 🖱撤销撤销列表…] 按钮，会弹出撤销列表，在撤销列表中，第一行记录的是最后一次操作，如右图：

Undo creation of cone "Cone"	撤销 创建 圆锥体 "圆锥体"
Undo creation of pyramid "Pyramid"	撤销 创建 棱锥体 "棱锥体"
Undo creation of cube "Cube"	撤销 创建 立方体 "立方体"
Undo creation of cylinder "Cylinder"	撤销 创建 圆柱体 "圆柱体"
Undo creation of sphere "Sphere"	撤销 创建 球体 "球体"

把鼠标移动到其中某一行上释放，就撤销了列表中该行以上呈反色显示的所有操作。

当进行撤销之后，🔄 [🖱重做 ‖ 🖱重做重做列表…] 按钮变得可用，如果用左键单击该按钮，会重做最后一次撤销的操作，如果用右键单击该按钮，会弹出重做列表，在重做列表中，第一行记录的是最后一次撤销的操作，如左图：

Redo creation of cube "Cube"	重做 创建 立方体 "立方体"
Redo creation of pyramid "Pyramid"	重做 创建 棱锥体 "棱锥体"
Redo creation of cone "Cone"	重做 创建 圆锥体 "圆锥体"

把鼠标移动到其中某一行上释放，会重做列表中该行以上呈反色显示的所有操作。如果进行了新的操作，会清空重做列表。

6. 替换对象

在 Vue 中，可以使用一种对象替换另一种对象。例如，可以把一个棱锥体替换成一个圆锥体，可以把一种类型的光源替换成另外一种不同类型的光源，可以把某个基本对象替换成另外一个更加复杂的对象（诸如一棵植物或一个导入的网格模型）。如右图，可以把上部的简单对象替换成一个复杂的直升机模型：

要用一种新对象替换现有的某个老对象，请先选择该老对象，然后进入Edit【编辑】主菜单>>Replace By (Keep Proportions)〖替换成（保持比例）▶〗子菜单，或者进入Replace By (Fit Object)〖替换成（匹配对象）▶〗子菜单，从中选择相应的新对象。

我们也可以从 3D 视图的右键弹出菜单进入这两个子菜单，还可以从【世界浏览器】的右键弹出菜单进入这两个子菜单。

使用 Replace By (Keep Proportions)〖替换成（保持比例）▶〗子菜单时，主要应理解以下几点。

（1）新对象的旋转方向和老对象的旋转方向保持一致，新对象的枢轴点位置和老对象的枢轴点位置保持一致，如果老对象被扭转，新对象也会被扭转。

（2）在新对象沿其对象空间 X、Y、Z 轴向的三个长度尺寸值（即边界盒的长、宽、高）中，首先调整其中最大的那个值，使之与老对象在相应轴向的值相等（该值未必是老对象中的最大值），紧接着，新对象其他两个方向的长度值，根据被调整过的最大值和自身比例做相应调整，这意味着，新对象的原始比例保持不变。

（3）如果老对象未曾被缩放过，新的对象不会发生变形，由上可知，所谓"不变形"，是指新对象各个方向的相对比例保持不变，并不是指大小不变。

（4）但是，如果老对象曾经被缩放过（包括等比和非等比缩放），老对象的缩放比率也会应用到新对象上，这样，用户可以更加灵活地使用替换对象功能，例如，可以用植物或网格模型替换某个具有变形动画的老对象，替换后，新对象仍然具有变形动画效果。总的来说，新对象自身的相对比例被保持，老对象的缩放比率也被保持。

（5）如果要替换成的新对象是植物、岩石或网格模型，会分别弹出相关的可视化浏览器，用于选择新对象。

（6）老对象的相关属性会尽可能地转移到新对象上，例如，如果把地形替换成对称地形，会保留老地形的几何形状和使用的材质，如果把一种类型的光源替换成另外一种类型的光源，老光源的功率、颜色等属性值仍会保留。这个特点非常重要，因为这意味着，用户可以先使用简单的基本对象（例如立方体）创建复杂的动画效果，这时，可以减轻系统的资源占用，到最终进行渲染时，再把这些基本对象替换成复杂的网格模型！

对于 Replace By (Fit Object)〖替换成（匹配对象）〗子菜单，主要的不同之处是，新对象沿着对象空间 X、Y、Z 轴向的三个长度尺寸值（即边界盒的长、宽、高），均会被调整，使之与老对象在相应方向的值相等，也就是说，新对象自身的相对比例会被改变，新对象的边界盒会和老对象的边界盒精确地匹配起来。

在编辑场景的过程中，为了从不同的角度观察编辑效果，需要不断地调整视图显示。

2.4.1 三维视图操作

三维视图是位于 Vue 主界面中间的几个大窗口，这是创建、观察、编辑场景的地方，为了便于观察、编辑场景而改变视图显示的大小或方向，并不会改变场景的实际大小或方向。

1. 激活视图

三维视图中，标题栏高亮显示的那一个视图，就是活动视图，或称为当前视图。

许多操作都是针对活动视图而言的，例如，用箭头键轻推对象的键盘操作，就是针对活动视图中的对象进行的。

要把某个视图激活为当前视图，只需用鼠标在该视图中单击一下就可以了（在标题栏或视图中单击均可），这是最直观、最常用的方法。

也可以使用菜单命令 Display【显示】主菜单 >>Switch To View〖切换视图 ▶〗子菜单 >>xx View[xx 视图] 中的相关单选项切换活动视图，熟练的用户还可以使用快捷键，如右图：

Main camera view	Num 0	主相机视图	数字键 0
Top view	Num 1	顶视图	数字键 1
Front view	Num 2	前视图	数字键 2
Side view	Num 3	侧视图	数字键 3

2. 最大化视图

视图区显示四个视图时称为"四视图布局"，如果使视图区只显示一个视图，称为"单视图布局"，不管是任何时候，可以根据工作需要和个人爱好，在两种布局之间切换，切换方法有多种。

（1）在某个视图的标题栏上双击。

（2）单击顶部工具栏中的 ▧ [切换当前视图 / 四视图] 按钮，可以最大化当前视图，最大化以后该图标变为黄色的 ▧ 样式，再次单击可切换回四视图布局。

（3）使用菜单命令或快捷键：使用 Display 【显示】主菜单 >>Toggle Current View / Four Views[切换当前视图 / 四视图] 命令，快捷键为 F7，上述 ▧ 按钮其实就是这个菜单命令的快捷图标。

（4）使用菜单命令：使用 Display 【显示】主菜单 >>Current View 〖当前视图 ▶〗子菜单 >>Maximize / Rstore[最大化 / 还原] 命令。该命令也可以通过视图的 ▧ [视图显示选项] 下拉菜单执行。

（5）使用菜单选项：选择 Display 【显示】主菜单 >>Maximize 〖最大化 ▶〗子菜单 >>xx View[xx 视图] 中的相关单选项。

以上方法，只需熟练掌握其中一两种，能够满足使用就可以了。

3. 改变视图区大小

当鼠标光标移动到两个视图之间的分隔条上时，会变为双向箭头，单击并拖动鼠标可以只沿竖直方向或只沿水平方向改变视图区的相对大小。

当鼠标光标移动到水平分隔条和竖直分隔条的交点上时，会变为四向箭头，单击并拖动鼠标可以同时沿竖直方向和水平方向任意改变视图区域的相对大小。

拖动鼠标改变视图区域的相对大小时，状态栏会动态显示分隔条所在位置的百分比。

> 注意：根据需要，用户也可以拖动场景信息栏和视图区之间的分隔条，改变场景信息栏的大小。

4. 全屏模式

按下 Alt+Enter 组合键，可以把视图区最大化到整个屏幕——即"全屏模式"，在这种模式中，主菜单和工具栏都被隐藏，从而为场景编辑提供了尽可能大的屏幕空间。再次按下 Alt+Enter 组合键，可以退出全屏模式。

在全屏模式下，可以使用快捷键调用相关命令。还可以用右键单击屏幕，在弹出的快捷菜单中，最上侧会多出一项 Main menu 〖主菜单 ▶〗子菜单，里面罗列了所有的主菜单，如右图：

5. 缩放正交视图 {{NEW9.0}}

缩放某个正交视图时，缩放效果在其它各个正交视图中均能够同步发生，通过正交视图左下角的比例尺，还能够掌握当前场景缩放的程度。

要缩放正交视图，方法有多种。

1）使用鼠标滚轮

在活动的正交视图中旋转鼠标滚轮，鼠标光标变为"⊘"样式，向上滚动放大视图，向下滚动缩小视图，视图缩放是以当前鼠标光标所在位置为中心进行的。

> {{NEW9.0}} 把鼠标光标所在位置做为缩放中心是自 Vue 9.0 增加的新功能，而在 Vue 8.5 以前的版本中，是以视图中心作为缩放中心的。使用改进后的鼠标滚轮缩放视图功能，更加方便、快捷、灵活、流畅，甚至具备了灵活地移动视图的功能。

本方法也适用于【相机视图】和【透视图】，但是会把视图的中心作为缩放中心。

2）使用鼠标配合键盘

按住 Ctrl 键用鼠标右键拖动正交视图，会以开始拖动时的光标位置作为缩放中心，向上拖动放大视图，向下拖动缩小视图。这种方式产生的缩放效果比较流畅。

本方法也适用于【相机视图】和【透视图】，但是会把视图的中心作为缩放中心，在【相机视图】中本质上调整的是焦距。

3）使用顶部工具栏中的按钮

单击 🔍 [放大视图] 按钮，以当前活动正交视图的中心为中心放大视图，其他正交视图也会同步放大。

单击 🔍 [缩小视图] 按钮，以当前活动正交视图的中心为中心缩小视图，其他正交视图也会同步缩小。

以上两个按钮，只能用于正交视图。

单击 🔍 [充分显示框选区域 ‖ 充分显示全部 / 充分显示被选择的对象] 图标后，鼠标光标会变为"🔍"样式，在正交视图中拖出一个矩形，会把该矩形内的场景扩大到整个视图中显示。单击该按钮后，如果把鼠标光标移动到主视图中，光标会显示为"⊘"样式，表示在主视图中该按钮不可用。

🔍 图标是一个双重图标，右键单击该图标变为 🔍 样式，如果当前选择了若干个对象，则在正交视图中会充分显示所有被选择的对象，如果当前没有选择对象，则充分显示整个场景中的对象（不包括无限平面、天空和大气，但在星球场景中，会显示整个无限平面）。

4）使用菜单或快捷键

即使用 Display【显示】主菜单中的相关命令或快捷键缩放视图。

6. 平移正交视图

要平移视图，可以用鼠标右键单击正交视图并拖动，鼠标光标会变为手掌形状"✋"，进行拖动就可以平移视图。如果电脑的配置较低时，可能需要先按下鼠标左键、再紧接着按下鼠标右键，鼠标光标才会变为手掌形状"✋"，这样同时按着双键拖动，也能够平移视图。本方法也适用于【相机视图】和【透视图】。

2.4.2 相机控制中心

要调整【相机视图】内的场景显示，主要是通过 Camera Control Center【相机控制中心】面板进行，该面板由标题栏、渲染预览区和相机控制工具三大部分组成的，如右图：

【相机控制中心】面板的最上侧是标题栏，显示当前活动相机的名称。如果不需要显示【相机控制中心】面板，请单击右上角的"▲"按钮把它折叠起来，折叠后该按钮变为"▼"样式，再次单击"▼"会重新展开该面板。【相机控制中心】面板折叠后只显示标题栏，双击标题栏也可以折叠或展开该面板。

1. 渲染预览

【相机控制中心】面板中间最大的一部分内容是渲染预览区，在这里会实时显示【相机视图】内场景的微型渲染预览，场景的编辑效果可以迅速地在渲染预览区里得到反映。

用户可以根据需要增加渲染预览区域的大小，方法是向左拖动场景信息栏和视图区之间的分隔条，增加场景信息栏的宽度，就会相应地增加渲染预览区域的大小。

鼠标移动到渲染预览区上面时，弹出的提示信息为 [🔄 刷新 ‖ 🔄 预览选项…]，这表明它具有和双重图标类似的操作特点。

在渲染预览上面单击鼠标右键，会弹出渲染预览选项快捷菜单，可以自定义渲染预览的显示和反应速度，如右图:

在该菜单中包括以下几个项目。

1) ✓Auto-Update[自动刷新]

默认已勾选该选项，每当编辑场景时，会自动刷新渲染预览区。

自动刷新渲染预览会消耗一定的系统资源，如果用户发现软件的反应速度跟不上时，可以禁用该功能，以便节省系统资源，特别是场景中使用了许多高级渲染功能（例如体积光、景深等）时，节省的资源更可观。

2) 手工刷新渲染预览

禁用 Auto-Update[自动刷新] 选项后，要想刷新渲染预览，可以用手工方式进行刷新，方法是用鼠标左键在渲染预览区域单击一下。

3) ✓Show Framing Strips[显示取景框]

默认已勾选该选项，渲染预览中只渲染被相机取景的那部分场景画面，周围没有被取景的画面部分，会根据宽高比设置显示成黑色，如果不勾选该选项，不管宽高比如何设置，都会渲染整个相机视图区域。

4) Preview Quality〖预览质量 ▶〗子菜单

该子菜单中的选项用于设置渲染预览的质量和整体精确度，如右图：

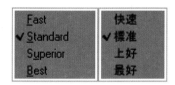

在该子菜单中，渲染预览的质量从上到下越来越高，Fast[快速] 的质量较差但速度最快，Best[最好] 的质量最好但速度最慢。

一般来说不建议选用 Best[最好]，除非计算机的性能足够好，实际工作中，用户可以根据计算机的硬件性能，在预览质量和速度之间权衡取舍。

5) High Priority[高优先权]

默认没有勾选该选项，Vue 生成渲染任务时还要同时计算其他渲染任务。

在场景中，可能要同时处理多个渲染任务，例如，刷新所有的材质预览和函数预览、刷新所有的对话框、刷新三维视图等等，这些渲染任务会明显地放慢在【相机控制中心】中生成渲染预览的速度。

如果编辑过程中需要及时地生成渲染预览，请勾选 ✓High Priority[高优先权] 选项，在等待处理的若干个渲染任务之中，【相机控制中心】的渲染预览就变成了要优先处理的任务，生成渲染预览时，会搁置或延迟所有其他的后台渲染任务，待渲染预览完成后，再开始其他的渲染任务。

当用鼠标单击的方法手工刷新渲染预览时，即使没有勾选 High Priority[高优先权] 选项，也会临时性地为渲染预览赋予高优先权。

注意：为了增加渲染预览的响应速度，渲染预览中并没有把微风效果展现出来。

2. 相机控制

在【相机控制中心】面板下半侧包括一组按钮，用于控制【相机视图】或切换相机。

1) ✋[平移相机]

当鼠标光标移动到该图标左、右两侧时，变为"↔"形状，单击并左右拖曳，可以沿着相机视图平面中的"屏幕 X"方向左右移动相机。

当鼠标光标移动到该图标上、下两侧时，变为"↕"形状，单击并上下拖曳，可以沿相机视图平面中的"屏幕 Y"方向上下移动相机。

当鼠标光标移动到该图标中间时变为"✥"形状，单击并拖曳，可以同时沿相机视图平面中的"屏幕 X"方向、"屏幕 Y"方向任意移动相机。鼠标的拖曳方向和主视图的平移方向一致，相机在场景中的实际移动方向则相反，当相机移动到剪裁平面时会被挡住。

2) ⬛[移动相机 向后 / 向前]

当鼠标光标移动到该图标上时会变为"↕"形状，单击并向上、向下拖曳，会沿相机视图中的"屏幕 Z"方向向前、向后移动相机，在这里"屏幕 Z"方向与景深方向是一致的，景深方向也就是相机所瞄准的方向。

将相机向前移动，靠近镜头前的观察目标，产生放大视图的效果；将相机向后退，远离镜头前的目标，产生缩小视图的效果，可以看得更广阔。当相机移动到剪裁平面时也会被挡住。

3) 用鼠标滚轮向后 / 向前移动相机

在相机视图中旋转鼠标滚轮，鼠标光标变为"🔍"样式，向前滚动放大视图，向后滚动缩小视图。它的原理和 ⬛[移动相机 向后 / 向前] 图标是一样的。因为这种方法比较方便，所以很常用。

4) 🔄[围绕被选择对象旋转相机]

鼠标光标移动到该图标上面时会变成十字箭头形状"✥"，在当前已选择了一些对象的情况下，单击并任意拖曳该图标，视图会发生任意旋转。

单纯左右拖曳该图标时，相机围绕"屏幕 Y"轴进行左右旋转，该旋转轴通过被选择对象的对象原点（不是枢轴点），单纯上下拖曳时，视图围绕"屏幕 X"轴进行上下旋转。视图旋转时，对象在场景中的实际方向保持不动。当相机旋转到剪裁平面时会被挡住。

在主视图内，相机自身的旋转是无法看到的，看到的只是场景被旋转，鼠标的拖曳方向与视图的旋转方向是一致的。

这种功能非常有利于围绕着选定的一个或一组对象，从多个方位、多个角度仔细观察它们。

注意：如果当前没有选择对象（该图标的提示信息会发生改变），拖曳该图标的效果是围绕世界坐标系的原点进行旋转，如果当前选择了相机自身，拖曳该图标的效果是使相机发生自转。

5）![旋转相机图标] [旋转相机]

鼠标光标移动到该图标上面时会变成十字箭头形状 "✥"，拖曳该图标，相机会绕自身当前位置旋转，即 "自转"，相机的位置保持不动，鼠标的拖曳方向与相机自转方向一致，但与视图的旋转方向相反。

6）用鼠标右键使相机自转

用鼠标右键单击相机视图并拖动，鼠标会变为手掌形状 "🖐" 样式，进行拖动就可以旋转相机视图（如果电脑的配置较低时，可能需要先按下鼠标左键、再紧接着按下鼠标右键，鼠标才会变为手掌形状 "🖐" 样式）。

在正交视图中，使用手掌形状符号 "🖐" 拖动视图是平移视图，但是，在相机视图中，其原理和 ![旋转相机图标] [旋转相机] 是相同的，并不是真正意义上的平移，而是相机自转。

7）![相机焦距图标] [相机焦距]

当鼠标光标移动到该图标上时会变为 "↕" 形状，单击并向上推是增加相机焦距（视野缩小、视图被放大），而向下拉是减小相机焦距（视野扩大、视图被缩小），相机的位置保持不动。这与我们日常生活中使用数码相机推拉变焦杆的道理是一致的。

8）用鼠标右键调整相机焦距缩放视图

先按下 Ctrl 键，再在相机视图中单击鼠标右键拖曳视图，鼠标光标变为 "🔍" 样式，向上拖曳放大视图，向下拖曳缩小视图，其原理也是调整相机焦距。

9）微调

对于上述控制图标，拖曳鼠标的同时按住 Ctrl 键，会以 "慢速" 方式移动、缩放或旋转相机视图。

在【相机控制中心】面板中，还包括以下图标。

10）![存储相机图标] [存储相机]

单击该图标，会基于当前相机设置创建一个新的相机对象。

新创建的相机对象会自动编号命名，相机名称会添加到相机列表中，但是新建立的相机并未被设置成活动相机。

11）![前一个相机图标] [前一个相机] 和 ![下一个相机图标] [下一个相机]

在【相机控制中心】面板的标题栏中，单击这两个按钮，可以依次向前或向后从已存储的相机列表中选用活动相机。

当前活动相机的名称会出现在【相机控制中心】面板的标题栏中，同时还会出现在【相机视图】的标题栏中。

如果在时间轴的非零时间点处切换相机，还会创建相机切换动画。

控制、管理、切换相机的方法还有多种，会在后文中讲到。

12）聚光灯视图

如果选择了一个聚光灯对象，并在其【对象属性】面板 >> ![外观图标] Aspect 〖外观〗标签页中勾选了 ☑View through[聚光灯视图] 选项，则上述有关操作不再针对相机，而是会相应地作用于聚光灯的位置、方向、扩散角等参数，但渲染预览中仍旧显示活动相机中的场景内容。这些操作方法请读者自行练习。

2.4.3　视图显示选项

在 OpenGL 模式下，各个视图的标题栏中右上角第一个按钮都是 ![视图显示选项图标] [视图显示选项] 按钮，单击该按钮会弹出下拉菜单，用于自定义视图，该下拉菜单和 Display 【显示】主菜单 >>Current View 〖当前视图 〗子菜单是一样的，菜单的内容比较多，划分为若干个小组。

右图是正交视图的 ![视图显示选项图标] [视图显示选项] 下拉菜单：

Maximize/Restore	最大化/还原
✓ Top View	✓ 顶视图
Front View	前视图
Side View	侧视图
Main Camera View	主相机视图
Perspective View	透视图
Wireframe Box	线框边界盒
Filled Box	实体边界盒
Wireframe	网格
Flat Shaded	平面投影
✓ Smooth Shaded	✓ 光滑投影
Show Fog in View	在视图中显示雾
✓ Density From Atmosphere	✓ 密度匹配大气
Adjust Fog Density	调整雾密度
Refresh Sky	刷新天空
Show Only Objects From Active Layer	只显示活动图层中的对象
✓ Light From Scene	✓ 光源来自场景
Use Reference Picture	使用参考图片
Show Last Render in Back	在背景中显示最后的渲染
Show Only Selected Objects	只显示被选择的对象

右图是相机视图的  [视图显示选项] 下拉菜单：

1. 选择视图种类

第一组菜单包括以下项目。

- Maximize / Rstore[最大化/还原]：选择该命令在四视图布局和单视图布局之间切换，前文已经讲过了。

下面紧接着是视图种类列表，选择其中某个单选项，可以改变当前视图的种类，视图的种类显示在视图标题栏的最左侧。

- Top View[顶视图]：选择该单选项使当前视图从上面显示场景。

- Front View[前视图]：选择该单选项使当前视图从前面显示场景。

- Side View[侧视图]：选择该单选项使当前视图从右侧显示场景。

- Main Camera View[主相机视图]：选择该单选项使当前视图通过当前活动相机显示场景。

- Perspective View[透视图]：选择该单选项使当前视图显示透视场景，透视视图与活动相机无关。

2. 视图显示质量

第二组菜单项是当前视图的显示质量设置。这些选项按排列顺序从上往下对应的视图显示质量逐渐升高，各个选项的含义与在【对象属性】面板 >> ✏ 〖外观〗标签页中单击 ▣ [预览选项] 按钮弹出的下拉菜单是相同的，这里不再重复。

需要强调以下几点。

（1）在【对象属性】面板 >> ✏ 〖外观〗标签 >> ▣ [预览选项] 下拉菜单中，所选择的显示质量是针对具体的对象而言的。

（2）视图中的显示质量设置是针对当前视图中的所有对象而言的，不同的视图可以使用不同的显示质量设置。

（3）上述两处设置，对于某个特定的对象而言，如果发生了冲突该怎样显示？原则上是优先使用其中较低显示质量的设置。

（4）视图的 [视图显示选项] 下拉菜单对应于 Display【显示】主菜单 >>Current View〖当前视图 ▶〗子菜单；而【对象属性】面板 >> ✏ 〖外观〗标签中的 ▣ [预览选项] 下拉菜单对应于 Object 【对象】主菜单 >>Display Options 〖显示选项 ▶〗子菜单。

3.OpenGL 雾和刷新天空

第三组菜单项与视图的雾设置有关。

✓Show Fog in View[在视图中显示雾]：默认已勾选该选项，会为视图启用 "OpenGL 雾"，"OpenGL 雾" 可以表现对象的距离远近，增加场景的立体感。

✓Density From Atmosphere[密度匹配大气]：当勾选了上述 ✓Show Fog in View[在视图中显示雾] 选项以后，该选项才可用。勾选该选项以后，"OpenGL 雾" 的密度自动与场景中大气的雾密度匹配得尽可能接近。

Adjust Fog Density[调整雾密度]：用以手工调整 "OpenGL 雾" 的密度，在取消勾选上述 Density From Atmosphere[密度匹配大气] 选项以后，此命令才可用。执行此命令后，鼠标光标会变成上下双箭头 "↕" 样式，在视图中单击并向上或向下拖动，可以增加或减小 "OpenGL 雾" 的密度。

在上述几个选项的下面，是 Refresh sky[刷新天空] 命令，如果对场景进行了编辑，选择此命令，可以刷新天空。

4. 显示和取景控制

Show Only Objects From Active Layer[只显示活动图层中的对象]：默认不勾选该选项。如果勾选了该选项，会在视图中隐藏所有非当前图层中的对象，但不影响这些对象渲染时是否隐藏。

如果场景非常复杂时，在视图中隐藏非当前图层中的对象，而只显示当前图层中的对象，可以排除编辑场景时的视觉干扰。

Frame Guides…[取景向导…]：该选项只可用于相机视图，选择该命令会弹出 Frame Guides【取景向导】对话框，可以配置取景框、安全框、视野栅格等，详见后文"取景和渲染"章节。

Zoom Extents Selected[充分显示被选择的]：如果已经选择了一些对象，再选择此命令，会以从空中观察的角度调整相机，以便把所有被选择的对象都纳入相机的视野。对于初学者来说，当把视图搞得很乱时，该命令非常实用，可以使视野迅速地定位到要观察的目标对象上。

5. 照明选项

√Light From Scene[光源来自场景]：默认勾选了此选项，会使场景中的前 8 个光源照明 3D 视图; 如果取消勾选此选项，3D 视图不会一下子"漆黑一片"，而是使用视图左上角的"光源"进行照明，该"光源"只用于视图照明，并不是场景中真实存在的光源，不影响渲染结果。

Shadows[显示阴影]：只用于相机视图，勾选该选项后，放置在地面以上的对象会向地面上投射阴影，可以表现对象的高度信息，增加场景的立体感，该选项也不影响渲染结果。

6. 背景选项

对于主视图，还有两个附加的选项，对于编辑场景非常有帮助。

Show Last Render in Back[在背景中显示最后的渲染]：编辑场景时，需要经常渲染场景查看效果，如果勾选该选项，则主视图的背景中会显示最后一次渲染的图片。

> 注意：如果勾选该选项，会临时把视图的显示质量降低为 "√Wireframe[网格]"。

如果最后一次渲染是在主视图中进行的，则用户接下来编辑场景时，可以把刚才渲染的图片作为参考图片。这是一项很实用的功能。

Show Only Selected Objects[只显示被选择的对象]：当勾选了上述 √Show Last Render in Back[在背景中显示最后的渲染] 选项之后，该选项才可用，该选项和上述选项相互配合，可以排除编辑场景时的视觉干扰，有利于提高编辑效率，减少视觉疲劳。

Use Reference Picture[使用参考图片]：用于正交视图，执行该命令后可以载入一幅图片作为正交视图的参考图片，取消勾选此项可以除去参考图片。

> 关于 ▮ [视图显示选项] 按钮的下拉菜单中的其他一些选项，以及视图标题栏中的其他一些按钮，我们还会在后文"取景和渲染"章节中讲解。

2.5 自动保存和场景快照 {{NEW9.0}} 《

创作 3D 自然风景的场景文件一般都比较大，耗时较长，如果发生了断电、死机、系统崩溃等意外情况，而用户又忘了及时存盘，就会损失当前的工作成果，遇到这种情况，相信许多人都会感到很懊恼。为了避免这种意外造成的损失，{{NEW9.0}} 自 Vue 9.0 增加了自动保存场景快照的新功能，可以将这种损失降到最小。

2.5.1 自动保存快照

用户可以选择是否开启自动保存快照的功能，请选择 File【文件】主菜单 >> Options…[选项…] 命令，会弹出 Options【选项】对话框，进入 General Preferences 〖一般参数〗标签 >>Load/save options[[载入 / 保存选项]] 参数组，如右图：

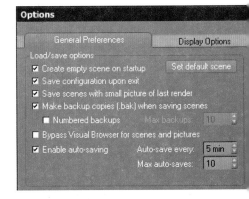

默认情况下，已经勾选了 √Enable auto-saving[启用自动保存] 复选框，Vue 会按照所设置的时间间隔自动对场景进行备份（也称为场景快照）。

在 Auto-save every[自动保存每: □ 分钟] 微调框内输入时间间隔，可以把自动备份快照设置成每分钟进行一次至每小时进行一次不等。在 ☑Max auto-saves[最大自动保存数量: □] 微调框内输入一个自然数，还可以规定自动保存场景快照的最大限量，当自动备份的场景快照数量累计达到该数值时，就达到了其最大值，之后，Vue 仍会自动备份新的快照，只不过会同时自动删除最早的场景快照。

自动备份场景快照具有智能性，如果用户停止了编辑场景操作，Vue 就会停止备份快照，避免了无谓地备份雷同的快照。

2.5.2　手工保存快照

除了按照时间间隔自动保存场景快照外，用户还可以用手工的方法不定时地保存场景快照。

当选中 ☑Enable auto-saving[启用自动保存] 复选框后，主界面顶部工具栏中的 🔲 [创建快照] 按钮才可用，单击此按钮，就把当前场景状态保存为一个快照，使用这种方法，可根据需要不定时地手工备份场景快照。

手工保存场景快照与单击顶部工具栏中的 🔲 [保存] 按钮不是一个概念，手工保存的快照并没有覆盖场景文件。

2.5.3　场景快照列表

自动保存的场景快照和手工保存的场景快照，一起按时间早晚顺序记录在场景快照列表中，该列表位于 File【文件】主菜单 >>Revert To Snapshot〖恢复到快照 ▶〗子菜单内，列表中的场景快照，分别使用从其创建的时间点到当前时间点的时间段长短进行标识，随着当前时间点的推移，场景快照标识的时间段长度都在不停增加，如下图：

Autosave 1 minutes ago	自動保存 1分鐘前	自動保存 1分鐘前
Snapshot 3 minutes ago	快照 3分鐘前	自動保存 10分鐘前
Snapshot 4 minutes ago	快照 4分鐘前	快照 10分鐘前
Autosave 6 minutes ago	自動保存 6分鐘前	快照 13分鐘前
Snapshot 7 minutes ago	快照 7分鐘前	自動保存 15分鐘前
		快照 16分鐘前

编辑场景时，场景快照列表可用于反悔恢复或安全备份，其用途主要体现在以下两个方面。

(1) 在 Vue 主程序正常运行中恢复场景；

(2) 在 Vue 主程序非正常关闭时安全备份没有来得及保存的工作成果，当再次启动 Vue 时，仍能安全地找回备份，避免造成损失。

2.5.4　正常运行中使用场景快照恢复场景

在 Vue 主程序正常运行时，如果希望恢复到某个场景快照的状态，请进入 File【文件】主菜单 >>Revert To Snapshot〖恢复到快照 ▶〗子菜单，从场景快照列表之中选择某个需要的快照项，会首先弹出下面的对话框，以便用户对当前的场景状态做出处理：

单击 是 按钮，会弹出【另存为】对话框，可以为当前场景状态换一个文件名保存起来，然后，场景恢复至所选快照。

单击 否 按钮，把场景恢复至所选快照，但不另行保存当前场景的状态。

单击 取消 按钮，不进行任何恢复。

使用这种方法恢复或者反悔场景，超越了使用 🔄 [撤销] 按钮和 🔁 [重做] 按钮的局限性，它们可以配合使用。

当正常关闭场景文件时，场景快照列表中所有的场景快照会随着当前场景文件的正常关闭而被清空。

2.5.5　意外情况下场景快照的用途

如果 Vue 主程序是因为断电、死机、系统崩溃等非正常原因被关闭，则再次打开 Vue 主程序时，仍能安全地找回意外关闭前没有来得及保存的工作成果，这是场景快照的另一个主要用途。在这种情况下，重启 Vue 主程序时，会弹出以下提示信息：

如果单击 否 按钮，则清空之前保存的快照，并打开一个新的"空"场景。这样的话，之前自动备份的场景快照也就失去了应有的意义，所以，一般情况下，不要单击 否 按钮。

如果单击 **是** 按钮，会向场景加载之前 Vue 主程序非正常关闭时最后备份的那个快照记录的场景状态，此时，会首先弹出一个【另存为】对话框，在该对话框中，如果使用原场景文件名和路径，单击 **保存(S)** 按钮会弹出一个提示信息，询问是否覆盖，用户又可以有以下三种选择。

（1）如果单击 **是** 按钮同意覆盖，则覆盖原场景文件，相当于打开了原有的场景文件，同时恢复到最后的场景快照，并进行了一次保存场景文件的操作。

（2）如果单击 **否** 按钮不同意覆盖，则返回【另存为】对话框，可以重新输入其它的场景文件名或者选择其他的路径，相当于把最后一次快照保存为一个新的场景文件并打开。

（3）如果单击 **取消** 按钮，则相当于打开了原有的场景文件，并恢复到最后的场景快照，但此时暂不保存场景文件，至于是否保存场景文件，留给用户以后自行决定。

现在，请再次查看 File【文件】主菜单 >>Revert To Snapshot【恢复到快照 ▶】子菜单 >> 场景快照列表，会发现该列表中原来保存的快照仍然存在，则可以使用此列表中保存的快照恢复或反悔场景。

2.6 创建同类对象 《《

2.6.1 复制和粘贴

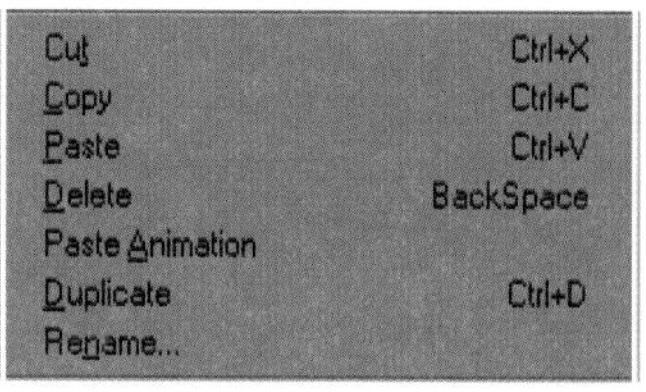

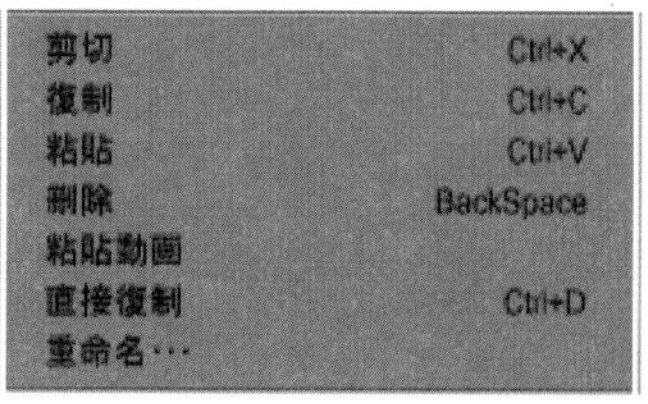

使用顶部工具栏中的 ▣[复制]按钮和 ▣[粘贴]按钮，可以生成位置、大小、方向和被选择对象完全一样的副本，新副本对象的名称会按顺序编号。

首先选择一个或一些对象，▣[复制]按钮和 ▣[粘贴]按钮才可用。可以在不同的图层中粘贴新的副本对象。

✖[剪切]按钮和 ▣[复制]按钮的不同之处是，粘贴应用了 ✖[剪切]按钮的对象之后，会删除被剪切的对象。

以上这几个按钮在大多数软件中都是很常见的。我们也可以通过 Edit【编辑】主菜单或使用相应的快捷键选择有关命令，这几个按钮其实就是相关菜单命令的快捷图标，如右图：

Cut	Ctrl+X
Copy	Ctrl+C
Paste	Ctrl+V
Delete	BackSpace
Paste Animation	
Duplicate	Ctrl+D
Rename...	

剪切	Ctrl+X
復制	Ctrl+C
粘贴	Ctrl+V
删除	BackSpace
粘贴勋画	
直接復制	Ctrl+D
重命名…	

2.6.2 鼠标拖动复制

选择一个或一些对象，按住 Alt 键的同时，在三维视图中，用鼠标拖动进行移动或旋转，会复制被拖动的对象。

如果按住 Alt 键的同时，用鼠标拖动对象进行移动，会在松开鼠标的位置处复制一个新的副本对象。

如果按住 Alt 键的同时，用鼠标拖动对象进行旋转，会在松开鼠标的方向处复制一个新的副本对象。

在【世界浏览器】中，按着 Ctrl 键的同时，拖动对象名称，鼠标光标会变为"▶▲"形状，可以复制该对象。

2.6.3 在不同的场景文件之间复制和粘贴对象

要在不同的场景文件之间复制和粘贴对象，需要在不关闭同一主程序界面的前提下进行。

操作步骤如下。

（1）在第一个场景文件中选择要复制和粘贴的对象，单击 ▣[复制]按钮将其复制到剪贴板。

（2）选择 File【文件】主菜单 >>Close[关闭]命令，会关闭当前场景文件，但不会关闭主程序界面。

（3）新建或打开一个新的场景文件，单击 ▣[粘贴]按钮，就可以在当前图层中粘贴一个新对象，新对象的名称、位置、大小、方向、形状和前一个场景文件中被复制的对象完全相同。

2.6.4 直接复制和分散 / 阵列

使用顶部工具栏中的 ▣[▣直接复制 ‖ ▣分散 / 阵列对象…]按钮，可以复制得到被选择对象的许多个副本，并且，可以按一定的规则随机地变换复制的副本对象，或者按一定的规则有规律地排列复制的副本对象。

1. 直接复制

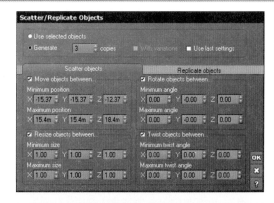

[直接复制 ‖ 分散 / 阵列对象…] 图标是一个双重图标，如果用鼠标左键单击该图标，可以复制被选择的对象，并直接生成新的副本对象，默认情况下只生成一个副本对象，而且新副本对象的位置保持不变。

我们也可以使用上述方法，一次性直接生成多个副本对象，这需要在 Options【选项】对话框 >>General Preferences【一般参数】标签 >>Object Options[[对象选项]] 参数组中进行设置。

2. 分散 / 阵列对象

先选择要复制的对象，然后用鼠标右键单击 [直接复制 ‖ 分散 / 阵列对象…] 图标，该图标变为 形状，会打开 Scatter/Replicate Objects【分散 / 阵列对象】对话框，用以创建被选择对象的多个副本，同时可以自动移动、缩放、旋转或扭转这些副本，如右图：

在右图中，包含两个标签，一个是 Scatter objects〖分散对象〗标签，用于随机分散对象；另一个是 Replicate objects〖阵列对象〗标签，用于有规律地复制对象。

> 注意：两个标签页中的设置是分别独立的，甚至可以说是对立的，参数设置完成后，单击 OK [确定] 按钮时，只会采用当前标签页中的设置效果，不会同时采用另外一个标签中的设置效果。

3.〖分散对象〗标签

在 Scatter objects〖分散对象〗标签中，可以根据所勾选的参数组，在一定的范围内随机移动、缩放、旋转或扭转所选择的对象及其副本。

例如，如果只需要四处随机移动对象位置，请勾选 ☑Move objects between…[[在…之间移动对象]] 参数组，并取消勾选其他参数组，该参数组中 Minimum position[最小位置] 定义一个下限点，Maximum position[最大位置] 定义一个上限点，以这两个点的连线为对角线所形成的长方体空间，就是随机移动的范围。

在【分散 / 阵列对象】对话框上侧，包括以下几个选项。

1) ⦿Generate copies[生成 □ 个副本]

如果想生成当前被选择对象的副本，请选择此单选按钮，并输入需要复制的数量。例如，如果选择了 3 个球体对象，输入"4"个副本，则会新生成 4×3=12 个球体，加上原来的 3 个，总共 15 个。

2) ◯Use selected objects[使用被选择的对象]

如果是选择了 ◯Use selected objects[使用被选择的对象] 单选按钮的话，则只产生随机分散被选择对象的效果。

3) ☑With variations[伴随变异]

如果被选择对象中至少有一个是植物、地形、对称地形或岩石，会激活 ☑With variations[伴随变异] 复选框。

默认已勾选此选项，植物、地形、对称地形或岩石的副本对象会具有不同的变异形状，这充分体现了 Vue 创建数字自然场景时的生态多样性。

4) ☐Use last settings[使用最近的设置]

如果当前正在尝试不同的设置，但是又想恢复到最近一次使用过的设置，选中该复选框，就可以撤销当前设置。{{NEW10.0}} 这是自 Vue 10 增加的新功能。

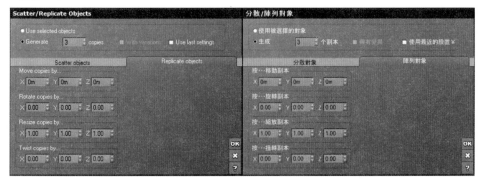

阵列对象是从单一基本对象出发构建复杂形状的重要方法。

4.【阵列对象】标签

在 Replicate objects〖阵列对象〗标签中，可以按照一定的规则有规律地排列复制的副本对象，对象之间移动、缩放、旋转或扭转的步幅是恒定的，对象会形成整齐而连续的排列效果。如左图：

2.6.5 均分阵列和外延阵列

场景中如果使用了复制和粘贴对象、直接复制对象或者按住 Alt 键拖动复制对象，则在 Edit【编辑】主菜单中，Repeat Operation Subdivide[均分阵列] 和 Repeat Operation Extrapolate[外延阵列] 菜单命令变得可用。

1. 均分阵列

下面举例说明 Repeat Operation Subdivide[均分阵列] 菜单命令的用法。

（1）在顶视图左下角创建一棵椰子树，按住 Alt 键拖动该椰子树到右上角，复制得到另外一棵椰子树，如下图：

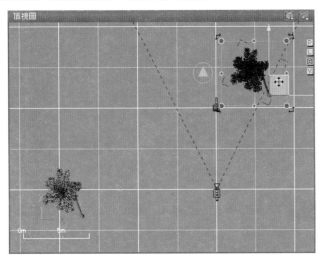

（2）执行 Edit【编辑】主菜单 >>Repeat Operation Subdivide[均分阵列] 菜单命令，会弹出 Interpolation【插补】对话框，如下图：

（3）在上图对话框中输入"3"，按 Enter 键进行确认，会生成 3 棵新的椰子树，新的椰子树会均匀地分布在原来两棵椰子树连成的直线中间，如下图：

完成阵列后，所有的椰子树会被自动选择，用户可以方便地观察阵列的结果。

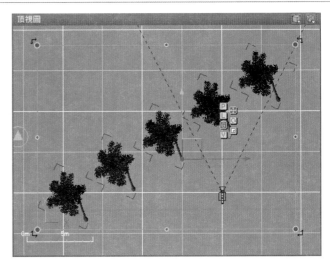

2. 外延阵列

下面举例说明 Repeat Operation Extrapolate[外延阵列] 菜单命令的用法。

（1）在顶视图左下角创建一棵椰子树，按住 Alt 键稍微拖动该椰子树，在旁边复制得到另外一棵椰子树，如下图：

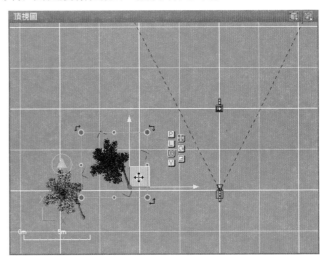

（2）执行 Edit【编辑】主菜单 >>Repeat Operation Extrapolate[外延阵列] 菜单命令，会弹出 Extrapolation【外延】对话框，如下图：

（3）在上图对话框中输入"3"，按 Enter 键进行确认，会生成 3
棵新的椰子树，新的椰子树会均匀地分布在从第 1 棵椰子树到第 2 棵椰
子树连成的直线的延长线上，每棵椰子树递延的距离等于第 1 棵椰子树
到第 2 棵椰子树之间的距离，如下图：

注意：进行阵列前，可以综合移动、旋转或缩放操作，使对象
在线性阵列的过程中，附带有递增的旋转效果或者缩放效果，
如下图：

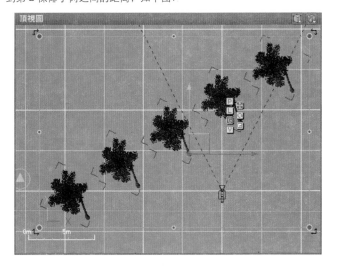

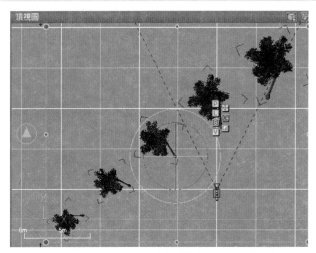

使用上述线性阵列的方法，在制作建筑效果图或园林设计图时，可
以方便地生成道路两侧成排的行道树。

2.7　组　对　象　《

顾名思义，组对象（或称为群组对象），是由几个子对象组合在一起构成的组合对象。构成组对象的子对象，称为组对象的"成员对象"。

2.7.1　组对象的分类和基本操作

组对象分为两大类：第一类组对象是简单组对象；第二类组对象包括布尔组对象（简称布尔对象）、融合对象和超级融合对象。在第二类组对象
中，成员对象的形状会被改变。

在【世界浏览器】>> 📇 【对象】标签中，组对象的名称前侧会标识一个"田"或"白"符号，单击"田"可以展开组对象，显示出成员
对象的名称，单击"白"可以折叠组对象。

在【世界浏览器】内，展开组对象以后，可以使用鼠标拖放的方法，向组对象内添加、删除成员对象。

组对象也可以嵌套组对象。

不管是哪种组对象，均可以对其进行整体移动、缩放、旋转、扭转，其成员对象也可以单独地移动、缩放、旋转、扭转；既可以整体赋予材质，
也可以给成员对象单独赋予不同的材质，如果给组对象整体赋予一种新材质，其所有的成员对象均会采用该材质。

组对象拥有自己的对象原点和枢轴点，如果移动成员对象的位置，不会影响组对象的对象原点和枢轴点位置。

不管是哪种组对象，要解散为多个独立的对象，请先选择该组对象，然后，单击左侧工具栏中的 🔧 [解散群组对象] 按钮就可以了。

2.7.2　简单组对象

简单组对象类似一个"袋子"，可以"装入"许多成员对象，成员对象保持各自原有的外观，它的主要作用是组织场景中的对象。3D 文字就是
一种特殊的简单组对象。

要创建简单组对象，首先选择所有想要组合在一起的对象（至少两个以上），然后单击左侧工具栏中的 🔧 [群组对象] 按钮，就能够创建一个简
单组对象，所选择的对象就成为该简单组对象的成员对象。

简单组对象中可以包含任意数量、任何种类的成员对象（除了相机）。

简单组对象创建以后，在【世界浏览器】内，其成员对象可以被拖出、拖入，或者被直接删除，直至只剩下一个成员对象！

2.7.3 布尔运算

布尔组对象（简称布尔对象）把两个以上的成员对象组合在一起，并对之进行布尔运算。布尔运算分为布尔加、布尔乘（或布尔交）和布尔减三种类型。

布尔组对象与简单组对象的主要区别是，布尔组对象可以对其成员对象进行布尔运算，可以产生许多种新的外观形状。

要创建布尔组对象，可以使用左侧工具栏中的 按钮组，这是一个折叠图标，展开后包括三个图标 ，它们形象地代表了布尔加、布尔交和布尔减三种运算。

在 Vue 中，布尔对象是特别强大的工具，使用一个布尔对象，可以把任意多个对象组合成复杂的形体结构！

在【世界浏览器】>> 【对象】标签中展开布尔组对象以后，可以使用鼠标拖放的方法添加或删除成员对象，也可以改变成员对象的排列顺序。当然，布尔组对象也可以嵌套布尔组对象。

布尔组对象必须包含至少两个以上的成员对象才有实际意义，在【世界浏览器】中，如果把布尔组对象的成员对象拖出去或删除到只剩下一个成员对象，只会带来不必要的计算。

1. 布尔加

"布尔加"的成员对象被"焊接"在一起，形成一个新的单一对象。"布尔加"组对象中所有成员对象的地位是平等的，成员对象的排列顺序并不重要。

如果"布尔加"组对象的成员对象完全不透明，那么它与简单组对象的效果没有差异，但是，"布尔加"组对象会比简单组对象消耗更多的计算资源，这种情况下，建议改用简单组对象。

如果"布尔加"组对象的成员对象使用了具有透明度的材质（如玻璃材质），会产生没有内部边缘的连续对象。如左图，是简单组对象中两个部分重叠的玻璃球，可以看到成员对象相互重叠部分的边缘；右图是"布尔加"组对象，其成员对象仍是同样的两个玻璃球，却看不到重叠部分的边缘，两个玻璃球已经"浑然一体"了！

2. 布尔交

"布尔交"的运算结果是保留成员对象相互重叠的部分。如右图是一个长方体和一个圆锥体进行"布尔交"运算的结果：

在"布尔交"组对象中，所在成员对象的地位是平等的，成员对象的排列顺序并不重要。

3. 布尔减

"布尔减"的运算结果是从第一个成员对象中"减去"后面的所有成员对象，如右图：

在"布尔减"组对象中，成员对象的地位是不同的，第一个成员对象是"被减数"，后面的成员对象都是"减数"，"减数"对"被减数"进行"挖凿"，可以使用多个"减数"进行"连减"运算，成员对象的排列顺序不同，或者说第一个成员对象不同，结果也就不同，所以，成员对象的排列顺序是很重要的。

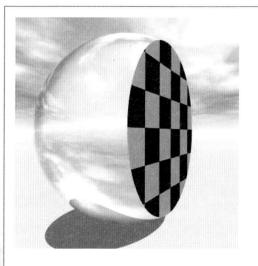

使用"布尔减"组对象，可以从一个对象中"挖凿"出许多孔洞，例如，使用"布尔减"运算可以在一幢房屋上挖出许多窗口。

当创建"布尔减"组对象时，必须注意选择成员对象的顺序，所选择的第一个对象会成为"被减数"，所选择的第二个、第三个等其余对象会成为"减数"。如果在创建"布尔减"组对象之后，发现成员对象的排列顺序不符合要求，还可以在【世界浏览器】>> ![icon]【对象】标签中先展开该"布尔减"组对象，再使用鼠标拖放的方法改变成员对象的排列顺序。

如果"布尔组"对象的成员对象使用了不同的材质，则进行布尔运算之后，属于不同成员对象的部位仍使用相应成员对象的材质，如左图：

4. 烘焙布尔组对象

布尔运算的最终结果在渲染的时候才进行计算，优点是保留了组对象中成员对象的独立性和精确性（例如，如果某个成员对象是一个基本球体，就不会在其表面上呈现出多边形），其缺点是会降低渲染速度。

如果用户需要快速渲染布尔组对象，而且不再需要其精确性优点，可以把布尔组对象转换为多边形网格。做法是先选择布尔组对象，然后选择Object【对象】主菜单 >>Bake To Polygons[烘焙成多边形]菜单命令，会弹出一个对话框，用于设置烘焙的质量，烘焙之后，布尔组对象就转换成为一多边形网格模型。

2.7.4　融合对象

融合对象也称为"有机模型"，要创建融合对象，只能使用基本对象作为成员对象。

融合对象把不同的基本对象"融合"在一起，变形效果仿佛融化在一起似的，它比较适合于编辑有机形状。如右图，是 Vue 预置的场景文件中，一匹用许多个球体、立方体、圆柱体和圆锥体等基本对象融合而成的马匹模型：

在融合对象中，即使只有一个成员对象，也可以看到运算的效果，所有棱角形状会变成圆滑的、类似有机物外观的形状。

因为球体对象本身就没有尖锐的棱角边缘，所以，一般不要创建只包含一个球体对象的融合对象，因为这只是徒劳地使用一个球体创建另一个球体，造成更复杂的渲染。

融合对象的成员对象可以是下列基本对象：球体、立方体、圆柱体、圆锥体、棱锥体、圆环体，但不包括平面和阿尔法平面。在【世界浏览器】>> ![icon] Objects【对象】标签中，展开融合对象的层级结构，选择其成员对象，可以单独地移动、缩放、旋转，这会导致融合对象整体形状发生变化。

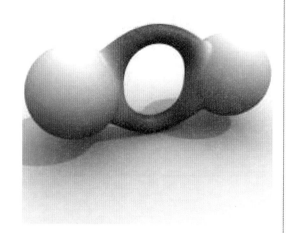

如果融合对象的成员对象没有使用相同的材质，在不同成员对象的材质之间，也会产生融合过渡效果，如右图：

要创建融合对象，可以使用左侧工具栏中的 ![icon] [![icon]创建融合对象 ‖ 创建超级融合对象![icon]]按钮，该图标右下角有一个小点，表明这是一个双重图标。首先选择一个或几个基本对象，然后用鼠标左键单击该图标，就可以直接在场景中创建一个融合对象。

在【世界浏览器】>> ![icon]【对象】标签中，展开融合对象的层级结构后，可以使用鼠标拖放的方式添加、删除成员对象（只能够把基本对象拖入到融合对象内），也可以改变成员对象的排列顺序，但是，在融合对象中，成员对象的排列顺序不影响整体形状。

如果基于几个融合对象创建一个新的融合对象，则原来的几个融合对象中的基本对象会解散，并重新组合成新的融合对象。

在 Vue 主界面右侧场景信息栏的下部，是 World Browser【世界浏览器】面板，用于在场景中进行快速导航、组织场景、批量选择、批量编辑、管理链接等多种重要的编辑工作。

单击【世界浏览器】标题栏中的"▲"按钮，会把面板扩展至整个场景信息栏（【对象属性】面板和【相机控制中心】只剩下标题栏），扩展后该按钮变为"▼"样式，再次单击"▼"，【世界浏览器】会重新恢复成原来的大小（双击标题栏也具有同样的效果）。

> 注意：该按钮与【对象属性】面板和【相机控制中心】中相同按钮的用法是不同的。

【世界浏览器】包括 4 个标签，分别显示了不同的场景信息。

World Browser【世界浏览器】>> Objects【对象】标签：用于选择、组织和检视场景中的对象，可以使用不同的排序方法排列对象。

World Browser【世界浏览器】>> Materials【材质】标签：显示场景中的所有材质，其中混合材质还显示层级结构。

World Browser【世界浏览器】>> Library【库】标签：显示场景中所有多次使用过的对象（包括生态系统物种），可以实现批量编辑。

World Browser【世界浏览器】>> Links【链接】标签：显示和管理场景中纹理贴图和导入对象的链接。

在每个标签页的底侧，均有一行小工具栏，提供了一些相关的常用工具按钮。

下面，我们首先讲解 【对象】标签和 【库】标签。

2.8.1 〖对象〗标签

在【世界浏览器】中，第一个标签是 Objects〖对象〗标签，它以列表的方式显示了场景中所有对象的名称，如右图：

1. 对象列表的排序方式

用户可以根据需要，以多种方式进行排序，有条理地组织对象名称列表。

当 〖对象〗标签是当前活动标签时，在 〖对象〗标签的右下角，会出现一个朝下的小三角按钮"▼"，用鼠标单击（或右键单击）该按钮，会弹出一个下拉菜单，其中包括四种组织对象名称的不同排序方式，从中选择某个单选项目，会按该排序方式显示对象名称列表，如右图：

✓Organize In Layers[按图层组织]：这是默认的组织方式，以层级列表的方式显示不同的图层，图层处于最高层级，图层下面包括属于该图层的对象。

Sort By Names[按名称排序]：对象名称按字母顺序排列显示。当场景很复杂时，由于对象太多，对于某个对象，用户可能只记住了它的名称，使用这种排序方式，比较容易找到该对象。

Sort By Sizes[按大小排序]：按对象的大小递增排列显示对象名称。这对定位非常小的物体很有用。

Sort By Types[按类型排序]：以层级结构的形式排列显示对象的类型，对象的类型处于最高层级，其下面包括属于该类型的对象名称，这对找准类似性质的对象很有用。

在对象层级列表结构中，如果某个层级名称前侧标识一个"⊞"或"⊞"，单击可以展开，如果某个层级名称前侧标识一个"⊟"或"⊟"，单击可以折叠。

2. 对象列表的常用操作方法

对象层级列表的常用方法主要体现在以下几个方面，其中有些知识，我们已经接触过。

1）展开、折叠

在【世界浏览器】中，图层、材质类别、库类别、链接类别等的前侧，会标识"⊞"、"⊟"或者"▷"图标，单击"⊞"或"⊟"会展开或折叠，"▷"表示空类别，在这种图标上单击没有任何效果。

在【世界浏览器】中，组对象、相机组、云团、混合材质等名称的前侧会标识一个"⊞"或"⊟"符号，单击"⊞"可以展开层级结构，单击"⊟"可以折叠层级结构。

可见，上述表示折叠或展开的两种标识图标有所不同。

2）选择对象

在对象列表中，单击某个对象的名称可以选择该对象。

可以使用向上或向下箭头键在列表中上下逐个选择相邻的对象。

使用 Ctrl 键加选或减选，使用 Shift 键选择范围，这与标准的 Windows 操作方法相同。

单击图层名称，可以选择一个图层中的所有对象，类似地，可以选择某个类型的所有对象。

> 关于在【世界浏览器】>> 【对象】标签中选择对象的多种方法，在前文"选择对象"章节已经详细讲解过，请大家回过头去复习一下。

3）拖放对象名称

要拖放某个对象的名称，请单击它，但不松开鼠标按键，然后拖动，鼠标变为 "▶" 形状，拖动时会跟随鼠标出现一条粗横线，拖动到另外一个位置时松开鼠标按键，就可以把该对象的名称拖放到该粗横线的位置。

> 注意：拖放对象时，对象在层级列表中的排列顺序不能摆脱排序方式的约束！

4）拖放组对象中的成员对象名称

用鼠标拖放对象名称的方法，也适用于组对象内的成员对象，可以把成员对象的名称从一个位置拖放到另一个位置，还可以把对象的名称拖出或拖入组对象！这意味着，不必通过解散组对象并重新组合对象或布尔运算，就能更换其中的成员对象！

在组对象中拖放成员对象的名称之前，需要先展开该组对象。

云团是稍微有些特别的组对象，它只能包含"云团单元"，不能将任何其他类型的对象添加到云团对象中。

5）复制对象

按住 Ctrl 键的同时，拖动对象名称，鼠标会变为 "▶" 形状，可以复制该对象。

6）右键弹出菜单

在【世界浏览器】的右键弹出菜单中，提供了许多常用的命令，本书会在不同的章节中分别讲解其中的命令的用法，这里不再集中讲解。

3. 重命名对象

在【世界浏览器】>> 【对象】标签中，分两次单击对象的名称，该对象的名称会反色显示，可以输入新的对象名称（最好使用汉语拼音），然后，按 Enter 键或单击其他空白地方确认新的名称。

要重命名对象，还可以从右键弹出的快捷菜单中选择 Rename…[重命名…] 命令，会弹出 Object Renaming【对象重命名】对话框，可以输入对象的新名称，如右图：

当选择了多个对象时，可以同时为多个对象重命名，从右键弹出的快捷菜单中选择 Rename…[重命名…] 命令，在打开的 Object Renaming【对象重命名】对话框中，会多出一个 ☑Keep object numbering[保留对象编号] 复选框，默认已选中该复选框，原来对象名称末尾的任何数字仍会被保留，并附加到新名称的后面；如果取消选中该复选框，则所有被选择的对象会统一采用相同的新名称。如左图：

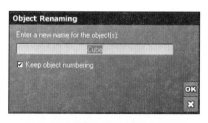

4. 底部工具栏

在 【对象】标签的底侧，有一行小工具栏，工具栏中按钮的功能如下。

[新建图层]：单击此按钮，在场景中添加一个新图层。

[删除选择的对象]：单击此按钮删除被选择的对象，或删除被选择的图层，当选择了一个或多个对象，或者选择一个或多个图层时该按钮才可用。也可以直接按 Delete 键或者 Backspace 键删除对象或图层。

注意：不能使用上述方法删除相机对象。

[编辑选择的对象]：单击此按钮，打开此对象的编辑器，这是打开对象编辑器的多种方法中的一种。只有当所选择的对象可编辑时该按钮才可用，对象类型不同，则打开的编辑器类型也不相同。

[导出选择的对象]：单击此按钮，导出被选择的对象。只有当选择了一个可导出的对象时，此按钮才可用。

[编辑对象图表]：单击此按钮，会打开此对象的图表。

5. 对象标识图标

对象名称的前侧，均带有一个小型标识图标，对于识别对象很有利。

下面，列出各种标识图标的含义。

Infinite Plane：无限平面，包括水平、地面。

（下面 7 个是基本对象）

Sphere：球体。

Cylinder：圆柱体。

Cube：立方体。

Pyramid：棱锥体。

Cone：圆锥体。

Torus：圆环体。

Plane：平面。

Alpha Plane：阿尔法平面。

3D Text：3D 文字。

（下面 8 个是地形对象）

Terrain：标准地形。

Symmetrical Terrain：对称地形。

Skin Only Terrain：外壳地形。

Symmetrical Skin Only Terrain：对称外壳地形。

Procedural Terrain：程序地形。

Procedural Symmetrical Terrain：程序对称地形。

Procedural Skin Only Terrain：程序外壳地形。

Procedural Symmetrical Skin Only Terrain：程序对称外壳地形。

Plant：植物。

Global EcoSystem：全局生态系统对象。

Rock：岩石对象，如果岩石对象的照明已被烘焙，则该图标呈现黄色。

Polygon Mesh：多边形网格，例如一个导入的对象。如果该多边形网格对象的照明已被烘焙，则该图标呈现黄色。

Animated Mesh：动画网格或动画 Poser 对象，如果该对象的照明已被烘焙，则该图标呈现黄色。

Bone：骨骼。

（下面 7 个是光源对象）

Point Light：点光源。

Quadratic Point Light：二次方点光源。

Spot Light：聚光灯。

Quadratic Spot Light：二次方聚光灯。

Directional Light：平行光，例如太阳光。

Light Panel：面光源。

Light Emitting Object：发光对象。

（下面 6 个是组对象）

Group：简单组对象。

Boolean Union：布尔加。

- Boolean Intersection: 布尔乘（或布尔交）。
- Boolean Difference: 布尔减。
- Metablob: 融合对象。
- Hyperblob: 超级融合对象。

- MetaCloud: 云团。
- Cloud: 云层。
- Ventilator: 风机。
- Python Object: Python 对象，是通过 Python 脚本创建的对象（本书不涉及）。
- Camera: 相机。
- Spline: 样条曲线。

6. 相机组

　　场景中的所有相机，均被组织到一个"相机组"里面，"相机组"折叠时，其前侧标识为"⊞"符号，展开后标识为"⊟"符号。

　　"相机组"展开后，会显示出场景中的所有相机名称，其中当前活动相机的名称也被用于最顶级位置的"相机组"的名称，也就是说，通过"相机组"的名称，能够反映哪个相机是当前活动相机。当前活动相机前面的标识图标为深色的"📷"，而其他非活动相机前面的标识图标为浅色的"📷"。

　　"相机组"展开后，可以单击选择某个相机，双击某个相机的名称可以使之变为当前活动相机，"相机组"的名称也会相应地改变成该相机的名称。

> 注意：在 3D 视图中，也能够单击选择相机，而且在 3D 视图中双击也能够把非活动相机切换为当前活动相机，当然，这需要在视图中能够显示并且看到相机对象才可以，方法是到 Options【选项】对话框 >>Display Options〖显示选项〗标签 >>View options〖〖视图选项〗〗参数组中，选中 ☑Show all cameras in views[在视图中显示所有相机] 复选框。

7. 图层

　　组织和管理对象最主要的方法，就是把对象划分进不同的图层中。使用图层管理场景中的对象或图片元素，这是大多数图形图像软件通用的做法。

　　在 Vue 中，也使用图层来组织管理场景中的对象。通过科学合理地组织图层，把对象分别放入不同的图层内，在此基础上对图层设置隐藏、锁定等属性，可以把场景整理得井井有条，便于阅览和提高编辑效率。

　　为了显示图层，需要使用默认的 ✓Organize In Layers[按图层组织] 方式排列对象层级列表。

　　场景中创建的所有对象都是位于图层内的，不管对象放在哪个图层内，在渲染时是没有差别的（除非用户指明了渲染时忽略特定的图层）。

　　1）新建图层

　　用户可以创建任意数量的图层。

　　要创建一个新的图层，请单击底部工具栏中的 🔳 [新建图层] 按钮，就会在对象列表中添加一个新图层，新创建的图层位于对象列表的最底部，该图层自动被设置为"当前图层（或称焦点图层）"，之后，新创建的对象均会被放置在当前图层内。

　　2）设置当前图层

　　当前图层的名称显示成红色，单击某个图层的名称，可以使之成为当前图层，在一个非当前图层中单击选择对象，也可以使该图层成为当前图层。

　　3）重命名图层

　　分两次单击图层的名称，会反色显示，可以输入新的名称，重命名图层，按 Enter 键或单击其他空白地方确认新的名称。

　　4）删除图层

　　要删除一个图层，请单击选择该图层，然后单击底部工具栏中的 🗑 [删除选择的对象] 按钮，该图层以及其中的所有对象均会被同时删除。

　　5）折叠或展开图层

　　图层中包含的项目可以展开或折叠，单击图层名称前侧的"⊞"图标，可以展开该图层，以便显示其中包括的对象名称，"⊞"图标会切换成"⊟"图标；单击图层名称前侧的"⊟"图标可以折叠该图层，"⊟"图标会再次切换回"⊞"图标，图层折叠后可以节省【世界浏览器】的显示空间。

　　如果图层中没有对象，则该图层为"空图层"，空图层名称前侧的标识图标为"⊟"，在这种图标上单击没有任何效果。

　　6）拖放对象和图层

　　使用鼠标拖放的方法，可以把某个对象从一个图层拖入到另外一个图层。

　　图层本身可以被向上或向下拖放，从而改变在层级列表中的排列位置。

　　7）设置图层状态

　　在每个图层名称的右侧，是图层的状态图标，其含义如下。

　　👁 Active layer[活动的图层]：这是默认的图层状态，处于活动的图层内的对象在 3D 视图内可见，而且可以在 3D 视图内被单击选择。

> 注意：不要混淆"活动的图层"和"当前图层"两个概念。

　　🔒 Locked layer[锁定的图层]：锁定的图层名称以及处于其中的对象名称均显示成浅色。在 3D 视图内，程序颜色材质显示成灰色，不能在 3D 视图内进行单击选择。

> 注意：仍然可以通过【世界浏览器】选择锁定的图层内的对象，如果在锁定的图层内选择对象的名称，在 3D 视图中，该对象不显示高亮红色。

⚙ Hidden layer[隐藏的图层]：隐藏的图层名称以及处于其中的对象名称，均显示成浅色斜体。在 3D 视图内，隐藏的图层内的对象模型不可见，当然也不能在 3D 视图内进行单击选择。

> 注意：仍然可以通过【世界浏览器】选择隐藏的图层内的对象，如果在隐藏的图层内选择对象的名称，则该对象仍然会在 3D 视图中显示出来。

要改变某个图层的状态，请单击该图层的状态图标，会在上述三种状态之间循环切换，图层的状态不影响渲染的结果。

在锁定或隐藏的图层内仍然可以复制和粘贴对象。

改变图层的状态是图层能够有效地组织场景的关键，创建的场景越复杂，越要注意科学合理地组织图层和管理图层状态。

例如，隐藏图层意味着在 3D 视图内临时性地隐藏场景中的部分对象，当场景很复杂时，隐藏一部分对象，可以避免把场景弄乱，造成视觉干扰，能使用户更好地集中精力于当前要编辑的那些对象上面，还能够大幅度地减少占用的系统资源；又例如，把一部分对象放入某个锁定的图层内，使之在 3D 视图内可视，便于参考，而又不妨碍选择、变换其他对象。当然，上述做法并不会影响渲染结果。

2.8.2　〖库〗标签

在【世界浏览器】中的 **▥** Library〖库〗标签中，以列表的形式显示了在场景中所有被使用过多次的对象，但不显示只使用过一次的对象，如右图：

1. 库项目的分类

在 **▥** 〖库〗标签中，使用过多次的对象归集为两类。

1）Master objects[[主对象]]

如果对象的多份副本是通过"复制和粘贴"、直接复制或阵列创建的，则这些对象会在 Master objects[[主对象]] 类别内拥有一个"主对象"。

> 注意：通过左侧工具栏多次创建的同一种类型的对象之间，不拥有共同的主对象，例如，多次单击 **◐** [圆环体] 按钮，创建的多个圆环体对象之间就不存在这种关系。

主对象不是指第一个创建的对象，而是第一个创建的对象以及随后复制的副本对象的抽象概括，理由有三点：①在主对象编辑模式中，主对象会以一种独立于各个副本对象的方式出现，其大小不与实际场景匹配；②主对象的名称，默认和对象第一次创建时使用的名称相同，但主对象也可以改名，新的名称可以和第一个对象或其他各个副本对象不同；③编辑第一个创建的对象并不会同步修改被复制的副本对象。

如果选择某个主对象，此主对象的所有副本均会被选中。

2）EcoSystem population[[生态系统物种]]

对于在生态系统材质中繁殖的实例，或者全局生态系统的实例（使用【生态系统绘制器】直接绘制），它们会出现在 EcoSystem population[[生态系统物种]] 类别内，该类别包含的项目不是指在场景中繁殖或绘制的某个具体的实例，而是这些实例的代表，对于这些项目的编辑（例如编辑其材质），会相应地应用到场景中的所有已存在的实例上，也会相应地应用到以后新增加的实例上，这是 Vue 非常强大的功能！

> 为了便于记忆，我们可以把主对象通俗地称为"主子对象"，把生态系统物种通俗地称为"种子对象"。

2. 编辑主对象

在 **▥** 〖库〗标签 >>Master objects[[主对象]] 类别内，选择某个项目，用鼠标右键单击，会弹出快捷菜单，如右图：

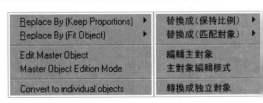

使用其中的选项，可以编辑主对象，能够实现批量编辑主对象的所有副本对象的功能。在该快捷菜单中，包括以下命令。

1）Replace By (Keep Proportions)〖替换成（保持比例）▶〗和 Replace By (Fit Object)〖替换成（匹配对象）▶〗

选择此命令，可以从弹出的子菜单列表中选择某个对象来替换被选择的主对象，主对象的所有副本均会被替换成新的对象。二者的区别见前文"替换对象"。

2）Edit Master Object[编辑主对象]

如果所选择的主对象是可编辑的，选择此命令，会进入主对象编辑模式，同时，打开相应的编辑器。对主对象所做的编辑修改，会应用到所有的副本对象上。

3）√ Master Object Edition Mode[主对象编辑模式]

如果选择此命令，会出现一个半透明的纱幕，把三维视图内除了主对象以外的所有场景都遮挡住，该主对象位于场景的原点处。同时，主对象的标识图标和名称之间会出现一个 " E " 字母。

在主对象编辑模式下，可以进行以下编辑操作。

① 可以在正交视图或相机视图中使用变换工具或变换手柄移动、缩放或旋转主对象。如果主对象被缩放、旋转，会同时带动副本对象缩放、旋转，如果是在制作对象变形动画的话，主、副对象会同时被动画。但是，如果移动主对象位置，却不会带动副本对象移动（通过在视图中移动主对象，对于编辑操作来说，可能有一定的用处），当再次进入该主对象的主对象编辑模式时，它仍然会位于场景的原点处。

② 可以通过【对象属性】面板 >> ✎ 【外观】标签更换或编辑主对象的材质，所做编辑会同时应用到所有副本对象上；也可以通过 ▬▬ 【参数】标签缩放、旋转、扭转主对象。

③ 如果主对象是一个组对象、一个布尔对象或融合对象，使用主对象编辑模式，可以直接在视图中编辑主对象中的不同成员对象。

要退出主对象编辑模式，请取消勾选 Master Object Edition Mode[主对象编辑模式] 菜单选项，或者单击当前视图中左上角出现的 Exit isolation mode [退出隔离模式] 按钮，还可以单击底部工具栏中的 ⚙ [主对象编辑模式] 按钮。

4）Convert to individual objects[转换成独立对象]

选择此命令，该主对象会从列表中清除，但是，并没有从场景中删除它所对应的第一个创建的对象以及随后复制的对象，而只是删除主对象对于各个副本对象的"统治管辖"。

注意：上述操作和直接按下键盘上的 Delete 键或者 Backspace 键的功能截然不同。

当然，用户可以在视图中直接编辑属于某个主对象的个别副本对象，如果编辑了主对象的某个副本对象，则该副本对象与主对象的"链接"关系会被自动断开，或者说从主对象的"统治管辖"下脱离出来，脱离出来后，如果再对其进行复制，那么，这个曾经是副本对象的对象，和其新复制的对象，也会拥有一个新的主对象。

3. 底部工具栏

在 ▥▥▥ 《库》标签页的底部，有一个小工具栏，此工具栏中包括以下几个按钮。

▣ [编辑被选择的主对象]：如果被选择的项目可编辑，单击该按钮，会打开相应类型的编辑器来编辑它，对主对象的编辑修改将会应用到所有的副本对象，该按钮与右键弹出菜单中的"Edit Master Object[编辑对象]"命令相同。

⚙ [主对象编辑模式]：和右键弹出菜单中的"Master Object Edition Mode[主对象编辑模式]"命令相同。

▥ [删除被选择的主对象]：如果选择某个主对象，单击此按钮，会删除所选的主对象以及其所有的副本对象，这种情况下，此按钮和直接按下键盘上的 Delete 键或者 Backspace 键的功能相同；该按钮也适用于生态系统物种，既会删除生态系统物种，也会删除相应的实例。

注意：这种情况下，此按钮和直接按下键盘上的 Delete 键或者 Backspace 键的功能截然不同。

大家可能注意到了，场景中地面以下的对象在三维视图中不可见，请看下图中的场景：

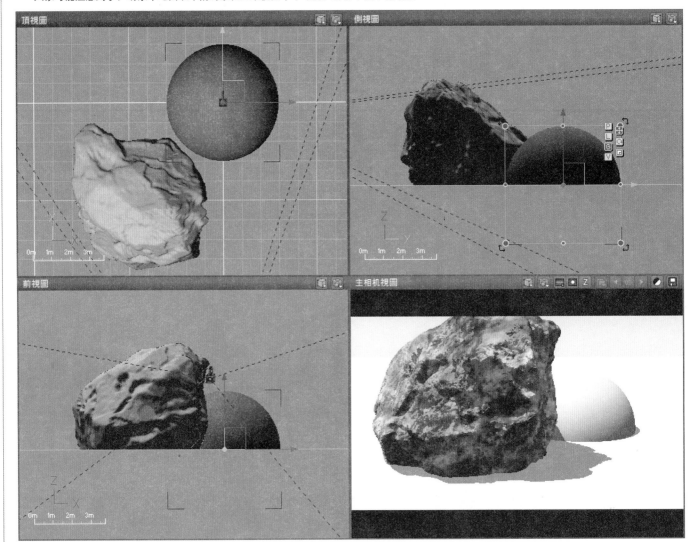

在上图中，球体和岩石都和地面相交，球体和岩石的一半在地面上侧，一半在地面下侧，在【主视图】中，因为球体和岩石的下半部分被地面遮挡了，所以无法看见，这应该是很合理的现象。

问题是，在【前视图】和【侧视图】中，球体和岩石的下半部分仍然不可见，这就显得有些"不正常"了，因为在【前视图】和【侧视图】中，地面显示为一条"线"，不应该遮挡球体和岩石的下半部分。

实际上，之所以出现上述现象，是因为 Vue 用地面把球体和岩石的下半部分在视觉上进行了"裁切"，目的是为了提高场景的层次感，增进用户对视图的视觉理解。

在 Vue 中，能够起到这种裁切作用的无限平面叫做"裁切平面"。裁切平面只能有一个，如果场景中有多个无限平面，应该使用哪一个无限平面作为裁切平面呢？

场景中如果存在多个无限平面，那么，在【世界浏览器】中，它们的对象名称可能分布在多个图层内，Vue 会自上而下浏览所有的图层，寻找排列在第一位并且完全水平、正面朝上的那个无限平面，找到后就把它确定为裁切平面。

如果在场景中添加一个水面，水面对象也是无限平面，在三维视图中，它的空间位置位于地面的上侧，把水面设为裁切平面可能更合理些，但是，这种情况下，Vue 会自动把水面对象确定为裁切平面吗？这是不会的，因为，场景中的第一个地面对象是自动创建的，它的对象名称在【世界浏览器】中位于上侧，而后创建的水面对象的名称则按顺序排列在下侧。

要想把上述水面确定为裁切平面，方法是，在【世界浏览器】中，把水面对象的名称拖放到地面对象的名称上侧，该水面就成为新的裁切平面！

理解 Vue 如何确定哪一个无限平面作为裁切平面很重要，如果场景中有多个无限平面，并且又在【世界浏览器】的图层内频繁拖放它们的对象名称的位置时，可以避免对视图的理解产生困惑。

在本节的实例中，我们创建一个简单的地球仪模型，模型各个构成部分如右图：

[1]——地球，对象名称为"球体—diqiu"。

[2]——转轴，对象名称为"圆柱体—zhuanzhou"。

[3]——托架，对象名称为"布尔减—tuojia"。

[4]——底座，对象名称为"布尔加—dizuo"。

[5]——基座，对象名称为"布尔减—jizuo"。

1）创建一个放置地球仪模型的新图层

启动 Vue，在【世界浏览器】>> 【对象】标签中，单击底部工具栏中的 [新建图层] 按钮，创建一个新图层，新图层的默认名称是"图层 2"，这个图层默认会成为当前图层。

2）创建代表地球的球体

使用主界面左侧工具栏中的折叠图标 ，在"图层 2"中创建一个球体，用来代表地球仪模型中的地球，重命名该球体，在原来名称的后面写上"地球"的汉语拼音，即"球体—diqiu"，根据用户习惯，也可以改为前缀。

刚创建的"球体—diqiu"处于被选择状态，进入【对象属性】面板 >> 【参数】标签 >> [大小] 子标签页，用键盘输入新的大小值，改变为"（（XX=1m，YY=1m，ZZ=1m））"。

注意：本书中，我们用这种格式表示对象沿三个轴向的大小值。

3）创建地球的转轴

仿照上一个步骤，再创建一个圆柱体，代表转轴，把该圆柱体重命名为"圆柱体—zhuanzhou"，进入 【参数】标签 >> [大小] 子标签页中，调整其大小值为"（（XX=0.05m，YY=0.05m，ZZ=1.3m））"，这些值的长度单位会自动调整为"（（XX=5cm，YY=5cm，ZZ=1.3m））"。

4）创建地球的弧形托架

创建一个圆环体，代表托架，重命名为"圆环体—tuojia"，双击该圆环体（或双击其名称），会弹出 Torus Options【圆环体选项】对话框，调整圆环体粗度值为"0.05"，如下图：

然后，在三维视图中，用鼠标拖拉缩放工具根部的黄色三角形，进行等比缩放（不会改变圆环体的位置），调整圆环体至适当大小。或者，也可以进入 【参数】标签 >> [大小] 子标签页中，启用 [锁定缩放比例 开 / 关]，输入"圆环体—tuojia"在 X 方向的大小值为"XX=1.2m"，其他两个方向的大小值会自动进行调整，这样可以确保圆环体不会发生变形。

5）统一地球、转轴和托架的位置

刚才创建的三个基本对象的位置应该是相同的，如果您在操作时曾经移动过它们，需要再次把它们的位置统一到一点。

请同时选择"球体—diqiu"、"圆柱体—zhuanzhou"、"圆环体—tuojia"这三个对象，进入 【参数】标签 >> [位置] 子标签页中，输入"（0，0，3）"，这些值会自动添加单位符号，变为"（0m，0m，3m）"。

注意：本书中，我们用此格式表示对象的坐标值。

现在，这三个基本对象的相对位置关系如下图：

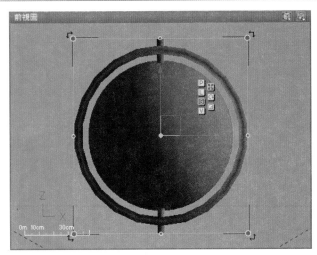

6) 组合对象

同时选择"球体—diqiu"、"圆柱体—zhuanzhou"、"圆环体—tuojia"这三个对象，单击左侧工具栏中的 🎱 [群组对象]按钮，它们就会组合成一个简单组对象，将该简单组对象重命名为"群组—diqiuyi"。

7) 裁切托架

地球仪的托架应该是一个半圆环体。下面，我们使用"布尔减"运算，把圆环体裁切成半圆环体。

先创建一个立方体对象，其名称默认是"立方体"，调整其大小为"（（XX=1.2m，YY=1.2m，ZZ=1.2m））"，位置为"（0m，0m，3m）"。

在【世界浏览器】中，单击"群组—diqiuyi"名称前侧的"⊞"，将其展开，用鼠标把刚才创建的"立方体"名称直接拖入里面。

先选择"圆环体—tuojia"，再加选"立方体"，单击左侧工具栏中的 🍥 [布尔减]按钮，会弹出提示信息，如下图：

单击 确定 按钮，就会在"群组—diqiuyi"内部创建一个"布尔减"组对象，其中"圆环体—tuojia"是"被减数"，将该布尔减对象重命名为"布尔减—tuojia"，如下图：

在【世界浏览器】中，单击"圆环体—tuojia"名称前侧的"⊞"，将其展开（如果已经展开，可忽略此操作），单击选择"立方体"名称，然后进入【前视图】中，锁定移动工具的 X 方向，向右拖动"立方体"至适当位置，如下图：

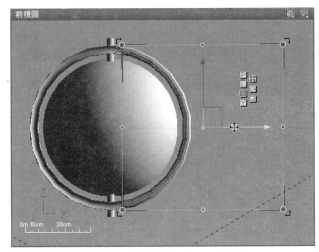

进入【主视图】中，适当调整相机观察角度，然后用鼠标左键单击【主视图】标题栏中的 🐭 [🐭快速渲染 ‖ 🐭快速渲染选项]图标，观看一下效果，如下图：

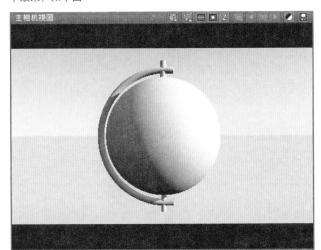

可见，原来完整的圆环体已经变成了一个半圆环体。

8) 创建底座的组成部件

在【世界浏览器】中，选择"圆柱体—zhuanzhou"名称，按下 Ctrl+C 快捷键，再按下 Ctrl+V 快捷键，复制得到一个新圆柱体，将其重命名为"圆柱体 2"，调整其大小为"（（XX=0.05m，YY=0.05m，ZZ=0.2m））"。

创建一个"球体 2"对象，调整大小为"（（XX=60cm，YY=60cm，ZZ=10cm））"。

创建一个"立方体 2"对象，调整大小为"（（XX=80cm，YY=80cm，ZZ=10cm））"。

同时选择"圆柱体 2"、"球体 2"、"立方体 2"，统一调整其位置为"（0m，0m，3m）"。

然后，进入【前视图】中，锁定移动工具的 Y 方向，分别向下拖动"圆柱体 2"、"球体 2"、"立方体 2"对象至适当位置，如下图：

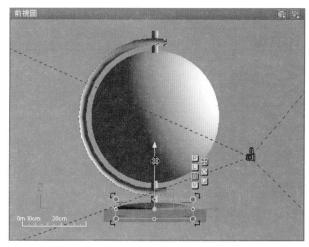

9）组合底座

在【世界浏览器】中，展开"群组—diqiuyi"，并折叠其中的"布尔减—tuojia"（可以防止拖动对象名称时进入其子层级）。然后，同时选择"圆柱体2"、"球体2"、"立方体2"名称，把它们拖入"群组—diqiuyi"内部（使"群组—diqiuyi"的成员对象的数量增加了），之后，单击左侧工具栏中的 [布尔加] 按钮，在"群组—diqiuyi"内部创建一个布尔加组对象，将该布尔加组对象重命名为"布尔加—dizuo"，如下图：

10）调整地球和托架的方向

在【世界浏览器】中，展开"群组—diqiuyi"，同时选择"球体—diqiu"、"圆柱体—zhuanzhou"、"布尔减—tuojia"（可以使用Shift键选择范围），然后，进入【前视图】中，选择"[旋转工具模式]"，并选择"[局部坐标系]"模式，锁定绕Y轴的旋转圆环，使这三个对象逆时针旋转一定的角度，如下图：

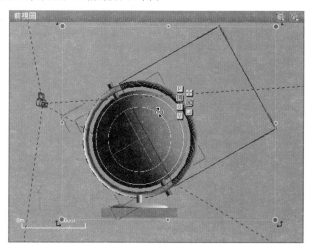

快速渲染后，效果如下图：

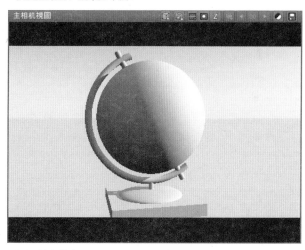

11）创建基座

如果场景中只有一个地球仪模型，会显得单调，下面，我们把地球仪摆放在一个岩石基座上。

在【世界浏览器】>> [对象] 标签中，单击底部工具栏中的 [新建图层] 按钮，创建一个新的图层，该图层的默认名称是"图层3"，如果它这时没有自动成为当前图层，请用鼠标在其名称上单击一下，使之成为当前图层。

在主界面左侧工具栏中，用鼠标右键单击 [岩石‖载入岩石模板…] 图标，该图标会变为 形状，释放鼠标后会打开Please select a rock template【请选择一种岩石模板】对话框（即【可视化岩石浏览器】对话框），从中选择一种"Quartz Rock"岩石（是一种石英岩石），在三维视图中，用变换工具或变换手柄适当调整"Quartz Rock"的位置和大小。

现在的问题是，"Quartz Rock"的上侧面不平整，解决的办法是使用"布尔减"运算进行"切削"。

在场景中创建一个"立方体3"对象，适当调整大小和位置，使之处于"Quartz Rock"的上侧面需要"切削"的位置，如下图：

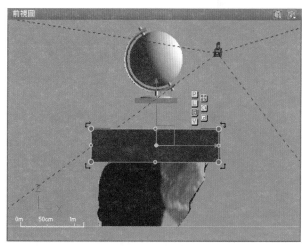

然后，先选择"Quartz Rock"，再加选"立方体 3"，仿照前面的做法，创建一个布尔减组对象，并将之重命名为"布尔减—jizuo"，如下图：

12）调整基座切削面的材质

在【世界浏览器】中，展开"布尔减—jizuo"，选择"Quartz Rock"，进入【对象属性】面板 >> ✏️ 〖外观〗标签页，用鼠标右键单击材质预览图，弹出快捷菜单，从中选择 Copy Material[复制材质] 命令，然后，再选择"立方体 3"，再次进入【对象属性】面板 >> ✏️ 〖外观〗标签页，用鼠标右键单击材质预览图，弹出快捷菜单，从中选择 Paste Material[粘贴材质] 命令。

我们已经学习过多种更换材质的方法，大家也可以尝试其他方法。

13）摆放地球仪

选择"群组—diqiuyi"对象，然后，用鼠标左键单击主界面左侧工具栏中的 🔽 [🖱 降落对象 ‖ 🖱 智能降落对象] 按钮，"群组—diqiuyi"对象就会直接降落到"布尔减—jizuo"对象的顶面上！

14）载入材质

同时选择"圆柱体 ---zhuanzhou"、"布尔减 ---tuojia"、"布尔加 ---dizuo"，进入【对象属性】面板 >> ✏️ 〖外观〗标签页，单击左侧工具栏中的 🏁 [载入材质…] 按钮，会弹出 Please select a material【请选择一种材质】对话框，即【可视化材质浏览器】，从中选择一种镀金效果的材质，如下图：

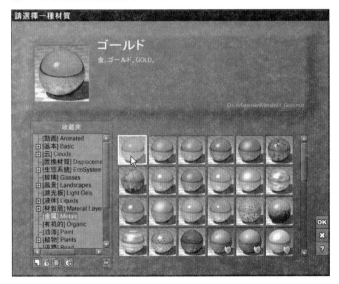

对于"球体—diqiu"对象，我们暂时还没有学习带有阿尔法局部透明效果的贴图材质，姑且使用一种水晶材质，如下图：

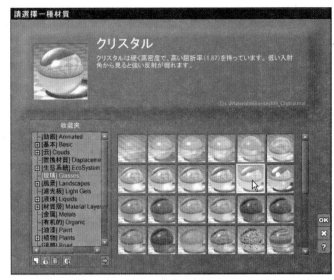

选择"地面"对象，载入一种草地材质，如下图：

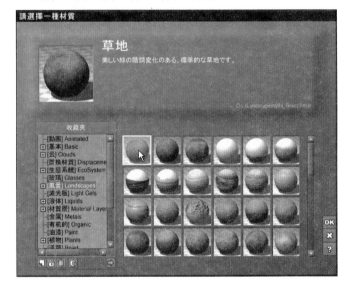

15）载入云层

现在，天空中还没有云层，有些单调。单击左侧工具栏中的  [添加云层…] 按钮，在弹出的可视化浏览器中选择一种云层，如下图：

标题栏中的 [快速渲染 ‖ 快速渲染选项] 图标，观看一下效果，如下图：

16）快速渲染

适当调整相机对【主视图】的观察角度，用鼠标左键单击【主视图】

为了得到更加丰富、逼真的效果和美感，对于地球仪模型和场景，还有待进一步改进（例如，增加更多的自然元素、增加质感、增加细节、优化光照层次、调整大气等），这需要学习更多的编辑知识，目前学习的重点是掌握基本概念和基本操作。

第 3 章　取景和渲染

"取景"这个概念和前文讲过的"视图操作"概念很相似。"视图操作"概念常用于编辑场景阶段，"取景"概念常用于测试渲染阶段。

在学习取景的方法之前，需要强调的是，这些方法只是众多方法中的一部分，或者说，通过其他方法也能够实现相同的功能，应灵活地综合运用。

我们可以使用变换工具直接在正交视图内移动、旋转、缩放相机（像变换其他对象一样），从而直接在【主视图】中取景。虽然在某些情况下，这种方法特别方便，但是，这不是对场景进行取景最直观的方法，之所以"不直观"，主要的原因是，在正交视图内，移动或旋转相机的方向刚好和【主视图】内画面的变化方向相反。

如果是通过 ▆▆ 〖参数〗标签控制相机进行取景，就更不直观了。

最直观的取景方法，是使用鼠标或键盘直接在【主视图】内实现取景，其中的许多方法，在前文中我们已经学习过，下面，再补充几点。

1）使用鼠标配合 Shift 键平移主视图

用鼠标右键单击【主视图】并拖动，鼠标会变为手掌形状"🖐"样式，进行拖动就可以旋转主视图，如果旋转幅度较小，类似平移效果，但是，并不是真正意义上的平移，而是相机自转，其功能和 ▆ [旋转相机] 图标是相同的。

先按下 Shift 键，并按上述方法操作，会沿着"屏幕 X"轴或"屏幕 Y"轴向左、右或上、下移动相机的位置，视图平移方向和鼠标拖拉方向相同，而相机平移方向和鼠标拖拉方向刚好相反，可以在正交视图中观察到相机的平移。

> 注意：需要首先按下 Shift 键，再做其他操作。

2）调整相机焦距缩放主视图

按住 Ctrl 键的同时，用鼠标右键在【主视图】中拖动，鼠标光标变为"🔍"样式，向上拖动放大视图，向下拖动缩小视图（以视图的中心为缩放中心），本质是调整相机的焦距。这种方式产生的缩放效果比较流畅，适宜精细调整取景画面。

3）用鼠标滚轮平移相机缩放主视图

在活动的【主视图】中，旋转鼠标滚轮，鼠标光标变为"🔍"样式，向前滚动放大视图，向后滚动缩小视图，本质是沿着瞄准方向前、后平移相机的位置，其功能和 ▆ [移动相机 向后/向前] 图标是一样的。因为这种方法比较方便，所以很常用。

具体使用该操作方法时，分为以下三种情况。

（1）如果选择了场景中的某个对象（光源对象除外）：在这种情况下旋转鼠标滚轮，会沿着瞄准方向以较小的步幅前、后平移相机的位置，【主视图】缩放幅度较小，显示比较流畅、跳跃不大。这种方法便于观察被选择的对象。

（2）如果没有选择对象：在这种情况下旋转鼠标滚轮，会沿着瞄准方向以较大的步幅前、后平移相机的位置，【主视图】缩放幅度较大，显示跳跃较大。

（3）如果选择了相机对象：在这种情况下旋转鼠标滚轮，实际上不能前、后平移相机的位置，当然也不能缩放【主视图】。这种情况下，可以改用 ▆ [移动相机 向后/向前] 图标沿着瞄准方向前、后平移相机。

4）未选择对象时使用键盘控制视图

如果当前没有对象被选择，而且【主视图】是活动视图的话，也可以使用键盘灵活地控制视图。

按上、下、左、右箭头键，会平移【主视图】，一次轻推等于 5 个单位的距离，按住 Shift 键轻推一次等于 0.5 个单位的距离，【主视图】平移方向和箭头键方向相同，其本质是沿着"屏幕 X"轴或"屏幕 Y"轴朝箭头键相反的方向移动了相机的位置，在这里，"屏幕 X"轴或"屏幕 Y"轴的方向和相机对象的局部坐标系的方向是一致的。

> 注意：相机可能会受到裁切平面（如地面）的阻挡。

按 PageUp 键或 PageDown 键，会缩放【主视图】，其本质是沿着瞄准方向向前或向后平移了相机的位置，一次轻推等于 5 单位的距离，按住 Shift 键轻推一次等于 0.5 单位的距离。

按住 Ctrl 键的同时，按 PageUp 键和 PageDown 键也会缩放【主视图】，其本质是调整相机的焦距。

3.2　使用相机 《《

要控制相机取景，除了使用变换工具、Camera Control Center【相机控制中心】面板或者直接使用鼠标或键盘的方法以外，还可以使用 Object Properties【对象属性】面板设置相机的焦距、景深等内部属性，以及位置、方向等外部属性进行取景。

3.2.1 相机属性面板

如果选择了相机对象，【对象属性】面板 >> 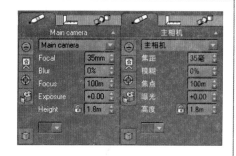〖外观〗标签中显示的控件如右图：

1. 激活相机

在场景中，可以创建许多个相机。在〖激活相机 ▽〗下拉列表中，包含了场景中的所有相机，如左图。

默认情况下，新创建的场景带有两个相机，第一个是"Main camera[主相机]"（Ctrl+数字0），指向正北方向，第二个是"Top camera[顶部相机]"（Ctrl+数字1），方向是从上向下。此外，根据需要还可以创建任意数量的相机（见下文），新创建的相机会依次排列在〖激活相机 ▽〗下拉列表中。

要激活某个相机，使之成为当前活动相机，可以使用以下方法。

1）使用〖激活相机 ▽〗下拉列表

展开该下拉列表，从中选择某个相机，该相机就成为当前活动相机，在【相机视图】的标题栏中，会显示当前活动相机的名称。

2）使用快捷键

按Ctrl+小键盘上的数字键"0"，把当前活动相机切换为"Main camera[主相机]"；按Ctrl+小键盘上的数字键"1"，把当前活动相机切换为"Top camera[顶部相机]"，以此类推。

3）使用菜单命令

进入Display【显示】主菜单 >>Activate Camera〖激活相机 ▶〗子菜单，从中选择某个相机，该相机就成为当前活动相机。但是要注意，该子菜单中只包含场景中的前10个相机。

4）通过Camera Control Center【相机控制中心】面板

使用◀[前一个相机]按钮和▶[下一个相机]按钮，可以依次切换活动相机，前文已经学习过。

> 注意：如果右键单击或左键长击🖫[存储相机]按钮，也可以从其弹出菜单中选择当前活动相机，但这里也只显示前10个相机。

5）通过World Browser【世界浏览器】

展开"相机组"后，双击某个非当前活动相机的名称，可以使之变为当前活动相机，前文已经学习过。

> 注意：如果在【世界浏览器】中单击选择某个相机，虽然也会在〖激活相机 ▽〗下拉列表中显示该相机的名称，但是，这并没有真正把该相机激活为当前活动相机，只是可以修改它的有关参数罢了。

6）通过正交视图

在正交视图中，直接双击某个相机对象的代表符号，可以直接把它切换为当前活动相机。

7）通过Camera Manager【相机管理器】对话框

通过【相机管理器】对话框，也能够切换当前活动相机，见下文。

Vue提供了上述切换当前活动相机的方法，一方面，表示实际工作中需要频繁使用这项操作，另一方面，我们也没必要必须熟悉全部操作方法，只要根据个人习惯，熟练使用其中两三种方法，能满足创作需要和效率就可以了。

如果在非零时间点处切换相机，会在时间轴上创建一个相机切换关键帧，可以创建相机切换动画。

2. 相机内部属性参数

如果把Vue的相机比作真实生活中的数码相机，那么，所谓的"内部属性"，是指通过相机设备自身的部件能够控制的功能。

1）Focal[焦距 ▭]（即视野）

使用这个参数调整相机镜头焦距，值越大，镜头的放大率（或放大倍数、放大能力）就越大。在实际生活中，该参数相当于在数码相机中推、拉镜头。对于风景摄影，该值的范围处于24～35毫米往往就很合适。

如果用户更熟悉相机的FOV[视野 ▭]参数，而不太熟悉Focal[焦距 ▭]参数，可以把Focal[焦距 ▭]参数更换为FOV[视野 ▭]参数（指水平视野），方法是在Options【选项】对话框 >>Display Options〖显示选项〗标签 >>View options[[视图选项]]参数组中勾选☑Show camera FoV in Object Properties[在对象属性面板中显示相机水平视野]复选框。

在3D视图中，相机的视野用一个"虚线四棱锥"（简称"视锥"）表示。

Focal[焦距 ▭]参数可以被动画。

2）Blur[模糊 ▭]（即景深）

如果设置该参数大于0%，能够激活相机的景深。当激活景深时，只有靠近相机焦点的对象显得清晰，其他远离焦点的对象会渲染得模糊。在实际生活中，该参数是由数码相机的性能、价格决定的。

Blur[模糊 □] 值越大，景深就越小，随着远离焦点，对象会模糊得越迅速。

"聚焦"区域（即景深区域，在该区域内对象渲染得清晰）的界限通过两个平行平面显示在相机"视锥"内焦点的两侧。

这个参数可以被动画。

3）Focus[焦点 □]

当激活景深时，可以使用该参数指定一个距离值，该距离从相机镜头开始，沿瞄准方向定义了一个位置，即焦点，相机就聚焦在该焦点位置，在焦点处的对象渲染得很清晰，随着对象逐渐地远离焦点位置，会渲染得越来越模糊。

该参数相当于真实生活中数码相机的自动聚焦功能，在一些高档数码相机产品中，可以使用触屏来选择聚焦对象。

焦点距离由一个小立方体（实际上就是相机目标）显示在相机瞄准方向上。该参数可以被动画。

渲染【主视图】时，场景的模糊范围是由 Focus[焦点 □] 参数和 Blur[模糊 □] 参数共同决定的。

注意：不要把"焦点"和"焦距"弄混淆，焦点是镜头外面能够清晰成像的地方，焦点到镜头的距离与几何光学中的"物距"概念类似，而焦距是光线进入镜头后形成的虚像到镜头的距离，与几何光学中的"目距"概念类似。

4）Exposure[曝光 □]（即光圈）

使用此设置，可以改变场景的曝光。正值会使场景更亮，而负值会使场景变暗。该参数的调整效果主要体现在光圈（一种标准摄影计量单位，用于镜头光圈孔径），光圈值设为 +1 意味着场景亮度被加倍。与现实生活中真正的数码相机不一样的地方是，调整曝光值对景深并没有影响。

该参数可以被动画。

如果在 Advanced Camera Options【高级相机选项】对话框中，已经启用了 ☑Auto-exposure[自动曝光] 复选框（默认已启用该复选框），Exposure[曝光 □] 值表示在场景自动计算的曝光上应用的曝光校正。可以在渲染完成之后再调整曝光。

注意：改变相机的 Exposure[曝光 □] 值，与在 Post Render Options【后期处理选项】对话框中改变亮度是不一样的；该设置也不像 Atmosphere Editor【大气编辑器】对话框 >>Light〖光照〗标签内的曝光设置（只影响光线的强度，详见后文"大气"章节），相机的 Exposure[曝光 □] 设置会影响场景的全局曝光。

3. 锁定相机高度

使用 Height[高度 □] 设置相机离下侧物体表面（如地面）的高度。

默认已启用了 [在地面上部锁定高度] 功能，如果使用移动工具拖动相机，或使用【相机控制中心】面板的 [移动相机 向后 / 向前] 移动相机，当相机经过一个地形对象上部时，相机会在地形对象表面之上保持一个固定的高度，逢高上高，逢低下低。

再次单击 会由黄色切换回 状态，就不再把相机保持在锁定高度上。

注意，默认情况下，已经启用了相机的 [在地面上部锁定高度] 功能，调整视图时，视图画面可能会突然发生不需要的变化，要视情况取消该功能。

无论相机高度是被锁定或解锁，总是可以在 3D 视图内手工移动相机。如果沿 Z 轴移动相机，Height[高度 □] 值会相应地自动更新，再次移动相机时，会锁定在新设定的高度上。

用右键单击 [在地面上部锁定高度] 图标，会弹出一个菜单，包含了三个复选项，如右图：

Ignore Terrains	忽略地形
Ignore Plants	忽略植物
Ignore Objects	忽略對象

在上述菜单中，勾选其中的项目后，可以使锁定相机高度功能忽略相应的对象。例如，如果全部勾选上述三个选项，相机被锁定到地面上部时，如果遇到地形、植物或其他对象，相机不会上下起伏。{{NEW8.5}} 自定义锁定相机高度功能是从 Vue 8.5 增加的新功能。

4. 总是保持水平

默认已经激活 [总是保持水平] 选项，Vue 会确保相机总是处于左右水平状态，使得【主视图】中的地平线看起来总是水平的。

在激活此选项的情况下，在正交视图中，使用旋转工具无法使相机发生滚转，相机的 Roll[滚转 □] 总是保持为 0 值。

取消此选项（单击 切换回 状态）之后，才可以对相机添加滚转效果，有时候能够使图片显得更有动感效果（例如在俯冲的战机中向外看）。但是，对于一般场景来说，建议激活 [总是保持水平] 选项。

3.2.2 相机背景选项

可以把一幅图像或一段动画载入到相机的背景中，背景图像或动画会出现在所有对象的后面，并且会取代天空。

单击 [背景…] 图标，会弹出 Camera Backdrop Options【相机背景选项】对话框，用于载入所需的背景图片或背景动画，如右图：

弹出 Camera Backdrop Options【相机背景选项】对话框之后，要真正激活相机背景，还需要勾选 ☑Use backdrop[[使用背景]] 复选框，对话框中的其他控件才可用。选中 ☑Use backdrop[[使用背景]] 选项后，图标 "🧍" 会切换为黄色 "🧍"。

载入或更换图片的方法以及图片预览下侧、右侧工具按钮的使用方法，和 "阿尔法平面对象" 是相同的，后文中再讲解。

> 注意：不同的相机可以使用不同的背景图片。如果选中 ☑Use backdrop[[使用背景]] 复选框而不载入具体的背景图像，会使用纯黑色背景。

在该对话框中，还包括以下几个控件。

Zoom factor at render[渲染时的缩放系数 ▢]：该设置控制相机背景图像的大小。默认设置为 1，以使其精确地映射到相机的背景中，会适当地拉伸图像；值小于 1 时，使图像不能填满整个相机背景（渲染时会平铺背景图像）；值大于 1 时，图像不能完全在相机背景中显示（图像边缘会被裁切）。

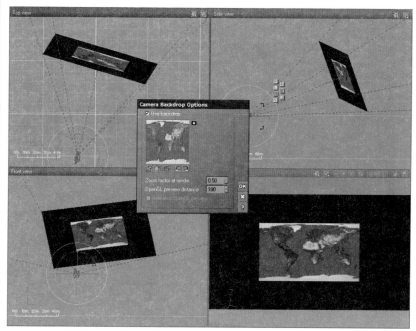

OpenGL preview distance[OpenGL 预览距离]：当载入一幅相机背景图像时，该图像会出现在 OpenGL 视图中代表相机视野的 "视锥" 内，为了便于观察，可以使用该控件调整背景图像在 OpenGL 视图中距离相机的远近。

上述两个参数设置的效果，我们可以在 3D 视图中观察到。例如，如果设置 Zoom factor at render[渲染时的缩放系数 ▢]=0.5，并且设置 OpenGL preview distance[OpenGL 预览距离]=100，背景图像在 OpenGL 视图中的显示效果如左图：

相机背景可以是单幅图片或动画文件，也可以是多幅图片序列文件。

要一次性载入多个图片序列文件，需要使用 Windows【打开】文件浏览器。这是因为，单击 🔄 [载入] 按钮时，会打开可视化图片浏览器，但是，从可视化图片浏览器的收藏夹中，无法一次性地选择并载入多个图片，解决方法是，在可视化图片浏览器中，单击收藏夹列表下侧的 ➡ [浏览文件] 按钮，就会弹出 Windows【打开】文件浏览器，在这里可以同时选择并载入多个图片文件。

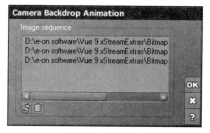

在背景图片预览的下侧，有一个 🎬 [动画背景选项] 按钮，单击该按钮，会弹出 Camera Backdrop Animation【相机背景动画】对话框，在这里也可以方便地管理图片序列或动画文件，如右图：

☑Animated OpenGL preview[动画 OpenGL 预览]：默认已选中该复选框。如果相机背景是图片序列或动画文件，当在时间轴上拖动当前时间滑块时，相机背景会在 OpenGL 预览中动态显示，不过，动态刷新相机背景会减慢反应速度，尤其是对于高分辨率的图片或复杂编码的动画文件，会更严重一些；如果取消选中该复选框，当在时间轴上拖动当前时间滑块时，相机背景在 OpenGL 预览中只显示第一个（或第一帧）的图片，到渲染的时候才会显示动态背景图片。

3.2.3 相机瞄准目标

相机的瞄准目标，是吸附到每个相机正前方的一个小立方体形状的对象，在视图内，它通过一条点划虚线和相机连接起来，这条虚线代表相机的瞄准方向，如右图：

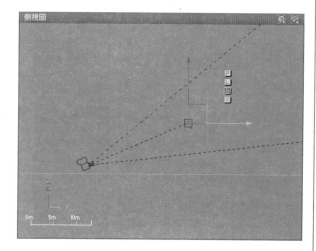

如果移动瞄准目标，相机瞄准方向会做相应调整，因此，这是不必调整相机旋转角度就能够调整相机瞄准方向的一个非常直观的方法。

点划虚线的长度代表相机的聚焦距离（或对焦距离，即 Focus[焦点 □] 值），在视图中，使用移动工具移动相机瞄准目标的位置，就可以直观地调整聚焦距离（Focus[焦点 □] 的值会相应变化），而无须在 Focus[焦点 □] 中输入数值。

综上所述，通过移动相机的瞄准目标，既可以方便地调整相机的瞄准方向，同时也可以方便地调整相机的 Focus[焦点 □] 值。

注意：选择相机的瞄准目标后，也可以通过 [▣▁▁] 【参数】标签调整瞄准目标的位置。

在【主视图】中，相机的瞄准目标总是位于视图的正中央。

1. 选择和可见性

要选择相机的瞄准目标，主要有以下两种方法。

（1）默认情况下，需要先选择相机对象，才会显示相机的瞄准目标，然后在 3D 视图中单击它的瞄准目标对象。

（2）先选择相机对象，进入【对象属性】面板 >> [✏] 【外观】标签页中，单击 ✛ [切换到瞄准目标] 按钮，也会选择该相机的瞄准目标。

当选择了相机的瞄准目标后，[✏] 【外观】标签页如右图：

在上图中，单击 [切换回相机] 按钮，可以取消选择瞄准目标，同时，重新选择相应的相机对象。

大家可能已经注意到，当选择了某个相机对象后，它的瞄准目标才变得可见。要使相机的瞄准目标总是可见（即使在没有选择该相机的情况下），请先选择该相机的瞄准目标，然后，在 [✏] 【外观】标签页中选中 ☑Always visible[总是可见] 复选框，这样，即使没有选择该相机时，它的瞄准目标仍然会保持可见，这种情况下，也可以在视图中直接单击选择它的瞄准目标。

注意：不同的相机，可以分别设置不同的 "☑Always visible[总是可见]" 选项。

2. 聚焦到对象

相机瞄准目标的一个有趣功能是，可以把相机的瞄准目标链接到场景中任何给定的对象上。有以下两种操作方法。

（1）先选择相机的瞄准目标，然后在 [✏] 【外观】标签内，从 Focus on 【聚焦在 ▽】下拉列表中选择某个对象，之后，相机总是会聚焦在这个对象（简称 "聚焦对象"）上。

如果移动了 "聚焦对象"，改变了到相机的距离，也会同步改变相机的瞄准目标到相机的距离（即 Focus[焦点 □] 的值），两个距离总是会保持相等。

需要特别注意的是，在某个对象上聚焦，不会影响相机的瞄准方向，而只是影响它的聚焦距离（即只影响 Focus[焦点 □] 的值），因此，当移动 "聚焦对象" 时，在 3D 视图内，可以看到瞄准目标到相机的距离会相应变化，但是，相机的瞄准方向（即连接相机镜头和瞄准目标的点划虚线的方向）却不会相应变化。那么，当移动某个 "聚焦对象" 时，如何使相机的瞄准目标和瞄准方向同时跟随变化呢？答案参见下文。

（2）先选择相机的瞄准目标，然后在 [✏] 【外观】标签内，单击 [✎] [拾取对象] 按钮，鼠标光标会变成 "[🖉]" 形状，然后，在 3D 视图内或在【世界浏览器】内单击所需的对象（单击空白地方会删除链接关系），该对象就成为新的 "聚焦对象"。

如果是在 3D 视图内拾取对象，当把鼠标光标 "[🖉]" 移动到某个可以拾取的适宜对象上时，其网格会以高亮红色显示，并显示缩放手柄，把瞄准目标和要拾取的对象暂时突出显示出来。

3.2.4　相机方向跟踪对象

可以在场景中把某个对象设置成相机的 "被跟踪对象"，当在场景中移动 "被跟踪对象" 时，相机的瞄准方向也会跟着旋转。

要设置相机的 "被跟踪对象"，请先选择相机对象，然后进入【对象属性】面板 >> [▣▪▪] 【动画】标签页，单击 ✛ [[🔧] 拾取被跟踪对象] 按钮，鼠标光标会变成 "[▸🔧]" 形状，然后，在 3D 视图内或在【世界浏览器】内单击所需的对象（单击空白地方会删除跟踪关系），该对象就成为新的 "被跟踪对象"。

如果是在 3D 视图内拾取对象，当把鼠标光标 "[▸🔧]" 移动到某个可以拾取的适宜对象上时，其网格会以高亮红色显示，并显示缩放手柄，把相机对象和要拾取的对象暂时突出显示出来。

当为相机拾取了某个 "被跟踪对象" 后，✛ 图标会变为黄色 ✛，之后，移动该 "被跟踪对象"，可以看到相机的瞄准方向会跟随着一起旋转。

注意：当为相机拾取了 "被跟踪对象" 后，仍然可以单独旋转相机，使相机的瞄准方向 "偏离" "被跟踪对象"，如果再移动 "被跟踪对象"，相机会保持 "偏离" 并跟随着一起旋转。移动 "被跟踪对象"，只影响相机的瞄准方向，不会影响相机瞄准目标到相机镜头的距离。

如果把相机的 "被跟踪对象" 和 "聚焦对象" 设置成同一个对象，则移动该对象时，既会使相机的瞄准目标跟随着一起移动，也会使相机的瞄准方向跟随着一起旋转！这是一项很实用的技巧。

3.2.5 相机管理器

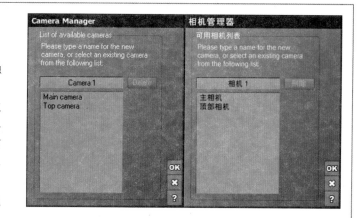

当用户觉得某个相机的视图画面效果比较有趣时，可以把该相机单独存储起来。

选择当前活动相机，然后进入 ![外观]〖外观〗标签页，单击左侧工具栏中的 ![管理相机] [管理相机…] 图标（{{NEW9.0}} 该图标在以前的版本中是一个照相机样式的图标，从 Vue 9.0 开始，更改为摄像机样式的图标），可以基于当前相机设置创建一个新的相机 (本质上是存储了相机的设置参数，并起了一个名称进行标识)。

单击 ![管理相机] [管理相机…] 图标之后，会弹出 Camera Manager【相机管理器】对话框，如右图：

使用该对话框，可以存储当前相机设置（即创建一个新的相机），或者选择、切换、删除已存在的相机。

当弹出 Camera Manager【相机管理器】对话框时，默认会创建一个新的相机名称，例如上图中的 "Camera 1"，可以重新输入一个易记的名称，单击 ![OK] 按钮，完成新相机的创建工作，同时，把新创建的相机设置为当前活动相机。

在 Camera Manager【相机管理器】对话框的相机列表中，如果单击选择另外一个已存在的相机名称（或者输入和已存在的某个相机相同的名称），并单击 ![OK] 按钮，该相机会切换成为新的当前活动相机。

在 Camera Manager【相机管理器】对话框的相机列表中，如果单击选择某个已存在的相机名称，并单击 ![Delete] [删除] 按钮，经确认以后，可以删除该相机。

要打开 Camera Manager【相机管理器】对话框，还有另外两种方法。

（1）选择 Display【显示】主菜单 >> Create Camera…[创建相机…] 命令，也会直接打开 Camera Manager【相机管理器】对话框。

（2）在 Camera Control Center【相机控制中心】面板中，右键单击（或左键长按）![存储相机] [存储相机] 按钮，从弹出的快捷菜单中选择 Manage Cameras[管理相机] 命令，如右图：

> 注意：在 Camera Control Center【相机控制中心】面板中，如果用鼠标左键直接单击 ![存储相机] [存储相机] 按钮，也会基于当前相机设置创建一个新的相机对象，新创建的相机对象会自动编号命名，其名称会出现在相机列表中，但是，使用这种方法新创建的相机，并没有被设置成当前活动相机。

3.3 取 景 向 导 《《

使用 Frame Guides【取景向导】对话框，可以在【主视图】中显示取景框、安全框、视野栅格等，协助用户取景。

要打开 Frame Guides【取景向导】对话框，请单击【主视图】标题栏中的 ![视图显示选项] [视图显示选项] 按钮，从弹出的下拉菜单中选择 Frame Guides…[取景向导…] 命令（该选项只可用于【相机视图】），或者，先激活【主视图】，然后进入 Display【显示】主菜单 >>Current View〖当前视图〗子菜单，从中选择 Frame Guides…[取景向导…] 命令。打开的 Frame Guides【取景向导】对话框如下图：

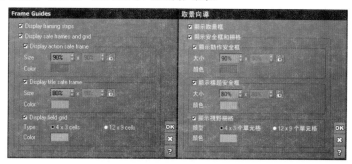

3.3.1　显示取景框

因为最终渲染图片的宽高比未必符合【主视图】的宽高比，如果选中 ☑Display framing strips[显示取景框] 复选框（默认已选中），则在【主视图】中，只清晰地显示最终渲染图片大小的区域，这个区域的边界就叫做取景框，取景框以外的地方，就是在最终渲染图片中不能显示出来的部分，用两个半透明的灰色矩形遮挡起来，这两个灰色矩形可能出现在【主视图】的上、下两侧，也可能出现在左、右两侧。如右图：

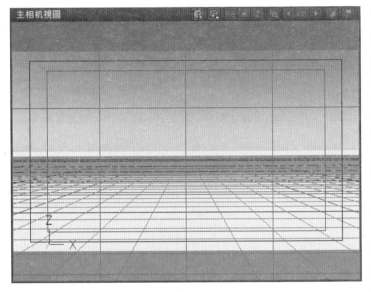

如果取消选中 ☐Display framing strips[显示取景框] 复选框，则不在【主视图】中显示取景框。

注意：不管是否显示取景框，用鼠标左键单击 🎬 [🖱 渲染 ‖ 🖱 渲染选项…] 按钮，或单击 🎬 [🖱 快速渲染 ‖ 🖱 快速渲染选项] 图标，在【主视图】中进行渲染时，都不会渲染取景框以外的区域。

3.3.2　安全框

安全框在【主视图】中显示为一个矩形，可以帮助用户把画面的主要部分保持在屏幕的合适位置（如果太靠近屏幕边缘，在某些硬件设备上播放时，可能不能完全显示出来）。

屏幕上最多可以显示两个安全框：一个是"动作安全框"，另一个是"标题安全框"。可以分别设置这两种安全框的大小和颜色。

要显示动作安全框，需要先勾选 ☑Display safe frames and grid[[显示安全框和栅格]] 选项，然后勾选 ☑Display action safe frame[[显示动作安全框]]。

Size[大小 ☐×☐]：使用该参数定义动作安全框的大小，该数值是最终渲染图片总宽度和高度的百分比值，左侧的数字值代表水平宽度，右侧的数值代表垂直高度。

在 Size[大小 ☐×☐] 参数的右侧，默认已启用了 "🔒 [锁定水平 / 垂直值]"，这两个值会保持相等（垂直高度值变成灰色），如果取消该选项（单击使之切换为 "🔓" 状态），则可以分别输入不同的值。

Color[颜色 ▰]：使用该控件，可以改变动作安全框的颜色，具体使用方法见后文 "选取颜色" 章节。

要显示标题安全框，请勾选 ☑Display title safe frame[[显示标题安全框]] 选项，其使用方法同上。

3.3.3　视野栅格

视野栅格是一些水平线和垂直线在【主视图】中形成的栅格单元，类似手工绘图时使用的网格纸，可以帮助用户取景（例如，控制画面构图的平衡关系）。

要显示视野栅格，需要先勾选 ☑Display safe frames and grid[[显示安全框和栅格]] 选项，然后勾选 ☑Display field grid[[显示视野栅格]]。

视野栅格有两种显示类型，一种是 ◉4x3 cells[4×3 个单元格]，在水平方向显示 4 个单元格，在垂直方向显示 3 个单元格；另一种是 ○12x9 cells[12×9 个单元格]，在水平方向显示 12 个单元格，在垂直方向显示 9 个单元格。

Color[颜色 ▰]：使用该控件，可以改变视野栅格的颜色。

3.4 渲 染 《

渲染是一个极其复杂且耗时的过程，通过渲染，计算机把场景中 3D 几何模型的数学描述转换成 2D 图片。

3.4.1　快速渲染视图

快速渲染视图主要用在编辑场景阶段。

在每个 3D 视图的标题栏中，都有一个 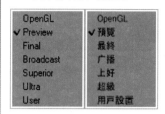[快速渲染 ‖ 快速渲染选项] 图标，单击该图标，会快速渲染所在的 3D 视图。

快速渲染进行时，主界面底侧的状态栏中会显示处理进度和剩余时间，渲染结束时，会显示所花费的总时间。

渲染结束后，会弹出 Post Render Options【后期渲染选项】对话框，可以对渲染的图片效果进行后期处理。

在 [快速渲染 ‖ 快速渲染选项] 图标的右下角，有一个方向朝下的小三角形，表明这是一个带有下拉菜单的双动作图标，用鼠标右键单击（或左键长按）该图标，会弹出快速渲染选项下拉菜单，可以从中选择所需要的快速渲染质量级别，如下图所示，其中各个选项的含义见后文。

要启动快速渲染，也可以使用菜单命令 Render【渲染】主菜单 >>Quick Render〖快速渲染 ▶〗子菜单 >>Quick Render Current View[快速渲染当前视图]。

要设置快速渲染选项，也可以进入 Render【渲染】主菜单 >>Quick Render〖快速渲染 ▶〗子菜单 >>Quick Render View Options〖快速渲染视图选项 ▶〗子菜单，从列表中选择不同的设置。

3.4.2　启动渲染

当用户完成了场景的编辑工作，并且对场景取景感到满意时，就可以渲染输出图片了。

要启动渲染（即开始运行渲染引擎），请单击 Vue 主界面顶部工具栏中的 [渲染 ‖ 渲染选项…] 按钮，或者使用 Render【渲染】主菜单 >>Render[渲染] 命令（快捷键是 F9），还可以使用【主视图】的右键快捷菜单中最下侧的 Render[渲染] 命令。

> 注意：使用这些方法，只能够渲染【主视图】中的画面，不能渲染正交视图中的画面。

在 图标的右下角，有一个小点，表明这是一个双重图标。使用鼠标右键单击该图标，它会变为 样式，会弹出 Render Options【渲染选项】对话框，可以深入自定义渲染设置（详见下文），在 Render Options【渲染选项】对话框中，单击右下角的 Render [渲染] 按钮，也可以启动渲染。

在渲染的过程中，不能进行其他编辑操作，如果按下 Esc 键，会中止渲染。

3.4.3　渲染引擎

渲染引擎（或渲染器）把 3D 场景的数学描述转换成 2D 图片，它扫描图片的每一条线，决定每个像素的颜色。

渲染引擎本质上是一个程序模块，渲染引擎的功能和性能的高低，对 3D 软件的应用领域有很大影响。

{{NEW9.0}} 从 Vue 9.0 开始，渲染引擎的渲染能力和性能进一步大幅提升，主要体现在以下几方面。

（1）推出了新开发的闪烁减少算法，渲染器使用这套算法，生成的动画明显地减少了闪烁现象（尤其是改进了生态系统动画效果），巩固了 Vue 作为渲染数字自然环境解决方案的领先地位。

（2）对渲染器内部源代码进行了重新优化，相比前一个版本，渲染速度能够提升 30%，大大提升了渲染效率，缩短了创作周期。

（3）新的交互式网络渲染和高级缓存技术，更加易用，更有效率。

（4）渲染半透明材质得到改进，能投射更加逼真的阴影，当计算间接照明时，也会考虑到这些效果。

（5）新的阴影算法，有助于在地形和多边形网格上消除不理想的噪点。

（6）HDR 多通道渲染和其他改进。

用户可以在 Render Options【渲染选项】对话框中自定义渲染引擎，详见下文。

3.4.4　平铺渲染

在 Render Options 【渲染选项】对话框中，如果选中 ☑Tile rendering[平铺渲染] 复选框，渲染图片时，会分为几轮（或几遍）进行，每一轮都会把要渲染的图片划分为许多个平铺方块式的单元，方块单元的大小随着渲染推进变得越来越小，第一轮渲染时，使用 16×16 像素的方块单元，第二轮渲染时，使用 8×8 像素的方块单元，第三轮渲染时，使用 4×4 像素的方块单元，第四轮渲染时，使用 2×2 像素的方块单元，最后一轮完成单个像素的渲染。可见，每增加一轮渲染，图片的分辨率会加倍一次，会越来越清晰。

选中 ☑Tile rendering[平铺渲染] 复选框的好处是，用户可以迅速地看到图片的整体效果或概貌，可以及早得知渲染效果是否符合预期，如果觉得不符合预期，可以及早按下键盘上的 Esc 键中止渲染。

3.4.5　分块渲染

分块渲染是组织渲染过程的一种新方法，它能够使场景元素的空间关系达到最大限度。这种渲染技术把图像划分成被称为"分块"的矩形区域（即化整为零），"分块"的大小和渲染的整体大小自动适应（渲染小则"分块"也小）。

当处理包含数十亿计多边形的场景时，分块渲染方法表现出显著的优势，能够使内存资源得到更好的优化，并提高渲染速度。

相对于普通的扫描线渲染方式，分块渲染的最大优点是，它能够节约大量的内存。原因是，计算机只需要对当前的分块进行处理，而非处理整个图像。

另外，分块渲染还能把渲染任务传输到网络环境中，使用多个 CPU 进行分布式网络渲染。这意味着，可以使用多个处理器同时进行渲染，必然会大大加快渲染速度。

3.4.6　渲染区域

渲染区域，就是只在【主视图】中渲染其中的一块小矩形区域，矩形区域之外不进行渲染。这样有利于我们有选择性地渲染重要的部分，可以减少渲染时间。

1. 选择、舍弃渲染区域

单击顶部工具栏中的 [使用渲染区域] 按钮，然后把鼠标光标移动到【主视图】中，光标会变为"十"样式，按住鼠标左键拖拉出一个矩形区域，该矩形区域就成为要渲染的区域（即渲染区域），松开鼠标按键后，会立即开始渲染该矩形区域。

通过 Render Options【渲染选项】对话框 >>☑Render area[[渲染区域]] 参数组，可以精确地定义渲染区域的位置和大小。

渲染区域的边界显示为一个蓝色的矩形框，并带有 8 个黑色手柄，当平移、旋转或缩放【主视图】时，渲染区域矩形边界框的位置和大小不会受到影响。

当选择并使用了渲染区域之后， 图标会变为黄色的 样式。

渲染区域只能存在于【主视图】中。如果单击 [使用渲染区域] 按钮后，移动鼠标经过正交视图时，光标会变为"◯"形状，表示不能在正交视图中选择渲染区域。

上述操作，也可以通过 Render【渲染】主菜单 >>Select Render Area[选择渲染区域] 命令执行，或者通过【主视图】的右键快捷菜单选择相关命令。

选择菜单命令 Render【渲染】主菜单 >>Discard Render Area[舍弃渲染区域]，会把现有的渲染区域矩形边界框彻底删除，在 Render【渲染】主菜单中，有关渲染区域的命令也会相应地变成灰色（表示禁用）。

2. 使用和隐藏渲染区域

如果在【主视图】中使用了渲染区域， 图标会变为黄色的 样式，此时，单击 [渲染 ‖ 渲染选项…] 按钮，或单击 [快速渲染 ‖ 快速渲染选项] 图标，只会渲染这一矩形区域。

如果再次单击 ，会切换回 样式，【主视图】中的渲染区域矩形边界框就会隐藏起来（并没有被舍弃），此时，单击 [渲染 ‖ 渲染选项…] 按钮或单击 [快速渲染 ‖ 快速渲染选项] 图标，仍会渲染整个取景框。

要使用渲染区域或隐藏渲染区域，也可以通过勾选 Render【渲染】主菜单 >>✓Use Render Area[使用渲染区域] 命令选项，在二者之间切换。

3. 变换渲染区域

可以缩放、移动渲染区域的大小和位置。

把鼠标移动到渲染区域矩形边界框的变换手柄上，当光标变成双向箭头或四向箭头时，进行拖拉，就可以缩放或移动渲染区域矩形框了。

注意：如果拖动某个变换手柄到对边或对角上，会清除渲染区域矩形边界框。

4. 锁定渲染区域

如果勾选 Render【渲染】主菜单 >>✓Locked up Render Area[锁定渲染区域] 菜单选项，会锁定渲染区域，就不能够再缩放或移动渲染区域矩形框了，{{NEW8.5}} 这是自 Vue 8.5 增加的新功能。

锁定渲染区域的另外一个好处是，要选择或拖动场景中渲染区域矩形框下面覆盖的对象时，可以避免产生干扰。

使用 Render Options【渲染选项】对话框，可以完整地控制渲染引擎和渲染效果，可以在渲染质量和渲染时间之间设置最佳平衡。该对话框中的设置会随同场景文件一起保存。

在 Render Options【渲染选项】对话框中，参数设置比较多。本节，我们重点学习关键且常用的内容。

右键单击主界面顶部工具栏中的 [渲染 ‖ 渲染选项…] 按钮，会弹出 Render Options【渲染选项】对话框，如下图：

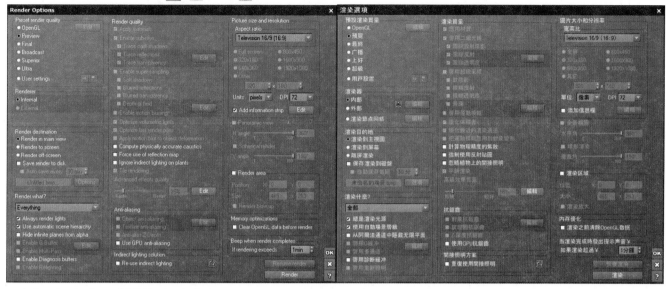

在 Render Options【渲染选项】对话框中，一方面，通常无法同时使用所有设置，另一方面，有些参数组之间存在比较密切的相互联系，在一个参数组中进行的设置，往往会影响到其他参数组中的设置。

注意：本节所讲的 Render Options【渲染选项】对话框，适用于渲染图片，如果要设置渲染动画的有关选项，是在 Animation Render Options【动画渲染选项】对话框中进行的，二者之间既有相互联系或同步的地方，也有不同的地方。

3.5.1　预设渲染质量

在 Render Options【渲染选项】对话框左上角的 Preset render quality[[预设渲染质量]] 列表中，包含一些预定义的渲染质量模式，使用它们，可以快速切换整套已经设计好的渲染质量设置，非常实用且方便。

请注意 Render quality[[渲染质量]] 参数组，当选用不同的预设渲染质量设置时，其中被选中的复选框会相应改变。

当选用了某种预定义好的预设渲染质量模式时，在 Render quality[[渲染质量]] 参数组中，大多数选项都不能再由用户进行选中或取消中，只剩余一小部分可以由用户调整，换句话说，用户基本上只能按照已由 Vue 软件事先设计好的模式进行渲染，真的省事儿！

如果选用了 User settings[用户设置] 选项，则在 Render quality[[渲染质量]] 参数组中，大多数选项都可以由用户（按照特殊需要）自行修改调整，但是，要取得较好的效果，需要熟知各个选项的含义并有使用经验。

可选用的预设渲染质量设置如下（由低到高排列）：

1) OpenGL[OpenGL]

使用该选项，能够非常快速地渲染场景，但是没有反射效果和透明度效果，也没有阴影。当需要快速检查场景中对象的位置或运动效果时，该选项很有用。为了尽可能快地生成 OpenGL 渲染，离相机非常远的生态系统实例都被渲染成广告牌，而不是以全几何体进行渲染。

单击该选项右侧的 Edit [编辑] 按钮，会弹出 OpenGL Render Options【OpenGL 渲染选项】对话框，可以调整 OpenGL 渲染质量，如右图：

当选择该模式时，在 Render quality[[渲染质量]] 参数组中，Advanced effects quality[[高级效果质量↔ □]] 的值被自动设置为 0%。

2）◎Preview[预览]

每当创建一个新的场景时，这是默认使用的渲染质量设置。

该设置在图片渲染质量和渲染速度之间达到了良好的平衡，能够正确地渲染反射、透明度和阴影效果，但是，为了节省渲染时间，只能模仿某些更高级的效果（例如软阴影、模糊反射、模糊透明度和景深等），最终渲染处理为提高速度而进行了优化，并且图片不抗锯齿。建议用户在编辑场景时使用这种模式，当场景创建已彻底结束时，再切换到 Final[最终] 模式。

当选择该模式时，在 Render quality[[渲染质量]] 参数组中，Advanced effects quality[[高级效果质量↔ ▢]] 的值被自动设置为 16%。

3）Final[最终]

正如名称所示，此设置用于产生最终的图片。

它正确地处理所有功能，包括高级功能（例如软阴影），而且，还应用了合理的抗锯齿处理，但是，渲染时间比起◎Preview[预览] 模式长了几倍。建议只有当已经圆满完成场景创建工作之后，再使用此设置渲染最终的图片。如果既想使用该设置，又觉得时间耽误不起，可以改用◎User settings[用户设置] 模式，并微调某些渲染设置，以达到渲染质量和渲染时间之间的最佳平衡。

当选择该模式时，在 Render quality[[渲染质量]] 参数组中，Advanced effects quality[[高级效果质量↔ ▢]] 的值被自动设置为 46%。

4）Broadcast[广播]

此渲染模式推荐在渲染动画时使用。

它在 Final[最终] 模式的基础上增加了运动模糊效果，而且，它也具有改进的抗锯齿品质，代表了渲染动画的最佳设置（实现渲染质量与渲染时间的最佳平衡）。每当场景带有景深或者运动模糊时，还使用了一次 Hybrid 2.5D 技术。

当选择该模式时，在 Render quality[[渲染质量]] 参数组中，Advanced effects quality[[高级效果质量↔ ▢]] 的值被自动设置为 46%。

5）OSuperior[上好]

该渲染模式类似 Broadcast[广播] 模式，适用于渲染动画，提高了渲染质量，使用了 5 次 Hybrid 2.5D 技术，明显比 Broadcast[广播级] 模式慢。

当选择该模式时，在 Render quality[[渲染质量]] 参数组中，Advanced effects quality[[高级效果质量↔ ▢]] 的值被自动设置为 59%。

6）OUltra[超级]

这是最好的渲染质量，但也不是很有用，因为，比起其他模式，它耗费的渲染时间多出几倍，而且也未必一定产生特别出色的结果，只有当需要渲染质量极高而且像素分辨率不太高的图片时才使用它，印刷出版较高打印分辨率（DPI）的图片时，通常使用 Final[最终] 级别的渲染质量。

OUltra[超级] 模式添加了高级抗锯齿并改进了高级效果。

当选择该模式时，在 Render quality[[渲染质量]] 参数组中，Advanced effects quality[[高级效果质量↔ ▢]] 的值被自动设置为 77%。

7）OUser settings[用户设置]

最后的这个模式不是一个预设好的渲染质量设置，它允许用户完全自定义渲染引擎。

该模式的初始设置和 Final[最终] 模式差不多，使用的超级采样要少一些，渲染速度要快一些。

当选择该模式时，在 Render quality[[渲染质量]] 参数组中，Advanced effects quality[[高级效果质量↔ ▢]] 的初始值为 46%，但用户可以修改这个值。

当选择了◎User settings[用户设置] 模式时，其右侧的两个小按钮 ➡ [载入渲染设置] 和 ▦ [保存渲染设置] 变得可用，使用它们可以载入或保存用户设置。

单击➡ [载入渲染设置] 按钮，会弹出中文界面的【打开】文件浏览器，默认直接进入 "Environment[环境]" 文件夹，可以从中选择一个用户渲染配置文件（文件后缀名或扩展名为 ".urs"），其中 Vue 软件自带的用户渲染配置文件对应于预设渲染质量设置列表中的选项，用户可以基于现有的预设创建用户的设置，但是，我们应避免修改这些文件，如果确实要修改，应先做好备份。

如果单击▦ [保存渲染设置]按钮，会弹出中文界面的【另存为】对话框，可以把已设置好的渲染设置保存成一个独立的文件，以备今后使用或共享。

最后，再强调一下，以上多个渲染质量预设，学习的重点是，大家要清楚其不同的应用场合和主要的不同点，在实际工作中，只需选用某个预设好的模式就可以了，一般没有必要自定义渲染引擎。

3.5.2　渲染器

在 Renderer[[渲染器]] 参数组中，可以选择用于渲染图像的渲染器。

1）◎Internal[内部]

默认已选择此选项，会使用 Vue 的内部渲染器（即需要打开 Vue 主程序才能使用的渲染器）进行渲染，该项最适合需要交互反馈（即需要在屏幕上看到渲染结果）的快速渲染（如果把图片渲染到【主视图】中或【渲染显示】窗口中，可以实时地看到随着渲染的进行，渲染得到的图像会逐渐清晰地出现在屏幕上，这是内部渲染器的平铺渲染功能）。

2）OExternal[外部]

如果选择该选项，Vue 会调用外部渲染程序，简称外部渲染器，该程序与 Vue 主程序安装在一起，即位于 Vue 主程序安装文件夹中的 Application 子文件夹内名为 "StandaloneRenderer[独立渲染器]" 的应用程序，由此外部渲染程序处理渲染运算。

因为外部渲染程序是一个独立的应用程序，功能完全是用于进行渲染，所以，无须占用为了处理图形界面所需的软硬件资源开销，也因此可以使用更多的内存资源进行渲染处理计算。在 32 位系统中，使用内部渲染器渲染失败的场景，可以成功地使用外部渲染器进行渲染。

需要说明的是，场景必须被发送到外部渲染器，这个过程需要一定时间（需要启动和初始化），所以，实际上启动外部渲染器所花费的时间要长于启动内部渲染器，同时，也因为是通过一个独立的应用程序进行渲染，当进行渲染时，也看不到逐渐出现在屏幕上的渲染图片。

除了使用本机渲染，Vue 还提供了强大的网络渲染功能，这部分内容本书暂不涉及。

3.5.3 渲染目的地

使用 Render destination[[渲染目的地]] 参数组中的选项，可以决定把渲染得到的图片存放在什么地方。

该参数组非常重要，因为，当我们辛辛苦苦地创建好场景，并耐心地进行渲染时，我们必须清楚，最终的工作成果显示在哪里、保存在哪里。

1. 在屏渲染和离屏渲染

渲染目的地分为以下几种。

1) ⦿Render in main view[渲染到主视图]

默认已选择该选项，图片在【主视图】中进行渲染，图片的大小和分辨率就等于【主视图】的大小和分辨率。

2) ○Render to screen[渲染到屏幕]

如果选择该选项，当启动渲染时，会出现一个独立的、标题为 "Rendering【正在渲染】" 的飘浮窗口，整个渲染过程在该窗口中完成（必须在 Picture size and resolution[[图片大小和分辨率]] 参数组中指明图片的分辨率）。

当渲染完成后，该窗口的标题显示为 "Render Display【渲染显示】"（详见后文），通过该窗口，还可以保存景深通道和阿尔法通道。

注意：标题右侧的百分数表示的是该窗口的缩放率，而不是渲染进度。

当选择 ⦿Render to screen[渲染到屏幕] 模式并启动渲染时，渲染进度等有关信息也会显示在一个独立的飘浮窗口中，如右图：

在上图中，单击 Abort [中止] 按钮，可以中止正在进行的渲染，{{NEW10.0}} 这是在 VUE10 中新增加的按钮。

选用上述两种渲染目的地，均可以在屏幕上监视到渲染效果和进度，它们统称为 "在屏渲染（或屏幕渲染）"。

3) ○Render off screen[离屏渲染]（全称 [脱离屏幕渲染]）

该选项又称为 "渲染到磁盘"，如果选择该选项，渲染引擎进行渲染时，会把图片保存起来，但是不会把图片显示在屏幕上。

如果要渲染的图片比屏幕还要大很多的话，把渲染得到的图片随时保存起来是很有用的。

当进行渲染时，在状态栏中会显示 "Rendering to disk[正在渲染到磁盘]"、渲染进度、预计剩余时间等信息。如下图：

Rendering to disk: 38% · Time left: 10s · Press Escape to stop rendering　　正在渲染到磁盘：20% · 時間剩余：19s · 按Esc键停止渲染

注意：当选择外部渲染器或网络渲染时，只能使用 "⦿Render off screen[离屏渲染]"。

2. 渲染时保存

在 Render destination[[渲染目的地]] 参数组中，如果选用了在屏渲染模式，可以由用户决定是否选中下侧的 ☑Save render to disk[保存渲染到磁盘] 复选框。

如果选中 ☑Save render to disk[保存渲染到磁盘] 复选框，在进行渲染的同时，会把渲染结果图片自动保存到磁盘上的指定位置。并且，也允许完成在屏渲染之后再次进行保存。

在 Render destination[[渲染目的地]] 参数组中，如果选择 "⦿Render off screen[离屏渲染]" 单选按钮，会自动选中下侧的 ☑Save render to disk[保存渲染到磁盘] 复选框，而且该复选框会显示成灰色，表示不允许用户取消选中该复选框。

选中 ☑Save render to disk[保存渲染到磁盘] 复选框之后，会激活 Options [选项] 按钮，单击该按钮，会弹出 Render to Disk Options【渲染到磁盘选项】对话框，如右图：

在上图中，可以指明要保存图片的哪个信息通道，如果勾选了多个信息通道，会保存成多个文件。

在 Options [选项] 按钮左侧的文本框内，也会显示图片文件的名称和类型信息。注意，虽然可以选择这个名称，但是无法直接在这里修改。

在上图中，单击 Browse [浏览] 按钮，会弹出中文界面的【另存为】对话框，可以设置保存文件要使用的文件名称、格式和路径，如右图：

在上图中，展开〖保存在 ▽〗下拉列表并从中选择图片文件的保存位置；在〖文件名 ▽〗下拉列表框中输入图片文件的名称，或选择已存在的文件名；从〖保存类型 ▽〗下拉列表框中选择图片文件的格式类型；单击 Options [选项] 按钮，会弹出 Picture Format Options【图片格式选项】对话框，可以更详细地设置图片文件的格式参数。

如果选中□Auto save every[自动保存每隔□] 复选框，会按预定的时间间隔（时间单位为分钟）定期保存渲染结果，这样做，可以避免因意外（例如断电）而丢失整个渲染结果。注意，自动保存会稍微减慢渲染速度，所以不要设得过于频繁。

设置好图片文件的保存位置和名称之后，当单击 Render Options【渲染选项】对话框右下角的 Render [渲染] 按钮启动渲染时，如果已存在同名文件，Vue 会弹出警告信息，询问是否覆盖，确认之后才开始渲染。

3.5.4　渲染什么

在 Render what?[[渲染什么？]] 参数组中，单击展开最上侧的下拉列表，显示以下选项：

Everything[全部]：渲染场景中的全部对象！这是默认的。

Only selected objects[仅选择的对象]：只渲染当启动渲染时已经被选择的对象。

Only active layers[仅活动图层]：只渲染位于活动图层内的对象。

注意：在【世界浏览器】内，活动图层右侧的符号为"👁"。活动图层和当前图层是两个不同的概念，当前图层的名称颜色显示为红色。

Only visible layers[仅可见图层]：只渲染位于活动图层或锁定的图层内的对象。

注意：在【世界浏览器】内，可见图层包括活动图层和锁定的图层，活动图层右侧的符号为"👁"，锁定图层右侧的符号为"🔒"。如果我们不想渲染某些对象，只要把它们拖放进符号为"👓"的不可见图层（即隐藏的图层）内就可以了。

在 Render what？[[渲染什么？]] 参数组中，还包括以下选项。

☑Always render lights[总是渲染光源]：默认选中该复选框，会渲染场景中定义的所有光源，即使这些光源处于不应该被渲染的隐藏图层中，也会被渲染，也就是说，该设置会优先于上述列表中的选项，这保证了被渲染对象拥有和整个场景相同的照明条件。

☑Use automatic scene hierarchy[使用自动场景层级]：默认选中该复选框，Vue 会优化场景，能够加快渲染速度。

□Hide infinite planes from alpha[从阿尔法通道中隐藏无限平面]：如果选中该复选框，会阻止无限平面出现在图片的 alpha 通道内。例如，如果想把地面视为背景的一部分，勾选该选项是有用的。

3.5.5　启用重新照明 {{NEW9.0}}

{{NEW9.0}} 重新照明是 Vue 9.0 增加的新功能。

该项功能允许在渲染完成之后交互式地编辑场景中的某个或某些光源，通过改变光源的强度和颜色，可以完全改变照明效果，而不必重新渲染场景。

要启用重新照明功能，需要选择高于◉Final[最终]预设渲染质量模式，并在 Render what？[[渲染什么？]] 参数组中选中☑Enable Relighting[启用重新照明]复选框。当渲染结束后，在 Post Render Options【后期渲染选项】对话框的左侧，会出现一个 Relighting[[重新照明]] 参数组，里面罗列着所有可以进行重新照明的光源，可以使用 [XXX 光源↔ □🎨] 控件调整相应光源的强度和颜色，如右图：

3.5.6 渲染质量

使用 Render quality[[渲染质量]] 参数组中的控件，可以设置渲染引擎的质量和精度。

在 Render quality[[渲染质量]] 参数组中，各种控件受到在 Preset render quality[[预设渲染质量]] 列表中选用的渲染质量模式很大的影响，当选用不同的预设渲染质量设置模式时，会有不同的质量设置，其中许多选项变成灰色的，表示不允许用户进行调整。

注意：某个选项不允许用户调整，并不代表禁用该选项。

如果选用的是 ◉User settings[用户设置] 模式，Render quality[[渲染质量]] 参数组中的各种控件才都可以由用户（按照特殊需要）自行修改调整。

大家应该清楚，在 Preset render quality[[预设渲染质量]] 列表中，预设好的渲染质量模式都是由 Vue 专家们设计的最科学、最优化的渲染设置，大家只要清楚各种设置的应用场合，根据情况进行选用，就能够满足大部分的工作需要。建议一般的用户把主要精力放在创意和场景创作上面，而不要在这方面分散太多精力。鉴于此，在本节中，只讲解其中的一部分常用设置。

1）☐Compute physically accurate caustics[计算物理精度的焦散]

如果选中该复选框，会为场景计算真实的焦散，包括光谱色散效果和反射焦散效果。

注意：渲染计算真实的焦散极大地增加了资源占用；如果不选择此选项，会使用计算速度非常快的"假焦散"近似模拟焦散。但是，"假焦散"不能计算光线被反光面反射造成的反射焦散效果。关于焦散，详见后文"材质"章节。

2）☐Force use of reflection map[强制使用反射贴图]

选中此复选框，会强制所有反射性材质使用反射贴图，而不管它们各自的反射贴图设置，如果某个材质没有使用反射贴图，就会强制该材质使用默认的反射贴图。

注意：此选项不会修改原始的材质，材质预览仍然会显示出真实的光线跟踪反射，只是在进行渲染时，才改为使用反射贴图。

3）☐Ignore indirect lighting on plants[忽略植物上的间接照明]

由于植物几何模型固有的复杂性，渲染植物上的间接照明极其耗费时间，然而未必一定产生明显的良好效果。

如果勾选此选项，会禁止计算植物上的间接照明效果（但是，该植物仍然会参与计算在其他邻近对象上的间接照明，例如，在植物下面投射黑色的阴影区）。

因为植物是自然风景的重要组成部分，所以有关植物的选项都是很重要的。

当植物处于阴影中时（如山脚下被山体遮住太阳的树林），不适宜勾选此选项，因为这会造成阴影中的植物变黑，请大家打开 Vue 自带的如右图所示的场景文件，分别比较勾选该选项与不勾选该选项两种情况下，渲染效果和渲染速度的区别：

在上述场景文件中，如果选中 ☑Ignore indirect lighting on plants[忽略植物上的间接照明] 复选框，渲染后，阴影中的植物比较暗，如左图：

在上述场景文件中，如果取消选中 ☐Ignore indirect lighting on plants[忽略植物上的间接照明] 复选框，渲染耗时较多，渲染后，阴影中的植物仍隐约显示，如右图：

因此，在上例中，对于阴影中的植物，为了得到较好的质量，不应该选中 ☐Ignore indirect lighting on plants[忽略植物上的间接照明] 复选框，尽管渲染速度慢些，也是值得的！

3.5.7 启用平铺渲染

前面已讲过，使用平铺渲染有许多便利的地方（尤其是在编辑场景时）。

在 Render quality[[渲染质量]] 参数组中，☐Tile rendering[平铺渲染] 复选框是一个很重要的选项。

当选用的预设渲染质量是 ⊙OpenGL[OpenGL] 模式或者 ⊙Preview[预览] 模式时，会自动启用 ☑Tile rendering[平铺渲染] 复选框（快速渲染 3D 视图时的情况相同）；当选用的是 ⊙User settings[用户设置] 模式时，需要首先禁用 ☐Object anti-aliasing[对象抗锯齿] 复选框，然后才能够启用 ☑Tile rendering[平铺渲染] 复选框；当选用其他预设渲染质量模式时，均会自动禁用 ☐Tile rendering[平铺渲染] 选项。

如果选中 ☑Tile rendering[平铺渲染] 复选框，渲染图片时会分为几轮（或几遍）进行，每一轮都会强制渲染引擎把要渲染的图片划分为许多个平铺方块式的单元，方块单元的大小随着渲染进程变得越来越小。平铺渲染的具体渲染过程在前文中我们已经学习过了。

平铺渲染适用于内部渲染器的在屏渲染，不适用内部渲染器的离屏渲染，也不适用于外部渲染器或网络渲染。

平铺渲染的优点是，在渲染初期，就能及早得知渲染效果的概貌，如果觉得不理想，可以提前中止渲染；它的缺点是，整体速度较慢，需要占用大量内存。

如果取消选中 ☐Tile rendering[平铺渲染] 复选框（即禁用平铺渲染），会以"分块渲染"方式进行渲染，这是最有效的渲染方法。

平铺渲染和分块渲染是比较容易混淆的两个概念，下面，简单列表进行区别：

比较项目	分块渲染	平铺渲染
是否分为几轮完成	一轮完成。全部渲染完毕才可以查看完整的图片	多轮完成，第一轮最不清晰，但可以较早获知初步印象或大概效果
是否分块	分块，可以不连续	分为许多个连续平铺的块状单元
适用范围	可用于各种情况，常用于最终渲染	只适用于单机上内部渲染器的在屏渲染，在编辑阶段常用
速度比较	最有效	整体速度慢，占用资源多

3.5.8 间接照明方案

在 Indirect lighting solution[[间接照明方案]] 参数组中，如果选中 ☑Re-use indirect lighting[重复使用间接照明] 复选框，当 Vue 渲染场景之后，会保存间接照明运算结果，在下一次渲染场景时，不再再次计算辐射照明，而是重复使用所保存的间接照明结果，这会大大地降低渲染所需的时间。

显然，如果照明条件发生了变化，或者场景有重大变化，原来保存的辐射照明运算结果可能不再准确。要更新辐射照明运算结果，请单击 🔄 [下次更新间接照明] 图标（会切换为黄色 "🔄"），或者选择菜单命令 Render【渲染】主菜单 >>✓Update Indirect Lighting Next Time[下次更新间接照明]，那么，如果照明条件或场景发生了变化，在下次渲染时会更新间接照明，以便匹配场景的新变化。

3.5.9 图片大小和分辨率

在 Picture size and resolution[[图片大小和分辨率]] 参数组中，可以选用预定义好的图片宽高比或分辨率，如果没有合适的预定义宽高比可用，也可以自定义图片宽高比或分辨率。

1. 预定义宽高比和分辨率

在 Aspect ratio〖宽高比 ▽〗下拉列表中，包含了许多预定义的宽高比，用户应根据渲染图片的不同用途选用（例如不同的播放设备硬件、不同的印刷纸张等），如右图：

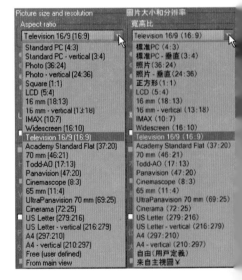

在这里选用的宽高比，和 Advanced Camera Options【高级相机选项】对话框中的宽高比是同步的。

当选择了不同的宽高比时，在【主视图】中，取景框的取景范围会相应调整。

宽高比只是一个比例，在同一宽高比之下，还可以具体选择多种不同的分辨率（即不同的宽度数值和高度数值组合），宽度值和高度值链接在一起（选用 "Free (user defined) [自由（用户定义）]" 的情况除外）。

在 Aspect ratio〖宽高比 ▽〗下拉列表的下面，列举了 6 个符合当前所选宽高比的标准图片分辨率组合，便于用户直接选用。如果选择其中的 ⊙Full screen[全屏] 单选按钮，会在宽度值、高度值均不超出显示器的屏幕分辨率的前提下，生成最大可能的图片分辨率。

2. 同一宽高比下自定义分辨率

当选择了某个预定义宽高比后，在 ⊙Other[其他 □×□] 微调框中，也可以直接输入其他分辨率数值，而且，这两个值会链接在一起，改变一个值，另一个也会同时发生改变，确保符合所选的宽高比。

同一宽高比下，分辨率的具体宽度值、高度值可以设得很高（但是太高了会影响渲染速度）。

> 注意：如果在 Render destination[[渲染目的地]] 参数组中选择 ⊙Render in main view[渲染到主视图] 单选按钮，虽然可以在 Aspect ratio〖宽高比 s〗下拉列表中选择不同的预定义宽高比值，但是，下侧列举的那些分辨率组合却不可用，这是因为，当选择 ⊙Render in main view[渲染到主视图] 单选按钮时，图片的分辨率受制于【主视图】的分辨率，会在宽度值、高度值均不超出【主视图】的分辨率的前提下，生成最大可能的图片分辨率。

3. 用户自定义宽高比

在 Aspect ratio〖宽高比 ▽〗下拉列表中，倒数第二项是 Free (user defined) [自由（用户定义）]，选择该选项，用户可以自定义宽高比。

这种情况下，宽高比是由 ⊙Other[其他 □×□] 的比值定义的，其他 6 个分辨率组合的值也会受到 ⊙Other[其他 □×□] 比值的影响。

选择 Free (user defined) [自由（用户定义）] 选项，突破了预定义宽高比的约束，可以自由设定宽高比。如果用户只是自由创作，或者只在电脑屏幕上欣赏，也就没有必要受预定义宽高比的约束，所以，该选项也有很广阔的用途。

4. 锁定用户自定义宽高比 {{NEW9.0}}

如果选择了 Free (user defined) [自由（用户定义）]，在 ⊙Other[□×□] 参数的右侧，会出现一个 🔓 [链接] 图标，单击该图标切换为黄色 "🔒"，就锁定了自定义宽高比的比值，之后，在 ⊙Other[其他 □×□] 微调框中，如果改变分辨率的宽度值，高度值也会相应改变，反之亦然，这样，就能够确保自定义宽高比的值不变。{{NEW9.0}} 这是 Vue 9.0 增加的新功能。

5. 分辨率单位

分辨率的单位可以选择常用的像素、英寸和厘米。

展开 Units〖单位 ▽〗下拉列表，可以选择不同的单位，分辨率 组合的值会相应进行换算。如右图：

使用 DPI〖点每英寸 □▽〗下拉列表，可以选择不同单位之间的换算关系（也可以直接输入换算数值），即在像素单位和长度单位之间进行转换，使用户清楚在给定的像素分辨率下，如果改用长度单位图片是多大，为打印图片做好准备，如左图：

> 注意：选择不同的 DPI 值，不会影响图片在显示器上的显示大小，只会影响打印尺寸。

6. 添加信息栏 {{NEW9.5}}

如果选中 Add information strip[添加信息栏] 复选框，当图片渲染到屏幕或视图（包括在正交视图中快速渲染）时，会在图片底侧显示一条信息栏（在屏幕或视图中，会覆盖图片底侧的部分内容），信息栏中具体包含哪些内容呢？可以单击右侧的 Edit [编辑] 按钮，在弹出的 Render Information Strip〖渲染信息栏〗对话框中进行设置，如右图：

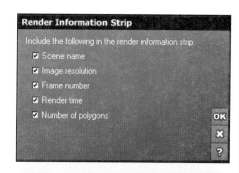

在 Render Display【渲染显示】窗口中，可以从显示图像的右键弹出菜单中选择 "Show/Hide Render Info Bar[显示 / 隐藏渲染信息栏]"，切换是否显示渲染信息栏。

如果希望保存渲染信息，有以下两种方式。

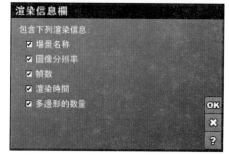

（1）在 Render Display【渲染显示】窗口中，单击 💾 [保存显示的图片…] 按钮，在弹出的【另存为】窗口中，选中 ☑Add render info bar to the image[添加渲染信息栏到图像] 复选框，会把渲染信息栏添加到图像底部的外侧（不覆盖图像内容）。

（2）如果勾选 ☑Save render info in a log file[在一个日志文件内保存渲染信息] 复选框，会在相同的位置处另外单独创建一个和图像同名的日志文件，用以保存该图片的渲染信息，日志文件的后缀名为 ".log"，可以用记事本打开。

3.5.10 渲染区域 {{NEW10.0}}

勾选 ☑Render area[[渲染区域]] 选项，和顶部工具栏中的 ⊡ [使用渲染区域] 按钮的功能是一样的，只不过，在 ☑Render area[[渲染区域]] 参数组中，可以更精确地定义渲染区域。

1）Position[位置 X□Y□]

这两个文本框用于定义渲染区域左上角的位置（以像素为单位），两个值的起始点是从取景框的左上角开始计算的，X 值从左向右，Y 值从上向下。

2）Size[大小 □×□]

这两个文本框用于标明渲染区域的宽度和高度（以像素为单位，第一个值是宽度，第二个值是高度），也就是渲染区域的像素分辨率。

注意：上述两个设置，不会受到 Render【渲染】主菜单 >>✓Lockedup Render Area[锁定渲染区域] 菜单选项的制约。

3）□Render blow-up[渲染放大]

默认没有勾选此选项，图片会按照 Size[大小 □×□] 设置的分辨率值进行渲染。

如果勾选了 ☑Render blow-up[渲染放大] 选项，渲染区域会按照在 Picture size and resolution[[图片大小和分辨率]] 参数组中设置的分辨率进行渲染，这样，就可以放大被选择的区域，当用户需要渲染图片中某个细节的特写镜头时，该选项特别有用。

如果希望保存渲染区域，有以下两种方式。

（1）在 Render Display【渲染显示】窗口中，单击 🖫 [保存显示的图片…] 按钮，在弹出的【另存为】窗口中的下侧，如果取消选中 □Save only rendered area[仅保存被渲染的区域] 复选框，保存图像时，会保存包含渲染区域的完整画面，但是，渲染区域之外的地方会显示成黑色。这种保存方式的好处是，如果发现已渲染的图片中存在局部瑕疵，可以针对瑕疵地方进行局部渲染，然后再用局部渲染的图片覆盖原来的图片。{{NEW10.0}} 这是 Vue 10 增加的新功能。

（2）如果选中 ☑Save only rendered area[仅保存被渲染的区域] 复选框，则只保存被渲染的区域，渲染区域之外的地方被裁除。

3.5.11　内存优化

在 Memory optimizations[[内存优化]] 组内，只有一个 □Clear OpenGL data before render [渲染之前清除 OpenGL 数据] 复选框，默认没有勾选。

如果选中该复选框，当启动渲染时，Vue 会清除所有的 OpenGL 数据和缓存，以便释放出尽可能多的内存进行渲染，根据场景的复杂性，可能会释放出可观的内存用于加速渲染。

启用此选项的缺点是，渲染结束之后，Vue 必须重新生成所有的 OpenGL 数据，可能会延迟 3D 视图的刷新速度。

3.5.12　当渲染完成时发出提示声音 {{NEW10.0}}

{{NEW10.0}} 这是 Vue 10 增加的新功能。

如果渲染图片需要花费较长的时间，在等待渲染的时候，用户可以转去做其他事情，当渲染完成的时候，Vue 发出提示声音，对用户进行提醒。这是一项很贴心的功能。

在 If rendering exceeds[如果渲染超过 □] 微调框中，可以输入一个时间值（时间单位为分钟），如果渲染耗时不超出该时间值，渲染完成时不会发出提示声音，如果渲染耗时超出该时间值，渲染完成时才会发出提示声音。

3.5.13　渲染、恢复渲染、关闭对话框

在 Render Options【渲染选项】对话框中进行调整后，单击右下角的 🆗 [确定] 按钮，会接受所做的更改，并关闭对话框，如果单击 ✖ [取消] 按钮，会取消更改并关闭对话框。

单击 [Render] [渲染] 按钮，会接受所做的更改，并关闭【渲染选项】对话框，同时，开始进行渲染运算。

正在进行渲染时，如果按下 Esc 键，会提前中断渲染，再次打开 Render Options【渲染选项】对话框时，[Resume render] [恢复渲染] 按钮会变得可用，单击该按钮，会从上一次中断的地方开始继续进行渲染。

注意：如果渲染质量设置或场景改变了，就不能再使用恢复渲染功能。

当渲染结束后，可以使用 Post Render Options【后期渲染选项】对话框对渲染得到的图片进行一些修正。

在上文中，我们已经接触过 Render Display【渲染显示】窗口，如果在 Render Options【渲染选项】对话框 >>Render destination[[渲染目的地]] 参数组中选择了 ⊙Render to screen[渲染到屏幕] 模式，渲染之中和渲染结束时，会出现 Render Display【渲染显示】窗口。

{{NEW10.0}} 在 Vue 10 中，对 Render Display【渲染显示】窗口的功能做了许多改进。

关闭了 Render Display【渲染显示】窗口之后，如果想再次打开该窗口，请单击主界面顶部工具栏中的 ▦[⬇浏览以前的渲染 ‖ ⬇保存彩色图片…] 按钮，或者单击【主视图】标题栏中的 ▦[显示最后的渲染（彩色）] 按钮，均会重新打开该窗口，如右图：

刚打开 Render Display【渲染显示】窗口时，上部显示最后渲染的图片，下部是渲染堆栈，渲染堆栈中陈列了许多以前渲染过的图片的小型预览，单击选择某个图片预览，上部就显示相应的图像。

3.6.1　当前渲染显示

1. 视图操作

要放大或缩小当前渲染显示，可以使用中间的 ⊕[放大] 或 ⊖[缩小] 按钮，也可以使用鼠标滚轮。

如果当前渲染显示大于显示窗口时，图像右侧或下侧会出现滚动条，拖动滚动条，可以平移图像，也可以直接用鼠标左键拖动图像进行平移。

要放大或缩小当前渲染显示，还可以使用右键弹出菜单，如右图：

单击 Render Display【渲染显示】窗口右上角的 ▬[最小化] 按钮，会隐藏下部的渲染堆栈区域，同时该按钮变为 "▣"，再次单击会重新显示渲染堆栈。

用鼠标拖动 Render Display【渲染显示】窗口的边缘，可以调整大小。

单击右上角的 ✕[关闭] 按钮，会关闭 Render Display【渲染显示】窗口。

2. 右下角图标

在渲染显示的右下角，有几个图标，含义如下。

▣[显示最后的渲染（彩色）]：单击该图标，切换为黄色 "▣"，上部的渲染显示区域中显示彩色图片（颜色通道）。

◉[显示最后的渲染（Alpha）]：单击该图标，切换为黄色 "◉"，上部的渲染显示区域中显示 Alpha 通道。

Ⓩ[显示最后的渲染（深度）]：单击该图标，切换为黄色 "Ⓩ"，上部的渲染显示区域中显示深度通道。

▨[后期渲染选项]：单击该按钮，会弹出 Post Render Options【后期渲染选项】对话框，可以对图片效果进行调整和后期处理。

▤[保存显示的图片…]：单击该按钮，弹出【另存为】对话框，可以按某种格式保存图片。

3.6.2　渲染堆栈

1. 管理堆栈

在 Render Display【渲染显示】窗口的下部，是渲染堆栈区域，陈列了许多以前渲染过的小型的图片预览（包括快速渲染的图片）。

用鼠标单击可以选择某个预览图片，被选择的预览图片周围会出现一个红褐色的矩形。

把鼠标光标在渲染堆栈中某个预览图片上稍做停留，会弹出有关的信息。

单击渲染堆栈中某个预览图片右下角的 ▤[显示注释] 图标，切换为黄色 "▤"，会在预览图片右侧扩展显示一些注释信息。

单击中间的 ▣[载入图像] 按钮，会弹出中文界面的【打开】窗口，可以载入其他图片文件。

单击 🗑 [清空渲染堆栈] 按钮，会清空堆栈中的所有项目，清空之前，会弹出确认信息，如下图：

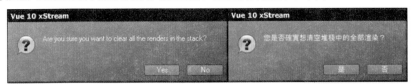

先选择某个预览图片，然后按下键盘上的 Delete 键，可以直接删除该预览图片。

在某个预览图片上单击鼠标右键，在弹出的快捷菜单中，包含了一些命令，用于克隆或删除该图片的部分信息，如右图：

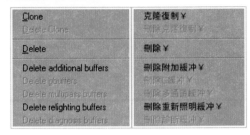

2. 比较模式

使用比较模式，可以比较前后两次渲染的差异。

先在渲染堆栈中选择一幅图片，然后，单击左侧的 🔲 [比较] 图标，会变成黄色的 "🔲" 样式，就进入了比较模式。

进入比较模式后，在渲染堆栈中，首先选择的图片预览周围会出现一个红褐色的矩形，在它的旁边，会自动选择另外一幅图片作为进行比较的图片，这幅图片的周围会出现一个蓝青色的矩形，如左图：

现在，请把鼠标光标移动到上部的渲染显示区中，可以看到，跟随着鼠标会出现一条白色的水平分隔线，上侧显示蓝青色矩形中的图片，下侧显示红褐色矩形中的图片，上下移动鼠标，白色的水平分隔线会跟随着移动，可以观察分隔线两侧的差异。

单击 🔁 [交换] 按钮，可以交换红褐色矩形和蓝青色矩形的位置。

在渲染堆栈中，有的图片中间会出现 "Not comparable[不可比]" 文字，有的则没有，用鼠标单击某个没有出现 "Not comparable[不可比]" 文字的图片，蓝青色矩形会转移到该图片周围，这样，就改变了进行比较的图片。

在比较模式下，仍然可以放大或缩小渲染显示区域，也可以切换到其他显示通道进行比较。

3. 渲染堆放选项

单击 🗔 [渲染堆放选项] 按钮，会弹出【渲染堆放选项】窗口，可以对渲染堆放进行设置，如右图：

渲染完成时，如果渲染堆栈的容量不够，会弹出警告信息，如左图：

上面两个图中的意思比较明确，不再详细讲解。

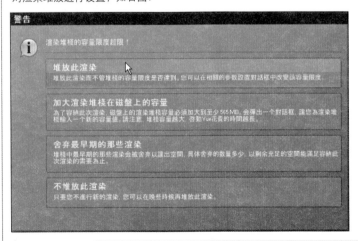

使用批量渲染功能，可以使用外部渲染器有计划地安排许多渲染任务，这些渲染任务一个接一个地相继进行渲染，这是一项非常实用的功能。例如，可以在晚上时安排许多个批量渲染任务，让计算机自动运行这些任务，我们可以回家美美地睡上一觉！

也可以使用网络渲染执行批量渲染，本节中，只讲解使用单机进行批量渲染。

3.7.1 打开【批量渲染】窗口

在 Vue 中，通过 Batch Rendering【批量渲染】对话框安排和处理批量渲染任务，可以使用以下两种方法打开 Batch Rendering【批量渲染】对话框。

(1) 通过 Render【渲染】主菜单

选择菜单命令 Render【渲染】主菜单 >>Batch Rendering…[批量渲染…] 命令，会打开 Batch Rendering【批量渲染】对话框，如下图：

(2) 通过 Render Options【渲染选项】对话框

在 Render Options【渲染选项】对话框 >>Renderer[[渲染器]] 参数组中，选择 "⊙External[外部]" 单选按钮，然后单击 Render [渲染] 按钮启动渲染，也可以打开 Batch Rendering【批量渲染】对话框。

3.7.2 管理渲染任务

在 List of jobs[[任务列表]] 中，显示了要进行批量渲染的任务列表，也就是要依次渲染的场景文件名列表。

1. 添加新的渲染任务

要向任务列表中添加新的任务，可以使用以下方法。

(1) 单击 Add… [添加…] 按钮，会弹出可视化场景浏览器，可以从中选择场景文件。

(2) 把场景文件从可视化场景浏览器中直接拖放到 List of jobs[[任务列表]] 中。

(3) 从 Windows 资源管理器窗口中把场景文件直接拖放到 List of jobs[[任务列表]] 中。

(4) 单击 Add current [添加当前] 按钮，可以把当前场景文件添加到 List of jobs[[任务列表]] 中。

(5) 在 Render Options【渲染选项】对话框 >>Renderer[[渲染器]] 参数组中，选择 ⊙External[外部] 单选按钮，然后单击 Render [渲染] 按钮启动渲染，也可以把当前场景文件添加到 List of jobs[[任务列表]] 中。

2. 运行、暂停、恢复渲染任务

当向 List of jobs[[任务列表]] 中添加了第一个场景文件时，会自动启动外部渲染器（即位于 Vue 主程序安装文件中 Application 子文件夹内名为 "StandaloneRenderer[独立渲染器]" 的应用程序），弹出如右图窗口：

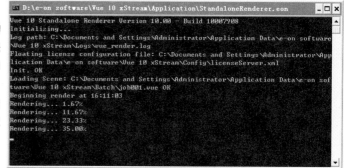

经过短暂的初始化（Initializing），在 List of jobs[[任务列表]] 的 "Status[状态]" 栏中，当前正在渲染的场景显示为 "Rendering…n%[正在渲染…进度百分数]"。

当正在渲染某个任务时，如果单击右侧的 Pause [暂停] 按钮，会暂停正在渲染的任务，在 "Status[状态]" 栏中，暂停渲染的场景标示为 "Suspended…[挂起…]"。同时 Pause [暂停] 按钮会变为 Resume [恢复] 按钮，再次单击 Resume [恢复] 按钮，会继续渲染该任务。

3. 批量渲染的图片保存在哪里

进行批量渲染时，渲染的图片保存在哪里呢？

对于 List of jobs[[任务列表]] 中的某个场景文件，在 Render Options【渲染选项】对话框 >>Render destination[[渲染目的地]] 参数组中，无论是选中 ☑Save render to disk[保存渲染到磁盘] 复选框，还是取消选中 ☐Save render to disk[保存渲染到磁盘] 复选框，当外部渲染器开始渲染该场景文件时，均会检查该场景文件在其 Render to Disk Options【渲染到磁盘选项】对话框中设置的用来保存渲染图片的目标文件夹是否正确存在，根据检查结果做出不同处理。

（1）如果正确存在，就把渲染的图片保存到该场景文件设置的目标文件夹中，对于不同的场景文件，会分别按照各自设置的目标文件夹进行保存，如果存在同名文件，会不经询问直接覆盖。

（2）无论是否选中 [保存渲染到磁盘] 复选框，如果发现找不到该目标文件夹（例如目标文件夹被删除、被移动或被改名，或使用 U 盘在不同的计算机之间拷贝场景文件），不会自动创建目标文件夹，而是会把渲染得到的图片保存到 CD2 文件夹内的 "Pictures[图片]" 子文件夹中，如果 "Pictures[图片]" 子文件夹也不存在，会在 CD2 文件夹内创建一个新的 "Pictures[图片]" 子文件夹。

因此，当开始进行批量渲染前，我们要清楚每个场景文件的 Render to Disk Options【渲染到磁盘选项】对话框中的用来保存渲染图片的目标文件夹是如何设置的，而且要有足够的磁盘空间。如果相应的目标文件夹丢失，就到 CD2 文件夹内的 "Pictures[图片]" 文件夹中查找渲染的图片。

4. 等待渲染

当 List of jobs[[任务列表]] 中已经存在正在渲染或暂停渲染的场景文件，如果再向其中添加新的场景文件，该场景文件的 "Status[状态]" 栏中会标示为 "Scheduled…[预备…]"，表示该场景文件处于排队等候状态。该场景文件必须等待上面的任务全部完成后，才能够开始渲染，换句话说，如果上面的场景正在渲染或暂停，下面的任务只能等待，如果暂停渲染某个场景，实际上整个批量渲染任务都会停下来。

5. 改变渲染顺序 {{NEW10.0}}

渲染任务的处理顺序是，按照在 List of jobs[[任务列表]] 中的排列顺序由上到下依次进行，当渲染完成上一个场景文件后，才会接着渲染下一个任务，如果场景是动画的，渲染器会渲染动画。每个任务分别使用各个场景文件自身的渲染设置。

{{NEW10.0}} 渲染任务添加到 List of jobs[[任务列表]] 中之后，可以改变在任务队列中的排列顺序，这是 Vue 10 增加的一项很实用的新功能。

要改变某个任务在渲染队列中的排列顺序，请先用鼠标单击选择它，会反色显示，然后，单击 `Move job up` [上移任务] 或 `Move job down` [下移任务] 按钮，该任务就会上移或下移一个位次。

注意：无法移动正在渲染或暂停渲染任务的排列顺序。

在 List of jobs[[任务列表]] 中，无法使用鼠标拖动的方法改变场景文件的排列顺序。

6. 删除、中止渲染任务

如果某个场景文件处于等待状态（即 "Scheduled…[预备…]" 状态），先单击选择该场景文件，再单击其右侧的 `Remove` [删除] 按钮，可以把该场景文件从 List of jobs[[任务列表]] 中删除。

如果某个场景文件处于正在渲染或暂停状态（即 "Rendering…n%[正在渲染…进度百分数]" 状态或 "Suspended…[挂起…]" 状态），`Remove` [删除] 按钮会变成 `Abort` [中止]（或 [中断]）按钮，单击此按钮，"Status[状态]" 栏中会标示为 "Waiting to stop…[等候停止…]"，稍等一会儿，即可以把该任务从 List of jobs[[任务列表]] 中删除。

当外部渲染器正在渲染某个场景文件时，如果强行关闭 "StandaloneRenderer[独立渲染器]" 窗口，该场景文件的 "Status[状态]" 栏会标示为 "Failed[失败]"。

7. 清空已完成的任务

当外部渲染器完成渲染某个场景文件之后，该场景文件仍然会保留在 List of jobs[[任务列表]] 中，并在 "Status[状态]" 栏中显示为 "Finished(Render Time: hh:mm:ss)[已完成（渲染时间：时：分：秒）]"，据此，我们可以监视哪些任务已经完成，以及完成这些任务所花费的时间。

要清空已完成的任务，直接单击右侧的 `Clean finished` [清空已完成的] 按钮即可（无须选择，会清空所有已完成的任务以及失败的任务，即清空所有状态显示为 "Finished(Render Time: hh:mm:ss)[完成（渲染时间：时：分：秒）]" 或者显示为 "Failed[失败]" 的任务）。

进行批量渲染时，会把 List of jobs[[任务列表]] 中的场景文件的副本复制到外部渲染器的场景文件夹中，这些场景副本会一直保留在那儿，直到从 List of jobs[[任务列表]] 中清空所有已完成的场景或删除某个场景，才会从外部渲染器的场景文件夹中删除相应的副本。

8. 当批量列表渲染完成时关闭计算机

默认取消选中 ☐Shutdown computer when batch list is processed[当批量列表渲染完成时关闭计算机] 复选框，如果选中了此复选框，当所有的渲染任务都相继完成时，会自动关闭计算机，这是一项很实用的功能。例如，在晚间运行批量渲染时，如果我们要回家睡觉，就可以选中此复选框。

3.7.3　Vue 主程序和外部渲染器的关系

外部渲染器在后台运行，Vue 主程序和外部渲染器是并行运行关系。

当不需要 Batch Rendering【批量渲染】对话框时，可以单击 Close [关闭] 按钮或 ✕ [关闭] 按钮进行关闭，这不会影响外部渲染器中渲染任务的继续运行。

当外部渲染器正在渲染某个任务时，仍然可以向 Batch Rendering【批量渲染】对话框的 List of jobs[[任务列表]] 中添加新的任务，仍然可以使用 Vue 主程序编辑其他场景，仍然可以使用 Vue 的内部渲染器渲染当前场景。

运行 Vue 主程序的优先级要高于外部渲染器。所以，当 Vue 主程序运行内部渲染器时，如果计算机硬件资源不够，外部渲染器基本上将处于停滞状态。

如果关闭 Vue 主程序，不会影响外部渲染器中正在渲染任务的继续运行，关闭 Vue 主程序后，会释放更多的可用资源给外部渲染器，会大大加快外部渲染器的运行速度。例如，在晚间运行批量渲染时，如果我们要回家睡觉，就应该关闭 Vue 主程序。当然，正在运行外部渲染器时，也不妨碍打开 Vue 主程序。

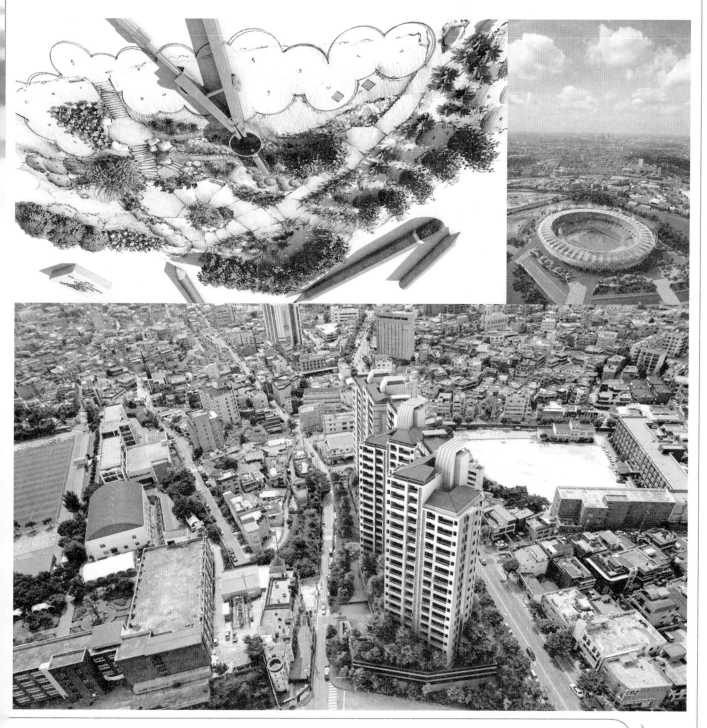

第 4 章　深入编辑

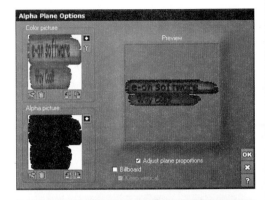

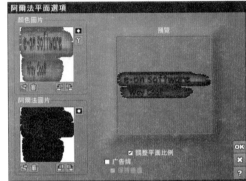

阿尔法平面是从基本平面转化过来的，它的主要特点是，能够方便地应用带阿尔法透明度通道的图片，即常说的"抠图"。

阿尔法平面中所使用的图片，实际上是被调入到 Material Editor【材质编辑器】中发生作用。如果用户对【材质编辑器】比较熟悉，使用基本的平面对象并赋予恰当的材质，完全可以达到阿尔法平面的效果。

但是，设计阿尔法平面的初衷，就是为了简化操作，避免必须使用复杂的【材质编辑器】，尤其是方便了不太熟悉【材质编辑器】的初学者。所以，尽管也能够正常地为阿尔法平面赋予材质，却并没有什么必要的。

阿尔法平面和其他对象一样，可以进行移动、缩放、旋转和扭转。

创建阿尔法平面的图标和创建基本对象的图标放在同一个折叠图标 ●◎◻◻△○▣▣☷ 内，展开该折叠图标，单击最右侧的 ☷ [阿尔法平面] 图标，会弹出 Alpha Plane Options【阿尔法平面选项】对话框，如右图：

如果 Alpha Plane Options【阿尔法平面选项】对话框被关闭了，可以再次打开它，方法是，先选择阿尔法平面对象，再单击顶部工具栏中的 ☷ [编辑对象…] 按钮，就会再次打开该对话框，可以重新载入新的图片，并进行管理或设置，所以说，Alpha Plane Options【阿尔法平面选项】对话框就是阿尔法平面的编辑器。

4.1.1 载入和管理图片

在 Alpha Plane Options【阿尔法平面选项】对话框中，Color picture[[颜色图片]]预览框中的图片简称颜色图片，用于生成阿尔法平面的颜色。

Alpha picture[[阿尔法图片]]预览框中的图片，简称阿尔法图片，用于生成阿尔法平面的透明度，制造"抠图"效果，图片中的纯黑色表示不透明（对应于-1），纯白色表示透明（对应于+1），这可能与某些图形软件中表示透明度的方法有所不同。

在图片预览框的下侧，包含了几个用于载入和管理图片的按钮，其功能如下。

1）☷ [载入]

单击 [载入] 图标，或双击图片预览，均会弹出 Please select a picture to load【请选择一幅要载入的图片】对话框（即可视化图片浏览器），可以从中选择要载入的图片，如右图：

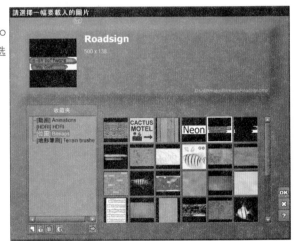

如果要载入的颜色图片中已经嵌入或者包含透明度信息（如 Photoshop 图片的阿尔法通道信息或存储的选区信息），该信息也会自动载入到 Alpha picture [[阿尔法图片]] 预览框中。

如果要载入的阿尔法图片是彩色图像，会自动转换为灰度图。

载入阿尔法图片时，如果大小比例与颜色图片的大小比例不一致，会弹出以下询问信息：

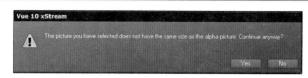

意思是问："您已选择的图片与阿尔法图片的大小不同，是否继续？"

单击 Yes [是]按钮，则强行载入阿尔法图片，并把其拉伸至与颜色图片相匹配，单击 No [否]按钮，则放弃载入。

2) [删除]

单击该按钮可以删除图片。

在 Color picture[[颜色图片]]预览框中删除图片，会默认使用纯黑颜色。

在 Alpha picture [[阿尔法图片]]预览框中删除图片，也显示为纯黑颜色，表示全部都不透明。

3) [反相]

在 Color picture[[颜色图片]]预览框中单击该按钮，会使颜色图片的颜色产生反相效果。

在 Alpha picture [[阿尔法图片]]预览框中单击该按钮，会反转阿尔法图片的透明度。对于一些透明度信息表示方式不同的图片来说（如某些图片使用黑色代表透明，白色代表不透明），这一招特别有用。

4) [伽玛…]

单击该按钮，会弹出【图像伽玛】对话框，可以修改图像伽玛值。如右图所示：

5) [逆时针旋转 90°]

单击该按钮，把图片逆时针旋转 90°，可以连续旋转。

6) [顺时针旋转 90°]

单击该按钮，把图片顺时针旋转 90°，可以连续旋转。

上述关于载入图片和管理图片的操作，在软件的多个地方还会涉及到，大家要掌握好，后文如果没有特殊情况，均不再重复。

4.1.2 效果预览

在 Alpha Plane Options【阿尔法平面选项】对话框中，右侧占据最大面积的是 Preview[预览]区域，显示阿尔法图片对颜色图片施加裁切之后的预览效果。

在 Preview[预览]区域的下侧，包括几个调整选项。

（1）☑Adjust plane proportions[调整平面比例]

默认已经选中该复选框，使阿尔法平面的宽高比例自动与载入图片的像素宽高比例相匹配，如果取消该复选框，会产生正方形的阿尔法平面，载入的图片可能会被拉伸。

该选项的调整效果，会在 Preview[预览]区域中得到反馈。

（2）☐Billboard[广告牌]

选中该复选框，把阿尔法平面变成一个"广告牌"，其特点是可以自动调整方向，以便总是面向相机，或者说总是看着相机（就像广告那样总是主动地出现在人们的面前），这样，就避免了平面图片因为不面对相机而产生的透视变形问题。

要向场景中添加真实拍摄的照片，例如，向建筑物内添加人物照片，或用烟雾照片创建简单的烟雾效果，选用该复选框就很有用。

如果"广告牌"被某个对象的表面反射，其映像看起来也好像正面向该对象。

（3）☑Keep vertical[保持垂直]

选中☑Billboard[广告牌]复选框之后，该选项才可使用。

选中该复选框，广告牌总是保持垂直，而且，在保持垂直的前提下面向相机。

在建筑效果图中，如果要添加树木、动物或者人物角色的广告牌，选用该复选框特别有用，因为任何情形之下，这些元素都应该保持垂直。

4.2 打开对象编辑器的方法 《

为了编辑不同类型的对象，Vue 有针对性地设计了不同的编辑器或选项面板。例如，使用 Torus Options【圆环体选项】对话框对圆环体对象进行编辑，使用 Alpha Plane Options【阿尔法平面选项】对话框对阿尔法平面对象进行编辑，对于水面、植物、地形等对象，也都有不同的编辑器。

要打开对象的编辑器或选项面板，可以从以下多种方法中选用。

（1）在 3D 视图中，双击对象的模型。

（2）选择对象后，单击主界面顶部工具栏中的 [编辑对象…]按钮。

(3) 在【世界浏览器】面板 >> 【对象】标签中，双击对象的名称。

(4) 选择对象后，在【世界浏览器】面板 >> 【对象】标签中，单击下侧的 ⬚ [编辑选择的对象] 按钮。

(5) 选择对象后，在【对象属性】面板 >> ✎【外观】标签中，单击左上角的 ⬚ [编辑被选择的对象] 按钮。

(6) 选择对象后，选择 Object【对象】主菜单 >>Edit object…[编辑对象…] 命令。

(7) 选择对象后，在 3D 视图中，或者在【世界浏览器】面板 >> 【对象】标签中，单击鼠标右键，从弹出的快捷菜单中选择 Edit object[编辑对象] 命令。

(8) 选择对象后，使用 Ctrl+E 快捷键。

具体使用哪一种方法，视用户的习惯而定。在下文中，当需要打开某种对象的选项或编辑器对话框时，一般不再指明使用哪种方法。

4.3 植物编辑器 《

在单调的地形（如山坡）上添加一些植物，就能够产生生机盎然的自然景色。Vue 拥有最先进的植物生成技术，该技术叫做 SolidGrowth ™ [实体生长]，允许用户在场景中直接生成独具个性的乔木、灌木、花草等多样的植物形态。

Vue 植物的最主要特征是具有生态多样性。当在场景中多次创建同一种植物时，这些植物会表现不同的形态，而且这些植物的枝叶会产生微风动画或强风动画，因此，如果用这种植物组成大面积的森林（即植物生态系统），能够呈现出丰富多变的、令人信服的自然景色。

在前文中，我们已经学习过如何创建植物对象，请大家回过头去复习一下。

虽然 Vue 的安装包中预置了许多植物品种，但是，毕竟数量有限，难以满足不了实际工作的需要。在日常工作和学习中，我们要注意搜集整理植物品种，丰富个人的收藏库（必要时可以通过网络购买，能显著缩短创作周期或工期）。除此之外，我们也可以根据需要，编辑现有植物的参数，形成新的植物品种。

本节我们学习 Plant Editor【植物编辑器】对话框，使用该编辑器，能够编辑现有的植物，还能够创建全新的植物品种！大家要把本节的知识作为一个重点掌握。

打开 Plant Editor【植物编辑器】对话框的方法有多种，我们前文中已经学过，这里不再重复。其界面如下图所示：

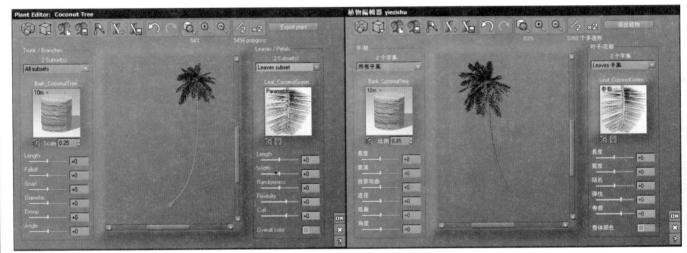

在【植物编辑器】对话框的标题栏中，会显示当前所编辑的植物对象的名称，默认与植物品种名称相同，我们可在【世界浏览器】中把它重命名为一个容易记忆的名称。

4.3.1 3D 植物预览和视图操作

在【植物编辑器】中，以 3D 透视图的方式显示被编辑植物的"3D 植物预览"，针对植物所做的编辑修改，会实时地反馈显示出来，此外，还可以生成更高品质的"渲染预览"，能够更清晰地查看编辑效果。

3D 植物预览以 3D 透视图的方式显示在【植物编辑器】的内部，使用了 OpenGL 进行显示。与场景 3D 视图中的预览不一样的是，【植物编辑器】中实时反馈显示的 3D 植物预览，会优先重现叶子颜色变化。

1）旋转植物预览

用鼠标右键拖拉 3D 植物预览可以进行旋转，拖拉时鼠标光标变为 "⬚" 形状（在 Mac 系统中需要按住 Ctrl 键拖动）。

2）自动旋转植物预览

当拖拉旋转植物预览时，如果释放鼠标右键那一时刻鼠标仍在移动，植物预览会保持自动旋转。要想停止自动旋转，只要简单地再次单击预览图就可以了。

3）平移植物预览

用鼠标左键拖拉 3D 植物预览，可以进行平移，拖拉时鼠标光标变为"🖐"形状。如果预览区边缘出现滚动条时，也可以拖动滚动条进行平移。

4）缩放植物预览

按住 Ctrl 键，用鼠标右键拖拉 3D 植物预览，向上拖动进行放大，向下拖动进行缩小。

单击【植物编辑器】顶部工具栏中的 🔍 [放大] 按钮，也可以放大 3D 植物预览，便于更近地观察植物的细节；单击 🔍 [缩小] 按钮，可以缩小 3D 植物预览，便于从整体上观察植物；单击 🔍 [全显] 按钮，使 3D 植物预览图居中并完全显示出来。在这几个按钮的下侧，标示着 3D 植物预览图的缩放比例百分数。

4.3.2　顶部工具栏

1）🖼 [渲染预览]

单击该按钮图标，会开始渲染植物预览图，该渲染任务在后台完成。在进行后台渲染的同时，仍可以访问其他设置。如果改变了某个设置，或者在预览中单击一下，正在进行的渲染会停下来。

用户也可以启用 🖼 [预览选项菜单] 中的"Auto-Render[自动渲染]"选项（见下文），当启用"Auto-Render[自动渲染]"选项时，会禁用 🖼 [渲染预览] 图标。

2）🖼 [预览选项菜单]

单击此图标（左键单击或右键单击的效果一样），会弹出预览选项下拉菜单，如右图所示：

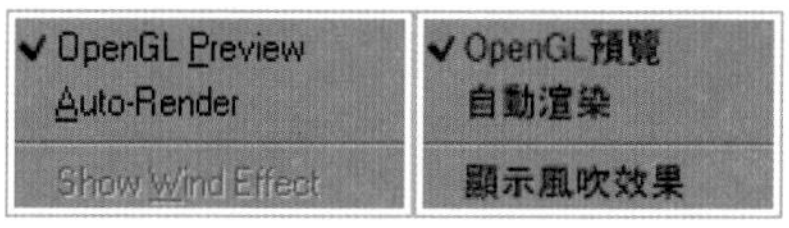

✓ OpenGL Preview	✓ OpenGL 预览
Auto-Render	自动渲染
Show Wind Effect	显示风吹效果

✓OpenGL Preview[OpenGL 预览]：选择该选项，当停止编辑或停止移动植物预览图时，会详细显示植物的 OpenGL 预览。

Auto-Render[自动渲染]：选择该选项，当停止编辑或停止移动植物预览图时，会自动开始渲染预览。

Show Wind Effect[显示风吹效果]：默认情况下，"风控制器"（见后文）的效果不显示在【植物编辑器】中，因为"风控制器"的效果可能造成对植物形态的理解出现偏差。如果想监视"风控制器"对植物的影响效果，请选择该选项，当然只有当"风控制器"已应用到植物上面时该选项才可用。

3）🌿 [新生植物变异]

单击该按钮，基于当前植物所应用的相同设置来创建一个新的植物变异形态，而且每次重复单击，都会创建同一植物的新的不同变异形态。

这种随机生成形态多样性植物的功能，要归功于 SolidGrowth ™ [实体生长] 技术，这种技术的实用性在于，当我们试图找到植物的某种特定效果的形态时，可以多次尝试，并进行比较选择，而当创建一群相同的植物时，又可以避免雷同。其详细使用方法见下文。

4）🌿 [保存植物…]

单击该按钮，会打开一个中文界面的【另存为】文件浏览器，可以选择文件夹路径并输入文件名，把该植物以 Vue 的本地".vob"文件格式保存起来。

5）🍃 [响应风]

单击该按钮会弹出 Response To Wind Options【响应风选项】对话框。其中的设置，用于在给定强度的风力吹动下（包括三种："风控制器"、风机产生的强风和全局微风），调整植物产生变形的程度，其详细使用方法见下文。

6）🧬 [载入植物品种…]

单击该按钮（按钮中的图标是遗传学中的基因双螺旋结构），会弹出可视化植物浏览器，可以从中选择一种品种（或树种）完全不同的新植物，替换当前植物。

替换植物品种时，在【植物编辑器】对话框标题栏中，当前所编辑的植物对象的名称不会改变，此时植物对象的名称已经不能反映植物品种的名称。

7) ![icon] [保存植物品种…]

这是【植物编辑器】中最强大的功能之一。该图标允许用户创建一种全新的植物品种，该新品种的植物也能够像其他植物品种一样，显示在可视化植物浏览器中，可以在以后的场景中繁殖该新品种植物的实例。其详细使用方法见下文。

注意：不要和上述 ![icon] [保存植物…] 混淆。

8) ![icon] [撤销]

单击该按钮，撤销最后一次操作，可以连续撤销多步操作，当撤销某个操作后，![icon] [重做] 按钮会变得可用。

9) ![icon] [重做]

单击该按钮，会重做最后一次被撤销的操作，如果已经撤销了多步操作，可以重做所有已撤销过的多步操作（除非撤销某个操作后又进行了其他编辑工作）。

10) ![icon] [全显] 按钮、![icon] [放大] 按钮、![icon] [缩小] 按钮

上文已讲过。在这几个按钮的下侧，标示着 3D 植物预览图的缩放比例百分数。

11) ![icon] [简化植物]

单击该按钮，可以简化植物的几何结构，减少植物所包含的子多边形数目，子多边形数目值显示在该图标下面。植物的整体形状不会被明显改变，但细节级别会下降，虽然显示和渲染的速度更快，但植物也表现得更粗糙。

根据场景需要，对于在远距离观察而不需要太多细节的植物而言，进行一定程度的简化是非常理想的。

注意：树叶不会因简化 / 优化操作而受到影响，并且这些操作不存储在植物品种数据文件中（只体现在场景中的植物实例上）。

12) ![icon] [优化植物]

该图标与上面的图标相反，作用是增加植物的细节级别（仍然不会明显地改变整体几何形状），这会导致用更光滑的曲面来表现植物，但需要更长的渲染时间。

根据场景需要，当需要靠近观察植物时，或表现特写镜头时，对植物进行优化会很有用，能够看到树枝上更多的弯曲拐角形状。

注意：优化之前已简化过的植物不一定能恢复成植物的原始几何形体。树叶不会因简化 / 优化操作而受到影响，且这些操作也不能存储到植物品种数据文件中。

13) ![icon] [导出植物]

单击 ![icon] [导出植物] 按钮，会弹出 Export Options【导出选项】对话框，能够把当前植物转换成其他格式的 3D 模型文件，方便其他 3D 软件调用。

4.3.3 编辑植物的思想

编辑植物是通过编辑植物的"子集"来完成的，下面我们把"子集"拆分为"子"和"集"两个字来解释 Vue 编辑植物的思想。

1)"子"——分析细化，化整为零

植物是包含大量子多边形面的复杂对象。在日常生活中，大家都知道使用"根、干、枝、茎、叶、花"等概念来区分植物中具有不同功能、不同位置的组成元素。Vue 也借用了这种细化方法，并使用"子集"一词来称呼植物中那些具有相同特征的同一类元素组成的集体。

子集被分成两类，一类是"干和枝子集"（对于一些草本植物，"干"也称为"茎"），另一类是"叶子和花瓣子集"。

干和枝子集位于【植物编辑器】左侧的 Trunk / Branches[[干 / 枝]] 参数组中，根据具体植物种类的不同，可能分为若干个"子集"，比如乔木植物可能分为"根子集"、若干个"干子集"、若干个"枝子集"等，而某个"枝子集"中可能包括一二十个具体的小树枝。

在 Trunk / Branches[[干 / 枝]] 参数组中，植物包含的所有干和枝子集组成了〖干和枝子集▽〗下拉列表，自上而下的排列顺序通常是：根→干→枝，但也不是绝对的。

叶子和花瓣子集位于【植物编辑器】右侧的 Leaves / Petals[[叶子 / 花瓣]] 参数组中，根据具体植物种类的不同，可能分为若干个"子集"，比如花草可能分为若干个"叶子子集"、若干个"花瓣子集"等，而某个"叶子子集"中可能包括许多具体的树叶。

在 Leaves / Petals[[叶子 / 花瓣]] 参数组中，植物包含的所有叶子和花瓣子集组成了〖叶子和花瓣子集▽〗下拉列表，自上而下的排列顺序通常是：叶子→花瓣，但也不是绝对的。

2)"集"——综合归类，化零为整

"子集"一般包含了许多个具体的枝干或叶子元素（或成员），例如有一个"小树枝子集"，它可能包含一二十个具体的小树枝成员。

现在，提出一个问题，我们能直接编辑"小树枝子集"中的个别小树枝吗？答案是：不能。

这是因为，Vue 编辑植物是通过对植物的"子集"进行全局性修改完成的，"子集"是编辑设置所针对的最小单元，针对某个"子集"所做的编辑调整，会同时作用到该"子集"中的所有子成员上，而不允许用户只针对"子集"中的某个子成员执行编辑。

要更深入地理解，需要强调以下几点。

（1）能归入到一个子集中的成员元素，应该使用同一种材质，在形状、观感上具有"类似点"。

（2）能归入到一个子集中的成员元素，可以存在"年龄"差别，比如说，某些形状特征、树皮观感相似的"一年生"和"二年生"的枝条可以归入一个"枝条子集"中。

（3）"子集"的划分和归类方法在符合常识的同时，还要服从高效编辑、方便编辑的原则。

（4）不同种类的植物，一般会使用不同的"子集"，没有统一的数量和名称要求。例如，高大的椰子树可以定义"树根子集"、"树干子集"、"树叶子集"、"枯树叶子集"；而草本类的报春花可以定义"叶子子集"、"花瓣子集"。

（5）有些种类的植物，可能仅有某一类子集，例如，Dead Tree[枯树] 仅有干和枝子集，而没有叶子和花瓣子集。

（6）某些子集会涉及在某个特定的植物实例中不存在的元素。例如，如果有一个带有随机效果的植物，当生成该植物的一棵没有果实的实例时，则该实例的"果实子集"中就不包含任何成员元素（也就是"空子集"，报春花就具有多个"空子集"）。

事实表明，把植物合理地划分成若干个"子集"是非常强大的编辑思想，既能够构造丰富多姿的植物形态，又能够简化编辑操作，也能够系统化地创建全新的植物品种（但不能随便地从"零"开始创建新的植物物种）。

4.3.4 干 / 枝

Trunk / Branches[[干 / 枝]] 参数组位于【植物编辑器】的左侧。在该参数组中改变植物的干和枝子集的参数，就可以编辑一株植物的树干或树枝的几何形状。

1. 选择干和枝子集

根据植物种类的不同，〖干和枝子集 ▽〗下拉列表可能包含若干个不同名称、不同数量的子集。如右图所示是 "Plum Tree[李树]" 的〖干和枝子集 ▽〗下拉列表：

植物中所包含的干和枝子集的总计数量 "n Subset(s) [n 个子集]" 字样会显示在子集下拉列表的上面。

> 注意： "All subsets[所有子集]" 不计算到该总计数量内，但会把 "Empty Subset[空子集]" 计算在内。

用户可以同时针对所有这些子集进行编辑，也可以只针对个别子集单独进行编辑。要想编辑某个子集，需要先展开〖干和枝子集 ▽〗下拉列表，单击选择该子集，使之切换为当前子集。

如果植物中只有一个干和枝子集，〖干和枝子集 ▽〗下拉列表会被禁用。

某些植物没有干和枝子集（例如 Carex[苔属植物]，干和枝子集总数显示为 "0 Subset(s) [0 个子集]"），在这种情况下，整个 Trunk / Branches[[干 / 枝]] 参数组中的参数和控件会被禁用。

1）选择所有子集

当首次打开【植物编辑器】时，默认被选择的干和枝子集叫做 "All subsets[所有子集]"，顾名思义，该子集包含了该植物所有不同的干和枝子集，这意味着对 "All subsets[所有子集]" 的编辑修改，会应用到该植物所有不同的干和枝子集上。

2）选择个别子集

如果从〖干和枝子集 ▽〗下拉列表中选择另外某一个子集，所做的编辑修改仅应用到该子集上。

> 注意：应用到 "All subsets[所有子集]" 上的参数设置，和应用到个别子集上的同名参数是"累加"关系，3D 植物预览图显示二者"累加"在一起的总效果。

3）空子集

某些植物可能包含若干个名为 "Empty Subset[空子集]" 的子集，这表明，正在编辑的植物的该子集中，没有相应的干或枝元素，但是，同一品种中的其他植物个体中，却可能有与该子集相应的干或枝元素。

"Empty Subset[空子集]" 可以像其他子集一样被编辑，但因为里面没有元素，编辑效果不会立即反馈显示到植物上。然而，通过单击 [新生植物变异] 按钮创建该植物的新变异形态时，"Empty Subset[空子集]" 中又可能被分配一些元素，变得"非空"了，这些新增加的元素，会受到 "Empty Subset[空子集]" 设置的影响。

2. 干和枝材质

紧挨着〖干和枝子集 ▽〗下拉列表的下侧，是一个标准的材质控件，一个子集中包含的所有元素，会统一使用同一种材质，使用该控件，能够更换或编辑当前子集使用的材质。

材质控件中材质预览框的上侧，是材质的名称，选择不同的子集，会相应地显示赋予给该子集的材质预览图和材质的名称。

如果当前选择的是"All subsets[所有子集]"，并且不同的干和枝子集使用了不同的材质，该材质控件会被禁用。

单击  [载入干/枝材质…]按钮，会打开可视化材质浏览器，从中选择另外一种材质，可以更换现有的材质。

双击材质预览图（或使用右键弹出菜单），会打开【材质编辑器】对话框，可以编辑材质。关于编辑材质，见后文"材质"章节。

使用 Scale[比例 □]控件，可以编辑材质的总比例。

3. 干和枝设置

下面，我们逐条讲述在 Trunk / Branches[[干 / 枝]]参数组中，可用于干和枝子集的不同参数设置。

1) Length[长度↔□]

该设置控制当前干和枝子集的整体长度。正值会增加干和枝的整体长度，而负值会减少干和枝的整体长度，"0"值意味着不修改该子集中干元素或枝元素的默认长度。

2) Falloff[衰减↔□]

该设置控制在当前子集中应用上述 Length[长度↔□]设置的方式。该设置对于优化枝干生长的方式非常重要。

在这儿，起决定性作用的因素是当前子集中某个枝干成员的"年龄（或枝龄）"。例如，当前选择的子集是一个"树枝子集"，一般来说会包含许多个"长幼不同"的树枝成员（生长发育的早晚不同），对于其中某个具体的树枝，如果它生长在树干的末梢部，就把它视为"年轻"的嫩树枝，而如果它生长在树干的根部，就把它视为"年老"的老树枝。

向正值方向拖动 Falloff[衰减↔□]滑竿上的滑块，会增加"年轻"树枝的长度，而减小"年老"树枝的长度；向负值方向拖动滑块则相反，会增加"年老"树枝的长度，而减小"年轻"树枝的长度；0值意味着该子集中包含的所有树枝成员平等地受到"Length[长度↔□]"设置的影响。

因此，虽然我们只能够从整体上直接控制上述示例中"树枝子集"，而不能直接"控制"其中包含的某个具体的树枝成员，但通过"Falloff[衰减↔□]"，却能够调整不同树枝成员的长短比例，形成"长短不一"的自然状态。

3) Gnarl[枝节弯曲↔□]

该设置控制着子集中随机弯曲的数量多少，正值会产生非常弯曲的树枝，而负值会"伸直"树枝。

4) Diameter[直径↔□]

该设置影响子集中枝干的整体直径。正值会增加枝干的直径，而负值会产生细瘦的枝干。

5) Droop[低垂↔□]

该设置影响着树枝反抗重力的方式。这是一个非常有趣的设置，允许很容易地控制植物的整体形状。正值会朝向地面弯曲树枝，而负值会把树枝伸向天空。

6) Angle[角度↔□]

这也是一个影响植物全局外观的设置，控制着树枝和树干之间的典型角度，或者树干和地面法线之间的角度。正值会增大该角度，而负值会减少该角度。

例如，一棵 Coconut tree[椰子树]，较大的 Angle[角度↔□]值，意味着树干长出地面时比较水平，向左拖动 Droop[低垂↔□]至负值，会把树头向上弯曲，从而产生一种有趣的椰子树造型；相反，负数的 Angle[角度↔□]会使椰子树垂直于地面生长。

> 注意：Angle[角度↔□]值等于"0"，并不代表水平和垂直之间的 45°状态，而是代表椰子树最常见的默认倾斜角度。

下面四幅图片，是一棵 Dead Tree[枯树]从原始状态开始，依次设置 Falloff[衰减↔□]=100、Gnarl[枝节弯曲↔□]=300、Droop[低垂↔□]=30 的状态：

> 注意：调整参数值时，使用直接输入参数值的方法，可以突破拖动滑竿上的滑块改变参数值的极限限制。

4.3.5 叶子 / 花瓣

Leaves / Petals[[叶子 / 花瓣]] 参数组位于【植物编辑器】的右侧，通过改变一株植物的叶子和花瓣子集的设置参数，可以编辑其几何形状、颜色和外观。

1. 选择叶子和花瓣子集

根据植物种类的不同，〖叶子和花瓣子集 ▽〗下拉列表可能包含若干个不同名称、不同数量的子集。

植物中所包含的叶子和花瓣子集的总计数量 "n Subset(s) [n 个子集]" 字样会显示在该下拉列表的上面。

> 注意： "All subsets[所有子集]" 不计算到该总计数量内，但会把 "Empty Subset[空子集]" 计算在内。

用户可以同时针对所有子集进行编辑，也可以只针对个别子集单独进行编辑。要想编辑某个子集，需要先展开〖叶子和花瓣子集 ▽〗下拉列表，然后单击选择该子集，使之切换为当前子集。

如果植物中只有一个叶子和花瓣子集，〖叶子和花瓣子集 ▽〗下拉列表会被禁用。

某些植物没有叶子和花瓣子集（例如 Dead Tree[枯树]，叶子和花瓣子集总数显示为 "0 Subset(s) [0 个子集]"），在这种情况下，整个 Leaves / Petals[[叶子 / 花瓣]] 参数组中的控件会被禁用。

1）选择所有子集

当首次打开【植物编辑器】时，默认被选择的叶子和花瓣子集叫做 "All subsets[所有子集]"，顾名思义，该子集包含了该植物所有不同的叶子和花瓣子集，这意味着对 "All subsets[所有子集]" 的编辑修改，会应用到该植物所有的叶子和花瓣子集上。

2）选择个别子集

如果从〖叶子和花瓣子集 ▽〗下拉列表中选择另外某一个子集，所做的编辑修改仅应用到该子集上。

> 注意：应用到 "All subsets[所有子集]" 上的设置，和应用到某个个别子集上的同名设置是 "累加" 关系，3D 植物预览图显示二者 "累加" 在一起的总效果。

3）空子集

某些植物可能包含若干个名为 "Empty Subset[空子集]" 的子集。这表明正在编辑的植物的该子集中，没有相应的叶子或者花瓣元素，但是，同一品种中的其他植物个体中，却可能有与该子集相应的叶子或者花瓣元素。

"Empty Subset[空子集]" 可以像其他子集一样被编辑，但因为里面没有元素，编辑效果不会立即反馈显示到植物上。然而，通过单击 [新生植物变异] 按钮创建植物的新变异形态时，"Empty Subset[空子集]" 中又可能被分配一些元素，变得 "非空" 了，这些新增加的元素会受到 "Empty Subset[空子集]" 设置的影响。

Primrose[报春花] 就是一个具有多个 "Empty Subset[空子集]" 的典型例子，其中的 "Petals Subset[花瓣子集]" 会在多个 "Empty Subset[空子集]" 之间切换，以便显示不同颜色的花瓣。请大家动手试验一下。

2. 叶子和花瓣材质

紧挨着〖叶子和花瓣子集 ▽〗下拉列表下侧，也是一个标准的材质控件，特定子集中包含的所有元素，会统一使用同一种材质，使用该控件，能够更换或编辑当前子集使用的材质。

材质控件中材质预览框的上侧是材质的名称，选择不同的子集，会相应地显示赋予给该子集的材质预览图和材质名称。

如果当前选择的是 "All subsets[所有子集]"、并且不同的叶子和花瓣子集使用了不同的材质，该材质控件会被禁用。

单击 [载入叶子 / 花瓣材质…] 按钮，会打开可视化材质浏览器，从中选择另外一种材质，可以更换现有的材质。

双击材质预览图（或使用右键弹出菜单），会打开【材质编辑器】对话框，可以编辑材质。

> 注意：这里没有 Scale[比例 □] 控件。

使用 Leaf Editor【叶子编辑器】对话框，也是一种创建新的叶子和花瓣材质的容易方法，详见下文。

另外，有两个设置对叶子的最终渲染效果影响很大，在这里强调一下：一个是前文中已经讲过的 Render Options【渲染选项】对话框 >>Render quality[[渲染质量]] 参数组中的 "□Ignore indirect lighting on plants[忽略植物上的间接照明]" 选项；另一个是 Material Editor【材质编辑器】对话框 >>Effects〖效果〗标签 >>Lighting[[照明]] 参数组中的 "Backlight✓[[背光↔ □]]" 参数，详见后文 "材质" 章节。

3. 叶子编辑器

单击叶子 / 花瓣材质预览框下侧的 [新建叶子 / 花瓣贴图…] 按钮，会打开 Leaf Editor【叶子编辑器】对话框，它提供了一种选择叶子贴图的更捷方法，如下图所示：

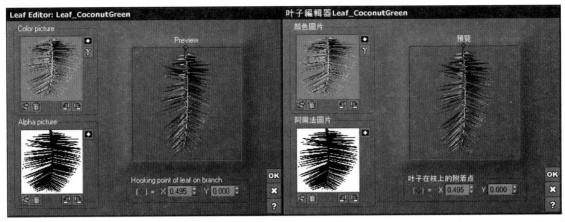

对话框左上部的 Color picture[颜色图片] 用于定义叶子的颜色，左下部的 Alpha picture[阿尔法图片] 用于定义叶子的形状。它们的含义以及下侧、右侧工具按钮的使用方法和阿尔法平面对象是相同的。

注意：不要使用【叶子编辑器】创建半透明的叶子。但如果的确需要这样做，应当改为使用【材质编辑器】进行设置，并且要意识到，这样做会大幅增加渲染时间。

叶子的 Alpha 通道使用一幅较高清晰度的图片是重要的，如果 Alpha picture[阿尔法图片] 的分辨率不足，会导致叶子边缘出现"锯齿"，而 Color picture[颜色图片] 不需要那么高的分辨率。

Preview[预览]：该窗口显示了叶子的预览图。

在叶子的预览图上，有一个小型的像钻石一样的红色标记点" "，该标记点就代表叶子在树枝上生长的附着点，在预览图的其他地方单击，可以改变该位置，或者直接在 Hooking point of leaf on branch[[叶子在枝上的附着点]] 参数组中输入数字值设置该位置。请确保正确地设置附着点，否则，叶子的效果看起来可能与想象的相去甚远。

还要注意：很多叶子贴图图片并不是只有一片叶子，而往往是"连枝带叶"、"绿叶衬红花"，这样做可以大大地简化植物的结构复杂性。

4.叶子和花瓣设置

下面，我们逐条讲述在 Leaves / Petals[[叶子 / 花瓣]] 参数组中，可用于叶子和花瓣子集的不同参数设置。

1）Length[长度↔ □]

该设置控制当前所选择子集内的叶子的整体长度，长度方向指的是顺着叶柄和主叶脉的方向。正值会增加叶子的长度，而负值会减少叶子的长度，"0"值意味着不修改该子集中的叶子长度。

2）Width[宽度↔ □]

与上面设置相同，只是它控制着叶子的宽度，而不控制长度。

3）Randomness[随机↔ □]

该设置控制着当前子集中包含的不同叶子个体之间大小差异或变化的程度。

向正值方向拖动滑竿上的滑块，会增大差异性，意味着大叶子会变得更大，而小叶子会变得更小；向负值方向拖动滑块则相反，会减少差异性，意味着大叶子会变得稍小一些，而小叶子会变得稍大一些；0 值不改变其差异性（注意，因为叶子之间可能存在固有的差异，不改变差异不等于无差异）。

4）Flexibility[弹性↔ □]

该设置控制着当前子集中包含的叶子的整体弹性。

正值增加弹性，意味着叶子趋于垂向地面；负值减小弹性（增加刚性），叶子会伸向天空而不是垂向地面。可以认为弯曲效果发生在长度方向上。

5）Curl[卷曲↔ □]

该项与 Flexibility[弹性↔ □] 相似，但只在宽度方向上发生作用，而不在长度方向上起作用。正值会增加卷曲度，意味着叶子会趋于绕自己的主叶脉向地面卷曲；负值会减小卷曲度，并反转卷曲方向，造成叶子朝向天空卷曲而不朝向地面卷曲。

6）Overall color[整体颜色：]

这是一个非常有趣的设置，因为它影响当前子集中所有叶子的颜色，可以在一瞬间改变植物的整体颜色。当制作动画时，该设置能产生不错的效果。

在右侧的色块中，显示当前子集中所有叶子的整体平均颜色，如果单击该色块，会弹出 Color Selection【颜色选取】窗口（关于如何选取颜色，见后文"选取颜色"章节），可以为叶子选取一种新的整体颜色，因为这是一个"平均"颜色，叶子表面上不同地方的颜色变化仍会保留。

注意：该颜色可以在渲染预览时体现出来，但不会直接反馈显示在 3D 植物预览中。

4.3.6　创建同一植物的变异

使用顶部工具栏中的  [新生植物变异] 按钮,可以基于当前植物所应用的相同设置,创建一个新的植物变异(或变化)形态,而且每次重复地单击,都会创建同一植物的新的不同变异形态。

这种随机生成形态多样性植物的功能,要归功于 SolidGrowth ™ [实体生长] 技术,这种技术的实用性在于,当我们试图找到植物的某种特定效果的形态时,可以进行多次尝试、比较,而当创建一群相同的植物时,又可以避免雷同(俗话说:一母生九子,九子各不同。在现实生活中,有的旅游景点就是凭各种造型的树态而闻名)。

要生成新的植物变异形态,操作方法如下。

(1) 选择要编辑的植物对象,并打开【植物编辑器】对话框。

(2) 单击 [新生植物变异] 按钮,会生成一个新的形态,进行多次重复单击,会重新生成同一植物的一系列新的不同变异形态。

(3) 使用顶部工具栏中的 [撤销] 按钮和 [重做] 按钮,可以往返浏览已经生成过的一系列变异形态,便于反复进行比较。

(4) 当看到一种令人喜欢的形态时,单击 [确定] 按钮,新的变异形态就替换了原有的形态,并关闭【植物编辑器】对话框。

上述形态变异功能,还具有以下特点。

(1) 原有植物在场景中的位置、方向保持不变,但是,大小可能会在有限的小范围内发生随机变化。

(2) 虽然发生了一系列植物形态的变异,但在【植物编辑器】中,各项参数设置却始终完全相同,就是说,造成植物形态随机变化的原因,并不是因为【植物编辑器】中的各项参数设置自动地随机改变了,深层次的原因在于 SolidGrowth[实体生长] 技术。

当需要设计一种新的植物品种(或物种)时,创建该植物的新变异也是非常有用的(详见下文)。

4.3.7　创建新的植物品种

当用户设计完成了一种有趣的、新的植物时,可以把经过"乔装打扮、改头换面"的设计成果保存为一种新的植物品种(或物种)。

为了确保结果总是满意,建议用上述单击 [新生植物变异] 按钮的方法,测试新的参数设置在一系列的变异中是否合乎需要。

要存储新的植物品种,请单击顶部工具栏中的 [保存植物品种…] 按钮(按钮中的图标是遗传学中的基因双螺旋结构),会弹出一个中文界面的【另存为】文件浏览器,可以为新的植物品种选择要保存的文件夹路径,并输入新品种的文件名等信息,如右图所示:

上图下半部分是 Vue 附加的内容,其含义如右图所示:

1) 〖文件名 □▽〗

可以输入新植物品种的文件名,或从列表中选择一个已存在的文件名,文件名的后缀为 ".veg"。

注意:文件名并不是植物的品种名称。

2) ☑Incorporate texture maps[合并纹理贴图]

把所有的纹理贴图合并到植物品种文件中一起保存,便于在不同的计算机或网络上传递、共享,避免遗漏贴图文件。

3) Preview 〖预览 ▽〗下拉列表

预览图用在可视化植物浏览器中,当使用可视化植物浏览器向场景中载入植物时,便于识别和选择。

该下拉列表包括三种方式,如右图:

Use current preview[使用当前预览]:这是默认的方式,使用【植物编辑器】中当前 3D 植物预览的渲染图片。单击 保存(S) 按钮后,会先渲染当前 3D 植物预览,并使用渲染结果作为预览图片。

Keep existing preview[保留原有预览]:使用当前植物原有的预览图片。

Use custom image[使用自定义图片]：选择一幅自定义图片作为预览图片。单击 保存(S) 按钮后，会先弹出可视化图片浏览器，可以从中选择一幅图片作为预览图片。

如果我们自制一些带有中文文字标识的自定义图片作为预览图片，这也将是一种很实用的技巧。

4）Title[标题]

当向场景中创建植物时，该植物使用的对象名称就是"Title[标题]"，当前所编辑的植物对象名称，也会出现在【植物编辑器】对话框的标题栏中。

大家要特别注意，不要混淆 "Title[标题]" 和植物品种的 "〖文件名 ▢▽〗"。

5）Description[说明]（或 [描述]）

可以输入一些文字说明，在以后使用该植物品种时，便于自己或他人获得有关信息。

设置好上述信息之后，请单击 保存(S) 按钮，Vue 会渲染预览图片并完成保存新品种植物文件。然后，我们就可以通过可视化植物浏览器，向场景中添加（或繁殖）该新品种植物的实例！

当使用可视化植物浏览器向场景中添加植物时，植物的预览图、Title[标题]、Description[说明] 等信息，均会出现在可视化植物浏览器中，帮助用户识别和选择。

〖文件名 ▢▽〗、Title[标题]、Description[说明] 等信息都可以是中文的，其中有些中文字符信息在可视化植物浏览器中不能正确地显示。但是，如果单击可视化植物浏览器中收藏夹右下角的 🖻 [浏览文件] 按钮，弹出中文界面的【打开】窗口，从中选择植物品种文件时，是可以正常看到这些中文信息的。

大家还应该明白，虽然通过【植物编辑器】能够创建新的植物品种，但是，新的植物品种毕竟是基于原有的植物品种创建的，因此，要创建一个新的植物品种，在选择作为基础的原有植物品种时，应考虑到，新的植物品种和原有的植物品种之间不应有过大的差异。例如，我们很难以一株草为基础，编辑生成一棵大树。

4.3.8 响应风选项

单击顶部工具栏中的 🖌 [响应风] 按钮，会弹出 Response To Wind Options【响应风选项】对话框，这个小型对话框用于自定义植物反抗风力的方式。如右图所示：

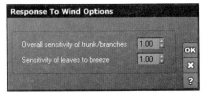

作用到植物上的风力包括三种："风控制器"、风机产生的强风或全局微风。

1）Overall sensitivity of trunk/branches[干 / 枝的整体灵敏度]

该设置控制干 / 枝对抗上述三种风力作用的灵敏度，较高的值意味着，在给定大小的风力作用下，树木的变形会更剧烈一些。

2）Sensitivity of leaves to breeze[树叶对微风的灵敏度]

该设置控制当叶子受到全局微风影响时摇动的程度，较高的值意味着，在给定大小的全局微风中，树叶会摇动得更剧烈一些。注意，它不影响叶子在强风中的摇动。

上述设置的具体效果不是很直观，可能需要进行反复试验，才能达到令人满意的效果。

4.3.9 应用风

Vue 的植物能够对风吹作出响应，能影响植物的风包括三种：风控制器、风机和微风。

风控制器针对单个或几个植株发生作用。

当选择一株植物时，会在顶视图内出现一个小圆圈，里面有一个蓝色三角形 "⬆️"，这就是"风控制器"。鼠标移动到风控制器上面时光标会变为 "✛" 形状，单击该三角形并拖动它，就会出现一个箭头，小三角形就是箭头的终点，箭头的起始点就是圆圈的中心。该箭头长短就代表了当前应用到植物上面的风力强度的大小，箭头越长，表示风力越强；箭头方向表示风吹的方向，如右图所示：

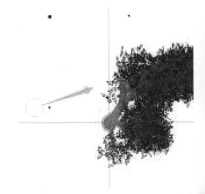

梦境重现——Vue 10 三维景观创作详解

风控制器可以像普通对象的其他属性（如大小、方向）一样被动画。

请注意，只有当风控制器三角形箭头被拖出到蓝色圆圈外边时，才有风力被应用到植物上。如果把风控制器三角形箭头拖回圆圈里面，则相当于设置风力强度为零（这是专为方便清除风控制器影响而设计的）。当鼠标移到风控制器上面时，在光标变为"✛"形状的同时，在状态栏左侧亦相应地显示风力强度和风的方向信息。

如果选择了多棵植物，新的风控制器设置会应用到所有被选择的植物上面（如果选择了多棵植物并且风控制器设置不同的话，风控制器会显示成空心三角形），这样，可以使用同一个风控制器去影响多个植物对象。

风控制器箭头的长度代表风力的强度，箭头的长度不受顶视图缩放的影响。就像在现实世界里一样，风对植物的影响效果还取决于植物的类型，例如，长而薄的植物（如芦苇等）会受到风吹的强烈影响，而较坚实的植物（如树木）相比来说受风吹的影响较小。

如果在 Atmosphere Editor【大气编辑器】的 Wind〖风〗标签中取消选中 □Enable wind (on a per plant basis)[激活强风（针对个别植物）]复选框，就会关闭风控制器的作用，选择植物后，在主视图中也不会再显示风控制器。

注意：在【植物编辑器】对话框中单击 🔧 [保存植物品种…] 按钮创建植物新品种时，不会保存现有植物的风控制器设置。

风控制器的效果和风机、微风不同。风机只针对影响范围内的植物发生作用（前面讲过，风机可以影响的植物包括两个方面，一方面，可以影响一定范围内的独立的植物对象，另一方面，如果选择了风机对象的"🤚 [影响生态系统]"图标，还可以影响生态系统中一定范围内的植物实例）；微风则是全局性设置，对场景内所有的植物发生作用，包括生态系统中的植物实例，不论距离远近。

关于微风，见后文"Atmosphere Editor【大气编辑器】>>Wind〖风〗标签"章节。

4.4　编 辑 水 体 《

水面是许多场景的重要组成部分，单击主界面左侧工具栏中的 ▬ [水面] 图标，就可以在场景中创建一个名为"Sea[海洋]"的水面对象。

要详细地设置水面的效果，需要通过 Water Surface Options【水面选项】对话框（即【水面编辑器】）进行，在该对话框中，提供了一组强大的工具，可以轻易地创建动感而真实的水面，并且能够自动地在浪尖上、水岸边（如海岛周围）散布浪花或泡沫效果。该对话框的界面如右图所示：

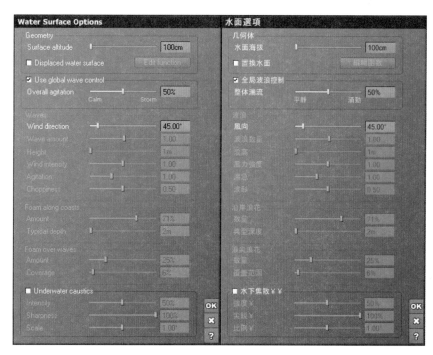

要调整 Water Surface Options【水面选项】对话框中的参数，可以拖动滑竿上的滑块来实现，但只能在有限的范围内进行调整；也可以直接输入数值，输入的数值可以超越滑竿的极限。

4.4.1　水面几何体

在 Geometry[[几何体]] 参数组中，包括以下控件。

1）Surface Altitude[水面海拔↔□]

用于便捷地调整水面的海拔高度，和水面对象的【对象属性】面板 >> ▬ 〖参数〗标签 >> 🔩 [位置] 子标签页内的"Z"位置值是一致的。

2）□Displaced water surface[置换水面]

默认情况下，水面是一种绝对平坦的平面，使用简单的凹凸映射来模仿波浪效果。如果场景需要更加真实自然的、带有曲面结构的波浪效果，请选中 Displaced water surface[置换水面] 复选框，会自动地把平坦的水面转换成一种"假冒"的无限程序地形，来模仿波浪曲面，在转换过程中，凹凸映射设置会转化为程序高程生成函数，这样，就产生了与真实波浪的曲面结构形状相似的视觉效果（如阴影、折射）。

进行上述转换之后，严格来说，使用"水体"或"水波曲面"可能更贴切一些，但习惯上，仍笼统地使用"水面"一词。

选中 ☑Displaced water surface[置换水面] 复选框之后，会大幅度地增加水面对象所包含的子多边形面的数量，也会增加渲染时间。请观察屏幕右下角的状态栏，先不选中该复选框并进行快速渲染，再选中该复选框并进行快速渲染，比较场景中多边形数量的巨大变化。

选中 ☑Displaced water surface[置换水面] 复选框后，水面被转换成一种程序地形，如果再取消选中 ☐Use global wave control[[全局波浪控制]] 复选框，则 █Edit function█ [编辑函数] 按钮变得可用，单击该按钮，可以访问程序地形的高程生成函数，详见后文"地形"和"函数"章节。

4.4.2　使用全局波浪控制

默认已选中 ☑Use global wave control[[全局波浪控制]] 复选框，要调整水面的整体外观，可以调整 Overall agitation[整体湍流↔ ☐]（或整体扰动）滑块，使水面显得平静或显得躁动混乱。

当选中此复选框时，还可以使用 Waves[[波浪]] 参数组中的 Wind direction[风向↔ ☐] 参数控制风吹的方向，但位于 Waves[[波浪]] 参数组、Foam along coasts[[沿岸浪花]] 参数组和 Foam over waves[[浪尖浪花]] 参数组中的其他参数会被禁用，不允许更精细地调整。所以，使用 Overall agitation[整体湍流↔ ☐] 控件，就像使用傻瓜式数码相机一样，虽然简单省事、省时，但效果很一般。

4.4.3　波浪

在 Waves[[波浪]] 参数组中，包括以下控件。

1）Wind direction[风向↔ ☐]

该参数控制水面上的风向。如果该值设为 0°，从 Top view【顶视图】中看，风向是从左侧向右侧吹；如果该值设为 90°，从 Top view【顶视图】中看，风向是从上边向下边吹。

注意：水面上的风向设置与应用到植物上面的强风或微风没有任何关系。

除了 Wind direction[风向↔ ☐] 控件，需要首先取消选中 ☐Use global wave control[[全局波浪控制]] 选项，位于 Waves[[波浪]]、Foam along coasts 选中 [[沿岸浪花]] 和 Foam over waves[[浪尖浪花]] 参数组中的其他控件才变得可用。

2）Wave amount[波浪数量↔ ☐]

该参数调整波浪整体的数量多少。该值大于 1 时产生较多的波浪，该值小于 1 时产生较少的波浪。

3）Height[浪高↔ ☐]

该参数控制波浪的典型高度。只有当选中 ☑Displaced water surface[置换水面] 复选框时，该参数才可用。

注意：该参数的效果也会受到 Wave amount[波浪数量↔ ☐] 参数的影响。
还要注意，不要和前述 Surface Altitude[水面海拔↔☐]参数混淆，Surface Altitude[水面海拔↔☐]指的是水面的高度位置，和水面对象的【对象属性】面板 >> █ █ 【参数】标签 >> █ [位置] 子标签页内的 "Z" 位置值是一致的；对于 Height[浪高↔ ☐] 参数，可以理解为波浪的波峰到波谷之间的平均厚度，和水面对象的【对象属性】面板 >> █ █ 【参数】标签 >> █ [大小] 子标签页内的 "Z" 大小值是一致的。

4）Wind Intensity[风力强度↔ ☐]

控制风力的强度，值越高，浪就越高、水面越粗糙混乱。

5）Agitation[湍急↔ ☐]

用于调整波浪形成、流动、荡漾的整体速度，其效果只有在动画中才能显现出来，该值大于 1 时产生快速形成、移动或动荡的汹涌浪涛，该值小于 1 时会放慢波浪速度。

6）Choppiness[波形↔ ☐]

控制波浪的浪头形状，较小的值产生柔和圆润的波浪，而较高的值产生尖锐陡峭的浪头。

4.4.4　沿岸浪花

如果水面与水岸（如地形对象）交汇，使用 Foam along coasts[[沿岸浪花]] 参数组，可以在沿岸附近添加浪花或泡沫效果。这种浪花效果，通常是增强水景表现力的重要方面。

1) Amount[数量↔ □]

调整浪花或泡沫的整体数量。

2) Typical depth[典型深度↔ □]

岸边浪花产生的一个主要成因是，岸边的水深比较浅薄，在风力和水底岩石、泥沙的共同作用下，容易激起浪花或泡沫。

该参数定义了一个典型的深度值，只有当水的深度浅于该平均深度值时，才能够产生浪花，一般来说，离岸边越近，水越浅、浪花越多，离岸边越远，水越深、浪花越少。所以该参数值越小，则沿着水岸边能够产生浪花的范围越狭窄。

根据水岸的深浅、崎岖程度不同，能够产生丰富的岸边浪花效果，尤其对于表现海洋中的小岛有比较好的效果。如果要表现轮船激起的浪花，可以在水中放置一些完全透明的辅助物体，并且要使水面距离该辅助物体上表面的深度小于 Typical depth[典型深度↔ □] 的值。

4.4.5　浪尖浪花

通过 Foam over waves[[浪尖浪花]] 参数组，可以模拟浪尖上或浪头上产生的浪花或者泡沫效果。

1) Amount[数量↔ □]

调整浪尖上产生的浪花或泡沫的整体数量或密度。

2) Coverage[覆盖范围↔ □]

控制浪尖上产生的浪花或泡沫的覆盖范围。

4.4.6　水下焦散 {{NEW10.0}}

{{NEW10.0}} 水下焦散是 Vue 10 增加的新功能。

选中 ☑Underwater Caustics[[水下焦散]] 复选框，开启水下焦散功能，以下控件变得可用。

1) Intensity[强度↔ □]

此参数调整焦散的强度或亮度。值越高，则会产生许多较明亮的聚焦点，这些聚焦点之外的地方也就越暗。

2) Sharpness[尖锐↔ □]

此参数调整焦散的尖锐程度，值越低，焦散效果越模糊、柔和。

3) Scale[比例↔ □]

此参数调整焦散图案的比例或大小，单位是 "°"。

具有最大锐度的焦散效果会自动出现在某些焦点深度处，焦点深度依据焦散比例而定，随着水深增加或减小，焦散效果慢慢模糊（失焦）。

依据水体的材质模式，焦散效果不仅仅会在水下的物体表面上产生，而且也会在通过水介质的时候产生，在水中形成真实的光柱。

要启用这种体积效果，水材质的透明度应设置成 "☑Physical transparency[物理透明度]" 模式，吸收和散射模式选用 "Direct volumetric light[直接体积光]" 或者 "Indirect volumetric light[间接体积光]"。

4.4.7　编辑水面的技巧

使用 ☑Use global wave control[[全局波浪控制]] 调整水面的整体外观，除了简便之外，最大的优点是容易取得比较自然、合理的水面外观。

相比之下，通过 Waves[[波浪]] 参数组、Foam along coasts[[沿岸浪花]] 参数组和 Foam over waves[[浪尖浪花]] 参数组进行调整，缺点是不容易迅速地取得真实、自然、协调的波浪效果。

按下面的步骤进行操作，可以提高编辑水面的效率。

（1）选中 ☑Use global wave control[[全局波浪控制]] 复选框，调整 Overall agitation[整体湍流↔ □] 的值，改变水面的外观，进行快速渲染、比较，如果感觉效果差不多，就单击 OK [确定] 按钮，关闭【水面选项】对话框。

（2）再次打开【水面选项】对话框，会发现，在 Waves[[波浪]] 参数组、Foam along coasts[[沿岸浪花]] 参数组和 Foam over waves[[浪尖浪花]] 参数组中，相关参数都发生了改变。

（3）取消选中 □Use global wave control[[全局波浪控制]] 选项，就激活了位于 Waves[[波浪]] 参数组、Foam along coasts[[沿岸浪花]] 参数组和 Foam over waves[[浪尖浪花]] 参数组之中的参数，刚才那些发生了改变的参数的综合效果，与上述 Overall agitation[整体湍流↔ □] 设置值的效果相符合，可以通过快速渲染进行验证。

（4）现在，以 Waves[[波浪]] 参数组、Foam along coasts[[沿岸浪花]] 参数组和 Foam over waves[[浪尖浪花]] 参数组中的相关参数为基础，用户可以更精细地进行调整，从而实现更特殊的效果。

4.4.8　改变水波材质

使用 Water Surface Options【水面选项】对话框编辑水体时，如果使用了一类叫做"MetaWater[水波]"的材质，能够产生最佳效果，这类材质的每一个材质层中都使用了一种特殊的元节点（MetaNode），它们位于【可视化材质浏览器】对话框>>Liquids[液体] 收藏夹 >>MetaWaters[水波] 子收藏夹中，请大家进入该收藏夹，可以看到，其中包括四个 Vue 内置的"MetaWater[水波]"材质，用户可以根据需要选用，如右图所示：

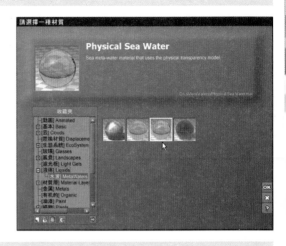

注意：如果已经选中 ☑Displaced water surface[置换水面] 复选框，再想更换"MetaWater[水波]"材质，首先，需要取消选中此复选框，然后，载入新的"MetaWater[水波]"材质，之后，再次重新选中 ☑Displaced water surface[置换水面] 复选框。否则，产生的水面置换效果与新的材质不相配或不协调。

用户可以创建自己的"MetaWater[水波]"材质，但需要确保自建的新材质与上述"MetaWater[水波]"材质基于相同的元节点，否则，可能不能使用 Water Surface Options【水面选项】对话框进行控制。

用户也可以编辑用于构建"MetaWater[水波]"材质的元节点，但必须要小心，不要改变元节点的界面，例如不要删除、重命名任何已公布的参数。关于这些内容，本书不要求掌握。

4.4.9　水面编辑器的本质

Water Surface Options【水面选项】对话框的工作原理，本质上是通过控制 Function Editor【函数编辑器】内复杂的图表来实现的。

也就是说，【水面选项】对话框中的参数，和特定的函数（如程序高程生成函数或材质函数）中的某些参数对应着（但并非都是一对一的对应关系），改变了【水面选项】对话框中的参数，也就改变了特定的函数中的某些参数，其中有些参数值是同步变化的，有些参数只是被加强或减弱。

用户可以通过直接编辑水面的有关函数，更深入地实现自定义水面外观的目的，适宜于对材质、函数掌握得比较好的用户使用。

但是，如果用户对函数不太了解，或者嫌函数麻烦，怎么办呢？方法就是通过【水面选项】对话框编辑水面，比起编辑函数来讲，更直观、简单、易用！更能抓住重点！在用户还没有深入学习函数之前，以及对学习函数很吃力的用户来说，只能够熟练掌握 Water Surface Options【水面选项】对话框中的设置来改变水面的外观效果，就足够了。当然，用户也可以综合地使用以上的方法。

所以说，有了 Water Surface Options【水面选项】对话框，就可以绕过复杂的 Function Editor【函数编辑器】。完全可以这样说，用户即使不熟悉函数，也照样可以调出精美的效果！话再说得远一点儿，即使您不精通函数，仍然能够成为创作精美数字自然景观的高手！

为了能够通过【水面选项】对话框顺利地间接控制函数中的参数，需要赋予水面对象合适的材质。如果材质不合适，在【水面选项】对话框中，无法和函数参数相匹配的控件会被禁用。一般来说，使用"MetaWater[水波]"材质是最佳选择。

注意：通过【水面选项】对话框改变水面的外观，并不是万能的，例如，要改变海水、浪花或泡沫的颜色，需要到材质中进行修改。

4.5　滤镜 《《

滤镜是一种调整数值的工具，在 Vue 中有广泛的应用，例如在 Terrain Editor【地形编辑器】中，可以使用滤镜调整山脉的高程轮廓；在 Material Editor【材质编辑器】中，可以调整材质的透明度、凹凸等参数。

本节我们学习滤镜知识，其中有些知识点目前还用不到，在本书后文中，当遇到需要使用滤镜的内容时，可以回到本节复习。

4.5.1 滤镜的基础知识

1. 滤镜的原理

滤镜是一种调整数值的工具，从形式上看，它就是一条简单的曲线，其横坐标代表被调整前的数值，而纵坐标代表被调整之后返回的值。如右图所示：

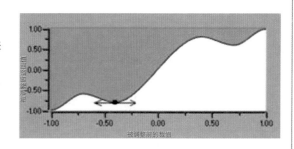

滤镜是如何调整数值的呢？

我们在滤镜曲线上面取一个"点"，假如该点的坐标值为 (a,b)，其中 a 值是横坐标值，可以通过横坐标轴上的水平标尺读取，b 值是纵坐标值，可以通过纵坐标轴上的垂直标尺读取，那么 b 值就是 a 值被滤镜调整后返回的结果值。

因为滤镜曲线上面包含了许许多多个"点"，所以，滤镜能够把一个范围内的数值（通常位于 -1 ～ +1 范围之间）转换成另一个范围内的数值（通常也位于 -1 ～ +1 范围之间）。滤镜曲线的轮廓形状不同，则产生不同的调整结果。

滤镜可以应用到不同的对象属性或编辑器中，根据滤镜控件的不同，它的水平标尺的值会代表（或指向）不同的属性（或参数）。具体应用滤镜时，我们要弄清楚其水平标尺、垂直标尺代表（或指向）的属性（或参数）的具体含义。

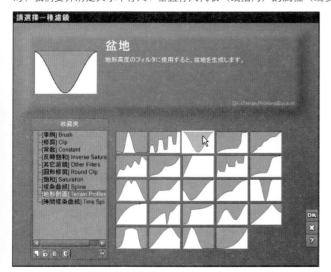

2. 更换滤镜

在滤镜控件中，一般会使用一幅滤镜曲线的缩略预览图（即滤镜预览框）来代表滤镜，从这里，用户可以很方便地更换或编辑滤镜。

要更换滤镜预览框中正在使用的滤镜，请在滤镜预览框上双击鼠标左键，会弹出 Please select a filter【请选择一种滤镜】对话框（即【可视化滤镜浏览器】），可以从中选择并载入一种新的预定义滤镜，以便更换现有的滤镜，如左图所示：

使用滤镜控件的右键弹出菜单，也可以灵活地更换现有的滤镜。

3. 滤镜控件的右键弹出菜单

使用鼠标右键在滤镜预览框内单击，会弹出一个快捷菜单，如右图：

Edit Filter[编辑滤镜]：选择该命令，会弹出 Filter Editor【滤镜编辑器】对话框，可以编辑现有的滤镜。

Copy Filter[复制滤镜]：复制滤镜。

Paste Filter[粘贴滤镜]：粘贴复制过的滤镜。使用 "Copy Filter[复制滤镜] 和 Paste Filter[粘贴滤镜]"，可以方便地把一个滤镜控件中的滤镜复制到另一个滤镜控件中。

Reset Filter[重置滤镜]：把滤镜重置为 "默认滤镜"。

不同的滤镜控件会使用不同的 "默认滤镜"。例如在 Material Editor【材质编辑器】对话框中，滤镜被重置后，其曲线一般会成为一条从左下角连接到右上角的直线，即 y=x，调整后的返回值仍等于调整前的值，结果相当于 "不调整"；又例如在 Brush Editor【笔刷编辑器】对话框中，重置笔刷的 Falloff filter[[衰减滤镜 🔲]]，会得到一条圆滑的衰减曲线。

Load Filter[载入滤镜]：会弹出可视化滤镜浏览器，并可以从中选择并载入一种新的预定义滤镜。

Save Filter[保存滤镜]：会弹出中文界面的【另存为】对话框，可以把滤镜控件中正在使用的滤镜保存为一个独立的文件（文件后缀名为 ".flt"），保存滤镜文件时，还可以输入标题和描述（或说明）信息，以便将来使用或共享。

4.5.2 滤镜编辑器

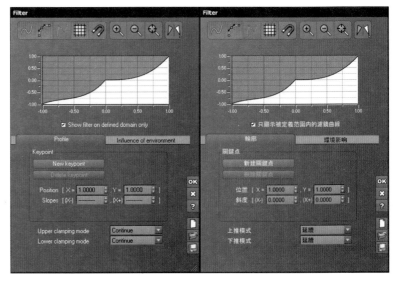

1. 打开滤镜编辑器

要打开 Filter Editor【滤镜编辑器】，可以按住 Ctrl 键或 Shift 键单击滤镜预览框，或从滤镜预览框的右键弹出菜单中选择 Edit Filter[编辑滤镜] 命令。其界面如右图：

根据滤镜控件的不同，所打开的【滤镜编辑器】对话框会冠以不同的标题。

有的滤镜适宜接受环境条件的影响（例如【材质编辑器】中的一些滤镜），这类滤镜的有关参数被划分进两个标签，分别是 Profile〖轮廓〗标签和 Influence of environment〖环境影响〗标签；有的滤镜不适宜接受环境条件的影响（例如【地形编辑器】中的一些滤镜），这类滤镜在【滤镜编辑器】中取消了 Influence of environment〖环境影响〗标签，只留下 Profile〖轮廓〗标签中的参数，并且是直接显示这些参数（不再使用标签进行组织）。

2. 滤镜曲线视图操作 {{NEW10.0}}

滤镜曲线位于 Filter Editor【滤镜编辑器】顶部工具栏的下侧。

为了便于清楚地观察滤镜曲线，在以 (-1, -1) 和 (+1, +1) 两点界定的矩形区域内，滤镜曲线的下侧部分显示成白色，上侧部分显示成深灰色，矩形区域以外的地方显示为浅灰色（这些颜色可以在 Interface Color Editor【界面颜色编辑器】对话框中予以改变）。

使用标准的鼠标操作，或使用顶部工具栏中的按钮，可以调整曲线的视图显示。

1）平移滤镜曲线视图

用鼠标右键拖动视图（鼠标光标变为"🖑"形状），可以平移视图。

2）缩放滤镜曲线视图

按住 Ctrl 键的同时，用鼠标右键拖动视图（鼠标光标变为"🔍"形状），可以缩放视图。

单击 Filter Editor【滤镜编辑器】顶部工具栏中的 🔍 [放大] 按钮或 🔍 [缩小] 按钮，会以视图中心为中心放大或缩小视图。

放大视图可以观察到更多的曲线细节，而缩小视图可以从整体上观察曲线。

> 注意：必要时，我们也可以调整 Filter Editor【滤镜编辑器】对话框的面板大小，滤镜曲线视图也会相应调整大小。

单击 🔲 [重置平移 / 缩放] 按钮，会重置滤镜曲线视图，只显示出水平标尺和垂直标尺均在 -1 ~ +1 范围之间的曲线。

在滤镜曲线视图的下侧，有一个 ☑Show filter on defined domain only[只显示被定义范围内的滤镜曲线] 复选框，默认已经选中该复选框，在滤镜曲线视图中，只显示 -1 ~ +1 范围之内的曲线。如果取消选中该复选框，则还会显示 -1 ~ +1 范围之外的曲线。{{NEW10.0}} 该选项是 Vue 10.0 增加的新功能。

3.【轮廓】标签

滤镜曲线是通过"关键点"构建的，用直线段或光滑曲线把关键点连接在一起，就形成了滤镜曲线。改变了关键点，也就改变了滤镜曲线的轮廓形状。

在 Filter Editor【滤镜编辑器】>>Profile〖轮廓〗标签中，可以使用按钮添加、删除关键点，或使用输入数值的方法精确编辑关键点。也可以用鼠标直接在视图中编辑滤镜曲线。

1）创建关键点

在未选择关键点的前提下，可以使用 New keypoint [新建关键点] 按钮添加一个新的关键点。

首先，在滤镜曲线视图的空白处单击一下，被单击点处的坐标值就会显示在 Position [位置 [X=□，Y=□]] 微调框内（根据需要可以修改该坐标值），然后，单击 New keypoint [新建关键点] 按钮，就会依据上述坐标值创建一个新的关键点，曲线会连接新的关键点，形成新的形状。

当然，直接在 Position[位置 [X=□，Y=□]] 微调框内输入坐标值，然后单击 New keypoint [新建关键点] 按钮，同样会依据上述坐标值创建一个新的关键点。但是要注意，如果输入了超出 -1 ~ +1 范围之外的 X 位置值，则不能创建关键点。

不能在同一水平位置创建两个关键点。

2）使用鼠标创建关键点

在水平方向上 -1 ~ +1 范围之间双击（不必非得在曲线上），可以直接创建一个新的关键点，关键点刚创建时，处于被选中的状态。

注意：在水平方向上 -1 ～ +1 范围之外的地方双击，不能创建关键点。

3）选择关键点

用鼠标直接单击某个关键点，可以选择该关键点。

用鼠标拖出一个矩形，可以框选该矩形所涵盖的多个关键点。

被选择的关键点显示为一个黑色实心的小四方形状 "■"；没有被选中的关键点显示为一个空心的小四方形状 "□"。

使用 Ctrl 键配合鼠标单击选择，可以实现加选、减选；使用 Shift 键配合鼠标单击选择，可以实现范围选择；按 Tab 键可以向右跳选，使用 Shift 键 +Tab 键可以向左跳选。

{{NEW8.5}}能够同时选择、移动、删除多个滤镜关键点，这是 Vue 8.5 增加的新功能。

注意：当鼠标光标离开滤镜曲线视图时，只显示出被选择的关键点，而不显示未被选择的关键点。

在滤镜曲线视图的空白处单击一下，可以取消选择关键点。

4）使用鼠标移动关键点

鼠标移动到关键点上面时，光标变为 "✥" 样式，单击并拖动可以移动关键点。如果选择了多个关键点，可以同时移动它们。

移动关键点时，在水平方向上，会受到相邻关键点的阻挡，并且不能超出 -1 ～ +1 范围；当选择水平方向 +1 处的关键点时（这是曲线的右端点），鼠标光标会变为 "↕" 样式，表示只能在垂直方向移动；当选择水平方向 -1 处的关键点（这是曲线的左端点）并拖动其离开 -1 点处时，曲线会自动和（-1，-1）点连接起来。

移动关键点时，按下 Ctrl 键，会把移动方向约束到离光标较近的轴向上。

移动关键点时，在垂直方向上可以任意移动。但需要注意，当关键点在垂直方向上超出 -1 ～ +1 范围之外时，曲线在视觉上就不再通过该关键点，而是会把曲线在垂直方向沿着 +1 或 -1 的地方 "削峰"。要显示全部曲线，请取消选中滤镜曲线视图下侧的 □Show filter on defined domain only[只显示被定义范围内的滤镜曲线] 复选框。

单击顶部工具栏中的 ▦ 图标，使之切换成黄色的 ▦ [显示 / 隐藏栅格] 样式，在滤镜曲线视图中，会显示栅格（缩放视图时会动态细分）。如果再单击 ◢ 图标，使之切换为黄色的 ◢ [捕捉到栅格] 样式，则用鼠标把关键点移动到栅格附近时，会自动吸附（或吸引）到栅格上。

使用键盘上的箭头键，也可以移动关键点。

5）输入关键点的位置和切线斜率

在选择了单个关键点的前提下，在 Position[位置 [X=□，Y=□]] 微调框内，可以输入横向坐标值和纵向坐标值，调整该关键点的位置。

对于光滑滤镜，当选择了一个或多个关键点时，在下侧的 Slopes[斜率 [(X-) □，(X+) □]] 微调框内，可以输入具体的数值，精确地调整该关键点的斜率。

6）复制和粘贴滤镜关键点

选择一个或多个关键点，按 Ctrl+C 快捷键，会复制这些关键点，然后在滤镜曲线视图中单击一下，会出现一个绿色的 "+" 点，再按 Ctrl+V 快捷键，会在该绿色 "+" 点处粘贴被复制的关键点。{{NEW8.5}}这是 Vue 8.5 增加的新功能。

7）翻转曲线

在顶部工具栏中，有一个 ◁▷ [🖱垂直轴翻转 ‖ 🖱水平轴翻转] 按钮，这是一个双重图标，左键单击为 ◁▷ [🖱垂直轴翻转]，使曲线产生左、右镜像对称的翻转变化；右键单击为 ◁▷ [🖱水平轴翻转]，使曲线产生上、下镜像对称的翻转变化。{{NEW8.5}}这是 Vue 8.5 增加的新功能。

8）删除关键点

选择要删除的一个或多个关键点后，单击 Delete keypoint [删除关键点] 按钮，或按下键盘上的 Delete 键即可。

不能删除最左端、最右端的关键点。

4. 外推模式

在滤镜的水平标尺上，只包括 -1 ～ +1 的范围，但是，在实际应用滤镜时，可能会要求根据 -1 ～ +1 范围之外的值返回对应的数值（例如，某些分形节点的输出值就可能远小于 -1 或远大于 +1），外推模式就是用来解决这个问题的。

1）Upper clamping mode 〖上推模式 ▽〗

当水平标尺上的位置值大于 +1 时，使用该下拉列表设置如何返回数值，如右图所示：

Clamp[钳制]：当水平标尺上的位置值大于 +1 时，全部统一使用 +1 位置处的返回值。

Mirror[镜像]：当水平标尺上的位置值大于 +1 时，镜像重复使用 -1 ～ +1 之间的返回值。因为是镜像重复，所以在接缝处能产生自然的过渡。

Repeat[重复]：当水平标尺上的位置值大于 +1 时，简单重复使用 -1 ～ +1 之间的返回值。

Continue[延续]：这是默认模式，会根据滤镜曲线的延长线计算返回值。注意，对于光滑滤镜的曲线，其延长线还是三次方曲线，计算的返回值可能很不直观。

注意：要在滤镜曲线视图内显示不同外推模式的效果，请取消选中滤镜曲线视图下侧的 □Show filter on defined domain only[只显示被定义范围内的滤镜曲线] 复选框。

2）Lower clamping mode〖下推模式 ▽〗

当水平标尺上的位置值小于 -1 时，使用该下拉列表设置如何返回数值，其中各个选项的含义同上。

> 注意：某些滤镜没有外推模式下拉列表，例如，从笔刷的 Falloff filter[[衰减滤镜 ▦]] 控件中打开 Brush Attenuation Filter【笔刷衰减滤镜】面板，就没有外推模式下拉列表（该滤镜还有一个特殊之处，它的水平标尺、垂直标尺范围只处于 0 ～ +1 之间）。

5. 线性滤镜和光滑滤镜

Vue 提供了两种类型的滤镜：一种是"线性滤镜"（也称为"标准滤镜"），另一种是"光滑滤镜"。

线性滤镜的关键点之间使用直线段进行连接，而光滑滤镜的关键点之间使用三次方曲线相连接。

1）把线性滤镜转换为光滑滤镜

单击顶部工具栏中的 ∿ 图标，使之切换成黄色的 ∿ [光滑曲线] 样式，就把线性滤镜转换成了光滑滤镜。

转换成光滑滤镜之后，当选择单个关键点时，关键点左、右两侧会出现箭头形状的切线。把光标移动到切线上时，会变为 "✥" 形状，进行拖动，可以旋转切线，从而调整该关键点处曲线的斜率。

2）光滑滤镜的自动切线模式

对于光滑滤镜，如果把 ╱ 图标切换为黄色的 ╱ [自动切线] 样式，则切线斜率会重置为默认的状态，并且会自动计算新增关键点的切线斜率，以便尽可能少地改变曲线的整体形状。如果拖动某一个关键点，切线会进行动态调整，使曲线变形最小化。

3）关键点的光滑联合模式

对于光滑滤镜，在未应用自动切线的情况下，当选择了一个或多个关键点时，顶部工具栏中的 ╲ 图标变得可用，如果将其切换为黄色的 ╲ [光滑联合] 样式（这是默认的），表示该关键点两侧的切线相同，进行拖动时，会被锁定在一起同步旋转。

如果单击 ╲ 使其切换为 ╲ 样式，则可以分别单独拖动关键点两侧的切线（能够创建"突变"效果）。

> 注意：该图标对于不同的关键点，可以分别有不同的设置。

6.【环境影响】标签

对于适宜接受环境条件影响的滤镜（例如【材质编辑器】中的某些滤镜），在 Filter Editor【滤镜编辑器】中，会增加一个 Influence of environment〖环境影响〗标签，如右图所示：

在该标签中，能够使滤镜的返回值受到高程、斜度和方向的影响（它与混合材质的【材质编辑器】对话框中的 Influence of environment〖环境影响〗标签或多或少有些类似）。

> 注意：环境影响的效果并不能直接在滤镜曲线视图中体现出来。

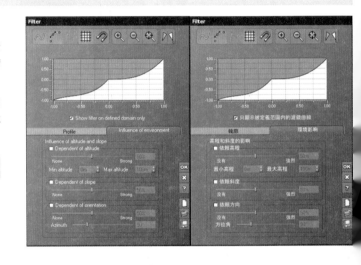

（1）依赖高程

如果选中 ☑Dependent of Altitude[依赖高程↔ □] 选项，滤镜的返回值会受到高程的影响。

拖动滑竿上的滑块，可以调整高程影响的强烈程度：如果该值设为 "0%"，高程不受影响；如果该值设为 "100%"，当高程低于 Min altitude[最小高程 □] 时，滤镜总是返回 "-1"（不管其原有曲线轮廓如何），当高程高于 Max altitude[最大高程 □] 时，滤镜总是返回 "+1"。

由上可知，Min altitude[最小高程 □] 和 Max altitude[最大高程 □] 界定了一个高程范围，在该范围以外的地方，高程对滤镜返回值的影响是恒定的。

而在 Min altitude[最小高程 □] 和 Max altitude[最大高程 □] 界定的高程范围以内的地方，高程对滤镜返回值的影响是渐进的：当高程靠近 Min altitude[最小高程 □] 时，滤镜的返回值被不断地减小（最小至 "-1"）；相反，当高程靠近 Max altitude[最大高程 □] 时，滤镜的返回值被不断地增加（最大至 "+1"）。

（2）依赖斜度

如果选中 ☑Dependent of Slope【[依赖斜度↔ □]】复选框，滤镜的返回值会受到斜度的影响。

拖动滑竿上的滑块，可以调整斜度影响的强烈程度：如果该值设为 "0%"，斜度不会受到影响；如果该值设为 "100%"，当表面水平时，滤镜总是返回 "-1"（不管其原有曲线轮廓如何），当表面垂直时，滤镜总是返回 "+1"。

（3）依赖方向

如果选中 ☑Dependent of orientation【[依赖方向↔ □]】复选框，滤镜的返回值会受到方向（或朝向）的影响。

拖动滑竿上的滑块，可以调整方向影响的强烈程度：如果该值设为 "0%"，方向不受影响；如果该值设为 "100%"，当表面朝向 Azimuth[方位角↔ □]相反的方向时，滤镜总是返回 "-1"（不管其曲线轮廓如何），当表面朝向 Azimuth[方位角↔ □] 定义的方向时，滤镜总是返回 "+1"。

通过 Azimuth[方位角↔□] 文本框，定义了一个优先方向，子多边形表面的朝向越接近该方向，则滤镜的返回值越大。设置为 "0°" 相应于 X 轴的正方向， "90°" 相应于 Y 轴的正方向， "180°" 相应于 X 轴的负方向， "270°" 相应于 Y 轴的负方向。

7. 新建、载入、保存滤镜

在 Filter Editor【滤镜编辑器】中，单击面板右下角的 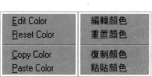 [新建] 按钮，会删除当前滤镜的所有关键点，并把滤镜重置为一条从左下角连接到右上角的直线（即 y=x，调整后的返回值仍等于调整前的值，结果相当于 "不调整"）。

单击 [载入] 按钮，会弹出可视化滤镜浏览器，可以从中进行选择并载入一种新的预定义滤镜。

单击 [保存] 按钮，会弹出中文界面的【另存为】对话框，可以把当前滤镜保存为一个独立的文件（文件后缀名为 ".flt"）。保存滤镜文件时，还可以输入标题和描述信息，以备将来使用或共享。

4.6 选 取 颜 色 《

在 Vue 中选取颜色，像绝大多数软件一样，是一项很普通、很基础的操作。

4.6.1 设置颜色

在 Vue 中，对于可以设置颜色的控件，会在控件名称的右侧使用一个矩形的 "色块" 来显示颜色（即颜色预览框），用户可以很方便地改变 "色块" 的颜色。

"色块" 所代表的颜色分为两种情况：一种是单一颜色，即纯色；另外一种是平均颜色，如纹理图的平均颜色。

"色块" 与 "色彩图" 不同， "色彩图" 是一种渐变颜色（包含渐变不透明度）。

在本书中，使用一个 "+" 符号标示 "色块"，而使用两个 "++" 符号标示 "色彩图"。

1. 默认颜色

对于对象属性面板或编辑器中的某个色块，根据颜色控件的性质，将会使用不同的 "默认颜色"。

例如，光源发射的光线的默认颜色是白色的；天空的默认颜色是浅蓝色的；雾的默认颜色是灰色的。

具有默认颜色的色块被改变为其他颜色之后，如果重置颜色，一般会恢复为默认颜色。

2. 平均颜色

有的颜色控件会显示对象表面的 "平均颜色"。

例如，在【植物编辑器】对话框右下角，有一个 Overall color[整体颜色：] 控件，显示的颜色就是植物的叶子表面所使用的纹理贴图的平均颜色。

在 Vue 中，能够调整平均颜色吗？

在 Vue 中，仍然可以调整平均颜色，这种调整体现为一种 "修正" 作用。当颜色被调整以后，色块会显示为 "嵌套色块" 样式（例如 ""，有的单一颜色进行调整时，也使用这种形式），其中左侧的小色块代表原有的平均颜色，而右边的大色块代表修正后的 "新平均颜色"。当重置颜色时，会恢复为原有的平均颜色。

3. 颜色控件的右键弹出菜单

用鼠标右键在色块上单击，会弹出如下快捷菜单，如右图：

Edit Color[编辑颜色]：选择该命令，会弹出 Color Selection【颜色选取】对话框，用于选取新的颜色。

Reset Color[重置颜色]：把颜色重置为 "默认颜色" 或原有的 "平均颜色"。

Copy Color[复制颜色]：复制颜色。

Paste Color[粘贴颜色]：粘贴复制过的颜色。使用 "[复制颜色] 和 [粘贴颜色]"，可以方便地把一个色块中的颜色复制到另一个色块中。

Edit Color	编辑颜色
Reset Color	重置颜色
Copy Color	复制颜色
Paste Color	粘贴颜色

4.6.2 快速选取颜色

快速选取颜色的主要特点，就是一个 "快" 字。

1）快速选取颜色的过程

用鼠标在某个色块上面单击，不要松开（或不要释放）鼠标按键，会弹出 Quick Color Selector【快速颜色选取器】面板，如左图所示：

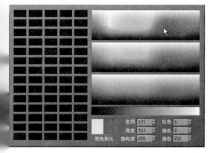

这时，仍然不要松开鼠标按键，把光标移动至需要的颜色处，再松开鼠标按键，就选取了该颜色，同时，【快速颜色选取器】面板也会快速消失。如果不想选取颜色，请把鼠标光标移动到面板之外，无论是否松开鼠标按键，【快速颜色选取器】面板均会自动地快速消失。

可见，在快速选取颜色的过程中，需要持续地按住鼠标按键。

2）【快速颜色选取器】面板的结构

在【快速颜色选取器】面板的右上部，依次排列着 4 个色区，这 4 个色区近似包括完整的色彩空间，每个色区针对某个给定的颜色饱和度，显示了所有可能的亮度和色调值。

最上侧的色区的颜色饱和度是 100%，第 2 个色区的颜色饱和度是 50%，第 3 个是 25%，最下侧的色区的颜色饱和度是 0%（一个灰度条）。

在【快速颜色选取器】面板的左侧，罗列了许多色块，这里是存放"收藏颜色"的地方（可以使用 Color Selection【颜色选取】面板编辑这些"收藏颜色"，见下文）。要选取某个"收藏颜色"，请把光标拖动到该"收藏颜色"上面，再释放鼠标按键就可以了。

在【快速颜色选取器】面板的下侧，显示着一个对比颜色块。当光标移动到另外一种颜色上时，该颜色块就从中间划分为左、右两个颜色块，左半侧代表原来的颜色，而右半侧代表将要选取的新颜色，便于用户对新、旧颜色进行比较。

在对比颜色块的右侧，显示着将要选取的新颜色的 Hue[色调]、Lum[亮度]、Sat[饱和度] 值和 Red[红色]、Green[绿色]、Blue[蓝色] 值。

> 注意：在 Color Selection【颜色选取】对话框中，如果禁用了 [显示收藏颜色] 选项（单击▦ [显示收藏颜色] 图标，使之切换为"▦"），在【快速颜色选取器】面板的左侧，就不会再显示"收藏颜色"列表；在 Color Selection【颜色选取】对话框中，如果禁用 [使用快速颜色选取工具] 选项（单击▨ [使用快速颜色选取工具] 图标，使之切换为"▨"），就不会再显示【快速颜色选取器】面板。

4.6.3 【颜色选取】对话框

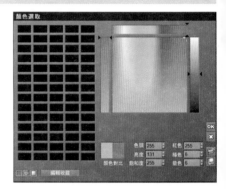

使用 Color Selection【颜色选取】对话框，可以精确地选取颜色。

1. 打开【颜色选取】对话框

如果用鼠标在某个颜色控件的色块上面单击一下，保持光标不要移动，松开鼠标按键后，会弹出 Color Selection【颜色选取】对话框，如右图所示：

> 注意：如果在该对话框中禁用 [使用快速颜色选取工具] 选项（单击▨ [使用快速颜色选取工具] 图标，使之切换为"▨"），单击色块后即使移动了鼠标，也不会再显示【快速颜色选取器】面板，而是直接显示 Color Selection【颜色选取】对话框。

在颜色控件中，按住 Ctrl 键或 Shift 键单击色块，或者双击色块，或者从右键弹出菜单中选择 Edit Color[编辑颜色] 命令，均可以打开【颜色选取】对话框。

2. 调色和选取颜色

在【颜色选取】对话框右侧，是一个大型的调色板，它针对某个给定的颜色亮度，显示了所有可能的饱和度和色调值。

在调色板的右侧，是一个纵向放置的"亮度"滑块；上侧是一个横向放置的"色调"滑块；左侧是一个纵向放置的"饱和度"滑块。当拖动其中某个滑块时，调色板会自动显示该滑块值对应的所有可能的颜色变化。例如，拖动"饱和度"滑块，调色板即会针对刚设置的饱和度值自动显示所有可能的色调和亮度组合。

可以拖动【颜色选取】对话框的边缘调整面板的大小，调色板和颜色对比色块均会相应扩大，有利于观察和操作。

在面板的左下角，有三个切换图标，其中"▦"和"▨"已在上文中讲过了。另外一个是□ [关联调色板] 图标，默认也是启用的，调色板会随着滑块的拖动而自动调整，如果禁用该选项，拖动同一个滑块时，调色板会保持不变。

在面板的右下角，是颜色对比色块和颜色值，与上一节讲过的【快速颜色选取器】面板相同。不同的是，在【颜色选取】对话框中，还可以直接输入 Hue[色调 □]、Lum[亮度 □]、Sat[饱和度 □] 的值，或者直接输入 Red[红色 □]、Green[绿色 □]、Blue[蓝色 □] 的值，能够精确地设置新的颜色。

单击面板右下角的 OK [确定] 按钮，完成调色和选色，并关闭【颜色选取】对话框。

选取颜色时，也可以直接从面板左侧的"收藏颜色"列表中把颜色拖放到颜色控件上。

3. 收藏颜色

在 Color Selection【颜色选取】面板的左侧，罗列了许多颜色块，这就是"收藏颜色"列表。

可以把需要经常使用的颜色存储在该列表中。即使关闭了 Vue 主程序，也不会丢失"收藏颜色"，下一次打开 Vue 主程序后，仍然可使用这些"收藏颜色"。

要使用"收藏颜色"列表中的某个颜色，在需要的颜色块上单击一下就可以了，该颜色会成为对比色块中右半部的新颜色。

要扩充"收藏颜色"，直接用鼠标把对比色块中的颜色拖放到"收藏颜色"列表中就可以了（拖放时光标变为"▧"样式）。

单击 Edit favorites [编辑收藏]按钮，会弹出【收藏颜色编辑器】面板（但其标题仍然显示为"Color Selection【颜色选取】"），可以使用快速选取颜色的方法改变该面板中的色块颜色，也可以在这里设置"收藏颜色"列表的列数，比较简单。

使用 [保存]按钮和 [载入]按钮，可以把"收藏颜色"列表以一个单独的文件保存起来（文件后缀名为".fcs"），以便日后使用或者共享（Vue没有提供"收藏颜色"方面的可视化浏览器）。

4.7 色彩图 《

"色彩图"用于生成可变颜色和可变不透明度（阿尔法）。它在 Vue 中有广泛的应用，例如，用色彩图生成材质表面的程序颜色，又例如，使用色彩图表现地形对象表面的上高程变化，能增强立体感。

前面已讲过，"色彩图"与"色块"是不同的概念。色彩图也可以设置为一种均匀一致的"单纯色彩"，但是，"单纯色彩"只是色彩图的特殊表现，不能用这种"单纯色彩"的"色彩图"混淆"色块"。大家更不要把"色彩图"和彩色位图图片混为一谈。

4.7.1 色彩图的基础知识

1. 色彩图的原理

色彩图的基本原理，是使一个渐变的颜色范围（包含渐变的不透明度）与 -1 ～ +1 之间的数值关联起来。在色彩图中，可以设置"颜色关键点"和"不透明度关键点"，在两个关键点之间，会自动生成光滑的渐变效果。

色彩图可以应用到不同的对象属性或编辑器中，根据色彩图控件的不同，它的横向标尺的位置值会代表（或指向）不同的属性（或参数），从而显示出相应的色彩分布效果。具体应用色彩图时，我们要弄清楚其横向标尺代表（或指向）的属性（或参数）的具体含义。

2. 更换色彩图

在 Vue 中，对于可以设置色彩图的控件，会在控件名称的右侧使用一个矩形的"渐变色块"来显示色彩图的预览（即色彩图预览框），从这里，用户可以很方便地更换或编辑色彩图。

要更换色彩图预览框中正在使用的色彩图，请在色彩图上双击，会弹出 Please select a color map【请选择一种色彩图】对话框（即【可视化色彩图浏览器】），可以从中选择并载入一种色彩图，就能够更换现有的色彩图，如右图：

使用色彩图预览框的右键弹出菜单，也可以灵活地更换现有的色彩图。

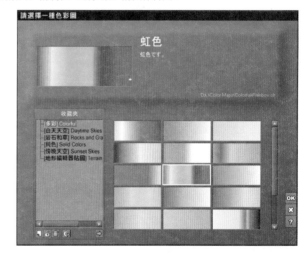

3. 色彩图控件的右键弹出菜单

用鼠标右键在"色彩图"控件上单击，会弹出如下快捷菜单，如右图：

Edit Color Map	编辑色彩图
Copy Color Map	复制色彩图
Paste Color Map	粘贴色彩图
Reset Color Map	重置色彩图
Load Color Map	载入色彩图
Save Color Map	保存色彩图
Help	帮助

Edit Color Map[编辑色彩图]：选择该命令，会弹出 Color Map Editor【色彩图编辑器】对话框（根据控件的不同，可能有不同的标题），可以编辑现有的色彩图。

Copy Color Map[复制色彩图]：复制色彩图。

Paste Color Map[粘贴色彩图]：粘贴复制过的色彩图。使用"[复制色彩图]和[粘贴色彩图]"，可以方便地把一个色彩图控件中的色彩图复制到另一个色彩图控件中。

Reset Color Map[重置色彩图]：可以把色彩图重置为完全不透明、纯黑色。

Load Color Map[载入色彩图]：选择该命令会弹出可视化色彩图浏览器，可以从中选择并载入一种色彩图。

Save Color Map[保存色彩图]：会弹出中文界面的【另存为】对话框，可以把色彩图预览框中正使用的色彩图保存为一个独立的文件（文件后缀名为 ".clr"），保存色彩图文件时，还可以输入标题和说明信息，以备将来使用或共享。

4.7.2 色彩图编辑器

在 Color Map Editor【色彩图编辑器】对话框中，实现相同的编辑效果往往有多种方法，作为一般的用户，只要熟练掌握其中一种，能够满足使用就可以了。建议重点掌握使用鼠标编辑色彩图的方法。

1. 打开色彩图编辑器

要打开 Color Map Editor【色彩图编辑器】对话框，可以按住 Ctrl 键或 Shift 键单击色彩图，或从色彩图的右键弹出菜单中选择 Edit Color Map[编辑色彩图] 命令。其界面如右图：

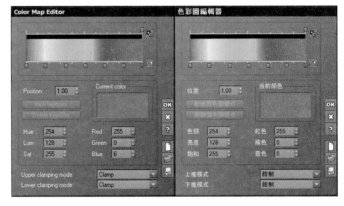

根据使用色彩图的控件的不同，Color Map Editor【色彩图编辑器】面板会使用不同的标题。例如，对于表示地形表面高程变化的色彩图，其标题栏为 "Terrain Altitudes Color Map【地形高程色彩图】"；对于表现材质程序颜色的色彩图，其标题为 "Material Color【材质色彩】"。

必要时，可以调整【色彩图编辑器】面板的大小，以便于观察和操作。

在【色彩图编辑器】面板的上部，就是色彩图的视图。色彩图视图分为上、下两部分：下侧部分是 "色彩渐变预览"、"颜色关键点" 和 "颜色标尺"；上侧部分是 "不透明度灰度图"、"不透明度关键点" 和 "不透明度标尺"，其中白色的地方表示透明，黑色的地方表示不透明（可能与其他 3D 软件的表示方法不一致）。

在色彩图的视图上侧，如果有渐变的不透明度，也会在下侧衬以黑白格子背景的形式表现出来；

"颜色关键点" 或者 "不透明度关键点" 的标识符号均为 "▌"。

2. 两种编辑模式

在色彩图视图下侧的 "颜色标尺" 上，有一条白色线段标记 "▌"（比标尺刻度稍长），该白色线段代表 "当前标尺位置"。

如果在 "不透明度标尺" 单击一下，它会出现在 "不透明度标尺" 上。根据 "▌" 是显示在下侧标尺或者是显示在上侧标尺的不同，在色彩图内双击鼠标，会创建不同的关键点。而且，在【色彩图编辑器】面板的下部，会显示不同的控件。

当 "▌" 位于 "颜色标尺" 上时，表示处于颜色关键点编辑模式。Color Map Editor【色彩图编辑器】的界面如右图所示。

当 "▌" 位于 "不透明度标尺" 上时，表示处于不透明度关键点编辑模式。Color Map Editor【色彩图编辑器】的界面如右图所示：

3. 添加颜色关键点

要添加 "颜色关键点"，方法有以下几种。

（1）直接在色彩图视图上（或下侧标尺上）要添加 "颜色关键点" 的地方双击，会弹出 Color Selection【颜色选取】面板，选取新的颜色并确认后，就会创建一个新的 "颜色关键点"，色彩图会根据新添加的 "颜色关键点" 重新生成。

（2）在色彩图视图上（或下侧标尺上）要添加 "颜色关键点" 的地方单击一下（进入了颜色关键点编辑模式），"当前标尺位置" 标记符号 "▌" 会出现在相应的位置处，在下侧的Position[位置▢]微调框中，还会显示标尺的当前位置值，在这个Position[位置▢]微调框中，也可以重新输入新的位置值。

然后单击 New keycolor [新建颜色关键点] 按钮，会弹出 Color Selection【颜色选取】面板，选取新的颜色并确认后，就会创建一个新的 "颜色关键点"。

（3）在颜色关键点编辑模式下，直接使用 Current color[当前颜色 ▨] 色块，也可以选取新的颜色并在当前标尺位置处创建新的 "颜色关键点"。

4. 添加不透明度关键点

要添加"不透明度关键点"，方法有以下几种（和添加"颜色关键点"的方法相似）。

（1）先用鼠标在上侧的"不透明度标尺"上单击一下，"当前标尺位置"符号"▐"会出现在上侧的"不透明度标尺"上（进入了不透明度关键点编辑模式），然后，直接在色彩图视图上（或上侧标尺上）要添加"不透明度关键点"的地方双击，会立即添加一个新的"不透明度关键点"。新添加的"不透明度关键点"的不透明度值仍然使用该地方原有的不透明度值。

（2）在上侧的"不透明度标尺"上要添加"不透明度关键点"的地方单击一下（进入不透明度关键点编辑模式），"当前标尺位置"标记符号"▐"会出现在相应的位置处。在下侧的 Position[位置□]微调框中，还会显示标尺的当前位置值，在这个 Position[位置□]微调框中，也可以重新输入新的位置值。

然后单击 New key opacity [新建不透明度关键点]按钮，会立即添加一个新的"不透明度关键点"。

（3）在不透明度关键点编辑模式下，直接拖动 Current opacity[当前不透明度↔□]滑块或输入新的数值，也可以在当前标尺位置处创建一个新的"不透明度关键点"。

在同一水平位置处，不能创建两个"不透明度关键点"。但是，可以把一个"不透明度关键点"拖动到另一个"不透明度关键点"上侧或下侧，使二者重叠起来，产生不透明度"突变"效果。

5. 编辑颜色关键点

在 Color Map Editor【色彩图编辑器】中，既可以使用鼠标直接编辑关键点，也可以使用输入数值的方法精确地编辑关键点。

1) 选择"颜色关键点"

用鼠标直接单击关键点，可以选择该关键点，当前被选择的关键点显示为深灰色。

使用 Ctrl 键配合鼠标单击选择，可以实现加选；使用 Shift 键配合鼠标单击选择，可以实现范围选择；按 Tab 键可以向右跳选，使用 Shift 键+Tab 键可以向左跳选。

{{NEW8.5}} 能够同时选择、移动、删除、编辑多个"颜色关键点"，这是 Vue 8.5 增加的新功能。

2) 移动"颜色关键点"

把鼠标光标移动到关键点上面时，鼠标光标会变为"↔"样式，可以左、右拖动关键点，但是，移动关键点时，会受到相邻关键点的阻挡。

当选择了多个关键点时，可以同时一起移动它们。

在横向标尺上单击并拖动鼠标，可以产生"当前标尺位置"符号"▐"并推着关键点移动的效果。

单击选择某个"颜色关键点"，在下侧的 Position [位置 □] 微调框中，可以输入新的位置值，也会移动该关键点。

也可以使用键盘上的向左箭头键或向右箭头键移动关键点。

3) 改变"颜色关键点"的颜色值

双击某个"颜色关键点"，会弹出 Color Selection【颜色选取】面板，可以为该"颜色关键点"选取一种新的颜色，确认之后，色彩图会根据该"颜色关键点"的新颜色重新生成。

也可以使用 Current color[当前颜色 ▦]控件选取新的颜色，或者在下侧的几个控件中直接输入新的颜色值。

4) 同时改变多个"颜色关键点"的颜色值

{{NEW8.5}} 这是 Vue 8.5 增加的新功能。

如果选择了多个"颜色关键点"，请大家注意，在下侧的颜色值输入框中，均会显示为"+0"字样，这表明，如果输入新的数值，是一种"相对"调整的方法——会在原有颜色值的基础上"加上"新输入的"增加值"（输入负数为减小）。

5) 翻转"颜色关键点"

单击色彩图右下角的 ▶◀ [翻转色彩]按钮，可以左右翻转"颜色关键点"。{{NEW8.5}} 这是 Vue 8.5 增加的新功能。

6) 复制和粘贴"颜色关键点"

选择一个或多个关键点，按 Ctrl+C 快捷键，再按 Ctrl+V 快捷键，会在"当前标尺位置"处粘贴被复制的关键点。{{NEW8.5}} 这是 Vue 8.5 增加的新功能。

7) 删除关键点

选择一个或多个"颜色关键点"，然后单击 Delete keycolor [删除颜色关键点]按钮，或者按 Delete 键，即可以删除被选择的"颜色关键点"。

6. 编辑不透明度关键点

1) 选择"不透明度关键点"

和选择"颜色关键点"的方法完全相同。

2）移动"不透明度关键点"

和移动"颜色关键点"的方法完全相同。

3）改变"不透明度关键点"的不透明度值

单击选择某个"不透明度关键点"，可以使用 Current opacity[当前不透明度↔ □] 控件调整不透明度值。

4）复制和粘贴"不透明度关键点"

同复制和粘贴"颜色关键点"的方法完全相同。

5）删除"不透明度关键点"

选择一个或多个"不透明度关键点"，然后单击 Delete key opacity [删除不透明度关键点] 按钮，或者按键盘上的 Delete 键，即可以删除被选择的"不透明度关键点"。

6）高级不透明度控件

单击色彩图右上角的 ⬛ [编辑不透明度滤镜] 按钮，会弹出 Opacity Filter Editor【不透明度滤镜编辑器】对话框，可以很精确地控制不透明度的曲线形状。它的使用方法见前文"滤镜"章节。

> 注意：色彩图的 Opacity Filter Editor【不透明度滤镜编辑器】对话框，虽然在标题栏中冠以"不透明度"一词，但是，其中的曲线，并非直接根据色彩图中不透明度关键点的值确定，而是把不透明度关键点的值（是个百分数）换算成阿尔法透明度值（介于 -1 ～ +1 之间）之后才确定的。例如，值为 0% 的不透明度关键点，被转化为阿尔法透明度时值为 -1；值为 50% 的不透明度关键点，被转化为阿尔法透明度时值为 0；值为 100% 的不透明度关键点，被转化为阿尔法透明度时值为 +1。

7. 外推模式

在色彩图中，只设置了 -1 ～ +1 范围之内的渐变颜色和不透明度，但是，在实际应用色彩图时，可能会需要根据 -1 ～ +1 范围之外的值（例如，某些分形节点的输出值就可能远远小于 -1 或远远大于 +1）返回对应的颜色和不透明度，外推模式就是用来解决这个问题的。

1）Upper clamping mode〖上推模式 ▽〗

使用该下拉列表，可以设置当横向标尺位置值大于 +1 时如何返回颜色，如右图：

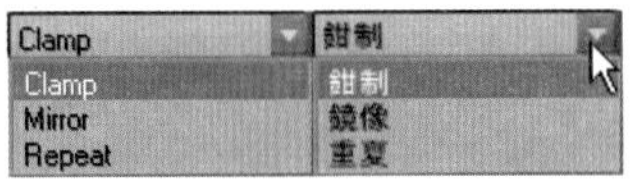

Clamp[钳制]：当横向标尺位置值大于 +1 时，全部统一使用 +1 位置处的颜色和不透明度。

Mirror[镜像]：当横向标尺位置值大于 +1 时，镜像重复使用色彩图中 -1 ～ +1 之间的所有渐变颜色和不透明度，在接缝处能产生自然的过渡。

Repeat[重复]：当横向标尺位置值大于 +1 时，简单重复使用色彩图中 -1 ～ +1 之间的所有渐变颜色和不透明度。

2）Lower clamping mode〖下推模式 ▽〗

使用该下拉列表，可以设置当横向标尺位置值小于 -1 时如何返回颜色，其中各个选项的含义同上。

8. 新建、载入、保存色彩图

在 Color Map Editor【色彩图编辑器】对话框的右下角，单击 ▢ [新建] 按钮，可以把色彩图重置为完全不透明、50% 灰度的效果。

单击 ▣ [载入] 按钮，会弹出可视化色彩图浏览器，可以从中选择并载入一种新的色彩图。

单击 ▢ [保存] 按钮，会弹出中文界面的【另存为】对话框，可以把当前色彩图保存为一个独立的文件（文件后缀名为".clr"），保存色彩图文件时，还可以输入标题和说明信息，以备将来使用或共享。

地形是风景图片中主要的构成要素，地形结合植物，可以展示强大的自然环境创建能力。

当创建一个新的地形对象时，会使用随机的分形算法自动生成一座山脉，这些算法能够保证不会生成形状完全相同的山脉（除非它们使用了相同的种子）。

在前文中，我们已经学习过如何创建地形对象，请大家回过头去复习一下。

在 Vue 中，地形有四种类型，分别如下。

（1）Standard terrains[标准地形]。

（2）Procedural terrains[程序地形]。

（3）Infinite terrains[无限地形]。

（4）Spherical terrains[星球地形]。

程序地形能够转换成无限地形。

标准地形和无限地形又可以设置成为 Symmetrical[对称地形] 或 Skin only[外壳地形]。

5.1.1　标准地形

Standard terrains[标准地形] 使用固定分辨率的网格来定义地形的表面形状，是最基本和最易于使用的地形类型，渲染速度也最快。

使用固定分辨率网格的最大缺点是，地形表面形状的细节数量是固定的。

因此，标准地形的分辨率必须与需要渲染的图片大小相适合，如果要渲染的是一幅小图片，使用有限的地形分辨率可能就足够了；然而，如果要渲染一幅很大尺寸的图片，地形表面可能会呈现出一些尖锐的多边形边缘，如果靠近观察地形，或者在三维视图中把地形调整得很大，会经常发生这种情况。

要去掉尖锐的多边形边缘，唯一的解决办法是增加地形的分辨率，然而，地形分辨率必须全局性地增加，因此要占用许多内存，会使地形的运算处理变慢。但是，用相机取景时，往往只用到地形的局部，而且，通常最靠近相机的一小部分，仍然可能会呈现出尖锐、粗糙的边缘。

理想的方法，使用一种这样的地形：能够随着相机取景的不同，在镜头所拍摄到的主要场景画面中，自动产生较高的分辨率（即较高的细节级别）；镜头没有拍摄到、或离镜头较远的场景画面中，则自动使用较低的分辨率。这种地形就是 "Procedural terrains[程序地形]"。

5.1.2　程序地形和无限地形

与标准地形相反，Procedural terrains[程序地形] 能动态地调适它们的细节级别，不管视图怎样放大或缩小，总是能确保地形的表面形状中拥有相同的细节数量。即使无限地放大程序地形，也总是能够看到新的细节，也就是说，随着不停地放大，地形也会相应地、不停地产生小而又小的细节。

这种功能之所以成为可能，是因为程序地形的表面是通过一种复杂的分形函数定义的，正因为如此，程序地形的运算处理比标准地形的运算处理要复杂得多。

幸运的是，Vue 采用先进的算法，确保了程序地形的运算处理只占用最少的内存，并产生最好的效果。

用鼠标左键单击主界面左侧工具栏中的 ▲ [● 程序地形 ‖ ● 载入程序地形预置…] 图标，会直接创建一个典型而标准的程序地形，其大小与正常的、非程序的标准地形相同。

程序地形的优点是能够产生无限的细节，但对用户来说，也有不利的因素，设置程序地形可能需要很多技巧，并花费很多时间。

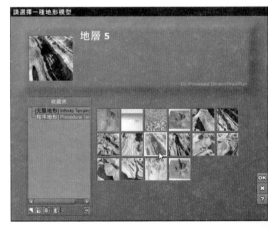

为了方便用户，Vue 内置了一个程序地形预置库，并附带有相关的材质，方便用户选用。

要载入一个预置的程序地形，请用鼠标右键单击（或左键长按）左侧工具栏中的 ▲ [● 程序地形 ‖ ● 载入程序地形预置…] 图标，图标变为 ▲ 形状，会弹出 Please select a terrain model【请选择一种地形模型】对话框（即【可视化地形浏览器】对话框），如右图：

在上图中，预置的程序地形归类为两个收藏夹：一类是 "Procedural Terrains[程序地形]" 收藏夹，另一类是 "Infinite Terrains[无限地形]" 收藏夹。

1）创建程序地形

在可视化地形浏览器中，选择 Procedural Terrains[程序地形] 收藏夹，在右侧的列表中，直接双击想要创建的某种风格的地形预览图，或者先选择地形预览图，再单击 **OK** [确定] 按钮，就会生成一个具有相应风格的"每次都不同"的程序地形，而且带有相关的材质。

> 注意：如果您不满意根据某个预置风格创建的程序地形或无限地形的具体形状，请使用相同的方法，再次选择该预置风格，会产生具有同种风格但具体形状又有所变化的新地形。

用户可以创建自己的程序地形预置。单击【地形编辑器】右下角的 [保存] 按钮，会弹出中文界面的【另存为】对话框，使用该对话框，可以把当前程序地形的设置连同被赋予的材质一起保存为一个地形预置文件，程序地形预置文件的后缀名为".prt"。以后，可以利用自创的预置文件生成具有相同风格而且随机变化的程序地形。

2）创建无限地形

使用 Infinite Terrains[无限地形] 收藏夹中的预置地形，会创建一个真正无限的程序地形（简称无限地形）。当移动相机时，不能到达无限地形的边缘。

当首次创建无限地形时，会弹出如下询问对话框，如下图：

如果单击 Yes [是] 按钮，则会使用新建的无限地形对象替换地面平面对象，新的无限地形会象征性地成为新的地面。

如果场景中没有水面对象，还会提示是否想要创建一个渲染时隐藏的水平面对象（调整水面的高度有利于渲染真实的大气），如下图：

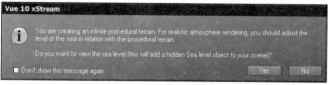

如果场景中已存在无限地形，当再次创建无限地形时，会弹出如下询问信息，如下图：
单击 Yes [是] 按钮，就会使用新创建的无限地形替换已存在的无限地形。

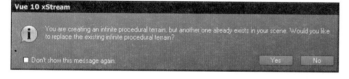

5.1.3 转换地形的类型

除了可以使用左侧工具栏中的 [程序地形 ‖ 载入程序地形预置…] 按钮直接创建程序地形，还可以把标准地形转换成程序地形。

1. 地形选项

如果当前地形对象是一个标准地形，要转换为程序地形，请先选择该标准地形，然后打开 Terrain Editor【地形编辑器】，单击顶部工具栏最左侧的 [地形选项…] 按钮（左键单击或右键单击的效果一样），会弹出地形选项下拉菜单。可以看到，其中已经选中了 ✓Standard [标准] 选项，如右图：

如果选择其中的 ✓Procedural[程序] 选项，则该地形对象的类型就从标准地形转换为程序地形。同时，在【世界浏览器】中，地形对象的名称会由原来的"Terrain[地形]"变为"Procedural Terrain[程序地形]"。

再次选择 ✓Standard [标准] 选项，则会把程序地形转换回标准地形。同时，在【世界浏览器】中，地形对象的名称会由"Procedural Terrain[程序地形]"再次恢复为"Terrain[地形]"。

在地形选项下拉菜单内勾选了 ✓Procedural[程序] 选项之后，"Infinite[无限]"选项变得可用。如果勾选 ✓Infinite[无限] 选项，同前文一样，会弹出对话框，询问是否愿意舍弃现有的地面平面，如果场景中已经存在一个无限地形的话，还会询问是否用新的无限地形替换已存在的其他无限地形。

程序地形转换成无限地形之后，地形选项下拉菜单变得如左图：

2. 对称地形和外壳地形

在地形选项下拉菜单中，还有以下两个选项（可以同时选中这两个选项）。

1）Symmetrical[上下对称]

如果选中该选项，则地形的上部，被对称地复制到其下裁切平面的下面，形成上下镜像对称的效果。

把标准地形或程序地形设置成为对称地形，有什么用处呢？

默认情况下，地形的下底面被封闭成平底儿的。如果地形悬浮在空中（如电影《阿凡达》中的一些场景），相机取景时，可能会看到地形下底面的平底儿，平底儿会使场景显得很不自然，如果勾选 ✓Symmetrical[对称地形] 选项，就可以在一定程度上避免这种情况。

2）Skin only[仅外壳]

如果勾选该选项，会取消地形底面的平面封底儿（或"底座"）。这样，就可以使用地形对象模拟一幅薄而精细的表面，例如一面旗帜。

如果地形应用了上、下裁切平面，勾选 ✓Skin Only[仅外壳] 选项之后，地形的上侧封顶平面和下侧封底儿平面均不可见。

5.2　地形形状的构成

根据构成地形表面形状内部数据的不同，地形的整体形状可细分为几个层次。地形的整体形状是由这几个层次"综合在一起"的结果，下面我们分别讲解这几个层次的形状。

5.2.1　2D 形状

"2D 形状"是指在地形表面上，用高度图生成的纯粹垂直方向上的或高或低的形状。

记录"2D 形状"的数据被存储成一幅 2D 灰度图，该 2D 灰度图被称为"高度图"或"高度场"。不同的灰度值生成不同的地形高程，其中白色的地方生成较高的高程，而黑色的地方生成较低的高程。这是在许多 3D 软件中常用的方法。

使用 2D 笔刷、导入图片数据、应用侵蚀效果、应用全局效果等方法对地形进行编辑修改时，都会生成"2D 形状"，产生的高程数据信息均被记录在"高度图"之中。

在标准地形和程序地形中，都可以使用"2D 形状"。

5.2.2　函数形状

在地形表面上，"函数形状"是指使用数学函数生成的不同高低的形状，在纯粹垂直方向上发生影响，能够生成无限的细节。

要调整高程函数的输出值，需要调整数学函数中的节点参数，其特点是调整节点中的某个参数值时，会对整个地形的高程形状造成全局性的影响，这要求对函数节点知识掌握得比较好。

在程序地形中，使用"函数形状"是它的本质特征；而在标准地形中，没有"函数形状"。

5.2.3　3D 形状

在地形表面上，"3D 形状"是指使用 3D 笔刷雕刻生成的形状。

在地形表面上，使用 3D 笔刷雕刻生成的形状可以发生在各个方向上。例如，要表现突出的悬崖或悬崖上的山洞，就可以使用"3D 形状"。

在标准地形和程序地形中，都能够使用"3D 形状"。

5.2.4　其他形状

使用材质，也可以改变地形表面的形状。

"材质形状"是指通过 Material Editor【材质编辑器】中的凹凸通道或置换通道，在地形表面生成凹凸变化的形状，其特点之一是，可以根据环境条件的改变而产生不同的分布状态。

在这里提出了"材质形状"的叫法，目的是提醒大家，材质在表现地形外观形状方面，也能够发挥很强大的作用（例如，用材质表现山坡上大面积的岩石或积雪效果）。

注意：除了上述几种地形表面形状之外，使用布尔运算和样条曲线，也可以在地形表面上形成特定的形状。例如，要在山坡上制造山洞效果，方法之一是使用布尔减运算。

5.2.5 编辑程序地形和标准地形的比较

程序地形除了比标准地形渲染得慢（因为必须计算足够多的子多边形细节），其最大的缺点是使用起来比标准地形麻烦。原因是，程序地形的高程是使用数学函数定义的，比较抽象，该函数在地形表面的每一个点上都要进行计算求值，并根据该函数的计算结果生成地形的高程。

因此，如果想编辑程序地形的形状，需要钻研复杂的高程函数、熟悉函数节点中的众多参数。假如您有牢固的数学知识，或者假如您属于一个喜欢探索类型的人，钻研复杂的函数也会带来许多乐趣，但是，未必每个人都有这些知识和经验。

为了既能够发挥程序地形固有的优势，又能够克服其不足，Vue 提供了一项先进的技术，通过这项技术，程序地形兼容了标准地形的特点，从而提供了更多的编辑工具给用户选用，使编辑程序地形变得更加容易。

该技术的基本要点如下。

（1）在程序地形中，除了使用"函数形状"，也可以像标准地形那样使用"2D 形状"、"3D 形状"，当然也可以使用"材质形状"。

（2）针对"2D 形状"、"3D 形状"，可以像编辑标准地形那样编辑程序地形。换句话说，可以使用编辑标准地形的各种方法和工具，轻松而容易地编辑、修饰程序地形。例如，可以综合利用 2D 笔刷、3D 笔刷、侵蚀效果等方法和工具。

对用户而言，如果熟悉了编辑标准地形的方法和工具，可以照搬到编辑程序地形之中，编辑程序地形变得像编辑标准地形一样容易。

（3）针对"函数形状"，既可以选用预置的高程函数，也可以通过【函数编辑器】编辑高程函数的参数，更换函数或编辑函数参数后，"函数形状"会全局性地重新生成。

（4）"2D 形状"、"3D 形状"和"函数形状"是分别单独保存的，彼此互不影响。地形最终的整体形状是它们综合在一起的结果。因为使用强大的插补算法，会消除一些不希望出现的多边形噪点。

（5）程序地形的分辨率只与"2D 形状"和"3D 形状"有关，与"函数形状"无关。因为使用了插补技术，没有必要对程序地形使用太高的分辨率。为了得到最佳结果，应当避免使用"2D 形状"和"3D 形状"表现程序地形中特别细小的细节或者尖锐陡峭的边缘。

综上所述，Vue 的程序地形科学地兼容了标准地形的优点，使得程序地形的功能和用途得到巨大的提升。

在实际工作中运用程序地形时，从创作思路和创作流程的角度讲，一般是先从"大形"（地形的整体外观形状）着手，再从"小形"（地形表面上无限丰富的细节）着手。

对于初学者而言，可以使用"2D 形状"和"3D 形状"来表现"大形"，而使用"函数形状"来表现"小形"。因为"2D 形状"、"3D 形状"和"函数形状"是分别单独保存的，所以，当我们编辑地形整体形状时，不会影响地形表面细节；而当我们编辑地形表面细节时，也不会影响地形的整体形状。

对于能够比较熟练地使用函数的用户而言，既可以使用"函数形状"表现程序地形的"大形"，又可以使用"函数形状"表现程序地形的"小形"。如果需要对程序地形表面上某些地方进行调整修改，可以使用"2D 形状"或"3D 形状"进行一些局部润色。

在编辑标准地形或程序地形时，因为存在可比性，下文中，我们会把这两种地形的编辑方法放在一起讲解。大家在学习时，要特别注意不同的编辑方法对应于哪个层次的形状。

5.2.6 在标准地形和程序地形中使用函数、滤镜的区别

在标准地形的【地形编辑器】中，使用函数或滤镜调整地形高程（如使用 ▲ [用滤镜调整高程] 按钮、▲ [添加函数] 按钮），与在程序地形的【地形编辑器】>>Procedural Altitudes〖程序高程〗标签中使用函数或滤镜，虽然在形式上有类似的地方，但是，也有本质的不同。

（1）在标准地形的【地形编辑器】中，使用的是函数或滤镜的"结果"，其结果被"烘焙"进"高度图"内，生成的是"2D 形状"，会受到地形分辨率的制约。不保存函数或滤镜本身。

（2）在程序地形的【地形编辑器】>>Procedural Altitudes〖程序高程〗标签中，使用函数或滤镜时，会保存函数或滤镜本身，可以在需要的时候随时调整其参数，生成的是"函数形状"，其结果不受地形分辨率的制约。

（3）在标准地形中，"高度图"不能划分"图层"。例如，不能像 Photoshop 的".PSD"文件那样划分成多个图层。如果确实想使用带图层的".PSD"格式的图片，可以把标准地形转换为程序地形，并进入其【地形编辑器】>>Procedural Altitudes〖程序高程〗标签>>Altitude production [[高程生成]] 参数组中，在 [高程生成函数] 内使用纹理贴图节点载入该".PSD"格式的图片。

Terrain Editor【地形编辑器】是专门用于编辑地形形状的工具。

Terrain Editor【地形编辑器】本来就是 Vue 的强项，在 Vue 9.0、Vue 10.0 新版本中，又进行了许多项改进，使这个工具变得超乎寻常的强大！可以把 CG 艺术家的想象力和创造性发挥到极致！

打开 Terrain Editor【地形编辑器】对话框的方法有多种，我们已经学习过，这里不再重复。其界面如下图：

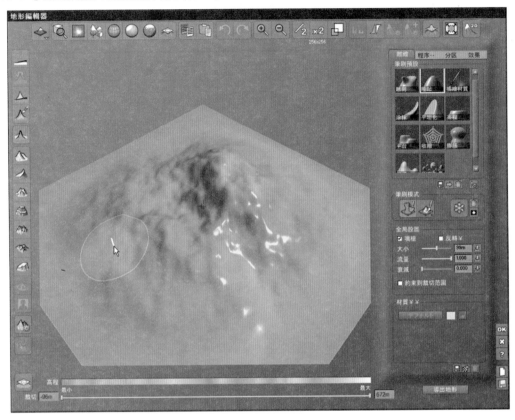

5.3.1 地形预览图

在 Terrain Editor【地形编辑器】对话框的中间，是 3D 地形预览图，它是使用 e-on 公司独有的 Solid3D 技术实时生成的。

把鼠标光标移动到 3D 地形预览图上，会看到一个白色指针被一个圆球或圆形所环绕，这就是笔刷，笔刷可以对地形进行局部编辑，它会紧紧跟随鼠标一同移动。

如果选用的是 2D 笔刷，在 3D 地形预览图中，笔刷表现为一个圆形，笔刷会随着地形表面产生变形；如果选用的是 3D 笔刷，在 3D 地形预览图中笔刷表现为一个圆球。

1. 视图操作

除了使用顶部工具栏中的视图操作工具外（见下文），直接使用鼠标右键、中间滚轮操作视图（在【地形编辑器】对话框中，鼠标左键用于雕刻地形，一般不用于视图操作），是比较简便的方法。

（1）旋转 3D 地形预览图：使用鼠标右键拖拉 3D 地形预览图，可以使之发生旋转。在 3D 地形预览图的正中央，是一个红色的圆点符号 ，它代表地形预览图的变换中心。

（2）平移 3D 地形预览图：按住 Shift 键 + 鼠标右键拖拉 3D 地形预览图，会垂直（指对象空间的 Z 轴向）移动视图；按住 Shift 键 + 空格键鼠标右键拖拉 3D 地形预览图，会水平（指对象空间的 XY 平面）移动视图。地形的旋转中心 仍然居于视图的中心位置，地形在视图中进行相对移动。

（3）放大、缩小 3D 地形预览图：把鼠标中间滚轮向前滚动，或者按住 Ctrl 键 + 鼠标右键向上拖拉进行放大；把鼠标中间滚轮向后滚动，或者按住 Ctrl 键 + 鼠标右键向下拖拉进行缩小。

（4）重新定位地形的旋转中心至某一点：按住 Shift 键 + 鼠标左键直接双击 3D 地形预览图，会把地形的旋转中心 重新定位到双击的地方。地形的旋转中心仍然居于视图的中央，地形在视图中进行相对移动。

2. 高程色彩图 {NEW10.0}}

在 3D 地形预览图中，对于地形表面上不同高程的地方，会显示成不同的渐变色彩，帮助用户清楚地观察地形表面上的高程变化。

这就如同在初中地理课本中，用渐变颜色来标明地形高低的方法一样，大概是：海洋深处是深蓝色、浅海是青蓝色、平原是绿色、高原是土红色、高山是深橙红色、珠穆朗玛峰用白色。不过，在这里，不必像地理课本或地球仪那样千篇一律。

在 3D 地形预览图的下侧，有一个长条形的 Altitudes[高程 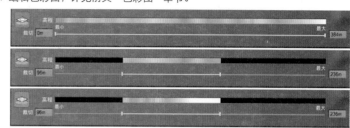] 色彩图控件，通过该控件，可以更换或编辑表示地形高程变化的渐变颜色。双击该色彩图后，会弹出可视化色彩图浏览器，可以从中选择一种个性化的色彩图，在其中的 "Terrain Editor Maps[地形编辑器贴图]" 收藏夹中，收藏了一些比较好并且常用的色彩图，大家要善于利用。关于如何更换、编辑色彩图，详见前文 "色彩图" 章节。

在 Altitudes[高程 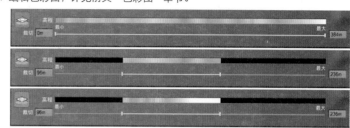] 色彩图控件的左侧，有一个 [自动适应裁切平面] 图标，单击使之切换为黄色 ，那么，高程色彩图会自动分布在上、下裁切平面之间（关于上、下裁切平面，见下文）。如右图：

{{NEW10.0}} 高程色彩图的分布可以自动适应裁切平面，是 Vue 10.0 增加的新功能。

注意：因为某些特殊的原因，高程色彩图可能会沿着水平方向分布。遇到这种异常情况，解决的办法是单击顶部工具栏中的 [显示整个场景] 按钮，使之切换为黄色 ，高程色彩图就会变为垂直分布。

5.3.2　左侧工具栏

在 Terrain Editor【地形编辑器】对话框的左侧，有一列垂直排列的按钮，包含了一些常用的功能。下面分别进行讲解。

1. 重置地形 {{NEW9.0}}

左侧工具栏上侧的几个按钮，在 Vue 8.5 以前时，位于同一个折叠图标中。{{NEW9.0}} 自 Vue 9.0 开始，重新进行了设计，分开成为单独的图标。

1） [重置所有雕绘]

重置所有的编辑效果（包括 "2D 形状"、"3D 形状" 和描绘的材质三个方面）。注意，在程序地形中，该按钮不能重置 Procedural Altitudes 〖程序高程〗标签 >>Altitude production[[高程生成]] 参数组中的 [高程生成函数]，即不能用这种方法重置 "函数形状"。

2） [仅重置 3D 雕刻]

仅重置所有的 3D 编辑效果，本质上是重置 "3D 形状"。

3） [仅重置 2D 雕刻]

仅重置所有的 2D 编辑效果，本质上是重置 "2D 形状"（或 "高度图"）。

通过上述两个按钮，我们能够更深刻地理解到，"2D 形状" 和 "3D 形状" 是分别单独保存的。

4） [仅重置材质描绘]

仅重置所有描绘的材质，使地形表面只显示单一材质。

5） [零边]

在地形四周的边缘附近降低高程，确保从中间到最边缘逐渐降至 "0" 高程。对于标准地形，连续多次单击该按钮，具有 "累降" 效果。

注意：对于程序地形，这是一个切换图标。

2. 预定义地形样式

在左侧工具栏中，有八种预定义的地形样式，单击其中之一，会在现有形状的基础上生成相应样式的地形。

1） [山脉]

单击该按钮，创建一个中央附近有较高高程的地形。

该地形是用一个分形地形生成算法生成的，能够模仿自然山脉的形状。这是创建地形的默认样式。

每次单击该按钮时，都会产生随机变化的形状，这种功能是通过随机改变分形的 "原点" 实现的。

注意：对于程序地形，单击该按钮，会使用默认的分形函数替换 Procedural Altitudes 〖程序高程〗标签 >>Altitude production[[高程生成]] 参数组中的 [高程生成函数 ý]。

2） [山峰]

单击该按钮，创建一个中央附近有较高高程的地形。

该地形是用一个山脊分形地形生成算法生成的，能够模仿"年轻山脉"的形状，"年轻山脉"的特点是高峻陡峭、土质较少。

每次单击该按钮时，都会产生随机变化的形状，这种功能是通过随机改变山脊分形的"原点"实现的。

注意：对于程序地形，单击该按钮，会使用一个能产生相似结果的山脊分形噪波替换 [高程生成函数 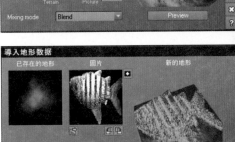]。

3） [侵蚀]

对于标准地形，单击该按钮，会添加一系列具有多种侵蚀效果的形状变化，从现有的地形数据出发，生成一种看起来在自然界被长期侵蚀过的地形。

对于程序地形，单击该按钮，会使用一个看起来像侵蚀山脉的简单噪波替换 [高程生成函数]。

每次单击该按钮时，都会产生随机变化的形状，这种功能是通过随机改变函数的"原点"实现的。

4） [峡谷]

对于标准地形，单击该按钮，会在地形的高程上应用一个滤镜（该滤镜的曲线形状类似台阶），从而在地形的轮廓上生成一些背脊形状。

对于程序地形，单击该按钮，会替换 Procedural Altitudes〖程序高程〗标签 >>Altitude production[[高程生成]] 参数组中的 [高程生成滤镜]。

5） [丘陵]

对于标准地形，单击该按钮，基本上与上述 [山脉] 样式一样，只不过会以较高的频率生成，这样会生成若干个较低的土丘（或土墩），并添加到已存在的地形数据中。

对于程序地形，单击该按钮，会替换 Procedural Altitudes〖程序高程〗标签 >>Altitude production[[高程生成]] 参数组中的 [高程生成函数]。多次单击时，通过改变 [高程生成函数] 的节点中的有关参数，产生随机变化的丘陵效果。

6） [沙丘]

对于标准地形，单击该按钮，使用一个函数将沙丘效果添加到已存在的地形数据中。

对于程序地形，单击该按钮，会用一个沙丘函数替换 Procedural Altitudes〖程序高程〗标签 >>Altitude production[[高程生成]] 参数组中的 [高程生成函数]。多次单击时，通过改变 [高程生成函数] 的节点中的有关参数，产生随机变化的沙丘效果。

7） [冰山]

对于标准地形，单击该按钮，会把已存在的地形数据转换成带有稍微倾斜的、平坦顶面的冰山。

对于程序地形，单击该按钮，生成的冰山顶面也是平坦的，但没有倾斜。这种轮廓效果，是通过替换 Procedural Altitudes〖程序高程〗标签 >>Altitude production[[高程生成]] 参数组中的 [高程生成滤镜] 实现的。

8） [月球]

对于标准地形，单击该按钮，会基于已存在的地形数据，应用侵蚀和弹坑效果，创建一个看起来像月球一样的、布满凹陷弹坑的表面。

该选项对于程序地形不可用。

3. 导入地形数据

在标准地形中，Vue 可以使用图片创建地形。也就是说，允许导入一幅图片来生成地形。该选项对于程序地形不可用。

图片中越明亮的地方，对应的地形高程越高（这些新生成的高程数据会和已存在的高程数据混合）。该图片会被重新取样，以便正确地适配地形。

这是一项非常实用的功能，因为在工作中，会经常使用图片，通过网络，也能够方便地获得大量的图片素材。

单击左侧工具栏下侧的 [图片] 按钮，会弹出 Import Terrain Data【导入地形数据】对话框，如右图：

在上图中，左侧 Existing terrain[已存在的地形] 预览框中的灰度图，代表已存在的地形"高度图"，而右侧 Picture[图片] 预览框中的灰度图，代表导入的图片生成的地形数据。

单击 [载入] 按钮，或双击 Picture[图片] 预览框，均会打开可视化图片浏览器，可以从中选择地形数据文件或图片，Vue 能够支持的地形数据文件或图片，可以是以下文件格式。

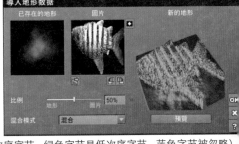

（1）DEM：美国地质勘探局数字高程模型数据，16 位分辨率。

（2）TGA：Targa 序列图片文件格式，包括标准的 16 位高度图编码方案（红色字节是高次序字节，绿色字节是低次序字节，蓝色字节被忽略）

（3）Vue 还支持其他常见的图片文件格式，如".PSD"格式、JPEG 格式、PNG 格式等。

在载入的图片数据中，每个像素的亮度信息被转换成地形数据（Picture[图片] 预览框显示成灰度图），图片中的像素越亮，地形的高程越高，图片会自动重新取样，以适配地形分辨率。

在 Picture[图片] 预览框旁边其他按钮的用法，在前文中已经学习过了。

在 Import Terrain Data【导入地形数据】对话框中，新导入到地形中的图片数据和"已存在的地形数据"之间可以使用不同的混合模式。当载入一幅图片后，Mixing mode〖混合模式 ▽〗下拉列表变得可用，单击展开该下拉列表，可以从中选择想要的混合模式，如右图：

Blend[混合]: "已存在的地形数据"与"来自图片的数据"相混合。可以使用 Proportions[比例↔ □] 滑杆控制二者之间的混合比例。

Add[添加]: "来自图片的数据"被添加到"已存在的地形数据"中。可以使用 Proportions[比例↔ □] 滑杆控制来自图片的数据的比例。

Max[最大]: 在"来自图片的数据"的亮度比"已存在的地形数据"还要明亮的地方，会替换"已存在的地形数据"。

Min[最小]: 在"来自图片的数据"的亮度比"已存在的地形数据"还要暗的地方，会替换"已存在的地形数据"。

Subtract[减去]: 从"已存在的地形数据"中减去"来自图片的数据"。

Multiply[相乘]: 两种数据相乘，两者都较高（或较亮）的地方仍保持较高，否则会较低。

可以使用 Proportions[比例↔ □] 滑杆改变"已存在的地形数据"和"来自图片的数据"之间的混合比例。混合后的结果显示在右侧的 New terrain[新地形] 预览框中，该预览视图可以像 3D 地形预览图一样进行旋转或缩放。

如果单击 [Preview] [预览] 按钮，混合后的结果会反馈显示到【地形编辑器】的 3D 地形预览图中。

如果想用"来自图片的数据"完全替换"已存在的地形数据"，请选用 Blend[混合] 模式，并将 Proportions[比例↔ □] 滑杆上的滑块拖到 100%。

5.3.3　顶部工具栏

在顶部工具栏中，包含了许多重要的按钮，下面逐个进行讲解。

1. 地形选项

[地形选项…]: 该下拉菜单在前文中已经讲解过。

需要补充的是，在转换地形类型时，为了保持现有地形形状不变，Vue 会做出一些内部调整。

例如，从程序地形转换为标准地形时，原程序地形的"函数形状"和"2D 形状"会混合在一起（或称为"烘焙"），转化为新的标准地形的"2D 形状"，原"3D 形状"依然保留不变。

又例如，从标准地形转换为程序地形时，在 Procedural Altitudes 〖程序高程〗标签 >>Altitude production[[高程生成]] 参数组 >>[高程生成函数 ●] 中，会使用一个没有具体输出值的"空函数"。

2. 视图操作工具

[重置视图]: 在 3D 地形预览图中，重新放置视图。

[顶视图]: 把视图从透视图状态改变为顶视图状态（仍带有透视变化），仿佛从飞机或人造卫星上观察地形一样。用鼠标右键拖动视图仍可以旋转视图。

[显示整个场景]: 这是一个切换按钮，单击使之切换为黄色 ，会在 3D 地形预览图内显示场景中的所有对象（包括生态系统材质中繁殖的种群实例）。再次单击该按钮，黄色消失，切换回只显示地形对象的状态。

当在地形上面放置有房屋或树木时，使用该功能，可以参考已存在的房屋或树木雕绘地形。

[显示网格]: 这是一个切换按钮，单击使之切换为黄色 ，会在 3D 地形预览图内显示地形表面上的网格。放大视图时，网格会显示得更清楚。当选择了 时，该按钮不可用。

[显示镜面高光]: 这是一个切换按钮，单击使之切换为黄色 ，会在地形表面添加光泽，增强立体感。

[显示纹理贴图]: 这是一个切换按钮，单击使之切换为黄色 ，会在地形表面显示纹理贴图（OpenGL 渲染质量）；如果地形表面材质使用了程序颜色，则显示平均颜色。

在雕刻地形时，如果想使用某个位图图片作为参考，该功能非常有用。例如，可以根据一幅地形图片（指地理概念的地形图）来雕刻地形。

[放大] 和 [缩小]: 单击会放大或缩小 3D 地形预览图，但不会改变地形在场景中的实际大小。

3. 裁切地形高程

[显示裁切平面]: 这是一个切换按钮，单击使之切换为黄色 ，会在 3D 地形预览图内显示浅灰色的上、下裁切平面。

裁切高程的效果很好理解，地形中超过上、下裁切平面的部分在渲染时会被裁除。低于下裁切平面的部分被裁切后，会留下弯曲的边缘或多个"不连续"的孔洞，高于上裁切平面的部分被裁切后，会留下平坦的顶面。

裁切高程功能的效果和在地形上应用布尔运算非常类似，但是比布尔运算更高效。

注意：在地形上使用布尔运算，也能达到出人意料的效果。

如果使用了 ，裁切高程的效果会在 3D 地形预览图中显示出来；如果启用了 ，在 3D 地形预览图中，不会显示裁切高程的效果。

在【地形编辑器】的最下侧，有一个 Clip[裁切 □ ↔↔ □] 滑杆，带有两个滑块，左侧滑块用于设置下裁切平面的高程位置，右侧滑块用于设置上裁切平面的高程位置。

直接拖动左侧滑块（或在其左侧拖动），鼠标变为"↔"形状，可以调整下裁切平面的高程；直接拖动右侧滑块（或在其右侧拖动），可以调整上裁切平面的高程；在两个滑块之间拖动，可以同时调整上、下裁切平面的高程；也可在两个文本框内直接输入数值调整上、下裁切平面的高程（对于标准地形，在左侧输入负值，可以生成"底座"效果）。

在 Clip[裁切 □ ↔↔ □] 滑杆和 Altitudes[高程 🎨🎨] 色彩图之间，存在着对应关系。在 Clip[裁切 □ ↔↔ □] 滑杆上左、右滑块之外的地方，Altitudes[高程 🎨🎨] 色彩图的对应部分会显示成黑色，这可以帮助我们理解裁切高程的效果。

4. 撤销和重做

🔄 [撤销]：单击该按钮，撤销上一次的操作。能够撤销的步数，可以在 Options 【选项】对话框中设置。

🔁 [重做]：单击该按钮，重做被撤销的操作。

5. 利用 2D 平面软件编辑地形

使用 📋 [复制] 和 📋 [粘贴] 这两个按钮，可以和其他 2D 平面设计软件交流地形数据。

单击 📋 [复制] 按钮，可以把高度图（是一个灰度图，对应于地形形状构成中的"2D 形状"）复制到剪贴板。然后打开某个 2D 平面设计软件，例如 Photostop，使用 2D 平面设计软件中的"粘贴"命令（也可以粘贴到 Word 中），就得到一幅灰度图，可以根据需要对该灰度图进行编辑处理。之后，在 2D 平面设计软件中，选择该灰度图区域并复制到剪贴板，再进入【地形编辑器】对话框，单击 📋 [粘贴] 按钮，就会覆盖（或替换）地形原有的高度图。

对于标准地形，上述功能只复制高度图，不能复制 3D 笔刷雕刻的"3D 形状"。

注意：复制到剪贴板的数据仅限于 8 位（256 级灰度），远小于在 Vue 地形中可用的图片数据的位数。

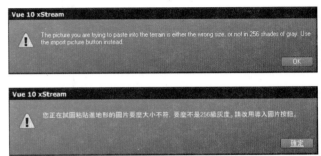

单击 📋 [粘贴] 按钮时，如果粘贴的灰度图的大小和地形的分辨率大小不匹配，或者不是 256 级灰度的，会弹出以下警告信息：

单击 ▢OK▢ [确定] 按钮，则放弃执行 📋 [粘贴] 命令。改用 👤 [图片] 按钮导入图片数据到地形中，不受大小和位数的制约。

6. 调整地形分辨率

在顶部工具栏中，接下来的三个图标用于调整地形分辨率，即高度图或"2D 形状"的分辨率。

注意：地形的分辨率大小，和地形在场景中的占地大小，是两个不同的概念。调整地形的分辨率大小，不会影响到地形在场景中的占地大小（即在 Object Properties【对象属性】面板 >> ▣ 【参数】标签 >> ▣ [大小] 子标签中显示的 X、Y 值）。如果高度图的宽高比和地形的长度值、宽度值之比不符，会拉伸高度图。

1) ⚂ [减半地形分辨率]

单击该按钮，使地形的分辨率在横向和竖向上都减小一半。

2) ×2 [加倍地形分辨率]

单击该按钮，使地形的分辨率在横向和竖向上都加倍。

当前地形的分辨率，标示在这几个图标的下侧，默认的地形分辨率是 256×256。

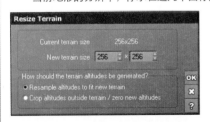

使用 512×512 的分辨率，就会产生非常详细的地形表面；1024×1024 是很高的分辨率，适用于从近处观察的、非常详细的地形表面，要明白，使用这么高的分辨率，会使地形表面包含的子多边形数量超过二百万个（很少有 3D 软件能够轻松处理）；要制作更高分辨率的地形，也是可能的，但通常也是没有必要的。

如果使用了 3D 笔刷，在这几个图标的下侧，会显示成"横向分辨率 × 竖向分辨率 + nK 多边形"的样式。其中加号前面的部分是"2D 形状"的分辨率，加号后面的部分是"3D 形状"包含的子多边形数量，该数量与"3D 形状"的网格分辨率有密切关系，详见后文。

3) ▦ [调整地形分辨率]

单击该按钮，会弹出 Resize Terrain【调整地形分辨率】对话框，可以直接输入新的数值，任意调整地形分辨率。如左图：

在上图的 How should the terrain altitudes be generated？ [[地形高程应该怎样生成？]] 参数组中，包括两个单选按钮。

1) ⦿Resample altitudes to fit new terrain[重新采样高程使之适合新的地形]

选择该选项，不管是缩小或放大地形分辨率，地形的整体轮廓基本不变，只是使地形变得细紧或放松。

如右图，是地形分辨率由 200×200 调整为 200×100 的高度图比较：

2）〇Crop altitudes outside terrain / zero new altitudes[减小时裁切多余 / 加大时新的设零]

如果 "减小" 地形分辨率，会剪除多余的地形数据（在这里，不要把 "减小" 混同为 "缩小"）。

如果 "加大" 地形分辨率，会把新加大部分的高程值设为零（在这里，不要把 "加大" 混同为 "放大"）。

如右图，是地形分辨率由 200×200 减小到 166×166，再加大到 236×236 的高度图比较。

可见，如果选择该选项，会较大地改变原有地形的外观。

7. 均衡和反转

1） [均衡]

该按钮只适用于标准地形。它重新取样地形高程，使之分布在从 0 到最高标准高程（即 100）的范围内。当升高地形超过标准范围时，可以使用这个按钮进行调整。

该按钮不适用于程序地形。

2） [反转]

此按钮反转地形的所有高程值，使得低的变高，高的变低。

对程序地形，单击该按钮，会反转 Procedural Altitudes 〖程序高程〗标签 >>Altitude production[[高程生成]] 参数组中的 [高程生成滤镜]。对程序地形，不会反转 "2D 形状"。

单击该按钮，不能反转 "3D 形状"，但会随着其他部分的反转，而使 "3D 形状" 向上或向下产生移动。

8. 用滤镜调整高程

使用 [用滤镜调整高程] 按钮，可以通过一个滤镜重新调整地形的高程。

该按钮可用于标准地形，在程序地形中不可用。

单击该按钮，会弹出 Altitude Filtering【高程施加滤镜】对话框，如右图：

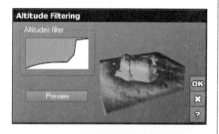

在右图中，双击滤镜预览框，会弹出可视化滤镜浏览器，可以更换滤镜（其中 "Terrain Profiles[地形剖面]" 收藏夹中收藏了许多很好的滤镜，大家要善于利用）。

使用右键弹出菜单，或按住 Ctrl 键单击滤镜预览框，会打开 Filter Editor【滤镜编辑器】对话框，可以编辑滤镜曲线。

在 Altitude Filtering【高程施加滤镜】对话框的右侧，显示地形应用滤镜后的效果预览，可以使用鼠标右键进行旋转或缩放。单击 ▇▇ Preview ▇▇ [预览] 按钮，可以在 3D 地形预览图中更详细地观察应用滤镜后的效果预览。

> 注意：对于标准地形，通过 [用滤镜调整高程] 按钮调整地形高程，与在程序地形的 Procedural Altitudes 〖程序高程〗标签 >>Altitude production[[高程生成]] 参数组中使用 [高程生成滤镜]，在操作方法上虽有类似的地方，但也有本质的不同。在标准地形中，只保存高程应用滤镜后的结果，而不保存滤镜本身，调整结果还受到地形分辨率的制约。

9. 添加函数

[添加函数] 按钮用于从某个函数的输出结果中获得地形数据，多用于改善标准地形的表面细节。该按钮在程序地形中不可用。

使用该按钮，乍一看，与在程序地形的 Procedural Altitudes 〖程序高程〗标签 >>Altitude production[[高程生成]] 参数组中使用 [高程生成函数]，在操作方法上有类似的地方，但是，它们有本质的不同。在标准地形中，使用 [添加函数] 图标添加一个函数后，会直接把函数输出的结果 "烘焙" 进标准地形的 "高度图" 内，而不保存函数本身。

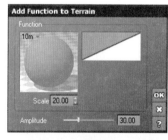

单击 [添加函数] 按钮，会弹出 Add Function to Terrain【添加函数到地形】对话框，如右图：

在右图中，双击函数预览框，会弹出可视化函数浏览器，可以更换函数。

使用函数预览框的右键弹出菜单，或按住 Ctrl 键单击函数预览框，会打开 Function Editor【函数编辑器】对话框，可以编辑函数。详细使用方法见后文 "函数" 章节。

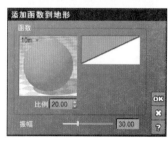

Scale[比例 □]：调整函数映射到地形上时的比例。

Amplitude [振幅↔ □]：调整函数输出值的强度。

在函数的右侧，还有一个滤镜，能够使用该滤镜调整函数的输出结果。

10. 重新拓扑 {{NEW9.0}}

[重新拓扑]图标用于松弛标准地形，使整个地形变得光滑，{{NEW9.0}}这是 Vue 9.0 增加的新功能。单击该按钮后，会弹出 Retopologize【重新拓扑】对话框，如左图：

Looseness[松弛↔ □]：用于设置光滑程度。

重新拓扑会把地形中所有的"2D 形状"转换为"3D 形状"。

如果当前地形是程序地形，在上图中，单击 OK [确定] 按钮时，会弹出以下警告信息，如右涂：

用户可以选择是否转换地形类型并启动拓扑。单击 Yes [是] 按钮，会把程序地形转换为标准地形，并进行拓扑。

11. 延展地形画布 {{NEW9.0}}

[延展地形画布]按钮用于延展程序地形的函数，延展地形范围，即延展地形的占地面积或地盘。{{NEW9.0}}这是 Vue 9.0 增加的新功能。

单击该按钮，会弹出 Extend Terrain Canvas【延展地形画布】对话框，如右图：

在上图中，有九个带指向箭头的按钮，用于选择延展方向。

在 New size[新大小 □×□] 文本框中，可以直接输入延展画布之后地形的绝对大小（指地形底面的大小，不涉及高度）。

> 注意：如果新的地形画布和原来的一样大，指向箭头会显示成灰色；如果新的地形画布比原来的还要小，这实际上是在"减小地形画布"，此时，指示方向的箭头会反向显示。

如果选中 ☑Relative size[相对大小] 复选框，会以现有地形大小为基础，加上在 New size[新大小 □×□] 文本框中输入的数值。

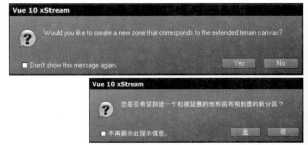

设置好以后，单击 OK [确定] 按钮，会接着弹出以下对话框，如右图：

单击 Yes [是] 按钮，可以在 Zones〖分区〗标签 >>Zone list[[分区列表]] 中创建一个名为"Former entire terrain[以前的整个地形]"的分区，该新分区的作用是保存原有的"3D 形状"。关于分区，见下文。

12. 强制 2D

单击 [强制 2D] 图标，使之切换为黄色的 样式，会禁用 3D 笔刷，不能生成"3D 形状"，从而避免因为 3D 笔刷自动细分而生成大量的子多边形面，减少内存占用。

启用 [强制 2D] 后，在 Paint 〖雕绘〗标签 >>Brush Presets[[笔刷预设]] 列表内，3D 笔刷会变成灰色，不能再选用。

启用 [强制 2D] 时，还会删除现有的"3D 形状"。如果已经应用了 3D 雕刻，会弹出询问对话框要求确认。

单击 Yes [是] 按钮，会删除所有的"3D 形状"。

在 Terrain Editor 【地形编辑器】中，雕刻地形和描绘材质的工具位于 3D 地形预览图右侧的 Paint 〖雕绘〗标签中，利用这些工具或者笔刷，可以用手工雕刻地形表面的形状，并且可以有选择地应用给定的效果。

{{NEW9.0}}{{NEW10.0}} 自 Vue 9.0，对 Paint 〖雕绘〗标签的界面进行了很大的改动，也增加了一些新的笔刷。其界面如右图：

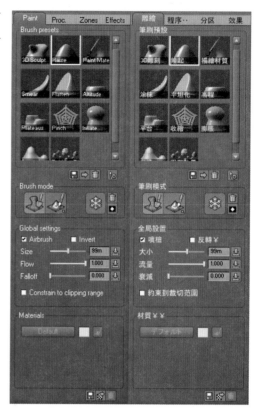

5.4.1 压感绘图板开关

在 Paint 〖雕绘〗标签中，有些参数的右侧带有一个"⬇"图标，该图标是使该参数与压感绘图板（也叫做数位笔）相关联的开关。

如果电脑配备有一个压感绘图板，单击"⬇"图标，使之切换为黄色的"⬇"状态，则使用压感绘图板时，该参数能够随着压力大小相应变化，可以使用压力控制每次落笔产生相应效果程度的多少，这是非常自然而精确的地形雕绘方法。

本书中，我们只讲解使用鼠标雕绘地形的作法。

5.4.2 笔刷预设

在 Paint 〖雕绘〗标签的最上侧，是 Brush presets[[笔刷预设]] 列表，可以从中选择 3D 笔刷或者 2D 笔刷设置。不同的笔刷有不同的作用效果，3D 笔刷用于雕刻地形，2D 笔刷用于升高或降低地形。

在 Brush presets[[笔刷预设]] 列表中，笔刷预览采用了非常形象的立体图片，使用户非常易于明白不同笔刷的效果，{{NEW10.0}} 这是 Vue 10.0 所做的改进，很实用。

可以使用鼠标单击选择笔刷，被选择笔刷的预览上会显示白色矩形边框。

有的笔刷具有捕捉地形表面法线方向的功能，笔刷指针方向会随着所捕捉到的地形表面法线的变化而变化。

我们运用笔刷时，要灵活地使用"按笔"和"走笔"两种方式。所谓"按笔"，是指按下鼠标左键时不移动鼠标，使笔刷固定在地形表面上的某一个地方持续发生作用；所谓"走笔"，是指按下鼠标左键时移动鼠标，使笔刷在地形的表面上游走，产生连续的笔刷效果，"走笔"的快慢会影响笔刷效果的强弱。

单击顶部工具栏右侧的 ⬆2D [强制 2D] 按钮，使之切换为黄色 ⬆2D，会禁用 3D 笔刷，只能选用 2D 笔刷。

注意：在 Brush presets[[笔刷预设]] 列表中，使用鼠标拖放的方法，可以改变笔刷的排列顺序。

1.3D 笔刷

3D 笔刷在地形表面上生成"3D 形状"，这种形状变化不仅可以发生在垂直方向上，也可以发生在其他各个方向上。

当选用 3D 笔刷时，在 3D 地形预览图中，笔刷表现为一个圆球。

选用不同的 3D 笔刷时，大家要特别注意笔刷指针是否会随时、随地动态捕捉（或拾取）所经过处的子多边形表面的法线方向。

1）Sculpt[3D 雕刻]

选用该笔刷，笔刷指针会捕捉（或拾取）到刚按下鼠标时笔刷中心处的子多边形表面的法线方向，并且被锁定。

按下鼠标，不要松开鼠标按键，移动鼠标进行雕刻，笔刷指针方向会一直被锁定成刚按下鼠标时捕捉到的方向，笔刷经过处的所有子多边形表面都会按照被锁定的指针方向发生移动（如果在 Global settings[[全局设置]] 参数组中选中 ☑Invert[反转] 复选框，则会反向移动）。换句话说，不同时间、不同地点的子多边形表面，均统一按照最初捕捉到的笔刷指针方向凸出（或凹陷），在一次连续的落笔雕刻过程中，该方向不能够改变。

使用 Sculpt[3D 雕刻] 笔刷，可以沿着精确的方向移动地形的子多边形表面。

2）Freeform[自由变形]

选用该笔刷，当移动鼠标时，会随时、随地拾取笔刷中心所经过处的子多边形表面的法线方向作为笔刷指针的方向。当移动笔刷时，凸出（或凹陷）方向在不同时间、不同地点，会不停地发生改变。换句话说，在不同的时间点处，指针方向可以改变。但在同一时间点处，笔刷下的所有子多边形表面均统一按照捕捉到的同一方向凸出（或凹陷）。

3）Pinch[收缩]

该笔刷把子多边形表面的顶点收缩到一起，笔刷指针不进行方向捕捉（一直保持向上不变）。{{NEW8.5}} 这是 Vue 8.5 增加的新功能。

4）Inflate[膨胀]

选用该笔刷，当鼠标移动时，笔刷指针方向不进行动态捕捉（一直保持向上不变），笔刷下的所有子多边形表面，均分别沿着各自的法线凸出（或凹陷），笔刷经过处的表面形状发生膨胀，创建气球状的效果。

5）Smear[涂抹]

选用该笔刷，按下鼠标拖动，可以沿着笔刷的移动方向拉动子多边形表面（笔刷指针方向不进行动态捕捉），实际的移动方向被约束在【地形编辑器】对话框中 3D 地形预览图的 "屏幕 X" 轴向或 "屏幕 Y" 轴向上，因此，实际的移动方向与观察 3D 地形预览图的角度有关。{{NEW9.0}} 这是 Vue 9.0 增加的新功能。

2.3D 笔刷自动细分

使用 3D 笔刷，会自动调整所生成的 "3D 形状" 的网格分辨率。如果缩小视图，进行大范围的雕刻，会自动使用较小的分辨率；如果放大视图，进行细节雕刻，会自动使用较高的分辨率。这种功能的好处是使用户能够集中精力于创作，简化了设置操作。

如果已经在地形中应用了 3D 笔刷，在 Terrain Editor【地形编辑器】的顶部工具栏中的 ÷2、×2、□ 这几个图标的下面，地形的分辨率会显示成 "横向分辨率 × 竖向分辨率 + nK 多边形" 的样式。其中加号之前的部分是 "2D 形状" 的分辨率，加号之后的 "+ nK 多边形" 部分是 "3D 形状" 包含的子多边形网格数量，该数量与 "3D 形状" 的网格分辨率有密切关系，而 "3D 形状" 的网格分辨率又是 3D 笔刷自动细分的结果。

当放大 3D 地形预览图而缩小笔刷的半径时，Vue 会智能地判断出用户要在小范围内雕刻细节，就会自动增加 "3D 形状" 的网格分辨率，也即是说，自动提高 3D 笔刷的细分级别，大家可以观察到 "+ nK 多边形" 的数量值会增加（有时甚至是 "剧增"）。

如果 3D 笔刷自动细得过高，会使 "3D 形状" 迅速产生巨大数量的子多边形网格，会对计算机资源造成很大的占用，如果严重超出硬件的负担能力时，会弹出警告信息，如下图：

出现上述情况，对于程序地形，有一个解决办法，是建立 "分区"，详见后文 "分区标签" 章节；对于标准地形，则应当尽量避免使 3D 笔刷自动细得过高。

3.2D 笔刷

2D 笔刷只在垂直方向改变地形的高程，其效果被混合进高度图，形成 "2D 形状"。

当选用 2D 笔刷时，在 3D 地形预览图中，笔刷表现为一个圆形，会随着地形表面的崎岖变化而产生变形。

1）Raise[隆起]

这是最简单的笔刷。按下鼠标左键，在笔刷经过的地方会升高地形的高程。如果在 Global settings[[全局设置]] 参数组中选中 ☑Invert[反转] 复选框，则在笔刷经过的地方会降低地形的高程。

2）Plateaus[平台]

选用此笔刷，当移动笔刷时，会动态捕捉笔刷中心下面的子多边形的高程，并根据此高程动态地定义一个 "目标水平面"（是水平的），也就是说，会根据笔刷的当前位置动态地重新计算和定义 "目标水平面" 的高度，笔刷经过处的所有子多边形逐渐向该 "目标水平面" 对齐。{{NEW8.5}} 这是 Vue 8.5 增加的新功能。

选用该笔刷，运用 "走笔" 的方式，可以在山坡上创建盘山公路的效果。这是因为，在笔刷经过处的所有子多边形逐渐向 "目标水平面" 对齐的过程中，实际产生的是 "斜面" 效果。

3）Altitude[高程]

如果选用此笔刷，当移动笔刷时，把所经过处的地形表面移动到由吸管选取的高程。

选择此笔刷后，在 Global settings[[全局设置]] 参数组的下侧，会出现一个 "Altitude[高程 □]" 数值输入框，单击旁边的吸管按钮 " "，它会切换成黄色的 " " 样式，鼠标光标会变成吸管形状 " "，进入 3D 地形预览窗口中，在合适的地形高程上（也可以是地形上方）单击一下，即可在 3D 地形预览图窗口中显示一个黄色的水平参考平面（吸管按钮颜色由黄色的 " " 恢复为 " "），在 "Altitude[高程 □]" 数值输入框中，会显示相应的高程值（也可以直接输入一个高程值确定水平参考平面的位置）。

使用该笔刷进行雕刻时，高于黄色水平参考平面的部分会降低，低于黄色水平参考平面的部分会上升。

选择此笔刷后，Global settings[[全局设置]] 参数组中的 ☑Invert[反转] 复选框会变成灰色禁用状态。

4）Smooth[光滑]

当雕刻地形时，子多边形网格可能会发生扭曲，使用 Smooth[光滑] 笔刷，可以放松（或松弛）笔刷下边的子多边形网格，消除子多边形网格上的扭曲。

单击顶部工具栏中的 （这里为文中图标） [显示网格] 图标，使之切换为黄色的 模式，就能够很容易地观察到该笔刷的效果。

5）Flatten[平坦化]

选用此笔刷，当移动笔刷时，会动态捕捉笔刷中心下面的子多边形的高程和方向，并根据此高程和方向动态地定义一个"目标平面"（通常是斜面），也就是说，会根据笔刷的当前位置动态地重新计算和定义"目标平面"的高程和方向，笔刷经过处的所有子多边形逐渐向该"目标平面"对齐。{{NEW8.5}} 这是 Vue 8.5 增加的新功能。

6）UniSlope[单一斜坡]

类似 Flatten[平坦化] 笔刷。但在"走笔"过程中，只使用最初按下鼠标时捕捉到的"目标平面"（通常是斜面），最终往往会形成一个很大的斜坡。

大家要注意，不要混淆 Plateaus[平台]、Flatten[平坦化]、UniSlope[单一斜坡] 这几个笔刷。

7）Pebbles[卵石效果] 笔刷

使用 Pebbles[卵石效果] 笔刷，可以在地形表面上生成许多卵石状的突起。

4. 其他笔刷

1）Paint Material[描绘材质]

该笔刷只在地形表面描绘材质，不雕刻地形的形状。

2）2D 效果笔刷

2D 效果笔刷是一类很强大的 2D 笔刷。Pebbles[卵石效果] 笔刷就是 2D 效果笔刷中的一种。

先选择 Pebbles[卵石效果] 笔刷，进入 Brush Editor【笔刷编辑器】对话框 >>General 〖一般〗标签 >>Sculpt[[雕刻]] 参数组 >>Function 〖函数 ▽〗下拉列表，与该笔刷对应的函数是"Effects 2D[2D 效果]"。

在选择了"Effects 2D[2D 效果]"函数的情况下，请注意，在 Brush Editor【笔刷编辑器】对话框 >>General 〖一般〗标签 >>Forced settings[[强制性设置]] 参数组的下侧，会出现一个〖2D 效果 ▽〗下拉列表，如右图：

在〖2D 效果 ▽〗下拉列表内，包含了许多 2D 雕刻效果选项，选择不同的选项，就能够使笔刷具有相应的雕刻效果。

〖2D 效果 ▽〗下拉列表中包括的 2D 雕刻效果的中文含义，与 Terrain Editor【地形编辑器】对话框 >>Effects 〖效果〗标签 >>Erosion effects[[侵蚀效果]] 参数组、Global effects[[全局效果]] 参数组中的有关效果的中文含义相同。但是，2D 效果笔刷是一种"局部效果"，只施加在笔刷经过的地方，而 Effects 〖效果〗标签中的侵蚀效果和全局效果作用在整个地形上，属于"全局效果"，详见后文。

> 注意：在描绘材质时，也可以应用 2D 效果。

2D 效果笔刷是非常强大的笔刷，能够为地形添加特殊的地质效果，在具体运用该笔刷时，要注意落笔时间的长短，落笔时间长短不同，效果差异很大。

3）Undo[撤销] 笔刷

在笔刷预设列表中，并没有该笔刷预设。要使用该笔刷，需要进入 Brush Editor【笔刷编辑器】对话框 >>General 〖一般〗标签 >>Sculpt[[雕刻]] 参数组，展开 Function 〖函数 ▽〗下拉列表，从中选择"Undo[撤销]"函数。

Undo[撤销] 笔刷的功能是，当笔刷经过前一个笔刷最后一次产生的变形效果上面时，能够予以撤销，就像小学生们喜欢使用的"消笔"或"橡皮擦"一样。

该笔刷只撤销笔刷经过的区域（局部撤销），不撤销消笔刷未经过的区域，它与【地形编辑器】顶部工具栏中的 ⟲ [撤销] 按钮有本质的不同。

> 注意：该笔刷也可以局部地撤销全局效果、导入的图片数据，还可以局部地撤销使用 ▲ [添加函数] 按钮或使用 ▲ [用滤镜调整高程] 按钮添加的 2D 效果。

Undo[撤销] 笔刷还能够撤销 3D 笔刷的效果。{{NEW10.0}} 这是 Vue 10.0 增加的新功能。

Undo[撤销] 笔刷也可以"重做"其刚刚撤销的雕刻效果。

> 注意：Undo[撤销] 笔刷不能撤销描绘过的材质。

5.2D 笔刷转化为 3D 笔刷

有一个特别值得大家注意的现象，当在地形上首次使用了 3D 笔刷之后，再使用 2D 笔刷时，产生的变形效果会被保存为"3D 形状"，在 3D 地形预览图中，2D 笔刷不再表现为一个圆形，而是表现为一个圆球。大家不妨试一试。

注意，当在地形上首次使用了 3D 笔刷之后，并不是所有的编辑都会被保存为"3D 形状"。例如，在地形上应用 Effects〖效果〗标签中的全局效果时，这些 2D 性质的全局效果仍会被保存到"2D 形状"中；又例如，使用 [图片] 按钮、 [添加函数] 按钮，得到的变形效果也仍然会保存到"2D 形状"中。

5.4.3　笔刷模式

在 Brush mode[[笔刷模式]] 参数组中，包括几个切换图标，用于定义笔刷的工作模式。

1. 雕刻模式

使用 3D 笔刷或 2D 笔刷时，如果只进行雕刻，应该单击 图标，使之切换成黄色的 [雕刻] 样式。

注意：如果在 Brush presets[[笔刷预设]] 列表中选择了具有雕刻功能的笔刷（在其【笔刷编辑器】对话框内，已经选中 bSculpt[[雕刻]] 复选框），该图标会自动切换为黄色。

2. 描绘材质模式

如果只使用笔刷在地形表面上描绘材质，应该单击 图标，使之切换成黄色的 [描绘材质] 样式。

注意：如果在 Brush presets[[笔刷预设]] 列表中选择了只具有描绘材质功能的 Paint Material[描绘材质] 笔刷（在其【笔刷编辑器】对话框内，已经选中 ☑ Paint Material[[描绘材质]] 复选框），该图标会自动切换为黄色。

当选择了 [描绘材质] 模式时（包括同时选择 [雕刻] 和 [描绘材质] 模式），在 3D 地形预览图中，会在描绘过材质的地方显示 Materials[[材质]] 参数组中设置的"代表颜色"。

3. 雕绘模式

如果想使用笔刷同时进行雕刻和描绘材质，则应该同时选择 [雕刻] 和 [描绘材质]。
本书中使用的"雕绘"一词，"雕"字代表"雕刻形状"，"绘"字代表"描绘材质"。

4. 冻结遮罩模式 {{NEW9.0}}

{{NEW9.0}} 描绘冻结遮罩模式是 Vue 9.0 增加的新功能。

单击 图标，使之切换成黄色的 [描绘冻结遮罩] 样式后（会自动取消选择 [雕刻] 模式和 [描绘材质] 模式），用笔刷在地形上涂刷出一些区域，会呈现稍有透明度的白色（像结冰了的感觉），表示这些区域被锁定成受保护的区域，该稍有透明度的白色区域称为"冻结遮罩"或"冻结蒙版"。

建立"冻结遮罩"后，再选择 [雕刻] 模式或者 [描绘材质] 模式，当笔刷经过"冻结遮罩"区域时，不能施加任何效果。

单击右侧的 [清除冻结遮罩] 按钮，可以清除该"冻结遮罩"；单击 [反转冻结遮罩] 按钮，会解锁当前被冻结的区域，同时，会冻结先前没有冻结的区域。

5.4.4　全局设置

在 Global Settings[[全局设置]] 参数组中，包含用于设置笔刷的一些公共参数，使用"全局"一词的含义是，这些设置会应用到在 Brush presets[[笔刷预设]] 列表中选择的任意笔刷上。

但是，这些设置也可能会被 Brush Editor【笔刷编辑器】对话框 >>General〖一般〗标签 >>Forced settings[[强制性设置]] 参数组内的设置覆盖。

1）☑Airbrush[喷枪]

控制笔刷的风格是像一支钢笔或是喷枪。默认已经选中该复选框，笔刷像一支喷枪风格，在同一次雕绘过程中，随着鼠标按下时间的增长，会持续累积笔刷效果。

如果取消选中该复选框，则笔刷像一支钢笔风格，在同一次雕绘过程中，即从按下鼠标左键开始进行雕绘直到松开鼠标左键的同一过程中，或称为"一笔中"，变形效果能够迅速地达到最大极限，而且，笔刷多次经过同一点时，不会产生累积效果。

2）□Invert[反转]

默认取消选中该复选框。如果选中该复选框，则使笔刷产生相反的变形方向，或者产生擦除材质的效果。

注意：该选项对有的笔刷无意义，会被禁用。

3）Size[大小↔ □]

向右边拖动滑块，可以增大笔刷半径。笔刷的大小值带有度量单位。

笔刷的大小可以通过 3D 地形预览图中的笔刷半径和指针长短反映出来，如果增大地形分辨率，笔刷分辨率也会相应地增加。

按住 Shift 键的同时，在 3D 地形预览图中，按下鼠标左键上、下拖动，也可以调整笔刷的半径大小，这有利于实时监控笔刷的大小变化。

注意：笔刷会跟随鼠标一起移动，但是，如果把鼠标快速地移动出 3D 地形预览图，笔刷来不及跟随鼠标移出，就会停留在 3D 地形预览图中的某个地方，此时，拖动 Size[大小↔ □] 滑块，也可以实时地监控到笔刷半径的大小变化。

如果使用了压感绘图板（也叫做数位笔），单击右侧的 "⬇" 图标，使之切换为黄色的 "⬇" 状态，那么，笔刷的大小会随着落笔压力大小相应地变化。

4）Flow[流量↔ □]

控制单位时间内笔刷添加（或清除）雕绘效果的快慢程度。流量设置得越高，当按下鼠标时，地形被编辑得越快。

注意：笔刷的总强度是 Flow[流量↔ □] 和 Size[大小↔ □] 共同作用的结果。在 Flow[流量↔ □] 值相同的前提下，笔刷的半径越大，总强度越大！

如果使用了压感绘图板，单击右侧的 "⬇" 图标，使之切换为黄色的 "⬇" 状态，那么，笔刷的流量会随着落笔压力大小相应地变化。

5）Falloff[衰减↔ □]

控制笔刷雕绘效果的强度从笔刷中心到笔刷边缘衰减的速度，值越大，衰减区越陡。也可以改变滤镜来改变笔刷的衰减效果。

6）□Constrain to clipping range[约束到剪裁范围]

默认取消选中该复选框。如果选中该复选框，笔刷雕绘效果不能超出上裁切平面和下裁切平面之间的区域。这是一项很实用的功能。

5.4.5 笔刷编辑器 {{NEW9.0}}

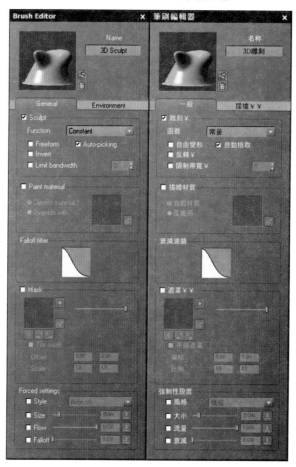

使用 Brush Editor【笔刷编辑器】对话框编辑笔刷，{{NEW9.0}} 是 Vue 9.0 增加的新功能。

在该编辑器中，可以自定义笔刷设置，其中既整合了一些老版本中已有的参数，也增加了一些新的设置。如右图，是选择了 Sculpt[3D 雕刻] 笔刷时，Brush Editor【笔刷编辑器】对话框的界面：

默认情况下，当打开 Terrain Editor【地形编辑器】时，Brush Editor【笔刷编辑器】对话框是打开的，显示的是当前笔刷的设置。当选择另外一个笔刷时，会改为显示新选择笔刷的相应设置。如果改变了某些设置，也就改变了该笔刷的效果。

雕绘地形时，如果认为【笔刷编辑器】的存在妨碍操作，可以单击【笔刷编辑器】右上角的 [关闭] 按钮 ❎，会关闭【笔刷编辑器】对话框。

单击 Brush presets[[笔刷预设]] 列表下侧的 [显示笔刷编辑器] 图标 🔘，使之切换为黄色 "🔘"，可以再次打开【笔刷编辑器】对话框；再次单击该图标，黄色消失，也可以关闭【笔刷编辑器】对话框。

直接在 Brush presets[[笔刷预设]] 中双击某个笔刷，也可以打开其【笔刷编辑器】对话框。

1. 笔刷的标识图片和名称

在【笔刷编辑器】对话框的左上侧，是笔刷的标识图片，单击 🔳 [载入自定义笔刷标识图片] 按钮，会打开可视化图片浏览器，可以从中选择一幅标识图片。对于不熟悉英文的用户来说，可以载入一幅带有中文标识的图片，从这个角度讲，该功能很实用。

单击 [使用自动生成的笔刷标识图片] 按钮█，则会清除自定义的笔刷标识图片，改为使用默认自动生成的灰度图片。自动生成的笔刷标识图片，是【笔刷编辑器】对话框内各个参数组中的设置综合在一起的结果，能够直观地表达出笔刷效果的强弱分布。

在 Name[名称 □] 文本框中，可以更改笔刷的名称。

改变笔刷的标识图片和名称并进行保存之后，也会在 Paint〖雕绘〗标签 >>Brush presets[[笔刷预设]] 列表内做相应更新。笔刷的标识图片还会在可视化笔刷浏览器内使用。

2.〖一般〗标签 {{NEW10.0}}

在 General〖一般〗标签中，包括以下几个参数组。

1）Sculpt[[雕刻]] 参数组

所有具有雕刻功能的笔刷都必须选中 ☑Sculpt[[雕刻]] 复选框，而具有描绘材质功能的笔刷可以选用、也可以不选用该参数组。

在该参数组中，最重要的是 Function〖函数 ▽〗下拉列表。不同的笔刷和该列表中不同的函数相对应，这是一种笔刷区别于另外一种笔刷的关键。如右图：

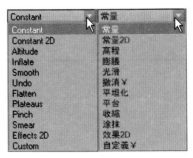

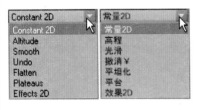

如果单击顶部工具栏右侧的█图标，使之切换为黄色█ [强制 2D]，则 Function〖函数 ▽〗下拉列表只显示对应于 2D 笔刷的函数，如左图：

在该参数组下侧，包括以下几个选项。

□Freeform [自由变形] 和 □Invert[反转]：定义笔刷的行为。如果选中 ☑Invert[反转] 复选框，会反转笔刷的效果，该选项可以和 Paint〖雕绘〗标签 >>Global Settings[[全局设置]] 参数组中的 □Invert[反转] 复选框互相抵消。

□Auto-picking[自动拾取]：把笔刷约束到地形上。

□Limit bandwidth[限制带宽 □]：调整笔刷效果的细节级别。

2）Paint Material[[描绘材质]] 参数组

如果选中 ☑Paint Material[[描绘材质]] 复选框，会使笔刷与某个特定的材质关联起来，

⊙Current material[当前材质]：如果选择该单选按钮，会使用在 Paint〖雕绘〗标签 >>Material[[材质]] 参数组中当前选择的材质层与笔刷发生关联。

○Override with[覆盖用]：如果选择了该单选按钮，会使用右侧材质预览框中显示的材质与笔刷发生关联。单击█ [载入默认用于该笔刷的材质] 按钮，会打开可视化材质浏览器，可以从中选择一种材质。

3）Falloff filter[[衰减滤镜]] 参数组

该滤镜会影响笔刷效果沿笔刷半径的强弱分布，并且会反映到自动生成的笔刷标识图片中。

默认使用的衰减滤镜是一条光滑的衰减曲线，有些类似于毛笔的效果——中心处的墨浓一些，而边缘处的墨淡一些。

根据需要，可以为笔刷选择一种自定义的衰减滤镜。关于如何更换、编辑滤镜，见前文"滤镜"章节。

注意：该衰减滤镜有一些特殊之处，它的水平标尺、垂直标尺范围只处于 0 ～ +1 之间，在水平标尺上，"0"值指向笔刷半径的中心端，"1"值指向笔刷半径的边缘端。此外，在该滤镜的编辑器（即 Brush Attenuation Filter【笔刷衰减滤镜】）中，里面没有外推模式下拉列表。

4）Mask[[遮罩]] 参数组

可以为笔刷赋予一个位图遮罩并设置细分级别。{{NEW10.0}} 在 Vue 10.0 中，对该功能做了很实用的改进，使这项功能变得空前强大！

单击█ [载入] 按钮，或者直接双击图片预览，会弹出可视化图片浏览器，可以载入一幅位图图片，用于制作"图片笔刷"。这是一项很实用的功能，它极大地扩展了笔刷的样式。

举几个最简单的例子：可以使用一幅恐龙骨骼图片在地形上制作"化石"效果；也可以使用文字图片在地形上面制作"天书"效果；如果制作中国画，可表现"皴"技法。

在可视化图片浏览器中，有一个"Terrain brushes[地形笔刷]"子收藏夹，其中包含了一些很好的笔刷图片，大家要善加利用。

该功能所支持的图片格式非常丰富。在图片预览框中，甚至能够预览 .PSD 格式的图片文件。

在 3D 地形预览图中，能看到载入到笔刷中的图片的灰度图。对于 2D 笔刷，图片会随着地形表面的崎岖变化而发生变形；对于 3D 笔刷，图片不会发生变形，但方向可能会随着笔刷指针方向的动态改变而变化。

如果单击图片预览框下侧的"█"图标，使之切换为黄色的█ [固定方向] 样式，那么，旋转 3D 地形预览图时，图片不会伴随着地形一起旋转；如果不启用该图标，旋转 3D 地形预览图时，图片会伴随着地形一起同步旋转。使用这个切换图标，可以使图片笔刷的功能极具灵活性！{{NEW10.0}}这是 Vue 10.0 中增加的新功能。

如果选中☑Title mask[[平铺遮罩]] 复选框，会把载入的图片设置成平铺排列的效果。

注意：图片的平铺排列效果是相对于整个地形而言的，在 3D 地形预览图中，可以看到，图片的灰度图不再出现在笔刷的内部，而是覆盖在整个地形上。

"![icon]"图标或者 "![icon] [固定方向]" 图标，也可以和☑Title mask[[平铺遮罩]] 选项同时发挥作用。

在 Mask[[遮罩]] 参数组的右侧，有一个细分级别滑杆。滑杆的上侧，显示当前载入的图片的总像素数量。改变滑杆上的滑块位置，可以控制笔刷下的子多边形面自动细分的程度（只对 3D 笔刷有效），越向右拖，表示细分程度越高。这样，即使在一个低分辨率的地形上，也可以在大范围内比较精细地雕刻出图片（如恐龙或文字图片）的效果，能够弥补 3D 笔刷以较大笔刷半径在较大范围内雕刻时自动细分级别较低的问题，但这样做的后果，是会导致地形包含的子多边形总数量要增加许多。

5）Forced settings[[强制性设置]] 参数组

该参数组中的参数，与 Paint〖雕绘〗标签 >>Global Settings[[全局设置]] 参数组中有关参数的含义相同，但是，二者的优先级别不同。

在 Forced settings[[强制性设置]] 参数组中，如果勾选了某些选项，与这些选项相应的参数会优先于（或者覆盖）Global Settings[[全局设置]] 参数组中的同名参数；但是，如果取消选中该选项，则笔刷仍然使用 Global Settings[[全局设置]] 参数组中的设置。

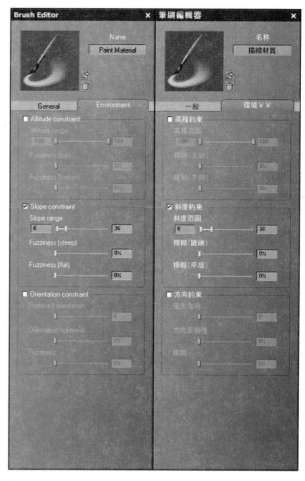

3.〖环境〗标签 {{NEW10.0}}

{{NEW9.0}}Environment〖环境〗标签中的参数设置均是自 Vue 9.0 增加的新功能，这些设置的功能非常强大，可以使笔刷雕绘效果的强弱随着高程、斜度、方向等环境约束条件的变化而改变。如右图：

如果笔刷应用了环境约束，约束范围之内的地方（双滑块之间的地方），是允许进行雕绘的区域，而约束范围之外的地方（双滑块之外的地方），是不允许进行雕绘的区域。

例如，可以只把某种草地材质描绘到平坦的地方，而不描绘到陡峭的地方；也可以只把岩石材质描绘到陡峭的地方，而不描绘到平坦的地方。

该标签中的参数设置，与 Material Editor【材质编辑器】对话框 >>Environment〖环境〗标签中有关参数设置的名称和含义相同，详见后文"材质"章节。

虽然在这里不重复讲解这些参数设置的含义，但是，请大家务必十分重视这部分内容，达到能够非常灵活地操作使用。

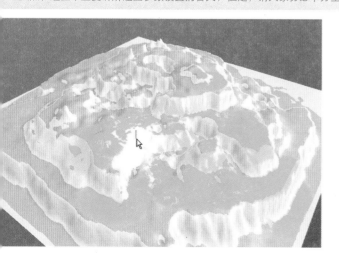

如果笔刷应用了环境约束，在 3D 地形预览图中，在约束范围之外的地方（双滑块之外的地方），会呈现稍有透明度的白色（像结冰了的感觉），笔刷在这些地方进行雕绘时，效果会受到抑制；而在约束范围之内的地方（双滑块之间的地方），仍可以正常预览。这样，用户可以很直观地得知环境约束的详情。这种功能叫做 "Preview Constraints[预览约束]"，{{NEW10.0}} 预览约束是 Vue 10.0 增加的新功能。如左图中，是使用笔刷描绘材质时，因为启用了斜度约束，只能在一定的斜度范围内描绘材质。

注意：当笔刷处于雕刻模式或雕绘模式时，在同一次落笔的过程中，因地形表面变形所导致的环境条件改变会即时地反馈到预览约束中，并即时产生约束效果（但并不机械。通过设置模糊值，可以予以柔化）。

4. 保存、创建笔刷

1）保存笔刷

当修改过某个笔刷的设置之后，在 Paint〖雕绘〗标签 >>Brush presets[[笔刷预设]] 列表内，单击选择另外一个笔刷时，会首先弹出询问对话框。

如果单击 No [否] 按钮，会放弃保存；如果单击 Yes [是] 按钮，会接着弹出询问对话框。

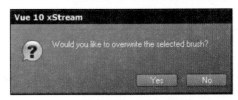

笔刷设置修改后，如果直接单击 Brush presets[[笔刷预设]] 列表下侧的 🖫 [保存笔刷预设] 按钮，也会弹出右图所示的询问对话框。

在右图所示的询问对话框中，如果单击 Yes [是] 按钮，会用修改过的设置覆盖当前所选择笔刷的设置。

注意：一般不要覆盖 Vue 自带笔刷的设置，最好是另外保存一个笔刷文件。

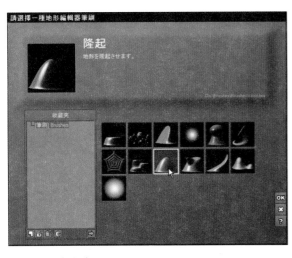

2）另存为新笔刷

在上图所示的对话框中，如果单击 No [否] 按钮，则会弹出中文界面的【另存为】对话框，可以选择要保存的文件夹位置，并输入笔刷文件名（后缀为 ".bru"）、标题、说明等信息，创建的新笔刷文件可用于日后使用或交流共享。

注意：不要混淆 "笔刷的名称" 和 "笔刷文件名" 两个概念。

3）添加笔刷

对于刚刚保存的新笔刷，会自动将其添加进 Brush presets[[笔刷预设]] 列表内。

对于非新保存的笔刷，要想将其添加进 Brush presets[[笔刷预设]] 列表内，请单击 ➡ [添加笔刷至预设列表] 按钮，会弹出 Please select a terrain editor brush【请选择一种地形编辑器笔刷】对话框（即可视化地形笔刷浏览器），可以从中选择一种要添加的笔刷。如左图：

4）删除笔刷

要从 Brush presets[[笔刷预设]] 列表内删除某个笔刷，请选择它，然后单击 🗑 [从预设列表内删除笔刷] 按钮。

注意：这样做只是从列表中删除了笔刷的预览框，并没有删除在硬盘上保存的笔刷文件（文件名后缀为 ".bru"）。

5.4.6 在地形上描绘材质 {{NEW 10.0}}

在 Terrain Editor【地形编辑器】中，能够使用笔刷在地形表面上手工描绘分层材质，使不同的地方分布不同的材质效果。

不管是在标准地形或者程序地形上，都可以描绘材质。但是，不能在无限地形上面描绘材质。

{{NEW10.0}} 在 Vue 10.0 中，对描绘材质功能做了很多项改进，改进后，与 C4D 的 Bodypaint3D 有很多相似之处。

要在地形表面上描绘材质，需要把笔刷模式设为描绘材质模式或雕绘模式。当选择了这两种笔刷模式后，在 3D 地形预览图中，不再显示高程色彩图，而是显示 Materials[[材质]] 列表中不同材质层的 "代表颜色"，可以很清楚地分辨出不同材质层的分布状态。如下图：

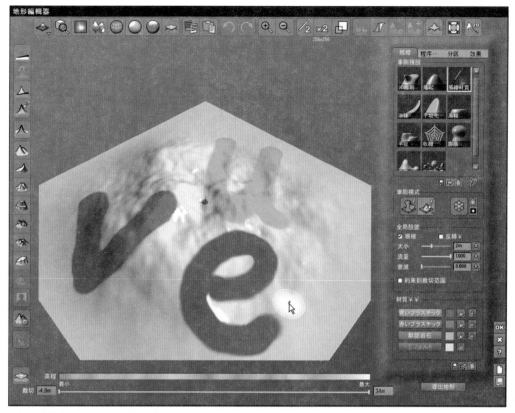

当取消选择这两种笔刷模式时（即改为雕刻模式），在 3D 地形预览图中，仍然会显示正常的高程色彩图。

1. 如何工作

在 Terrain Editor【地形编辑器】中，进入 Paint〖雕绘〗标签 >>Materials[[材质]] 列表中，会看到一个矩形框，里面显示着当前应用到地形上的材质名称 "Default[默认]。现在，应用到地形上面的材质还无法在地形上面描绘材质。

下面，我们讲解如何在地形表面上实现描绘材质的功能。

1）进入描绘材质模式或雕绘模式

启用  [描绘材质] 图标，进入描绘材质模式或雕绘模式，或者单击选择 Brush presets[[笔刷预设]] 列表内的 "Paint Material[描绘材质]" 笔刷，请注意，在 Materials[[材质]] 列表中，在原有默认材质名称的上侧，会自动添加一个名为 "Default rock[默认岩石]" 的新材质层。如右图：

在上图中，可以看到，地形材质变成了具有两个材质层的分层材质。此时，已经可以在地形表面上描绘新添加的 "Default rock[默认岩石]" 材质层。但是，默认添加的 "Default rock[默认岩石]" 材质层通常不是我们所需要的。

2）添加材质层

要在列表中添加更多的材质层，请单击  [添加新材质] 按钮，会弹出可视化材质浏览器，可以从中选择某种材质并载入列表内。重复此操作，可以连续添加多个材质层。

最后载入的材质名称显示在列表的最上侧，并显示为黄色，如右图：

在上图列表中，可以添加任意数量的材质层。而且，可以嵌套分层材质或混合材质，从而得到极其复杂而精细的材质效果。

3）选择当前材质层及设置其代表颜色

某个材质层名称所在的矩形框显示为黄色，表示该材质层是 "当前被选择的材质层"（简称 "当前材质层"）。描绘材质时，笔刷所描绘的就是当前材质层。

可以改变当前材质层，方法是用鼠标在另外一个材质层名称所在的矩形框上单击一下，则该材质层就成为新的当前材质层。

4）设置材质层的代表颜色

在每个材质层的右侧，均有一个色块，这就是该材质层的 "代表颜色"。当在地形表面上描绘材质时，笔刷经过的地方会变成相应的代表颜色，能够很直观地表示所描绘材质的分布状态。

注意：材质层的 "代表颜色" 和 "材质的颜色" 不是一个概念。

可以把不同材质层的代表颜色分别设置成醒目的颜色（方法参见前文"选取颜色"章节），以便于进行描绘，以及分辨材质的分布和遮挡状态。

可以在描绘材质之前就改变材质层的代表颜色，也可以在描绘材质之后再调整材质层的代表颜色。

5）进入 3D 地形预览图

现在，请大家观察 3D 地形预览图，会发现，地形表面上不再显示高程色彩图，而是显示相应材质层的"代表颜色"。同时，笔刷指针的颜色也发生了改变，变成了 Materials[[材质]] 列表中当前材质层的代表颜色。

6）进行描绘

现在，在 3D 地形预览图中，按下鼠标左键进行描绘，就可以根据需要，在地形表面上描绘出当前材质层的代表颜色！

7）管理材质层列表

在 Materials[[材质]] 列表中，在每个材质层的代表颜色的右侧，均有几个小型图标，提供了一些新的管理功能。

单击""图标一次，会切换成""状态，在 3D 地形预览图中，会隐藏相应材质层的代表颜色。这样，可以避免视觉干扰。

再次单击""图标一次，会切换成""状态，在 3D 地形预览图中，会临时锁定相应材质层的分布区域（在 3D 地形预览图中，其代表颜色变得像结冰了的感觉），被锁定的区域叫做"材质层分布遮罩"，在该区域之内，会受到保护，不用笔刷再施加任何雕刻效果（不管是对哪个材质层，在该区域之内，都不能施加雕刻或描绘），也不能通过 Effects〖效果〗标签施加全局效果或侵蚀效果（但是，仍然可以使用左侧工具栏或顶部工具栏中的相关按钮进行调整）。在被锁定区域边缘的过渡地带，笔刷的雕绘效果会减弱。可以同时设置多个锁定区域。

例如，在河流两岸，我们可以先描绘一些沙滩材质层，然后锁定沙滩材质层，再在沙滩材质层分布区域的外侧描绘草地材质层，能够以很高的效率取得不错的效果。

再次单击""图标一次，会切换成正常的""状态。

除了"材质层分布遮罩"，前面我们还讲过"冻结遮罩"，综合使用这些遮罩方法，可以更精确地在地形表面进行雕绘。

要从 Materials[[材质]] 列表中删除某个材质层，请先选择它，然后单击列表下侧的 [删除选择的材质] 按钮即可。当然，也会删除该材质层在地形表面上的存在或分布。

为了强化对描绘地形材质功能的理解，再说明以下几点。

（1）在 Materials[[材质]] 列表中，使用位于上侧的材质层进行描绘，会遮挡下侧的材质层。

（2）在 Materials[[材质]] 列表中，材质层的排列顺序和【材质编辑器】中材质层的排列顺序相同。要改变材质层的排列顺序，需要到【材质编辑器】中更改。

（3）要改变材质层的名称，需要到【材质编辑器】中更改。

（4）准备在地形上描绘材质之前，如果地形已经应用了分层材质，其中的材质层会自动出现在 Materials[[材质]] 列表中。

（5）在 3D 地形预览图中，使用不同的颜色代表分层材质中不同材质层在地形表面上的分布范围，一方面是为了醒目，另一方面，更重要的意义在于：材质层在地形表面上分布之后，还可以到【材质编辑器】中调整该材质层的参数（如改变比例、改变映射模式、改变函数中的参数等），而改变这些参数后，并不会影响该材质层在地形表面上的分布状态。

（6）可以同时描绘多个材质层的材质。方法是，按住 Shift 键，在 Materials[[材质]] 列表中，配合鼠标单击选择，能够加选多个材质层，在 3D 地形预览图中，就可以同时描绘多个材质层的材质了。但是，在视觉上，位于上侧的材质层的代表颜色会遮挡下侧材质层的代表颜色。当选择了多个材质层时，笔刷指针的颜色，显示为所选材质层中最上侧那个材质层的代表颜色。

（7）当锁定某个"材质层分布遮罩"区域后，仍然可以使用该材质层进行描绘，新描绘的区域暂时不会纳入该材质层的"材质层分布遮罩"区域内。要想把新描绘的区域也纳入进该材质层的"材质层分布遮罩"区域内，方法有多种，例如：单击""图标进行解锁，再次切换回""进行锁定；单击选择其他材质层的名称；单击材质层右侧的色块改变代表颜色，等等。但是，改变笔刷的大小、流量、衰减等设置，并不会立即把新描绘的区域纳入进该材质层的"材质层分布遮罩"区域内。

（8）在地形表面上描绘材质的内在工作原理是什么呢？其实质是，在【材质编辑器】>> Color & Alpha〖颜色和阿尔法〗标签 >> Alpha production[[阿尔法生成]] 参数组 >>[阿尔法生成函数] 中，笔刷所描绘的材质层的分布区域会被混合为一个灰度图（称为"分布贴图"），该"分布贴图"被载入一个元节点，并输出阿尔法值产生透明效果，从而显示其下面的材质层（现在不要求大家掌握这些知识，等到后文学习了"材质"和"函数"知识，再回过头来复习，就能够理解了）。在 Materials[[材质]] 列表下侧，使用 [导出阿尔法贴图] 按钮，可以把各个材质层中的"分布贴图"全部导出为若干个图片文件，以备在将来需要编辑时调用。

（9）可以改变在 Materials[[材质]] 列表中处于最底侧的那个材质层的代表颜色，但是，不能用笔刷描绘该材质层。要改变该材质层的局部透明度需要到【材质编辑器】中设置。

2. 擦除材质 {{NEW10.0}}

在描绘材质模式或雕绘模式中，要使用笔刷擦除材质，请在 Paint〖雕绘〗标签 >>Global Settings[[全局设置]] 参数组中选中"☑Invert[反转]"复选框。{{NEW10.0}} 这是 Vue 10.0 给该选项赋予的新功能。

当然，也可以进入 Brush Editor【笔刷编辑器】对话框 >>General〖一般〗标签 >>Sculpt[[雕刻]] 参数组，选中里面的"☑Invert[反转]"复选框

注意：在雕绘模式中，如果选中"☑Invert[反转]"复选框，既会反转雕刻效果，也会同时擦除材质。

3. 使用 2D 效果笔刷进行雕刻的同时描绘材质

前面我们已经讲过，2D 效果笔刷是一类非常强大的笔刷。如果把 2D 效果笔刷设为雕绘模式，其功能更加强大。

如果把 2D 效果笔刷设为雕绘模式，进行雕绘时，能够在产生实际变形效果的地方同时描绘材质，但是，笔刷下没有产生变形效果的地方，不会描绘材质。

例如，选择 Pebbles[卵石效果] 笔刷，首先，在 Brush mode[[笔刷模式]] 参数组中设置成雕绘模式，接着，进入 Brush Editor 【笔刷编辑器】对话框 >>General 〖一般〗标签 >>Forced settings[[强制性设置]] 参数组，展开〖2D 效果 ▽〗下拉列表，从中选择 "Cracks[裂缝]" 效果，那么，使用笔刷在地形表面上进行雕绘时，会在实际产生裂缝变形的地方同时描绘材质，而在没有产生裂缝变形的地方，不会描绘材质。

> 注意: 如果不选择雕绘模式，而只选择描绘材质模式，因为在 Brush Editor【笔刷编辑器】对话框 >>General〖一般〗标签中，整个 Sculpt[[雕刻]] 参数组被禁用，其中的 Function〖函数 ▽〗下拉列表及其内的函数也会被禁用，就不能够再产生 2D 效果了。

在 Terrain Editor 【地形编辑器】对话框 >>Effects 〖效果〗标签 >>Erosion effects[[侵蚀效果]] 列表中，应用某个侵蚀效果时，或者在 Global effects[[全局效果]] 列表中应用某个全局效果时，也可以在实际产生变形效果的地方自动描绘材质。详见后文。

5.5 〖程序高程〗标签 «

如果地形的类型是程序地形，则 Paint〖雕绘〗标签的右侧，会出现一个 Procedural Altitudes〖程序高程〗标签。如右图：

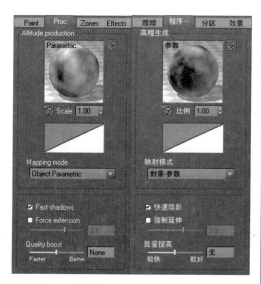

5.5.1 高程生成

1. 高程生成函数和滤镜

在 Altitude production[[高程生成]] 参数组中，包括以下控件。

1）[高程生成函数] 预览框

这是定义地形表面上各点高程的函数。

双击该函数预览框，或者单击预览框下侧的 [载入函数…] 按钮，会弹出可视化函数浏览器，可以从中选择并载入一个新的函数，在其中的 "Terrain Altitudes[地形高程]" 收藏夹中，包含有许多有趣的高程函数预设，大家要善加利用。

在 [高程生成函数] 中，可以使用任何类型的函数。例如，可以使用输出颜色的函数，在这种情况中，颜色会自动转化成亮度值；又例如，在 [高程生成函数] 中，可以使用纹理贴图节点载入位图图片，这是一种利用位图图片生成程序地形的极其实用的方法。

也可以编辑 [高程生成函数]，方法是从函数预览框的右键弹出菜单中选择 "Edit Function[编辑函数]" 命令，或者按住 Ctrl 键单击函数预览框，都会打开 Function Editor 【函数编辑器】对话框，能够直接编辑其中的参数。详见后文 "函数" 章节。

每当更换 [高程生成函数] 时，或者编辑 [高程生成函数] 的参数、映射模式时，Vue 就会重新刷新 3D 地形预览图。当正在进行刷新时，不能同时使用其他的地形编辑工具。

2） [随机化]

单击该按钮，使函数结果产生随机变化。

3）Scale[比例]

调整 [高程生成函数] 映射到地形上的比例。增加该比例值，可以放大地形特征；减小该比例值，可以缩小函数，从而看到该函数更大的部分。

4）[高程生成滤镜]

指定一个滤镜，根据滤镜曲线修改高程。

2. 映射模式 {{NEW9.0}}

在程序地形中，地形的 "函数形状" 还依赖于 [高程生成函数] 在地形上的映射模式。

所谓 "映射模式"，简单地说，其实就是 3D 空间和映射坐标系的组合。3D 空间分为 "世界空间" 和 "对象空间" 两种，而 [高程生成函数] 的映射坐标系分为 "标准" 和 "参数" 两种（比材质函数少），它们总共可以组合得到四种映射模式。可以在 Mapping mode〖映射模式 ▽〗下拉列表内看到这四种映射模式，如右图：

在上图列表内，Object-Parametric[对象 - 参数] 是默认采用的映射模式，无论如何移动、旋转或缩放程序地形，都不会影响地形的几何形状。

如果选用 World[世界]（或 [世界 - 参数]）映射模式，移动、旋转或缩放程序地形时，地形的几何形状均会发生改变。

下面，把在各种映射模式下，随着移动、旋转或缩放地形，地形的几何形状是否会发生改变列表比较如下：

高程生成函数映射模式	移动、旋转	缩放
Object[对象]（或 [对象 - 参数]）	不变形	变形
Object-Parametric[对象 - 参数]	不变形·	不变形
World[世界]（或 [世界 - 参数]）	变形	变形
World-Parametric[世界 - 参数]	变形·	不变形

注意：当映射模式选用的是 Object-Parametric[对象 - 参数] 或 World-Parametric[世界 - 参数] 时，[高程生成函数 ◎] 预览框的左上角会标示为 "Parametric" 字样，而另外两种映射模式会标示为 "10m▽" 字样。{{NEW9.0}} 这是 Vue 9.0 增加的新功能。

3. 改变映射模式

通过 Mapping mode 〖映射模式 ▽〗下拉列表，可以改变 [高程生成函数 ◎] 的映射模式。进行改变时，会首先弹出一个询问对话框，如右图：

为了避免改变程序地形的几何形状，请单击 Yes [是] 按钮，Vue 会给 [高程生成函数 ◎] 添加一些节点（可以在【函数编辑器】中监视这些节点），通过这些节点，能够保护地形的当前形状。当改变了映射模式之后，再移动、旋转或缩放地形时，其形状如何改变，会依据新的映射模式而定。

应当避免像上面这样再三地改变程序地形的映射模式，因为每次改变映射模式，都会把新的节点添加到 [高程生成函数 ◎] 中，结果，可能会造成函数图表变得毫无意义的复杂，使运行缓慢、甚至崩溃！

在上图中，如果单击 No [否] 按钮，会导致地形的表面形状发生改变。

5.5.2　其他设置

在 Procedural Altitudes 〖程序高程〗标签的下部，还有以下几个控制项。

1）☑Fast shadows[快速阴影]

默认已经选中此复选框，会采用一种非常快的算法近似地模拟程序地形投射的阴影。

然而，在某些情况中，该近似算法可能会令人不太满意。例如，程序地形在距离很远的对象上面投射阴影的情况。如果出现这样的情况，应当禁用此选项，以便启用一个更完善的算法，精确地计算程序地形投射的阴影（但这样会使渲染速度慢很多）。

2）☐Force extension[强制延伸↔ ☐]

该参数控制程序地形的高程在垂直方向上取值范围的大小。

在程序地形的垂直方向上，使用一个延伸参数控制地形高程输出值范围的大小。超出此延伸参数的高程值会被裁切（有点儿类似【地形编辑器】对话框下侧的 Clip[裁切 ☐ ↔↔ ☐] 双滑块的功能）。

在 3D 地形预览图中，Altitudes[高程 ◢◣] 色彩图就是根据延伸参数的值分布的。

如果选中 ☑Force extension[强制延伸↔ ☐] 复选框，可以手工调整延伸参数的值。

但是，建议通常情况下取消选中 ☐Force extension[强制延伸↔ ☐] 复选框，让 Vue 自动计算最佳的地形延伸，其缺点是不易处理地貌在垂直方向的大小，需要在三维视图中观察最终效果。

3）Quality boost[质量提高↔ ☐]

该设置调整渲染时生成地形表面形状的精度，它与 Render Options【渲染选项】对话框 >>Render quality[[渲染质量]] 参数组中的 Advanced effects quality[高级效果质量↔ ☐] 设置共同发挥作用。

通常情况下，不要改变此设置。但是，如果在渲染时发现有明显的瑕疵（尤其容易出现在顶峰附近），可以调高该设置予以改善。此外，增加整个图片的渲染质量也会改善程序地形的渲染质量。

在程序地形中，把需要着重表现的区域建立成分区，既可以突出重点，给予主次分明的对待，进行雕刻时，又可以排除其他部分的干扰。

Zones〖分区〗标签只可用于程序地形中。其界面如右图：

在分区内，只能编辑和保存"3D 形状"。建立分区的另外一个优势是：不同的分区可以使用不同的分辨率，当在小范围内雕刻细节时，就建立较小范围的分区，即使因 3D 笔刷自动细分达到了很高的分辨率，也不至于产生巨大数量的子多边形网格。

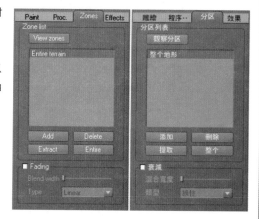

5.6.1 分区列表

在 Zone list[[分区列表]] 参数组中，包含了 Zones 〖分区〗标签的主要功能。

1. 添加分区

在分区列表内，已存在一个"Entire terrain[整个地形]"选项，它代表的是整个地形，所谓"分区"，就是相对于"Entire terrain[整个地形]"而言的。

要创建分区，请单击 Add [添加] 按钮，它会切换为黄色的 Add ，3D 地形预览图会转化为一种类似"顶视图"的状态，我们把该视图称为"分区视图"。按住键盘上的 Ctrl 键上、下拖拉，可以进行缩放，按住键盘上的 Shift 键拖动，可以进行平移，但不能旋转。

把鼠标移动到"分区视图"中，光标会变为"十"样式，在地形上面的某个地方单击鼠标左键并且不要松开，拖拉出一个黄色的矩形区域，到另外一个地方释放鼠标左键，就创建了一个新的分区。

创建了一个新的分区之后，会立即切换回 3D 地形预览图中。

请注意，在 3D 地形预览图中，显示的不再是整个程序地形，而只显示刚刚创建的分区部分！我们把这种只显示某个分区的 3D 地形预览图称为"分区预览"。

在分区列表中，默认使用分区矩形的左下角和右上角的坐标值（坐标的原点位于地形的左下角）作为分区的名称（在"分区视图"中，表示分区范围的矩形会带有一条从左下角到右上角的对角线）。为了易于记忆和使用，可以重命名分区。用鼠标在分区名称上分两次单击，则分区名称会变为可改写的状态，可以输入一个自定义名称。

按照上述方法，可以依次创建多个分区。注意，分区可以重叠。

在分区列表中，按照创建时间的早晚，先创建的分区名称排列在下侧，后创建的分区名称排列在上侧。"Entire terrain[整个地形]"位于最底侧。

在分区列表中，用鼠标单击某个分区名称，可以选择该分区，当前选择分区名称会以反色显示，而且只能选择一个分区。选择了哪个分区，在 3D 地形预览图中，就显示哪个分区的地貌。

要删除某个分区，先选择它，然后单击 Delete [删除] 按钮即可。如果当前处于分区预览状态，删除某个分区后，会切换成分区视图状态。

2. 分区视图和分区预览

单击 View zones [观察分区] 按钮，使之切换为黄色的 View zones ，可以切换成分区视图。

在分区视图中，每个分区都使用一个矩形表示（矩形的左下角到右上角连着一条对角线）。

要在分区视图中选择某个分区矩形，可以在分区视图中直接单击该矩形，也可以在分区列表中单击其分区名称。

在分区视图中，当前选择的分区矩形显示为半透明的浅红色。未被选择的分区矩形显示为亮黄色，"Entire terrain[整个地形]"未被选择时显示为黄色。

再次单击 View zones ，使之切换为 View zones ，可以从分区视图状态切换回当前所选分区的分区预览状态。要显示其他分区的预览图，用鼠标在分区列表中单击选择该分区的名称即可。也就是说，选择了哪个分区名称，就显示哪个分区的预览图。

在分区视图中，直接双击代表某个分区的矩形，也可以直接进入该分区的预览图。

单击 Entire [整个] 按钮，会选择"Entire terrain[整个地形]"，并切换到 3D 地形预览图视图状态。通常意义上说的 3D 地形预览图指的是选择"Entire terrain[整个地形]"时的视图。

3. 分区在世界浏览器中的显示

如果程序地形中带有分区，在【世界浏览器】中，该程序地形会把所包含的分区名称以层级结构的形式显示出来。

在【世界浏览器】中展开程序地形的分区名称层级后，直接双击某个分区名称，也可直接打开【地形编辑器】对话框，并直接显示该分区的预览图。

4. 编辑分区

分区内只能编辑和保存"3D 形状"。"3D 形状"的精度和分区的分辨率大小成比例，而"2D 形状"仅仅和整个地形的分辨率大小成比例。

可以分别在不同的分区中进行雕刻，在各个分区中制作的雕刻变形效果会独立地保存在相应的分区里面。

当创建了第一个分区之后，只能使用 3D 设置来编辑分区（如果在分区上使用了 2D 笔刷，会被转换并保存成"3D 形状"）。应用 3D 笔刷时，不同的分区可以使用不同的分辨率，对需要重点表现的分区，可以使用非常高的分辨率进行工作（3D 笔刷会自动细分），生成非常详细的地貌。

当选择了"Entire terrain[整个地形]"之外的其他某个分区时，Effects 〖效果〗标签会暂时隐藏，表明不能在分区上面应用 2D 性质的全局效果或侵蚀效果。

如果分区发生了"重叠"情况，在分区列表内，名称排列在上面的分区会"覆盖"排列在下面的分区（但不会覆盖"Entire terrain[整个地形]"上的"2D 形状"和"函数形状"，因为这是地形的基础，是在分区中进行雕刻修饰的参考）。因此，我们需要注意，在分区列表内，分区名称的排列顺序也很重要（但是无法调整该顺序，它们只能按照创建的早晚排列）。

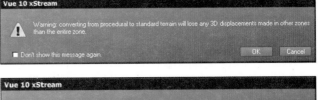

只能针对"Entire terrain[整个地形]"绘制材质，而不能在其他分区中描绘材质。

当把带有分区的程序地形转换为标准地形时，会弹出警告信息，如右图：

在上图中，单击 OK [确定] 按钮，把程序地形转换为标准地形之后，会丢失除了"Entire terrain[整个地形]"之外其他各个分区中的"3D 形状"信息。

5. 提取分区 {{NEW9.0}}

在程序地形中创建的某个分区，可以分离出去，使该部分成为独立的新程序地形对象。{{NEW9.0}} 这是 Vue 9.0 增加的新功能。

选择某个分区后，单击 Extract [提取] 按钮后，会弹出询问对话框，如右图：

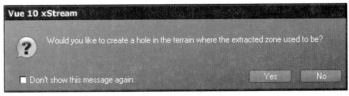

在上图中，单击 No [否] 按钮，相当于把该分区"复制"成一个新的程序地形对象；而单击 Yes [是] 按钮，相当于把该分区从原来的程序地形内"开挖"出去。新的程序地形对象的位置、大小和该分区相同。

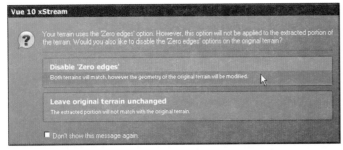

如果在原来的程序地形上启用了 ∧ [零边] 选项，在上图中，无论是单击 Yes [是] 按钮，或者是单击 No [否] 按钮，均会首先弹出询问对话框，如左图：

单击超大按钮 Disable 'Zero edges' [禁用 '零边']，则分区被提取后，生成的新地形对象的形状会和原来的地形匹配起来，而原来地形的形状会因为禁用 '零边' 选项而被修改。

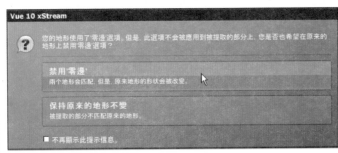

单击超大按钮 Leave original terrain unchanged [保持原来地形不变]，则分区被提取后，生成的新地形对象的形状不会和原来的地形匹配。

使用上述提取分区的功能，我们可以把原来程序地形中比较漂亮的一小部分提取出来，达到"取其精华、去其糟粕"的目的。

5.6.2 衰减

对于某个分区，如果选中☑Fading[[衰减]]复选框，在该分区四周边缘，可以控制在该分区中的雕刻变形与其周围地形相连接的地方如何混合，以便形成自然的过渡连接。

每个分区可以独立地设置是否选中□Fading[[衰减]]复选框，以及如何衰减。

Blend width[混合宽度↔]：定义混合区域的宽度。

Type〖类型 ▽〗：可以从该下拉列表中选择一种混合类型，如右图：

<table>
<tr><td>Linear ▽</td><td>線性 ▽</td></tr>
<tr><td>One</td><td>一</td></tr>
<tr><td>Linear</td><td>線性</td></tr>
<tr><td>Cos</td><td>余弦</td></tr>
<tr><td>Sin</td><td>正弦</td></tr>
<tr><td>Gaussian</td><td>高斯</td></tr>
</table>

5.7 〖效果〗标签 《

Effects〖效果〗标签既可以用于标准地形，也可以用于程序地形，但不能用于无限地形。该标签如右图：

通过 Effects〖效果〗标签，能够生成 2D 性质的变形效果，这些效果会作用在整个地形表面上，属于"全局效果"。前文讲过的 2D 效果笔刷，相对于"全局效果"而言，是一种"局部效果"。

5.7.1 侵蚀效果

位于 Erosion effects[[侵蚀效果]]列表中的效果，用于模拟地形表面在冷热、风力、水力等外界自然环境因素的长期（如数百万年中）侵蚀作用下，所形成的变形效果。

在每个按钮的后面，都带有三个小点状的"…"标记，其含义是，如果持续单击某种侵蚀效果的按钮，会持续加强该种侵蚀效果（有的表现为持续增高、变大，有的表现为持续降低、变小）。

在施加侵蚀效果的过程中，可以随时调整岩石的硬度。调整 Rock hardness[岩石硬度↔]滑杆上的滑块，会影响所有的侵蚀过程。

一般来说，坚硬的岩石受到的侵蚀程度比较软的岩石要小。如下左图表示坚硬的岩石在水流冲刷下的侵蚀效果，而下右图表示较软的岩石在水流冲刷下的侵蚀效果。

共有以下八种侵蚀效果可用。

1）　Diffusive...　[散布…]

是多种侵蚀因素（如：植物生长、动物放牧、风、热、水等因素）经历数百万年综合作用的结果。

它使地形原有的尖锐棱角变圆，侵蚀区域不集中、遍及整个地形表面，不宜表现陡峭的山脉。

坚硬的岩石受到的侵蚀程度比松软的岩石要小。

2) Thermal... [热力…]

岩石受到强烈的高温曝晒或低温冰冻作用而发生破裂，导致底层土壤松开，后来，晒碎或冻碎的土粒、石块滚落到斜坡的底部堆积起来。

热力侵蚀会创造带有比较固定角度的碎石斜坡（斜坡比较光滑）。

通过 Rock hardness[岩石硬度↔] 滑杆，可以控制碎石斜坡的角度。岩石越硬，斜面越陡峭（这并不像真实的地质学现象那样精确）。

3) Glaciation... [冰川作用…]

大量冰块和积雪在重力作用下汇集成冰川，在地形的低谷中运动时产生刮擦、撞击、撕扯等作用，结果是产生典型的、带圆形轮廓的光滑山谷或河谷。这种效果主要对地形的根部造成破坏、削减。

坚硬的岩石受到冰川作用的侵蚀程度比松软的岩石要小。

4) Wind... [风力…]

风力侵蚀（或称为风化）使直接暴露在风中的地貌变得圆滑。

在 Vue 中，风向是水平地从左向右吹。因为风力被其他地形遮挡而受到保护的部分（如背风面），不会像完全暴露在风中的地形（迎风面）那样受到影响。坚硬的岩石受到风力的侵蚀程度比松软的岩石要小。

要改变风向，可以使用【地形编辑器】对话框顶部工具栏中的 [复制] 按钮和 [粘贴] 按钮，在其他 2D 软件中旋转地形的高度图，间接地实现改变风向的目的。

5) Dissolve... [溶解…]

溶解侵蚀是由于雨水渗入地表，并溶解、冲刷掉部分地表土造成的，在地表形成多条曲线状的河流效果。水往低处流，所以在较低的地方会产生较多、较深的沟壑。

如果岩石坚硬，沟壑会比较狭窄；但如果岩石较软，沟壑会比较宽，而且整个地表会趋于平滑。

6) Alluvium... [冲积…]

与 Dissolve... [溶解…] 侵蚀类似，都是由于雨水的原因造成的侵蚀。但不同之处是，Alluvium... [冲积…] 侵蚀效果更强调的是泥沙的"冲刷、沉积"，会在低处的沟壑底部淤积成平面，可以理解为"大雨过后、洪水渐停、泥沙淤积"的结果；而 Dissolve... [溶解…] 侵蚀强调的是雨水对地表的"溶解、冲刷"，可以把它理解为"雨越下越大、山洪猛涨、水土流失"的后果。

7) Fluvial... [河流…]

是雨水汇成多股河流造成的侵蚀。当暴雨持续降落到地表上时，河水陡涨，流速很快，冲碎、冲走大量石块。该效果既在低处形成，也在高处形成。

当岩石表面坚硬时，河流趋于长而平行，河岸较陡；当岩石表面较软时，会更加迅速地合并成较大的河流，河岸边的泥土会坍塌，形成宽而平缓的河滩。

8) RiverValley... [河谷…]

应用一种精确的、模拟河谷状地质效果的侵蚀滤镜。因为它很精确，所以速度有点儿慢。

5.7.2　按固定次数重复施加效果 {{NEW10.0}}

对于某种效果按钮，如果用鼠标左键单击一次，只施加一次效果；如果用鼠标左键持续按住某种效果按钮，可以持续施加效果；还可以通过鼠标右键按固定的次数重复施加效果。

{{NEW10.0}} 按固定的次数重复施加侵蚀效果或全局效果，是 Vue 10.0 增加的新功能。这种功能，既适合于 Erosion effects[[侵蚀效果]] 列表中的效果，也适合于 Global effects[[全局效果]] 列表中的效果。

用鼠标右键单击某种效果按钮，会弹出如右图对话框：

在上图所示的对话框中，标题栏显示的是用鼠标右键所单击的效果名称。根据需要或经验调整 Iteration count[重复次数↔ □] 的值，然后，单击 [确定] 按钮，会按照设置的重复次数连续施加相应的侵蚀效果或全局效果，处理进度如右图：

通过按固定次数重复施加侵蚀效果或全局效果，可以快速地得到比较强烈的变化效果。

5.7.3 全局效果

在 Global effects[[全局效果]] 列表中，包括十二种地质效果。

在每个按钮的后面，也都带有三个小点状的 "…" 标记，其含义是，如果持续单击某种全局效果按钮，会持续加强该种全局效果。

下面，我们列表比较这十二种地质效果：

全局效果的名称	形状特点	形成特点
Grit… [粗砂…]	点状（较小）	随机分布模拟粗砂的噪波，持续按鼠标左键，变粗糙、变大、变高、变厚
Gravel… [砂砾…]	点状	类似 Grit… [粗砂…]，但砂砾多集中在斜面处
Pebbles… [鹅卵石…]	点状	随机分布卵石，可表现卵石岸滩，多为石质
Stones… [石头…]	点状（较大）	随机分布滚圆的石头，持续按鼠标左键，变大、变高，可表现岩石状地貌，多为石质
Peaks… [山峰…]	陡峭斜面	使高处更高、更陡、更瘦，使低处更低。多是年轻的山
Plateaus… [高原…]	曲面	将较高高程的山顶膨胀为平台，变平坦开阔，与 Peaks… [山峰…] 相反。山顶多土质。与 Stones… [石头…] 效果联合使用，会形成有趣的效果
Terraces… [梯田…]	多组平行面	将斜坡变梯田，总的形状变化不大。多土质，如人工梯田
Stairs… [阶梯…]	多组平行面	地形变化为较均匀的阶梯状，可模拟荒凉的平台。持续单击可以减小阶梯的数量，整个地形快速变低、变瘦、变小、消失
Fir trees… [杉树…]	垂线状（较粗）、圆锥状	随机分布尖锥体，持续按住鼠标左键，变高、变粗。如长期形成的喀斯特地貌，也可以模拟远处的森林
Sharpen… [尖锐…]	曲线状	棱角分明、陡峭、险峻，变形不大。多石质
Craters… [陨石坑…]	半球状坑	随机分布弹坑、陨石坑。可模拟战争中的炮弹坑、月球
Cracks… [裂缝…]	曲线	随机形成侧壁很陡的裂缝。可模拟地震裂缝，或者模拟洪水冲刷出的沟壑效果

5.7.4 在侵蚀效果或全局效果上应用材质

如果选中 ☑Apply material to effect[应用材质到效果] 复选框，并且已选择了 🖌 [描绘材质] 笔刷模式的话（但与是否选择笔刷的 🔨 [雕刻] 无关），施加上述侵蚀效果或全局效果时，在实际产生变形效果的地方，还会自动描绘材质。

在 Paint 〖雕绘〗标签 >>Materials[[材质]] 列表内，可以选择一个或若干个当前要自动描绘的材质层。

注意：如果在地形上面应用了 "材质层分布遮罩" 区域或 "冻结遮罩" 区域，也会对 Effects 〖效果〗标签中各种全局效果或侵蚀效果（包括应用材质到效果）的分布产生影响。

5.8 球形场景和星球地形 《《

为了创建从高空中俯瞰整坐城市或从太空中俯瞰整个星球的效果，很有必要创建 "球形场景"。

球形场景分为 "基本球形场景" 和 "星球场景"。"基本球形场景" 适用于创建城市级的场景，而 "星球场景" 适用于创建星球级的场景。

如右图，就是一个星球级的场景：

5.8.1 球形场景

1. 启用球形场景

要启用基本球形场景，方法是，选择 File【文件】主菜单 >>Options…[选项…] 命令，会打开 Options【选项】对话框，进入 Units & Coordinates〖单位和坐标系〗标签，选中 ☑Spherical scene[[球形场景]] 选项即可。如右图：

如果调整 Scene radius[场景半径↔ ▢] 的值（默认数值是地球的半径值），会全局性地调整整个基本球形场景的半径。但是，Scene radius[场景半径↔ ▢] 的值最小是 1km，如果输入小于 1km 的值，会自动调整为 1km。

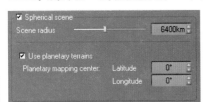

要启用星球场景，需要首先选中 ☑Spherical scene[[球形场景]] 复选框，然后再选中 ☑Use planetary terrains[使用星球地形] 复选框。如左图：

当选中 ☑Use planetary terrains[使用星球地形] 复选框时，会首先弹出一个询问框，警告切换到星球地形会改变无限程序地形（即无限地形）的形状，如右图：

2. 球形场景和平面场景的比较

系统默认创建的场景是"平面场景"，之所以冠以"平面"二字，是因为在平面场景中，使用的是平面直角坐标系统，无限地形也是平面的。

> 注意：如果我们从太空中观察平面场景（把相机移动到离地面足够高的太空中），就会发现，平面场景中的无限平面（如地面、水面、云层，但不包括无限地形）和大气（如天空、雾）都是"球形化"的，平面场景实际上是和地球一般大小的场景。下面，通过一个实例加以验证：

（1）新建一个场景。在【世界浏览器】>> 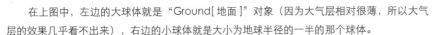〖对象〗标签中，展开相机组，双击其中的"Top camera[顶部相机]"，使之激活为当前活动相机（快捷键为 Ctrl+ 数字 1）。

（2）进入【对象属性】面板 >> ▭▭▭〖参数〗标签中，把"Top camera[顶部相机]"的位置值由默认的"（0m，0m，50m）"改为"（0m，0m，30000km）"，即把相机升高到 3 万公里的高空向下观察。

（3）新建一个球体，设置其大小为地球半径的一半，即"（（XX=6400km，YY=6400km，ZZ=6400km））"。然后，设置该球体对象的位置为"（0m，0m，6400km）"。

（4）用鼠标左键单击【顶部相机视图】标题栏中的 🖱 [🖱快速渲染 ‖ 🖱快速渲染选项] 图标，进行快速渲染，观看一下效果，如右图：

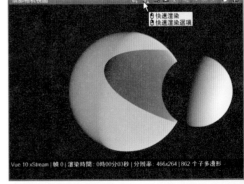

在上图中，左边的大球体就是"Ground[地面]"对象（因为大气层相对很薄，所以大气层的效果几乎看不出来），右边的小球体就是大小为地球半径的一半的那个球体。

（5）选择场景中默认创建的"Ground[地面]"对象，进入【对象属性】面板 >> ✎〖外观〗标签页，选择 😊 [渲染时隐藏]。再次快速渲染，就能够看到大气层的效果，如左图：

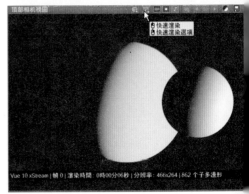

因此，尽管人们习惯于把地面、水面、云层等对象称为"无限平面"，但是，通过上面这个实例，我们应当理解的是，所谓"无限"，是相对而言的。

那么，既然平面场景中的无限平面和大气均是"球形化"的，为什么还需要球形场景呢？这是因为，球形场景和平面场景相比较，有以下几个方面的特殊性。

（1）球形场景中的无限地形会"球形化"

在平面场景中，无限地形是真正无限大的平面（带有高低起伏）。

而在球形场景中，有着本质不同的是，无限地形也会"球形化"。可以使用无限地形来模拟城市级或星球级场景中带有起伏变化的弧形地面。

注意：不管是在平面场景中，或是在球形场景中，标准地形和程序地形（指一般的程序地形，不包括无限程序地形）均不会被"球形化"。

（2）球形场景中的坐标系会"球形化"

在球形场景中，坐标系也会发生圆弧形的弯曲。其中X、Y坐标轴朝向场景中心发生弯曲（也可以理解成"被球形化了的空间"），相应的，沿着X、Y坐标轴移动对象时，走的也是圆弧形的"弯道"。而坐标系的Z轴则从场景中心出发，沿场景的半径指向天空，相应的，不管在哪个方位放置对象（如树、建筑、人物等），其"头"总会朝向天空，而"脚"总会朝向地心。因此，球形场景更利于模拟太空中星球级的场景。

如右图就是一个星球级的场景（为了便于说明问题，场景中使用了特别大的树和建筑）：

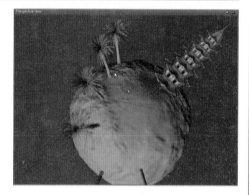

在平面场景中，使用的是平面直角坐标系，其三个坐标轴都是直线。在表现小范围的场景（如一座山、一个公园）时比较方便，也符合大众的理解习惯，但是，不适宜模拟星球级的场景。虽然从太空中看，平面场景中的无限平面（不包括无限地形）和大气也是"球形化"的，但这充其量只能算是"个别球形化"，不能代表整个场景都是"球形化"的。

（3）球形场景的大小可以方便地调整

在球形场景中，通过调整 Scene radius[场景半径↔ □] 参数，可以全局性地快速改变整个场景的大小（例如无限平面、无限地形、大气、云层、空间中的对象位置），有利于模拟不同大小的城市级或星球级场景。

在平面场景中，没有类似"Scene radius[场景半径↔ □]"的参数，不能调整"Ground[地面]"对象的"半径"，也不能全局性地调整大气的"半径"，只能逐个地调整无限平面和大气的 Z 坐标值。

3. 球形场景的坐标原点和中心在哪里

在球形场景中，以场景的"北极"作为坐标原点"（0，0，0）"。从【前视图】或【侧视图】看，当地面对象的 Z 坐标值为 0 时，其网格曲面最上边正中的点就是"北极"的位置。

可以很容易理解，球形场景的中心的坐标值等于"（0，0，[场景半径]）"。

注意：球形场景的中心和坐标原点不是同一个概念。

从太空中看，球形场景中的无限地形、无限平面（如地面、水面、云层）和大气（如天空、雾），都使用球形场景的中心作为共同的球心。

现在，我们可以推算球形场景中的无限地形、无限平面或大气的"半径"，其公式为：

$$"半径" = [场景半径] + Z 坐标值$$

所以，在球形场景中，分别沿 Z 轴向上移动无限地形或无限平面，会分别增加其"半径"；而增加 Scene radius[场景半径↔ □] 的值，则会全局性地增加无限地形、无限平面和大气的"半径"。

4. 基本球形场景和星球场景的比较

下面，我们把基本球形场景和星球场景比较如下。

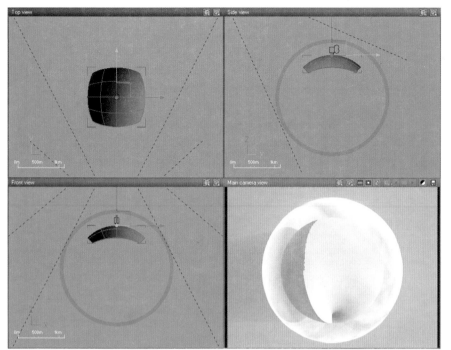

1) 场景范围不同

在基本球形场景中, 无限地形被限制到以"北极"为中心的1/6球面范围内, 渲染时只显示这一范围; 选择地面、水面或无限地形, 其红色网格都会自动变成以"北极"为中心的"有限"的1/6球面 (但渲染地面、水面时, 仍会渲染成完整的球形); 有厚度的云层 (如光谱云层) 在【前视图】或【侧视图】中显示为一个圆环。

如左图中, 是在基本球形场景中的地面、光谱云层:

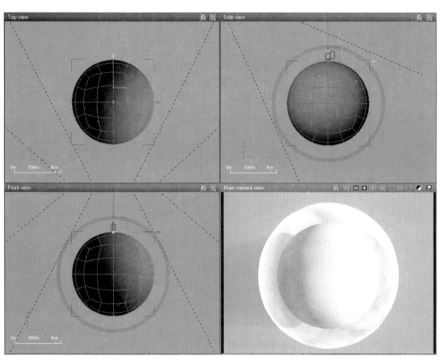

在星球场景中, 无限地形会覆盖整个星球的表面, 渲染时也是一个完整的球形; 选择地面、水面或无限地形时, 其红色网格是一个完整的球面; 有厚度的云层在【前视图】或【侧视图】中显示为一个圆环。

如左图中, 是在星球场景中的地面、光谱云层:

2) 无限地形的拉伸变化程度不同

在基本球形场景中, 无限地形与使用相同函数的程序地形在外观上差异不大。

在星球场景中, 无限地形会覆盖整个星球的表面 (星球场景内的无限地形也叫"星球地形", 详见下文), 会产生较大的拉伸变形, 能够在边缘地带形成"无缝"的完美连接。星球地形与使用相同函数的程序地形在外观上差异很大。

再强调一次, 不管是在基本球形场景中, 或是在星球场景中, 标准地形和程序地形 (指一般的程序地形, 不包括无限程序地形) 均不会被"球形化"。

3) 移动对象的极限不同

在平面场景中, 锁定某个轴向移动对象时, 走的是直线路径, 并且没有任何限制。但在球形场景中, 锁定 X、Y 轴向移动对象时, 走的却是圆弧形的"弯道" (注意, 在视图中, 对象的移动工具并没有采用圆弧形的箭头)。而且, 这条"弯道"还有尽头, 换句话说, X、Y 坐标有正、负极限值; 而沿着 Z 轴移动对象时, 最低只能移动到场景的中心点, 换句话说, Z 坐标拥有负极限值。

在基本球形场景中, X、Y 坐标正、负极限值和 Z 坐标负极限值的计算公式分别为:

$$基本球形场景的 X、Y 坐标正、负极限值 = (+) 2\pi \times [场景半径] \div 4 \div 2$$

$$基本球形场景的 Z 坐标负极限值 = -[场景半径]$$

例如, 在场景半径为 1km 的基本球形场景中, X、Y 坐标正、负极限值为: $(\pm) 2 \times 3.1415 \times 1000 \div 4 \div 2 = (\pm) 785.4$ 米; Z 坐标负极限值为: -1km。

大家可以试一试，在基本球形场景中，沿 X、Y 轴拖动对象，拖动到 1/6 球面的边缘时，就无法再向前拖了。即使在 [参数]标签>> [位置] 中强行输入超出正、负极限值的位置值，也没有什么效果，其位置值仍会自动恢复为正、负极限值。需要注意，当沿 Z 轴向上拖动对象时，因为空间是弯曲的，感觉上对象在 X、Y 轴向上离原点更远，但实际上 X、Y 位置值并没有变。

在星球场景中，X、Y 坐标正、负极限值和 Z 坐标负极限值的计算公式分别为：

星球场景的 X、Y 坐标正、负极限值 = （±）2π×[场景半径]÷2

星球场景的 Z 坐标负极限值 = -[场景半径]

例如，在场景半径为 1km 的星球场景中，X、Y 坐标正、负极限值为：（±）2×3.1415×1000÷2=（±）3142 米；Z 坐标负极限值为:-1km。

大家可以试一试，在场景中沿 X、Y 轴拖动对象，最远移动到"南极"时，便无法再向前拖动了，即使在 [参数]标签>> [位置] 中强行输入超出正、负极限值的位置值，也没有什么效果，其位置值仍会自动恢复为正、负极限值。

4）主要用途不同

基本球形场景适宜模拟城市级的场景；星球场景适宜模拟星球级的场景。

5）是否能使用球形坐标系和星球投影纹理贴图节点

只有在星球场景中，才能够使用" [球形坐标系]"（见下文）。只有在星球场景中，才能够使用"Planet Projected Texture Map{ 星球投影纹理贴图 }"节点。

5. 球形坐标系

在星球场景中，如果变换坐标系选择的是" [全局坐标系]"，则在变换工具助手选项的上边，会多出一个" "选项，用鼠标单击，可切换为深色的" [球形坐标系]"模式，如右图：

也可以进入 Display【显示】主菜单>>Gizmos〖变换工具▶〗子菜单，选择其中的 üSpherical Coordinates[球形坐标系] 选项，同样能切换至" [球形坐标系]"模式。

在星球场景中移动、放置对象时，使用" [球形坐标系]"模式，是非常有利的。在这种模式中，在场景中锁定 X 轴向移动对象，会沿着连接"北极"和"南极"的经线方向的"弯道"移动，在场景中锁定 Y 轴向移动对象，会沿着纬线方向的"弯道"移动。

5.8.2 球形场景中对象和大气的显示设置

1. 球形显示模式

在球形场景中，为了更方便地观察纹理贴图或操纵对象，可以改变显示模式。

默认情况下，在 Display【显示】主菜单中，已经选中 >>✓Spherical Display[球形显示] 菜单选项。3D 视图中会显示"球形化"的场景（可理解成"被球形化了的场景空间"）。

注意：如果组对象是在平面场景中创建的，在平面场景转换为球形场景并进入球形显示模式之后，组对象是作为一个整体发生"球形化"的，其中的所有成员对象相对于组对象的位置关系仍然保持不变。如果解散该组对象，被解散出来的对象的位置才会发生"球形化"的分布。

如果取消选中 Spherical Display[球形显示] 选项，则地面、水面、无限地形的形状会显示成好像在平面场景中那样（注意，渲染时仍然是球形

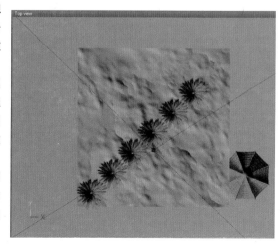

的），场景中所有对象在 3D 视图（OpenGL 视图）中的位置分布，也恢复成平面场景的状况（渲染时仍然会"球形化"分布），坐标系也变成了平面直角坐标系的样式。在某些情况下，取消选中 Spherical Display[球形显示] 选项，有助于放置对象和监视纹理贴图的效果。

如左图，是选中 ✓Spherical Display[球形显示] 选项时的【前视图】。右图，则是取消选中该选项时的【顶视图】：

2. 球形场景中大气的显示设置

可以在【主视图】中预览球形场景中的大气，还可以预览太空，太空是黑色的。

在 Options【选项】面板 >>Display Options〖显示选项〗标签 >>☑OpenGL atmosphere preview[[OpenGL 大气预览]] 参数组中，如果选中 ☑Preview clouds[预览云层] 复选框，会在 3D 视图（OpenGL 预览）中显示云层效果。

> 注意: 如果选中 ☑Preview clouds[预览云层] 复选框，会非常消耗资源，导致系统缓慢，有些大气效果可能需要两分钟才能生成最终的分辨率。因此，如果用户十分追求完美的实时预览，很有必要使用较高性能的硬件配置。

如果取消选中 ☐Preview clouds[预览云层] 复选框，则不在 OpenGL 预览中显示云层效果。

在编辑场景的过程中，无论在何时，展开【主视图】标题栏中的 🔽[视图显示选项] 下拉菜单，选择其中的 Refresh Sky[刷新天空] 命令，都可以强制刷新大气预览。

> 注意: 移动相机位置，并不会立即刷新大气预览。当移动相机远离上一次刷新大气预览的地方时，大气预览会衰减到背景之中，表明大气预览过期了。还要注意，如果相机的高度超过场景半径，天空预览会显示为深黑色。

5.8.3 星球地形

不管是在基本球形场景中，还是在星球场景中，无限地形都能够发挥非常重要的作用。

在这两种球形场景中，编辑无限地形的方法是一样的。下面，我们以星球场景为例，说明编辑无限地形的特点。

1. 创建星球地形

前面已讲过，在星球场景中，无限地形会转换为一个表面带有起伏变化的完整球体，可以使用这种无限地形模拟太空中真实星球表面的形状。所以，在星球场景中，无限地形也叫做"星球地形"。换句话说，在星球场景中使用的无限地形，就叫做星球地形。

当启用星球场景时，会把场景中已存在的无限地形变形为一个星球地形（见前文）。

当启用星球场景之后，新创建一个星球地形的过程，其实仍然是新创建一个无限地形的过程；此外，在 Terrain Editor【地形编辑器】中，还可以使用 🔽[地形选项…] 下拉菜单，把程序地形转换为无限地形，也能够得到一个星球地形。

2. 移动星球地形

在星球场景中，不能沿 X、Y 轴向移动星球地形。但是，可以沿 Z 轴方向移动星球地形的高度位置，这相当于改变了星球地形的"半径"。

在星球场景中，不能旋转星球地形。在变换工具助手中，会隐藏右侧的变换模式切换图标。

> 注意: 在星球场景中，能否移动或旋转地面、水面，与星球地形的情况一样。但是，可以沿 X、Y、Z 轴向移动或绕 Z 轴旋转云层对象。

3. 编辑星球地形

因为星球地形本质上是无限程序地形，所以，在 Terrain Editor【地形编辑器】中，可以像编辑程序地形一样编辑星球地形。

在【地形编辑器】内，仍然可以使用笔刷雕刻星球地形。因为星球地形会产生较大的拉伸变形，所以，雕刻效果也会有较大的变形。

因为星球地形属于无限程序地形，所以不能在其上描绘材质。

不管是在球形场景中还是在平面场景中，编辑无限地形时，【地形编辑器】中的 Effects〖效果〗标签均会隐藏，表示不能应用该标签中的侵蚀效果或全局效果。

4. 星球映射模式

在星球场景中，可以使用 "Planet Projected Texture Map{ ☐ 星球投影纹理贴图 }" 节点把一幅纹理图片投影（墨卡托投影）到星球地形上。{{NEW8.5}} 这是 Vue 8.5 增加的新功能，暂时不要求掌握本小节内容，可以等学完了后文 "函数" 章节之后，再回过头来复习。

> 注意: 只有在星球场景中，才有 "Planet Projected Texture Map{ ☐ 星球投影纹理贴图 }" 节点。在基本球形场景中或平面场景中，没有该节点。

当在 Function Editor【函数编辑器】的图表内添加一个 "Planet Projected Texture Map{ ☐ 星球投影纹理贴图 }" 节点时，该节点会根据星球地形上点的位置返回图片的颜色值，通过该节点中的 Image offset Latitude Longitude[图像偏移 纬度 ☐ 经度 ☐] 参数，可以偏移纹理贴图的投影位置。

在 Options【选项】对话框 >>Units & Coordinates〖单位和坐标系〗标签 >>☑Spherical scene[[球形场景]] 参数组的下侧，有一个 Planetary mapping center: Latitude Longitude[星球映射中心: 纬度 ☐ 经度 ☐] 参数，该参数用于定义星球映射中心的位置。

本节,我们以3D合璧版"富春山居图"为例,讲解地形的应用。

2010年3月14日,十一届全国人大三次会议闭幕后,温家宝总理在回答中国台湾记者提问时讲了一个故事:"元朝有一位画家叫黄公望,他画了一幅著名的"富春山居图",79岁完成,完成之后不久就去世了。几百年来,这幅画辗转流失,但现在我知道,一半放在杭州博物馆,一半放在台北故宫博物院,我希望两幅画什么时候能合成一幅画。画是如此,人何以堪。"

"富春山居图"系"元四家之首"被称为中国山水画一代宗师的黄公望所作。他的山水画"山川浑厚草木华滋",堪称山水画的最高境界。该画以水墨描写富春江两岸初秋景色,峰峦叠嶂,林木葱郁,疏密有致,是黄公望水墨山水之巨作。该画被推为黄公望的"第一神品",却历经沧桑。明画家沈周曾收藏此画,却在请人题跋时丢失。明代一位收藏家得到真迹后,爱不释手,至死不能割舍,嘱咐焚烧此画殉葬。画刚投入火炉,他的侄子眼疾手快,用一幅假画将此画换出,但画的局部已经烧掉了。重新裱装修补后变成了两段,前段又称"剩山图",面积为31.8厘米×51.4厘米,后段面积为33厘米×636.9厘米。前段画幅虽小,但比较完整,后为浙江收藏家吴湖帆所得并于新中国成立后捐献给浙江博物馆;后段则修补较多,目前被收藏在中国台湾故宫博物馆。据说前段还曾与一幅伪作同时入过清宫,自诩善于画作鉴定的乾隆皇帝将伪作定为真品,还题了不少款,后被查实为赝品。

下图是"富春山居图"局部:

[1]——前段:现收藏于浙江博物馆

[2]——被火烧掉的一部分

[3]——后段局部:现收藏在中国台湾故宫博物院

我们的创作任务是临摹这幅作品,以3D图像的方式使被火烧断的两部成功合璧。

5.9.1 构图

1)构图分析

首先,我们分析"富春山居图"的构图元素,把它划分成几个不同的部分,如下图:

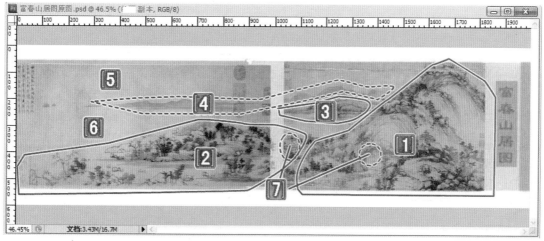

[1]、[2]——近景,江岸、树木、岩石、草

[3]——中景,江心岛、树木

[4]——远景,江岸

[5]——天空及云层

[6]——江水

[7]——群房

2）估算场景大小

估算场景大小的目的是，要做到心中有"数"。

我们可以在 Photostop 软件中查看画面中景物的像素多少，结合经验，估算大概的实际尺寸值。如下表：

	东西向像素数量（可在 Photostop 中查看）	估 算 值
房屋	20 像素	按经验估计房屋的东西向长度为 10 米
整幅画面东西方向宽度	2000 像素	按相似成比例原理，推算整幅画面东西方向长度为： 2000 像素 ÷20 像素 ×10 米 =1000 米
整幅画面的高度	600 像素	推算整幅画面的高度为： 600 像素 ÷20 像素 ×10 米 =300 米

5.9.2 创建江岸、江水

现在，我们正式开始创作场景。

在本场景中，使用的全部对象和图层如右图，请大家先浏览一下，对整个场景有个大概的了解：

1. 新建场景并在场景中放置临摹参照图

1）打开 Vue 主程序，开启一个新的空白场景。

2）在【世界浏览器】>> 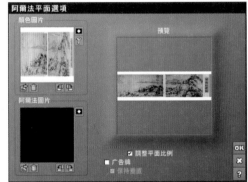【对象】标签中，新创建一个图层，默认名称叫"图层 2"，将其重命名为"图层 2---an"（"岸"的汉语拼音），用于放置代表近景江岸、江心岛、远景江岸的几个地形对象，以及放置参照图片。该图层默认会成为当前图层。

3）单击主界面左侧工具栏中的 ![] [阿尔法平面] 图标，创建一个 Alpha 平面对象。在弹出的 Alpha Plane Options【阿尔法平面选项】对话框中，载入图片"富春山居图参照图 .png"，用做临摹的参照（俗语说"照葫芦画瓢"）。如右图：

4）把刚才创建的阿尔法平面重命名为"Alpha 平面 ---can zhao"（"参照"的汉语拼音）。然后，进入其【对象属性】面板 >> ![] 【参数】标签 >> ![] [大小] 子标签中，调整其大小为"（（XX=1km，YY=300m，ZZ= 默认））"。也就是说，将该阿尔法平面设置成和真实情景一样大小。

5）调整【主视图】和【前视图】，使"Alpha 平面 ---can zhao"对象能在【主视图】和【前视图】中完全观察得到，以便作为调整地形大小、位置和雕刻形状的参考。

2. 创建近景江岸、江水

1）用鼠标左键单击 VUE 主界面左侧工具栏中的 ![] [◆标准高度场地形 ‖ ◆编辑器中的高度场地形…] 图标，创建一个标准地形，并将其重命名为"地形—jiang an you"（"江岸右"的汉语拼音），代表近景右边的江岸。

2）同样的方法，再创建一个标准地形，重命名为"地形—jiang an zuo"（"江岸左"的汉语拼音），代表近景左边的江岸。

3）使用变换手柄或变换工具，分别缩放、移动上述两个地形对象，使其位置、大小近似符合前面创建的"Alpha 平面—can zhao"中的"富春山居图参照图 .png"的大概形状。

4）新创建一个图层，默认名称叫"图层 3"，将其重命名为"图层 3—shui"（"水"的汉语拼音），用于放置江水和云层。

5）创建一个水面对象（因为默认的水材质比较透明，所以，需要调整水材质的透明度为36%，调整方法详见后文"材质"章节）。

6）在视图中，用移动工具把场景中的"地面"对象沿 Z 轴向下移动到"海洋"对象的下面较远一些的位置，表示江水较深。在本例中，也可以把"地面"对象的 Z 坐标值设为 -66m。

7）进行快速渲染，效果如右图：

8）请左键单击顶部工具栏 🔲 [🖱️保存 ‖ 🖱️保存为…] 按钮，及时保存工作成果。

3. 深入编辑近景江岸地形

在本章中，我们详细学习了 Terrain Editor【地形编辑器】。接下来，我们就综合利用这些知识，使用 2D 笔刷，对画面近景中的两个地形对象"地形—jiang an you"和"地形—jiang an zuo"进行深入雕琢。其效果如下图：

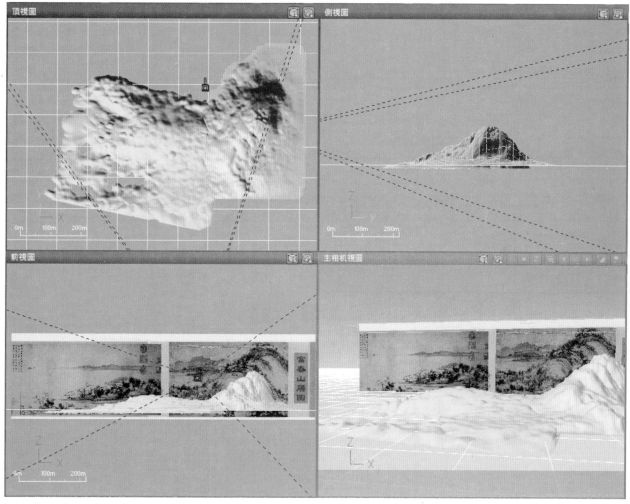

在本例中，编辑江岸地形时，一些注意事项和技巧如下。

1）使用 2D 笔刷雕刻地形时，按照先整体、后局部，再细节的顺序进行。

2）本例中，使用最简单的"Raise[隆起]"笔刷，就可以完成大部分雕刻任务。在抬高较圆滑的山顶时，使用"Plateaus[平台]"笔刷，比使用"Raise[隆起]"笔刷效果更自然一些。

3）本例中，没有必要使用 3D 笔刷（原因之一，是场景中没有什么突兀的悬崖或山洞，原因之二，是 3D 笔刷可能会增加网格多边形的数量，加大计算机的负担，降低刷新速度）。请在【地形编辑器】的顶部工具栏中启用 🔲 [强制 2D] 图标，就会禁用 3D 笔刷。

4）在【地形编辑器】的顶部工具栏中，启用 🔲 [显示整个场景] 图标，可以将场景中其他对象也显示在 3D 地形预览图中。例如，能够在 3D 地形预览图中显示"Alpha 平面—can zhao"，便于临摹。

5）雕刻沟壑时，可以使用能生成裂缝的 2D 效果笔刷。这种笔刷，可以从"Pebbles[卵石效果]"笔刷改造而来，方法是，选择"Pebbles[卵石效果]"笔刷后，进入 Brush Editor【笔刷编辑器】对话框 >>General〖一般〗标签 >>Forced settings[[强制性设置]] 参数组，展开下边的〖〖2D 效果 ▽〗下拉列表，从中选择"Cracks[裂缝]"项。

6）为了能够较明显地观察到地形表面上隆起和沟壑的效果，需要调整太阳光的照射角度。请进入 Atmosphere Editor【大气编辑器】对话框 >>Sun〖太阳〗标签 >>Position of the sun[[太阳位置]] 参数组中，把太阳的照射角度调整为午后的状态（据说，"富春山居图"描绘的是午后的秋景）。这些参数的含义，详见后文"大气"章节。如右图：

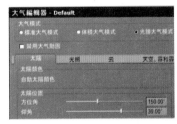

7）要善于使用图片笔刷。方法是进入 Brush Editor【笔刷编辑器】对话框 >>General〖一般〗标签 >>Mask[[遮罩]] 参数组，为笔刷选择合适的图片。

8）在相机管理方面，应分别建立多个相机，有的用于观察整体，有的用于观察细节；在相机操作方面，应避免长距离、大角度地变换相机。

9）缩放【主视图】时，既可以调整相机距离对象的远近，也可以调整相机的焦距。注意，虽然这两种方法都能缩放【主视图】，但是，需要理解，它们对于视图取景有不同的影响。

4. 创建中景江心岛和远景江对岸

1）"雕刻完成—jiang an you"和"地形—jiang an zuo"之后，作为参照的"Alpha 平面—can zhao"暂时没有用处了（在后期，还要参照该图片绘制生态系统中的树木和岩石）。为了不遮挡三维视图，进入其【对象属性】面板 >> 〖外观〗标签，单击 [预览选项] 按钮，在弹出的菜单中选中 ✓Hidden[隐藏] 选项。

2）为了使"Alpha 平面—can zhao"不出现在渲染图片中，在【世界浏览器】中，单击"Alpha 平面—can zhao"对象名称前侧的对象类型标识图标，将其切换成 〖渲染时隐藏〗。

3）在"图层 2—an"中，创建一个标准地形，并将其重命名为"地形—jiang xin dao"（"江心岛"的汉语拼音），代表中景的江心岛。

4）在"图层 2—an"中，再创建一个标准地形，重命名为"地形—dui an"（"对岸"的汉语拼音），代表远景的江对岸。

5）调整"地形—jiang xin dao"和"地形—dui an"的位置、大小，并雕刻它们的形状，直到达到较理想的状态。

6）快速渲染，查看四个江岸地形的相对位置关系，如下图：

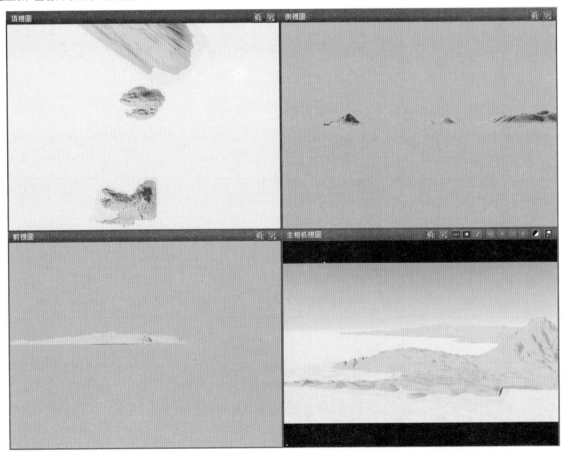

5. 为江岸地形分配材质

江岸地形上面应该覆盖许多草皮，这种效果可以通过为其分配适当的材质来表现。

1）使用加选或选择范围的方法，同时选择四个江岸地形对象"地形—jiang an you"、"地形—jiang an zuo"、"地形—jiang xin dao"和"地形—dui an"。

2）进入【对象属性】面板 >> 〖外观〗标签中，单击 [载入材质…] 按钮，在弹出的可视化材质浏览器中，进入 Landscapes[风景] 收藏夹 >>TerrainScapes[地形风景] 子收藏夹。

可以看到，在该收藏夹中，包含了许多预置的适用于地形对象的材质。从预览图片列表中，选择一种感觉上差不多的材质，如右图：

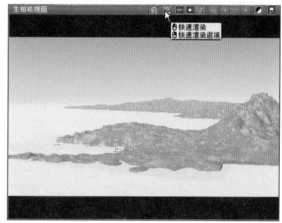

在上图中，有一些日文字符，大多数人看不懂。但是，请注意，材质的文件名仍然显示成英文信息，能在一定程度上帮助我们了解材质。

3）现在，我们可以在【主视图】中快速渲染一下，看一看江岸材质的整体效果。如右图：

5.9.3　创建群房

接下来，我们创建江岸边的两群房屋。

1）新创建一个图层，默认名称叫"图层 4"，将其重命名为"图层 4—fang wu"（"房屋"的汉语拼音），用于放置房屋。

2）在 Vue 中，要创建带复杂的屋檐、窗口、门的房屋模型是比较困难的。因为 Vue 软件专注于创作风景，创建建筑物或机器等 3D 模型的功能比较弱。在可视化对象浏览器中，虽然有许多 3D 模型，但相对于用户不确定的特殊需要来说，也是有限的。

为了得到房屋的模型，我们可以在其他 3D 软件中创建模型，再导入到 Vue 中来使用。

因为本例中的房屋模型比较简单，也可以使用 Vue 的布尔运算功能来创建房屋的模型。

在本范例中，为了简便起见，我们暂不创建真实的房屋模型，而是使用一个立方体对象临时代表房屋。

在"图层 4—fang wu"中，创建一个立方体对象，将其重命名为"立方体—fang wu"（"房屋"的汉语拼音）。

3）根据画面中房屋的大小，粗略估算房屋的尺寸：东西向长约 10 米，南北向宽约 6 米，高约 4.5 米。

选择"立方体—fang wu"，进入其【对象属性】面板 >> 〖参数〗标签 >> [大小] 子标签中，调整其大小为"（(XX=10m，YY=6m，ZZ=4.5m)）"。

4）在画面中，共有两群房屋。把"立方体—fang wu"对象移动到右边群房的位置上方。单击 Vue 主界面左侧工具栏中的 [降落对象 ‖ 智能降落对象] 按钮，将其降落到山坡上。

5）把"立方体—fang wu"对象复制六次（有多种方法），得到其他相邻房屋。在视图中，适当地移动它们的位置，并降落到山坡上。

6）为了便于管理，将这七个房屋组合成一个组对象。先选择它们，然后，单击左侧工具栏中的 [群组对象] 按钮，就得到一个简单组对象。将其重命名为"群组—qun fang you"（"群房右"的汉语拼音）。

7）按住 Alt 键的同时，在视图中，用移动工具向左边拖动"群组—qun fang you"，复制得到另外一组群房，将其重命名为"群组—qun fang zuo"（"群房左"的汉语拼音）。

8）进入【世界浏览器】 >> 〖对象〗标签中，展开"群组—qun fang zuo"对象名称的层级结构，分别选择其中的成员对象，在视图中适当地移动位置，并降落到山坡上。

> 注意：这里不宜在直接选择视图中组对象的情况下降落对象，因为这会把组对象视为一个整体，其中的成员对象不能分别降落。

请自行快速渲染，观察效果。

该场景的创作，到此告一段落，注意及时存盘。

场景中的植被效果，放在后文"全局生态系统"章节续讲，场景中的大气效果，放在后文"大气"章节续讲。

梦境重现——Vue 10 三维景观创作详解

第 6 章　全局生态系统

Vue 的生态系统技术已经彻底革新了人们创造自然环境的方法（该技术已获得专利权）。在 Vue 9.0、Vue 10.0 中，又对这一尖端技术进行了显著改进，突破了老版本的一些局限性。

6.1.1　生态系统简介

EcoSystem[生态系统] 是 Vue 革命性的专利技术。使用这项技术，可以在场景中轻松地创建、分布、管理和渲染数百万个植物（树木、草丛）、岩石或网格模型对象的实例，这些元素是创建令人信服的真实环境所必需的。

例如，左图是使用生态系统技术在山脚下的平原上创建的森林场景。右图是使用导入的汽车模型创建的公路场景：

又例如，左图是一个规模宏大的山区森林场景：

在生态系统技术中，使用了先进的实例化技术，能够在对象的表面上繁殖生态系统物种的大量实例。当基于植物创建生态系统时，会和 SolidGrowth[实体生长] 技术结合起来，创建具有各种自然形态的植物外观。

在生态系统技术中，使用了已经被授予专利权的渲染技术，该技术可以极大地加快渲染数百万个实例的速度。如果没有这项专利技术，几乎不可能渲染如此复杂的场景！

生态系统分为全局生态系统和生态系统材质。在本章中，我们着重讲解全局生态系统，生态系统材质放在后文"材质"章节中讲解。

6.1.2　生态系统的新功能

从 Vue 9.0、Vue 10.0 开始，生态系统技术升级到了第四代，主要包括以下新功能。

1）闪烁减少

渲染生态系统时，因为每个像素对应的多边形都要牵涉密集、遥远的生态系统，要消除场景远处的闪烁，通常需要非常多的抗锯齿运算，这个问题如果不能得到有效解决，会导致渲染动画需要很长时间。

闪烁减少是 Vue 一个活跃的研究领域，自 Vue 9.0 开始，引入了革命性的闪烁减少算法（或称为抗闪烁算法），大大地减少了生态系统动画中的闪烁。

2）改进的动态生态系统

处理动态生态系统的能力得到显著提高，生成动态种群时，减少了内存需求，并优化了渲染性能。

现在，可以创造令人难以置信的大量的生态系统种群，并且更容易渲染，即使场景带有上万亿个多边形也没有问题。

3）生态系统种群动画

生态系统种群的密度能够随着时间推移而光滑、自然地演变，随着密度变化，新的实例会被无缝地添加或者删除。

4）其他改进

例如：更快、更有效地预览生态系统；可以折叠 EcoSystem Painter【生态系统绘制器】面板；在 3ds Max 和 Cinema 4D 中，可以更精确地使用生态系统笔刷；生态系统实例相位调整；生态系统实例在低密度处倾斜。

利用生态系统四代技术，在 EcoSystem Painter【生态系统绘制器】面板中，可以在场景中的元素（如山脉）表面上直接绘制生态系统物种的实例。而且，能够使用空前崭新的控制方法手工调整生态系统，能够在任何视图中进行绘制。例如，在【主视图】中，通过旋转相机或基地对象，能够从任意角度或侧面进行绘制。

6.2.1 打开生态系统绘制器

EcoSystem Painter【生态系统绘制器】面板是设置如何绘制生态系统实例的界面。可以用下面两种方式打开该面板。

1）以全局生态系统方式开启【生态系统绘制器】面板

单击主界面顶部工具栏中的 [绘制生态系统] 按钮，或者选择菜单命令 Edit【编辑】主菜单 >>Paint EcoSystem[绘制生态系统]，均会弹出 EcoSystem Painter【生态系统绘制器】面板，其界面如右图：

使用这种方法打开【生态系统绘制器】面板，创建的生态系统是 "Global EcoSystem[全局生态系统]" 对象，该对象名称会出现在【世界浏览器】面板 >> 【对象】标签内。

在【世界浏览器】面板 >> 【对象】标签中，直接双击 "Global EcoSystem[全局生态系统]" 对象名称，或者选择该 "Global EcoSystem[全局生态系统]" 名称之后，单击顶部工具栏中的 [编辑对象…] 按钮，也会打开 EcoSystem Painter【生态系统绘制器】面板。

2）通过生态系统材质开启【生态系统绘制器】面板

当使用【材质编辑器】编辑某个生态系统材质时，单击其中的 Paint [绘制] 按钮，也会弹出 EcoSystem Painter【生态系统绘制器】面板。

使用这种方法打开【生态系统绘制器】面板，可以使用手工方法精确地编辑生态系统材质（并且只能编辑该生态系统材质）。

本章我们着重讲解全局生态系统，关于生态系统材质，详见后文"材质"章节。

6.2.2 理解生态系统绘制器

1.【生态系统绘制器】面板的组成

在 EcoSystem Painter【生态系统绘制器】面板中，主要包括以下三大部分。

（1）Tool[[工具]] 列表和相应的设置参数：包括两种绘制工具、一个擦除工具、一个染色 / 缩放工具。可以从中选择不同的工具，并设置参数。

（2）EcoSystem population[[生态系统物种]] 列表：管理、显示在生态系统中使用物种。

（3）其他工具：如顶部工具栏中的按钮。

为了理解【生态系统绘制器】面板，下面，我们举一个现实生活中的通俗例子进行说明。

假如要在一片山坡上开展植树造林，该如何开展呢？通常来说，包括以下步骤。

（1）整地：即选择合适的山坡，并对山坡进行必要的整理。在 Vue 中，这项工作可以通过编辑地形来完成。

（2）备苗、备种：即购买合适的树苗。如果是使用飞机飞播造林，需要购买树的种子。在 Vue 中，这项工作可以通过 EcoSystem Painter【生态系统绘制器】面板 >>EcoSystem population[[生态系统物种]] 列表来完成。

（3）使用生产工具进行栽种：即把树苗或树种栽种到地形的表面上。在 Vue 中，要完成这项工作，首先进入 EcoSystem Painter【生态系统绘制器】面板 >>Tool[[工具]] 列表，从中选择合适的绘制工具，然后，用绘制工具在地形表面上绘制生态系统物种的实例。

在 EcoSystem Painter【生态系统绘制器】面板中，最主要的就是 Tool[[工具]] 列表和 EcoSystem population[[生态系统物种]] 列表两大部分。通过上述通俗的例子，我们可以理解这两个部分之间的关系：在 EcoSystem population[[生态系统物种]] 列表中，首先载入需要的物种，接着在 Tool[[工具]] 列表中，选择某种绘制工具并设置参数，然后使用该绘制工具在基地对象的表面绘制生态系统物种的实例。

我们把用于克隆或繁殖的母体称为"物种"，把"物种"经过克隆或繁殖得到的副本称为"实例"，把所有"实例"从整体上称为"种群"，把在其表面上安放物种实例的对象称为"基地对象"。

2. 根基捕捉

在 EcoSystem Painter【生态系统绘制器】面板 >>Tool[[工具]] 列表中，共有四种工具，其中前两种属于绘制工具（即 Single instance[单个实例]工具和 Brush[笔刷]），使用它们，可以在任意 3D 视图中绘制实例。

当使用绘制工具进行绘制时，生成的实例上会标记一个小点。即使实例不显示预览，该点也总是会显示出来，该点的颜色代表实例的整体颜色。当关闭了【生态系统绘制器】面板后，这些点仍然会显示。

当使用某种绘制工具进行绘制时，笔刷能准确地捕捉到所经过处的基地对象表面上子多边形的位置信息（随笔刷半径增大，可同时捕捉到多个位置信息），并将植物、岩石、3D 模型等物种的实例准确地放置到这些子多边形上。

例如，当在山坡上绘制植物的实例时，所生成的植物实例的对象原点（通常位于植物的根部），既不会高出也不会低于所捕捉到的子多边形。这样，使用非常简单的绘制操作，就能够快速地模拟出植物的根基生长在山坡上的状态。

这种功能，代表了 Vue 非常强大而又实用的捕捉能力。为了便于理解和记忆概念，我们将之命名为"根基捕捉"。

绘制（或自动繁殖）实例时，"根基捕捉"功能是自动应用到笔刷上面的，但是，要注意的是，这种捕捉功能也可以设置一定的偏移量。此外，实例生成之后，还可以移动位置。

3. 生态多样性

在生态系统中，对于植物，使用绘制工具生成的诸多实例，均不是简单机械地复制，而是结合 SolidGrowth[实体生长] 技术，随机地产生出具有不同形状、不同大小、不同方向、不同颜色、不同倾斜度等多样性变化的植物实例，逼真地模拟了真实的自然环境中千变万化的植物形态。

同样，由岩石生成的诸多实例，也都带有随机变化的丰富形态。

由一般的三维模型生成的实例，虽然不能产生随机变化的形状，但其大小、方向等属性，均可以随机变化。

6.2.3 生态系统物种

在 EcoSystem population[[生态系统物种]] 列表中，显示了可以使用绘制工具进行绘制的所有物种项目的列表。在进行绘制之前，该列表中必须存在至少一个物种项目。

1. 管理生态系统物种列表 {{NEW10.0}}

在列表的右下角，有几个用于添加或删除物种项目的按钮。在 Vue 10.0 之前的版本中，这几个按钮集中在一个下拉菜单中，{{NEW10.0}} 而在 Vue 10.0 中，将它们分设成单独的按钮，更加形象、直观、易用。

1）🌱 [添加植物]

用鼠标左键单击该按钮，会弹出 Please select a plant species【请选择一种植物品种】对话框（即【可视化植物浏览器】对话框），从右侧的预览列表中选择某种植物品种后，单击 OK [确定] 按钮，或直接双击其在预览列表中的预览图，即可以把所选择的植物添加到列表中，同时还会关闭【可视化植物浏览器】对话框。

> 注意：在 EcoSystem population[[生态系统物种]] 列表中，显示的是植物的标题，而不是植物的文件名。

此外，我们还可以从【可视化植物浏览器】对话框中把需要的植物直接拖放到 EcoSystem population[[生态系统物种]] 列表区之中，进行拖放时，鼠标光标变为 "🍃" 样式。这样，能够在保持打开【可视化植物浏览器】的状态下，连续向生态系统物种列表中拖放添加多个植物，{{NEW8.5}}这是 Vue 8.5 增加的新功能。

当绘制植物的实例时，结合 SolidGrowth[实体生长] 技术，会自动创建不同形状的植物实例，可以避免形态、颜色、大小雷同的植物实例机械呆板地出现在生态系统之中。

2）🪨 [添加岩石]

用鼠标左键单击该按钮后，会打开 Please select a rock template【请选择一种岩石模板】对话框（即【可视化岩石浏览器】对话框）。从【可视化岩石浏览器】中向 EcoSystem population[[生态系统物种]] 列表中添加岩石的方法和上述添加植物的方法完全一样。

当向列表中添加某一个岩石时，Vue 会生成该岩石大约 20 个不同的变异形态（在后台自动完成。使用绘制工具进行绘制或繁殖时，会随机从中选用不同的变异形态）。完成这些任务需要花费一定的时间，然而，一旦完成这些任务，将来使用这些岩石进行绘制或繁殖时，效率会很高。{{NEW10.0}}这是 Vue 10.0 增加的新功能。

当绘制岩石时，会自动创建不同形态的岩石，可以避免形状、大小雷同的岩石机械呆板地出现在生态系统之中。

3) 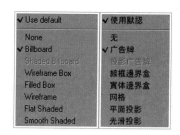[添加对象]

用鼠标左键单击该按钮后，会弹出 Please select object to load【请选择要载入的对象】对话框，（即【可视化对象浏览器】对话框）。从【可视化对象浏览器】中向 EcoSystem population[[生态系统物种]] 列表中添加 3D 模型对象的方法和上述添加植物或岩石的方法完全一样。

4) 从【世界浏览器】中直接用鼠标拖放添加物种

对于全局生态系统，也可以从【世界浏览器】>> [对象] 标签中，用鼠标直接把某个对象或植物拖放到 EcoSystem population[[生态系统物种]] 列表区之中，这是添加物种的一种简便方法。{{NEW8.5}} 这是 Vue 8.5 增加的新功能。

> 注意：对于生态系统材质，该方法不适用于 Material Editor【材质编辑器】>>General〖一般〗标签 >>EcoSystem population[[生态系统物种]] 列表。但是，如果通过生态系统材质开启【生态系统绘制器】面板，仍然可以使用该方法添加物种项目，不过，需要绘制一些该物种的实例，并在 Material Editor【材质编辑器】中单击 **OK**[确定] 按钮进行确认，新添加的物种项目才能够真正进入生态系统材质的 Material Editor【材质编辑器】>>General 〖一般〗标签 >>EcoSystem population[[生态系统物种]] 列表之中。

5) [删除]

要从 EcoSystem population[[生态系统物种]] 列表中删除某个或某些物种项目，请首先单击选择该项目（可以使用标准的加选、减选、范围选择、全选等方法选择多个物种项目），然后单击 [删除] 按钮，即可。如果场景中已经存在该物种项目的一些实例，这些实例也会被一起删除。

2. 添加自定义材质的岩石

上面讲了，通过【可视化岩石浏览器】对话框，可以向 EcoSystem population[[生态系统物种]] 列表中添加 Vue 预置的不同形态、不同材质的岩石。如果想添加使用自定义材质的岩石，可以使用以下方法。

1) 首先创建一个岩石对象，为之赋予需要的材质。然后从【世界浏览器】中，用鼠标直接把该岩石对象的名称拖放到 EcoSystem population[[生态系统物种]] 列表中。

2) 将之保存为一个 Vue 对象（文件后缀名为 ".vob"）。然后，再使用 [添加对象] 按钮，把这个保存为 Vue 对象的岩石载入进 EcoSystem population[[生态系统物种]] 列表中。使用这种方法，Vue 能够自动探测到这是一块可以变化形状的岩石，而不是一个无法变形的普通 3D 模型对象（普通的 3D 模型对象能够变化大小、方向等，但不能变化结构形状）。

3. 分别设置物种的显示质量

在每个物种项目的右侧，都有两个小型的切换图标，可以自定义不同物种的 OpenGL 显示质量。{{NEW8.5}} 这是 Vue 8.5 增加的新功能。

1) [实例预览模式]

这是一个带下拉菜单的切换图标，在此图标上右击，会弹出一个菜单，可以从中选择该物种的实例的预览质量。如右图：

✓Use default[使用默认]：默认情况下，在上图中，已经勾选了此选项，该物种的所有实例会使用在 EcoSystem Display Options【生态系统显示选项】对话框 >>Default quality〖默认质量 ▽〗下拉列表中选用的默认显示质量（见后文）。在上述下拉菜单中，和 EcoSystem Display Options【生态系统显示选项】对话框 >>Default quality〖默认质量 ▽〗下拉列表中选用的默认显示质量相同的选项前侧，会标记一个 "✓" 号。当选用了 ✓Use default[使用默认] 选项时，按钮上不会出现黄色。

如果选择了位于 Use default[使用默认] 选项之下的其他选项，该图标会显示成不同的样式并带有黄色。对应的选项和图标从上到下依次是：

None[无]：对应的图标显示为 "🔵"，图标中的圆圈表示的是一个带有颜色的圆点。

Billboard[广告牌]：对应的图标显示为 "🔲"，图标中的矩形表示的就是一个 "广告牌"。

Shaded Billboard[投影广告牌]：如果没有使用 OpenGL 2.1（着色器 4）模式，该选项会显示为灰色（或不显示）。

Wireframe Box[线框边界盒]：对应的图标显示为 "🔲"。

Filled Box[实体边界盒]：对应的图标显示为 "🔲"。

Wireframe[网格]：对应的图标显示为 "🌲"。

Flat Shaded[平面投影]：对应的图标显示为 "🌲"。

Smooth Shaded[光滑投影]：对应的图标显示为 "🌲"。

2) [相机附近全质量]

只有当在 EcoSystem Display Options【生态系统显示选项】对话框中选中 ☑Allow full quality near camera[允许相机附近全质量] 复选框之后，该图标才可用。这是一个切换图标，单击切换成黄色的 "🎥" 样式，表示启用此选项。

启用此选项之后，当该物种的实例靠近相机时，会显示成完整的、Smooth Shaded[光滑投影] 质量的 3D 形状。再次单击使之弹起，则表示关闭该项功能。

6.2.4　绘制什么

当使用【生态系统绘制器】面板中的绘制工具进行绘制时，既可以使用 EcoSystem population[[生态系统物种]] 列表中的全部物种项目创建实例，也可以只使用这些物种项目中的某一个或某一些。这是通过 Paint what?[[绘制什么？]] 参数组中的单选按钮进行控制的。

1) ◉A bit of everything[所有物种]

默认已选择该单选按钮，会使用 EcoSystem population[[生态系统物种]] 列表中的所有物种项目。

使用绘制工具（包括 Single instance[单个实例] 工具和 Brush[笔刷] 工具）进行绘制时，会根据列表中的全部物种项目随机地添加实例。

同样，当使用 Eraser[擦除] 工具或者 Coloring/Scaling[染色 / 缩放] 工具时，会擦除或者染色 / 缩放笔刷在生态系统种群中经过的所有实例（当然，还与 Brush flow[笔刷流速↔ □] 有关）。

2) ◯Only selected items[仅所选物种]

如果选择该单选按钮，进行绘制时，只使用在 EcoSystem population[[生态系统物种]] 列表中被选择的物种项目。

选择物种项目时，既可以单击鼠标选择一个物种项目，也可以使用标准的加选、减选、范围选择、全选等方法选择多个物种项目。

当使用绘制工具进行绘制时，只会添加被选择的物种项目的实例。

当使用 Eraser[擦除] 工具或者 Coloring/Scaling[染色 / 缩放] 工具时，只会擦除或者染色 / 缩放生态系统种群中与被选择的物种项目相应的实例。

例如，如果我们的生态系统种群中既包含一些岩石的实例，又包含一些树木的实例，这些实例混淆在一起。在某个区域中，要想只擦除其中的岩石实例，而保留其余的树木实例，就应该选择 ◉Only selected items[仅所选物种] 单选按钮。

6.2.5　工具

在 Tool[[工具]] 列表中，包括两个绘制工具、一个擦除工具、一个染色 / 缩放工具。当选择不同的工具时，该工具下侧的参数设置会相应发生变化。

使用绘制工具，可以在任意活动的 3D 视图内进行绘制。

下面分别讲解各种绘制工具。

1. 单个实例工具

使用 Single instance[单个实例] 工具，鼠标单击一次，只能创建一个实例，或者删除一个实例。

在 3D 视图中，每次用鼠标在基地对象的表面上单击，会根据 EcoSystem population[[生态系统物种]] 列表中的物种项目，在鼠标捕捉到的精确位置处创建一个新实例；如果单击一个已存在的实例，该实例会从生态系统中删除。

当选择了 ◉Single instance[单个实例] 工具时，在活动视图内，鼠标光标会变为 "🖱" 样式。单击鼠标时，鼠标光标会变为 "✿" 样式。

当选择了 ◉Single instance[单个实例] 工具时，可以设置与其相关的控件。这些控件的含义，和 Brush[笔刷] 工具中的相应控件的含义是相同的，详见下文。

2. 绘制笔刷

使用 Brush[笔刷] 工具（即绘制笔刷），能在笔刷落笔的区域随机地创建成片的实例。

当选择了 ◉Brush[笔刷] 工具后，在活动视图内，鼠标光标会变为 🖌 样式，单击鼠标，或者单击鼠标并拖动进行绘制时，鼠标光标会变为 ✏ 样式。光标周围的红色圆圈的半径大小，代表笔刷的影响范围，它受到 Brush radius[笔刷半径↔ □] 参数的控制。

当选择了 ⊙Brush[笔刷] 工具时，下列控件变得可用（⊙Brush[笔刷] 工具的参数设置最多）。

1）☑Airbrush style[喷枪风格]

默认已经选中该复选框，添加到给定区域的实例数量，与笔刷在该区域绘制所用的时间成正比。

2）Brush radius[笔刷半径↔ ▢]

该参数控制着在鼠标光标周围生成的实例随机分布的区域大小，即通常所说的笔刷大小，或者叫做笔刷的影响范围。该参数的大小，会直接影响光标周围的红色圆圈的半径大小。

该参数的右侧有一个 ▣[用压力驱动] 图标，此图标是使该参数与压感绘图板（也叫做数位笔）的压力大小相关联的开关。对于职业 CG 艺术家而言，许多时候，使用压感绘图板会非常方便。

如果电脑配备有一个压感绘图板，单击右侧 ▣图标，使之切换为黄色的 ▣[用压力驱动] 状态，使该参数与压感绘图板的压力大小关联起来。如果用较大的力量按压在压感绘图板上，会导致实例在鼠标周围散布得较远。

3）Brush flow[笔刷流速↔ ▢]

该参数控制着每单位时间内添加到生态系统中的实例数量。

如果启用了"▣[用压力驱动]"图标，当用较大的力量按压在压感绘图板上时，会导致实例添加得更多、更快。

4）Scale[比例↔ ▢]

该参数控制添加到生态系统中的实例的大小。

如果启用"▣[用压力驱动]"图标，当用较大的力量按压在压感绘图板上时，会创建较大比例的实例。

5）Color[颜色 ▨]

该设置会改变新添加的实例的整体颜色，但是不会影响先前已添加的实例。

色块中的颜色是实例的平均颜色。根据"Paint what？[[描绘什么？]]"参数组中的选项不同，以及在 EcoSystem population[[生态系统物种]] 列表中所选择的物种项目的不同，Color[颜色 ▨] 会显示不同的颜色。

可以调整 Color[颜色 ▨] 的颜色值。如果改变该颜色，能够达到把新添加的实例予以染色的效果。

当 Color[颜色 ▨] 被调整以后，会显示为"嵌套色块"样式（例如▨▨），其中左边的小色块代表原有的"平均颜色"，而右边的大色块代表调整后的新"平均颜色"。如果重置颜色，会恢复为原有的"平均颜色"。

6）Direction from Surface[方向来自表面↔ ▢]

该参数影响实例如何从基地对象的表面"生长"出来。

如果设置成 0%，实例总是会垂直于水平面"生长"，而不管基地对象表面的倾斜程度。

如果设置成 100%，意味着实例总是会从根基所附着的表面中"生长"出来（与根基所附着的表面成直角，也可以理解成实例的"生长"方向与表面的倾斜程度相关）。

7）☐Use EcoSystem population rules[使用生态系统繁殖规则]

{{NEW8.5}}☐Use EcoSystem population rules[使用生态系统繁殖规则] 选项是 Vue 8.5 增加的新功能。

单击该选项右侧的 ▣Edit [编辑] 按钮，会弹出生态系统材质类型的【材质编辑器】对话框，可以像定义生态系统材质那样定义全局生态系统的绘制规则，包括密度、出现率、比例、方向、颜色、环境约束等，这是非常强大的功能（详见后文"材质"章节）。如果选中☑Use EcoSystem population rules[使用生态系统繁殖规则] 复选框，使用笔刷进行绘制时，就会应用上述规则。

8）☑Limit density[限制密度↔ ▢]

该选项对实例的密度施加限制。

如果取消选中该复选框，可能会创建出重叠的实例。

如果选中该复选框，使用笔刷添加实例时，可以一直达到最大的允许密度，达到最大允许密度的地方，就不能再继续添加实例。如果启用"▣[超过最大密度时生长]"图标（单击"▣"使之切换为黄色），当实例达到最大密度时，如果继续绘制，笔刷下的实例就会开始变大。

在 Rotation[[旋转]] 参数组中，可以设置实例如何旋转。

9）⊙Up axis only[仅向上轴]

如果希望实例仅绕 Z 轴（垂直轴）发生旋转，请选择该选项。该选项通常适用于从表面上"生长"起来的对象，例如树木。

10）○All axes[所有轴]

如果选择该选项，会在所有轴向上随机旋转实例，该选项通常适用于不从表面上"生长"的对象，例如岩石。

11）Maximum rotation[最大旋转↔ ▢]

该参数控制应用到实例上面的最大随机旋转角度。

通过限制该旋转角度，可以保护某些动画效果的方向性。例如，如果想把风效果应用到整片森林，就可以把旋转角度限制得小一些，以便所有的树木粗略地朝向相同的方向。

另一方面，如果设置成较大的旋转角度，意味着绘制的实例会带有很大的角度变化，使得种群表面上看起来更加多样性。

. 擦除笔刷

使用 Eraser[擦除] 工具（即擦除笔刷），可以从生态系统中成片地删除实例。就如同小学生广泛使用的橡皮擦或削笔刀一样。

当选择 ⊙Eraser[擦除] 工具之后，在活动视图内，鼠标光标会变为 ◯ 样式，黑色圆圈的半径大小代表擦除笔刷的影响范围。单击鼠标，或者单击鼠标并拖动进行擦除时，鼠标光标会变为 ⟲ 样式。

如果电脑配备有压感绘图板，当使用绘图笔的擦除端时，会自动选择 ⊙Eraser[擦除] 工具。

当选择 ⊙Eraser[擦除] 工具后，下列控件变得可用。

1）☑Airbrush style[喷枪风格]

默认已经选中该复选框，落笔时被擦除的实例数量与进行擦除所用的时间成正比（与上文 Brush[笔刷] 工具中的该选项类似）。

> 注意：这种功能不是全部地擦除笔刷经过处的所有实例，而只是部分剔除实例。就像在农田播种后，发现幼苗出得太稠密，需要进行"间苗"一样。

2）Brush radius[笔刷半径↔ ▢]

与上文 Brush[笔刷] 工具类似。

3）Brush flow[笔刷流速↔ ▢]

与上文 Brush[笔刷] 工具类似。

4. 染色 / 缩放笔刷

使用 Coloring/Scaling[染色 / 缩放] 工具（即染色 / 缩放笔刷），可以编辑已存在的生态系统实例的颜色或大小。

当选择 ⊙Coloring/Scaling[染色 / 缩放] 工具后，在活动视图内，鼠标光标会变为 ◯ 样式，单击鼠标、或者单击鼠标并拖动进行染色 / 缩放时，鼠标光标会变为 ⟳ 样式。光标周围彩色圆圈的半径大小代表染色 / 缩放笔刷的影响范围，彩色圆圈的颜色就是实例将要被染上的颜色（即在 ☑Coloring[染色 ▨ ↔ ▢] 中定义的颜色）。

当选择 ⊙ Coloring/Scaling[染色 / 缩放] 工具之后，下列控件变得可用。

1）Brush radius[笔刷半径↔ ▢]

与上文 Brush[笔刷] 工具类似。

2）☑Coloring[染色 ▨ ↔ ▢]

默认已经选中该复选框，笔刷会影响实例的颜色。

右侧的色块用于定义实例将要被染成的颜色。拖动滑杆上的滑块，可以调整染色的"流速"，影响笔刷接触实例时染色的快慢程度。该值越大，染色就越快，如果设为 100%，一旦笔刷经过实例，实例就会立即被完全染成设置的颜色；如果设置成 0%，等同于禁用染色功能；设置成 0% ～ 100% 之间的值，意味着实例会逐渐地被染色。

染色 / 缩放笔刷在某个实例上刷得越久，实例被染色得越多。处于实例中心的彩色圆点，标明了实例的平均颜色。

如果取消选中该复选框，会禁用笔刷的染色功能。

3）☑Scaling[缩放↔ ▢]

默认已经选中该复选框，笔刷会影响实例的大小。

拖动滑杆上的滑块，可以设置笔刷每次接触实例时的缩放率。该缩放率不是最终缩放率，在实例上持续施加笔刷，或笔刷多次刷过实例时，具有累积效果。

该值大于 1，意味着笔刷经过时实例会膨胀；该值小于 1，意味着实例会收缩；该值等于 1，等同于禁用缩放功能。

如果取消选中该复选框，会禁用笔刷的缩放功能。

6.2.6　顶部工具和显示选项

在 EcoSystem Painter【生态系统绘制器】面板的顶部，有几个按钮。{{NEW10.0}} 在 Vue 10.0 中，重新设计了这几个按钮的外观，使之更加形象、直观、易用。

1. 顶部工具 {{NEW10.0}}

1）▓ [绘制模式 开 / 闭]

默认情况下，已启用此图标。表示通过鼠标操作可以正常使用【生态系统绘制器】面板中的各种工具。

单击该按钮，使之切换为 ▓，鼠标光标会显示为普通外观（不带笔刷圆圈），表示不能再通过【生态系统绘制器】面板使用鼠标操作绘制或编辑生态系统实例。

{{NEW10.0}} 这是 Vue 10.0 增加的新功能。

2）▨ [限制到被选择的对象]

默认没有启用该选项，可以在场景中任何对象的表面上绘制实例。

如果启用该选项（单击使之切换为黄色的 ▨ 样式），则只能在被选择的对象表面上绘制实例。这是一个很重要的选项，它限制了"根基捕捉"的范围

3) ![icon] [限制到基地对象]

当从生态系统材质中打开【生态系统绘制器】面板时，才会出现该选项。

如果启用该选项（单击使之切换为黄色的 ![icon] 样式），则只能在使用该生态系统材质的基地对象的表面上绘制实例。

4) ![icon] [撤销] 和 ![icon] [重做]

单击 ![icon] [撤销] 按钮，可以撤销最后一次操作。连续单击，可以撤销多步操作。

单击 ![icon] [重做] 按钮，可以重做最后一次撤销操作。连续单击，可以重做多步已撤销的操作

5) ![icon] [渲染时隐藏]

单击该按钮，使之切换为黄色的 ![icon] 样式，则渲染场景时，会隐藏全局生态系统的所有实例。

> 注意：当从生态系统材质中打开【生态系统绘制器】面板时，不会出现该选项。相同功能的图标会出现在使用该生态系统材质的基地对象的【对象属性】面板 >> ![icon] 【外观】标签中。

6) ![icon] [清除]

单击该按钮，会清除生态系统中的所有实例。

> 注意：该按钮和 EcoSystem population[[生态系统物种]] 列表下面的 ![icon] [删除] 按钮不同：单击 ![icon] [清除] 按钮会清除所有的实例，但是，不会删除 EcoSystem population[[生态系统物种]] 列表内的物种项目；单击 ![icon] [删除] 按钮，会删除被选择的物种项目并清除相应的实例。

7) 折叠【生态系统绘制器】面板

单击 EcoSystem Painter【生态系统绘制器】面板标题栏中的 ![icon] [最小化] 图标（会变为 "![icon]" 样式）。会折叠面板的下半部分。这样，可以避免【生态系统绘制器】面板遮挡太多的屏幕面积。{{NEW10.0}} 这是 Vue 10.0 增加的新功能。

8) 实例的总数

在顶部工具栏的下边，显示的是已经绘制的生态系统实例的总数。从该数字，我们可以掌握生态系统的规模。

2. 显示选项

当编辑全局生态系统时，会出现一个 ![icon] [显示选项] 按钮，单击该按钮，会弹出 EcoSystem Display Options【生态系统显示选项】对话框，用于控制全局生态系统中实例的显示质量。如右图：

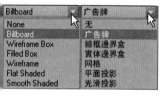

展开 Default quality〖默认质量 ▽〗下拉列表，可以从中选择全局生态系统中实例的默认显示质量，如左图：

下拉列表中包括以下选项。

1) None[无]

在三维视图中，不显示实例的形状，只显示一个代表平均颜色的圆点。

> 注意：不管以何种质量显示、不管是否在活动视图中，生态系统的实例均会附带显示代表平均颜色的圆点（该圆点和实例的对象原点重合，代表了实例的位置）。当打开【生态系统绘制器】面板或 EcoSystem Selector【生态系统选择器】面板时，该圆点显示得较大，否则，该圆点显示得较小。利用这个特点，可以区分场景中的生态系统实例或非生态系统实例对象。

2) Billboard[广告牌]

实例使用和三个坐标轴对齐放置的三个平面广告牌显示，这是生态系统实例的默认显示方式。

3) Wireframe Box[线框边界盒]

实例显示为线框边界盒子。

4) Filled Box[实体边界盒]

实例显示为实体边界盒子。

5) Wireframe[网格]

实例显示为完整的三维网格形状。

6) Flat Shaded[平面投影]

实例显示为带有完整平面投影的三维形状。

7) Smooth Shaded[光滑投影]

实例显示为带有完整光滑投影的三维形状。这是最佳可能的显示质量（对硬件要求也较高）。

选择合适的显示选项重要吗？

当创建的生态系统实例达到成百上千甚至不计其数时，计算机的运算负担会急剧加重。如果把实例显示质量设得较高，会降低显示器正常刷新显示的速度。如果把实例显示质量设得较低，又会使用户观察不清楚效果（实例会显示得粗糙），也会影响操作。所以，应根据实际情况设置合适显示质量，在显示质量和预览速度之间找到最佳平衡。由此可见，设置合适的显示选项是很重要的。

在【生态系统显示选项】对话框中，默认选中☑Allow full quality near camera[允许相机附近全质量] 复选框，相机附近的生态系统实例会显示成 Smooth Shaded[光滑投影] 质量的三维形状。使用 Radius[半径] 参数，可以设置以相机为中心的半径区域，处于该半径之内的实例，才会以全质量模式显示，半径之外的实例则简化显示。这是一项非常实用的功能。

应该避免使用太大的 Radius[半径] 值，因为这会明显减缓视图预览的刷新速度。

注意：当从生态系统材质中打开【生态系统绘制器】面板时，不会出现 [显示选项] 按钮。在生态系统材质中，相应的显示选项会出现在【材质编辑器】>>General 〖一般〗标签 >>Display options[[显示选项]] 参数组中，详见后文"材质"章节。

6.3 全局生态系统对象 《

当使用 EcoSystem Painter【生态系统绘制器】面板中的 Single instance[单个实例] 工具或 Brush[笔刷] 工具创建了某个物种项目的第一个实例时，一个叫做 "Global EcoSystem[全局生态系统]" 的对象名称会出现在【世界浏览器】>> 〖对象〗标签的当前图层中。

在 EcoSystem Painter【生态系统绘制器】面板打开的情况下，如果在【世界浏览器】中用鼠标单击选择 "Global EcoSystem[全局生态系统]" 的对象名称，笔刷会失去绘制和编辑功能。要想恢复笔刷的功能，只需在 Tool[[工具]] 列表中切换一下其他工具即可。

一个场景中只能存在一个全局生态系统对象（不能被复制和粘贴）。当在【生态系统绘制器】中单击 [清除] 按钮清空所有的实例时，这个 Global EcoSystem[全局生态系统]" 的对象名称也会立即从【世界浏览器】中消失。可以在【世界浏览器】中直接删除全局生态系统对象，但同时也会删除其中的所有实例。

可以把全局生态系统对象替换成其他对象。全局生态系统对象也会受到所在图层属性的影响。

当在【世界浏览器】中用鼠标单击选择 Global EcoSystem[全局生态系统] 的对象名称时（注意，不能在视图中用鼠标单击选择全局生态系统对象），它的所有实例也会被选择。在活动视图中，可以使用变换工具或变换手柄对其进行移动、缩放、旋转等整体变换操作。如果只想对其中部分实例进行变换操作，需要使用 EcoSystem Selector【生态系统选择器】面板，详见下文。

我们可以把全局生态系统对象中的实例视为全局生态系统对象的"子对象"。但是，它没有可折叠或展开的树状层级结构，所以，不能在【世界浏览器】>> 〖对象〗标签中选择其中的某个"子对象"。这些"子对象"只能通过【生态系统绘制器】或【生态系统选择器】进行选择和编辑。

在【世界浏览器】>> 〖材质〗标签 >>EcoSystem materials[[生态系统材质]] 类别中，罗列了场景内各个生态系统物种使用的材质，可以使用 Material Editor【材质编辑器】编辑这些材质，所做的编辑修改会反映到该物种的所有实例中。

在【世界浏览器】>> 〖库〗标签 >>EcoSystem population[[生态系统物种]] 类别中，罗列了场景内使用的所有物种项目。通过直接编辑物种，可以批量编辑该物种的所有实例，这是一种非常强大且实用的功能。例如，如果生态系统中的某个物种项目是一个植物，选择该植物物种项目之后，常用的编辑方法有：

(1) 在主对象编辑模式下，通过【对象属性】面板 >> 〖外观〗标签，可以编辑植物各个组成部分的材质；

(2) 可以直接打开 Plant Editor【植物编辑器】编辑该植物的形态；

(3) 在 Plant Editor【植物编辑器】中，使用 [载入植物品种…] 按钮，可以替换植物的品种。这些编辑修改，会反映到该植物物种的所有实例中。

在【世界浏览器】>> 〖链接〗标签 >>Texture maps[[纹理贴图]] 类别中，可以管理、编辑在生态系统物种中使用的纹理图片。

此外，全局生态系统对象和生态系统材质之间，存在着许多不同之处，在后文"材质"章节，我们再做进一步的区别比较。

6.4 生态系统选择器 《

在 Vue 中，除了能通过 EcoSystem Painter【生态系统绘制器】编辑生态系统的实例之外，还提供了强大的 EcoSystem Selector【生态系统选择器】，能够高效地实现对大量实例的选择、变换和编辑操作。

要显示 EcoSystem Selector【生态系统选择器】面板，请单击顶部工具栏中的 [选择生态系统实例] 按钮，或者使用菜单命令 Edit【编辑】主菜单 >>EcoSystem Selector[选择生态系统实例]，均可。其界面如右图：

6.4.1　选择生态系统实例

在 EcoSystem Selector【生态系统选择器】面板中，提供了选择、编辑生态系统实例的工具。

1）选择实例

要选择生态系统实例，请在 Tool[[工具]] 列表中选择 ⊙Select [选择] 工具（即"选择笔刷"）。此时，在活动视图中，鼠标光标会变为 ◯ 的样式。红色圆圈的大小，代表使用选择笔刷进行选择时的影响范围，其半径大小是由 Brush radius[笔刷半径↔ □] 参数决定的。

单击鼠标并且不要松开按键进行拖动，就会选择笔刷经过处的所有实例。前、后多次选择具有累加的特性，后一次选择的实例，会累加到前一次选择的实例中。

使用 ⊙Select [选择] 工具，可以在任意活动的 3D 视图内进行选择。

> 注意：在活动视图内进行选择时，仍然可以正常地使用鼠标操控视图的显示状态。

2）能够选择的范围

通过【生态系统选择器】选择实例时，会无区别地对待生态系统实例的"出身"。意思是说，既能从全局生态系统对象之中选择实例，同时，也能无差别地从生态系统材质之中选择实例。

3）被选择实例的标识

通过【生态系统选择器】选择实例时，每个被选择的生态系统实例会附带一个红色圆点作为标记。即使实例不显示预览（即把实例的显示质量设为"None[无]"模式），该红色圆点也总是显示。

当打开【生态系统绘制器】面板或【生态系统选择器】面板时，被选择的实例附带显示较大的红色圆点标记，否则，显示较小的红色圆点标记（实例被选择后，该圆点不再显示实例原来的平均颜色）。

4）总的实例数量和已选择的实例数量

在 Tool[[工具]] 列表的上边，有两个数字信息，会动态地显示已选择的实例数量和场景中实例的总数量。实例的总数量既包括全局生态系统对象中的实例，还包括所有生态系统材质中的实例。

5）取消选择实例

要取消选择已选择的生态系统实例，请在 Tool[[工具]] 列表中选择 ⊙Deselect [取消选择] 工具（即"取消选择笔刷"）。此时，在活动视图中，鼠标光标会变为 ◯ 的样式。黑色圆圈的大小，代表使用取消选择笔刷时的影响区域，其半径大小是由 Brush radius[笔刷半径↔ □] 参数决定的。

单击鼠标并且不要松开按键进行拖动，就会取消选择笔刷经过处的所有已经被选择过的实例。

如果正在使用压感绘图板，当使用绘图笔的擦除端时，会自动选择 ⊙Deselect [取消选择] 工具。

6）调整笔刷半径

当使用 Select[选择] 工具或者 Deselect[取消选择] 工具时，可以使用 Brush radius[笔刷半径↔ □] 参数调整笔刷影响范围的半径。在活动视图中，笔刷半径可以通过圆圈的大小反映出来。

如果电脑配备有压感绘图板，单击 Brush radius[笔刷半径↔ □] 参数右侧的 🔘 [用压力驱动] 图标，使之切换为黄色的 🔘 状态，会使该参数与压感绘图板的压力大小关联起来。当用较大的力量按压在压感绘图板上时，会选择或取消选择距离鼠标更远的实例。

7）选择所有和选择无

单击 Select all [选择所有] 按钮，会选择所有实例，包括全局生态系统对象中的所有实例和生态系统材质中的所有实例。

单击 Select none [选择无] 按钮，会取消选择所有实例。

6.4.2　保存选集

可以把需要重复使用的实例选集保存起来，当需要再次使用时，可以快速、准确地重复选择该选集中包含的实例。

当已经选择了一些实例之后，在 Selections[[选集]] 参数组中，Save [保存] 按钮变得可用。

单击 Save [保存] 按钮，会把当前选择的实例作为一个选集存储到"选集堆栈"中。在晚些时候，如果单击 Load [载入] 按钮，选集中所包含的那些实例会被重新选择。单击 Discard [舍弃] 按钮，会删除相应的选集（但并不会删除相应的实例）。

在每个选集的右侧，会显示该选集中包含的实例数目。因为选集不能够通过命名来识别，所以，通过该数字，也可以粗略地识别不同的选集。

可以保存多个选集。还可以覆盖已保存的选集，覆盖选集时，会弹出警告信息。

> 注意：选集会随同场景一起保存。如果删除了生态系统中的部分实例，该选集就可能与最初选择的实例不再符合了。

6.4.3　变换实例 {{NEW10.0}}

一旦选择了一些生态系统实例，在 Tool[[工具]] 列表中，Manipulate[变换] 工具会变得可用。

如果选择了 ⊙Manipulate[变换] 工具，在活动视图中，会出现标准的变换工具和变换手柄，可以很方便地用鼠标直接在 3D 视图中变换被选择的实例（如移动、旋转或缩放）。

当选择了 ⊙Manipulate[变换] 工具时，也可以进入【对象属性】面板 >> [▭]〖参数〗标签，精确地调整被选择实例的位置、方向和大小。

在 ⊙Manipulate[变换] 工具的右边，有一个 [🔒]［缩放时不移动实例］图标。{{NEW10.0}} 这是 Vue 10.0 增加的新功能，这项新功能非常实用、非常必要！

默认情况下，已启用 [🔒]［缩放时不移动实例］图标，那么，按上述方法缩放被选择的实例时，不会移动实例在基地对象表面上的根基位置。

如果单击 "[🔒]" 图标，使之切换为 "[🔓]" 样式，那么，按上述方法缩放被选择的实例时，会把所选择的多个实例从整体上视为一个组对象。例如，使用缩放工具，即使把变换坐标系设置为 [L]［局部坐标系］模式，拖拉鼠标进行缩放时，被选择的各个实例也不会分别以自身枢轴点为中心进行缩放，而是像组对象那样发生整体缩放，实例的位置会发生改变。

此外，当选择了一些生态系统实例时，按 Delete 键，会直接删除这些实例。但是，不能够使用箭头键轻推被选择的实例。

6.4.4　生态系统操作

在 Manipulate[变换] 工具的右边，有一个 [▾]［生态系统操作］按钮。单击该按钮，会弹出一个菜单，其中包含了三个能够操作生态系统实例的命令。如右图：

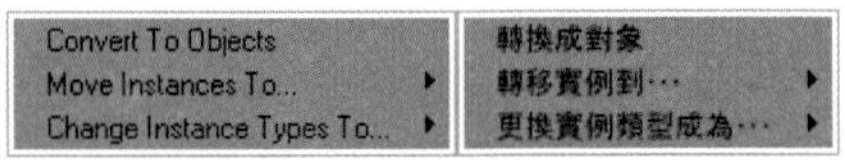

Convert To Objects	轉换成對象
Move Instances To... ▸	轉移實例到… ▸
Change Instance Types To... ▸	更換實例類型成為… ▸

> 注意：虽然 [▾]［生态系统操作］按钮位于 Manipulate[变换] 工具的旁边，但是，二者之间并没有什么内在联系。

1. 移出或移回生态系统

单击 [▾]［生态系统操作］按钮，在弹出的菜单中，如果选择 "Convert to Objects[转换成对象]" 命令，所选择的实例会被转换成标准的对象，转换后，得到的对象名称会出现在【世界浏览器】>> [▣]〖对象〗标签内的当前图层中。也就是说，这些实例被移出了生态系统。

当生态系统实例被转换成对象之后，我们可以像编辑任何其他对象一样对其进行编辑。可以说，实例转换成对象之后，极大地拓宽了对其进行编辑的手段。

当选择了这种 "被转换来的对象" 时，在 3D 视图中，用鼠标右击，在弹出的快捷菜单的最上边，会出现一个 "Revert To Instances[转换回实例]" 命令。使用该命令，可以把它们再次 "移回" 到原来所属的生态系统之中。

使用这一对命令相互配合，可以把实例移出或移回生态系统。举例来说，当需要精确显示某个给定的生态系统实例时，就可以使用这一对命令。

应用上述命令，需要注意以下几点。

（1）如果需要转换成对象的实例太多，最好先创建一个新图层，并将它设为当前图层。实例转换成对象后，就被放在该图层中，并全部处于被选择状态。这样，能够避免和场景中的其他对象混淆在一起。

（2）Revert To Instances[转换回实例] 命令会出现在 3D 视图中的右键弹出菜单内，但是，不会出现在【世界浏览器】>> [▣]〖对象〗标签的右键弹出菜单内。

（3）实例转换成对象之后，如果对它们施加了比较复杂的编辑，或者关闭了场景文件之后再次打开，Revert To Instances[转换回实例] 命令会被禁用，就不能把它们再移回生态系统了。

（4）如果转换成对象的实例太多，并且如果系统配置较低，应用 Revert To Instances[转换回实例] 命令时，可能会发生不能把它们全部移回生态系统的问题。

2. 转移实例到另一生态系统

单击 [▾]［生态系统操作］按钮，在弹出的菜单中，使用 Move Instances To...〖转移实例到…▸〗子菜单，可以把选择的实例转移到另一个生态系统之中。

生态系统分为全局生态系统和生态系统材质两种，有的生态系统实例属于全局生态系统，而有的实例则分属于不同的生态系统材质（这种实例会吸附在对象上）。该命令允许改变实例所属的生态系统，可以把实例从一个生态系统转移到另一个生态系统。

被选择的实例既可以在全局生态系统和生态系统材质之间进行转移，也可以在一个生态系统材质和另一个生态系统材质之间进行转移。

在 Move Instances To...〖转移实例到…▸〗子菜单中，罗列了所有可供选用的生态系统。既包括全局生态系统，也包括场景中使用的所有生态系统材质（附带有使用该生态系统材质的对象名称）。实例转移后，在接收实例的生态系统的物种列表中，也会相应地添加新的物种。

举个例子，如果使用全局生态系统把一些岩石放在某个地形的上面，但晚一些时候却发现，当移动地形时，这些岩石并没有跟随在一起。要修复这个问题，首先，把该地形使用的材质类型设为生态系统材质，然后通过 Move Instances To...〖转移实例到…▸〗子菜单，把这些岩石实例转移到该地形的生态系统材质中。现在，当移动地形时，这些岩石实例就会跟随在一起移动了！

3. 更换生态系统实例的类型

单击 [生态系统操作] 按钮，在弹出的菜单中，最后一个是 Change Instance Types To… 〖更换实例类型成为…▶〗，用于把所选实例相应的物种类型更换成场景中任意生态系统物种列表内的任一其他物种。可选用的物种罗列在该命令的下级子菜单中。

例如，如果拥有一种树木生态系统和另外一种岩石生态系统，可以选择一些树木实例（例如成百上千棵），并将这些树木实例一次性地批量更换成岩石实例！

6.5　范例：3D 合璧版"富春山居图"（树木、草和岩石）《

本章中，我们详细学习了全局生态系统的有关知识。下面，我们回到"富春山居图"的创作中来，在江岸地形上种植树木、草丛，并分布岩石。

树木是"富春山居图"中的重要元素，数量多，变化多端。正如清代一名对"富春山居图"推崇备至的画家所说："凡数十峰，一峰一状，数百树，一树一态，雄秀苍茫，变化极矣"。

使用 Vue 的全局生态系统或生态系统材质，均可以轻易地创建丰富多姿的树木、草丛、岩石。因为我们还没有学习生态系统材质，所以，我们使用全局生态系统来完成这项工作。

6.5.1　生态系统物种的确定

1) 新创建一个图层，默认名称叫"图层 5"，将其重命名为"图层 5—zhi bei"（"植被"的汉语拼音），用于放置全局生态系统中树木、草皮、岩石的实例。

2) 单击主界面顶部工具栏中的 [绘制生态系统] 按钮，打开 EcoSystem Painter【生态系统绘制器】面板。

3) 进入 EcoSystem Painter【生态系统绘制器】面板后，第一项工作是向 EcoSystem population[[生态系统物种]] 列表中添加生态系统物种。

根据原画创作地点—富春江的地理位置以及季节特点，我们推测江岸上的树木以红枫树和黄枫树为主，因此我们首先从可视化植物浏览器中添加红枫树和黄枫树，然后添加其他物种项目。如右图：

[1]——红枫，数量最多的主要树种。

[2]——黄枫，点缀在红枫之中。

[3]——岩石，分布在山顶、山腰、水边。

[4]、[5]、[6]——比较明显的草丛，点缀在山坡上、岩石旁、树林下。

[7]——已落叶的树，代表画面右下角那几棵树。

注意：上述列表中的物种项目，是在英文版本下添加的，所以，物种项目显示的是英文名称。

因为场景整体上属于远景，在选用植物时，不必太在意植物的细节效果。

6.5.2　准备绘制红枫

下面，我们准备绘制江岸上的红枫。

1) 在 EcoSystem population[[生态系统物种]] 列表中，用鼠标单击选择红枫。

2) 在 Paint what？[[绘制什么？]] 参数组中，选择 ⊙Only selected items[仅所选物种] 单选按钮。

3) 因为我们是临摹作品，请选用 ⊙Single instance[单个实例] 工具。优点是比较容易控制所生成的红枫实例在地形表面上的位置，有利于精确地定位红枫实例的根基，和参照图相比，会符合得更好。缺点是每次只生成一个实例，一个一个地生成几百个实例，可能会费掉一两个小时的时间（当然，如果我们是自由创作，就不必这样拘泥了）。

4) 在相机管理方面，和创建地形时一样，应分别建立多个相机，有的用于观察整体，有的用于观察细节；在相机操作方面，应避免长距离、大角度地变换相机。

5）对于中景江心岛上的红枫，离得比较远，可以使用 Brush[笔刷] 工具进行绘制，建议把笔刷半径调小一些。

6）在场景中进行绘制时，根据所生成实例的大小，如有必要，可以在 EcoSystem Painter【生态系统绘制器】面板中调整 Scale[比例↔ ▢] 参数的值。该参数不是实例的绝对大小，可以尝试几个不同的缩放比例，找到一个比较合适的值（目前，Vue 中还没有按绝对值设置实例大小的功能）。

6.5.3　控制红枫的大小

在绘制红枫时，大家首先遇到的一个问题是，新生成的红枫实例忽大忽小，而在参照图片中，大部分红枫的高矮看上去相差不多。

如果在 EcoSystem Painter【生态系统绘制器】面板中调整 Scale[比例↔ ▢] 参数的值，只能控制红枫实例的平均大小，不能解决实例忽大忽小的问题。

那么，究竟如何进行设置呢？请按照以下步骤进行设置。

1）在 EcoSystem Painter【生态系统绘制器】面板中，选中 ☑Use EcoSystem population rules[使用生态系统繁殖规则] 复选框。

2）单击 ☑Use EcoSystem population rules[使用生态系统繁殖规则] 复选框右侧的 Edit [编辑] 按钮，会弹出生态系统材质类型的【材质编辑器】对话框。

3）进入上述【材质编辑器】对话框 >>Scaling & Orientation〖 比例和方向〗标签 >>Maximum size variation[[最大尺寸变化 X▢Y▢Z▢]] 参数组，按右图进行设置：

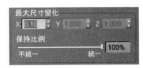

经过上述设置以后，再绘制实例时，实例的高矮差异就变小了！关于上图中参数的含义，详见后文"材质"章节。

6.5.4　添加岩石并调整大小

1）仿照绘制红枫实例的方法，在近景江岸地形上面绘制岩石。

2）相比较树木来说，岩石的数量比较少，而且大小差异较大。要调整其大小，可以使用 ◉Coloring/Scaling[染色 / 缩放] 工具。

3）选择 ◉Coloring/Scaling[染色 / 缩放] 工具之后，取消选中 ▢Coloring[染色 🖌 ↔ ▢] 选项。

4）根据需要，修改 ☑Scaling[缩放↔ ▢] 参数的值。需要放大时，使该值大于 1，需要缩小时，使该值小于 1。修改后，仿照参照图，用笔刷在视图中调整岩石实例的大小。

5）仿照上述方法，创建全局生态系统中草丛和落叶树的实例。

6）进行快速渲染，观察效果。如右图：

该场景的创作，到此告一段落，请及时存盘。

场景中的大气效果，放在后文"大气"章节续讲。

第 7 章 大 气

要创作一幅成功的图片，大气氛围是关键因素之一。

我们在 Vue 中创建的场景，只是自然世界的一小部分。自然世界远大于场景，包括太空、太阳、光照、云层、雾、霾等。

在 Vue 中，"大气"一词多数情况用做广义概念，不仅仅包括空气或大气层，还包括太阳、光照、微风、星星等在大气中出现的元素。而狭义的"大气"，一般仅指组成空气的元素。

大气效果不仅会对场景中的实物对象（如一幢建筑物）产生影响，而且，大气元素自身之间也会相互影响。例如，Ambient light color[环境光颜色 ☀] 和 "Sun light[太阳光]"对象的 Color[颜色 ☀]，不仅仅会影响地面上那些实物对象（如建筑物、植物）的表面颜色，更重要的是，会直接影响大气（包括雾、霾、空气等）的颜色。因为 Vue 是一款景观创作软件，所以我们更应该注意有关设置对大气元素相互之间的影响，而不应该只把注意力放在场景中的某些实物对象上。

定义大气的参数比较多，本章我们会详细地讲解这些参数。

对于初学者来说，一切从零开始创建大气，可能是一个复杂而又费时的过程。因此，Vue 提供了一组预定义的大气，可以从中选择比较符合场景需要的一种大气效果，在此基础上，再稍作修改，能够轻松、高效地得到最佳的大气效果。

当新建一个场景时，会首先弹出可视化大气浏览器，可以从中选择最接近场景需要的一种大气。这些知识，我们在前文"文件操作"章节已经接触过，大家可以回过头去复习一下。

在编辑场景的过程中，如果用户觉得之前选择的大气不理想，可以更换场景的大气。方法是，用鼠标右键单击主界面顶部工具栏中的 [🌥 大气编辑器 ‖ ☁ 载入大气…] 按钮，该按钮会变为 🌥 状态，单击后会弹出 Please select an atmosphere for your scene【请为您的场景选择一种大气】对话框（即可视化大气浏览器），可以从中选择另外一种大气效果替换当前的大气。

该图标右下角有一个白色小点，表明这是一个双重图标。在 Vue 9.0 之前的版本中，这两个图标是分设的，{{NEW9.0}} 而在 Vue 9.0 中，把这两个图标整合成一个双重图标。

使用 Atmosphere【大气】主菜单 >> Load Atmosphere… [载入大气…] 命令（快捷键 F5），也可以打开可视化大气浏览器。

要编辑场景大气效果，是在 Atmosphere Editor【大气编辑器】对话框中进行的。

7.2.1 打开大气编辑器

要打开 Atmosphere Editor【大气编辑器】对话框，请在主界面顶部工具栏中直接单击 [🌥 大气编辑器 ‖ ☁ 载入大气…] 按钮即可；使用 Atmosphere【大气】主菜单 >> Atmosphere Editor [大气编辑器] 命令（快捷键 F4），也可以打开 Atmosphere Editor【大气编辑器】对话框。

7.2.2 大气模式

在 Atmosphere Editor【大气编辑器】对话框的上侧，横向排列着四个单选按钮，可以选择不同的大气模式。

1）OStandard atmosphere model[标准大气模式]

这是 Vue 传统使用的模式，已经广泛地应用到众多的静帧和动画项目中。

该模式使用渐变颜色来控制天空外观，可以创建无限数量的完全可编辑的云层，还可以控制雾和霾的密度，或者添加像闪烁的星星、彩虹、日晕等特殊效果。所有的大气元素完全可以动画。

该模式的主要优势是，容易使用并且能快速渲染。

2）OVolumetric atmosphere model[体积大气模式]

该模式在标准大气模式和光谱大气模式之间提供了一个较好的折中方案，能产生较高级别的真实感，而且渲染得比光谱大气模式要快。

与标准大气模式不一样的是，在体积大气模式中，天空和太阳的外观不是由渐变颜色定义的，它直接受到霾、雾设置和太阳位置的影响，非常像一种真实的大气。

体积大气模式特别适合动画，简单地移动太阳，就可以产生美丽的颜色和照明变化。

3）◉Spectral atmosphere model[光谱大气模式]

这是超级真实的大气模式，能够根据气象条件，精确地模拟真实世界中大气和光照现象的规律。

天空、太阳、云层（如标准云层和光谱云层）的外观，以及直接光和环境光的特性，都受到构成大气的元素（诸如空气、灰尘、水粒等）之间精确平衡的影响。光谱大气模式包含一套特有的控件，允许调整每个元素的密度、高度和渲染质量。

使用光谱大气模式，确保了场景中所有元素的完全一致。

4）◯Environment mapping[环境贴图模式]

该模式特别适合于建筑效果图，能轻易地设置基于全景照片的环境。通过使用 Vue 基于照明的图片（IBL）、HDRI 支持和全局反射贴图，可以在场景和背景之间创建无缝结合的效果。

根据所选用的大气模式的不同，在【大气编辑器】中，会显示不同的标签。

在 Atmosphere Editor【大气编辑器】中所做的编辑，会立刻反映到场景中去。当【大气编辑器】处于打开状态时，并不妨碍访问软件的其他部分。

本章中，主要以◉Spectral atmosphere model[光谱大气模式] 为例，详细讲解各个标签的使用方法。

7.3　【太阳】标签 《

调整太阳效果的有关参数，位于 Sun 〖太阳〗标签中。该标签通常对所有的大气模式都是一样的。

如右图，是在◉Spectral atmosphere model[光谱大气模式] 中，Sun 〖太阳〗标签的界面：

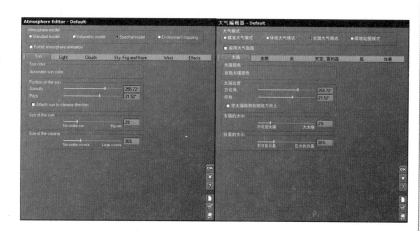

在 Vue 中，把太阳视为距离无限远处的一个点，把太阳发出的光视为平行光。在 3D 视图内，太阳光的代表符号是一个正六边形，每个顶角上都有象征光线的小短线，中间有一个垂直于正六边形的轴线，代表平行光的照射方向，如左图：

如果场景中没有平行光，该标签会不可用。

7.3.1　太阳颜色

在◉Spectral atmosphere model[光谱大气模式] 中，太阳的颜色是自定义的。在 Sun color[太阳颜色] 下侧，会出现 "Automatic sun color[自动太阳颜色]" 文字提示，而且，没有显示色彩图。

注意：Sun color[太阳颜色] 不是指太阳光线的颜色，而是指代表太阳圆盘的颜色。但是，Sun color[太阳颜色] 主要受到太阳光线颜色的影响。

如果在【世界浏览器】中选择了 "Sun light[太阳光]" 对象，并进入【对象属性】面板 >> 🖊 〖外观〗标签页中，改变 Color[颜色 🔲] 色块的颜色（也即改变太阳光线的颜色），则太阳圆盘的颜色也会相应地自动调整。

7.3.2　太阳位置

在 Position of the sun[[太阳位置]] 参数组中，可以调整太阳的照射方向。

这里所谓的 "位置"，不是指【对象属性】面板 >> 🔲 〖参数〗标签 >> 🔲 [位置] 子标签中的位置值，而是指太阳的照射方位。注意，它们之间有联系。

(1) Azimuth[方位角↔ □]

水平方位角的计算是从 Y 轴正向开始，在水平面（XY 平面）内绕 Z 轴沿逆时针方向旋转，360°为一周。

(2) Pitch[仰角↔ □]

指太阳光线与水平面（XY 平面）的夹角，在 -90°～ +90°之间变化。

实际应用中，可以根据当地的地理信息，直接输入水平方位角和仰角。

注意：在编辑场景时，Azimuth[方位角↔ □] 或 Pitch[仰角↔ □] 的值可能会因各种操作而受到影响，说明如下：

1）在【世界浏览器】中选择 "Sun light[太阳光]" 对象，进入【对象属性】面板 >> □ 【外观】标签中，如果选中☑Point at camera[指向相机] 复选框，当用移动工具移动代表太阳的正六边形的位置时，太阳光的照射方向会不断改变，以便总是指向相机；如果用旋转工具旋转代表太阳的正六边形，在释放鼠标时，会突然改变代表太阳的正六边形的位置，以便总是指向相机。

2）如果取消选中 □Point at camera[指向相机] 复选框，当用移动工具移动代表太阳的正六边形的位置时，不会影响太阳光的照射方向；如果用旋转工具旋转代表太阳的正六边形的方向，会直接影响太阳光的照射方向。

3）在 Sun [太阳] 标签中，如果选中☑Attach sun to camera direction[把太阳吸附到相机方向上] 复选框，则太阳的位置和相机关联起来：在视图中，水平旋转相机时，视图中代表太阳的正六边形会跟着旋转，就好像生活中真实的数码相机镜头上粘附了一个灰点，无论相机拍摄到哪里，这个灰点总是在相机拍摄画面上保持一个固定的位置；但是，垂直旋转相机时，代表太阳的正六边形不会跟着旋转。

4）在正交视图中，当用移动工具移动相机时，代表太阳的正六边形的位置也会同步移动，但这并不会影响到 Azimuth[方位角↔ □] 或 Pitch[仰角↔ □] 的值，也就是说，不会影响太阳光的照射方向。Vue 使用这种方法模拟了太阳距离无限远的事实。

5）通过【对象属性】面板 >> □ 【参数】标签 >> □ [位置] 子标签，可以改变代表太阳的正六边形的位置，这些操作可能影响到 Azimuth[方位角↔ □] 或 Pitch[仰角↔ □] 的值；反过来，如果改变 Azimuth[方位角↔ □] 或 Pitch[仰角↔ □] 的值，也会影响代表太阳的正六边形在 □ 【参数】标签 >> □ [位置] 子标签中的位置值。

7.3.3　太阳的大小和日冕的大小

1）Size of the sun[[太阳的大小↔ □]]

太阳的大小，是指天空中象征太阳圆盘的尺寸大小。如果其值非 0，太阳会可见，且太阳圆盘会被 Sun color[太阳颜色] 中的颜色填充，颜色呈渐变放射状排列（在光谱大气模式中，太阳的颜色是自动定义的）；如果其值为 0，天空中太阳圆盘将不可见（尽管它仍然发射光线）。

2）Size of the corona[[日冕的大小↔ □]]

该参数调整添加到太阳圆盘周围光辉的大小。

7.4　【光照】标签 《

Light【光照】标签在所有的大气模式中都是一样的。如右图：

梦境重现——Vue 10 三维景观创作详解

在标准的光线追踪模式中，对象从放置在场景中的不同光源上接收光线，如果场景中没有一个光源能够直接照射到该对象上，渲染时就是一片漆黑。显然，这不是真实世界中光线的规律。

真实世界中的对象，即使没有被灯光或太阳（即直接光）直接照射，但是也会从周围环境中接收各种杂乱的混合光线。这样，我们才能看到这些对象上没有被光源直接照射到的部位。

作为一款三维风景软件，Vue 提供了几种模拟真实环境光的方法，也就是几种光照模式。不同光照模式的区别，主要在于它们计算环境光的方法不同。计算方法不同，意味着设置的复杂程度不同，效果就不同，所需花费的渲染时间也不同。

用户应根据创作目的、计算机硬件配置、时间是否充裕等具体情况，选用不同的光照模式。

7.4.1　光照模式

场景中的每一点，都从太阳、天空以及环境（天空和周围的对象）中接收光线。不同光照模式的区别，在于计算周围环境光线的方法不同。

在 Lighting model[[光照模式]] 参数组中，共有五种光照模式可用。它们由下到上，从低级到高级进行排列。

要理解不同光照模式的区别，应着重把握以下几个方面：

（1）产生环境光的主体；

（2）环境光的方向；

（3）环境光的颜色、强度；

（4）环境光的阴影。

下面我们分别讲解这几种光照模式。

1. 标准模式

○Standard[标准]：这是最基本的光照模式，来自环境的光线（即环境光）近似恒定，环境光根据方向被细分为 "From sky[来自天空]" 和 "Uniform[均匀]"，但不计算间接光。该模式的计算结果不是很精确。

在 Global lighting adjustment[[全局光照调整]] 参数组中，使用 Ambient light[环境光↔ □] 滑块（见下文），可以调整环境光中 "From sky[来自天空]" 和 "Uniform[均匀]" 两种成分之间的比重。

在该光照模式中，有以下特点。

（1）来自天空的环境光的效果类似一种微弱的、从天空垂直向下照射的平行光。对象的水平表面会比垂直表面接收较多的来自天空的环境光，使对象表面随着倾斜角度不同，呈现不同的环境光照明效果。

（2）在该光照模式中，不计算来自天空的环境光的阴影。

（3）可以把均匀光理解为一种 "来自所有方向的无处不在的无限光"。不管表面的倾斜角度如何、是否被遮挡，都会均匀地照亮。因为均匀光的方向来自各个方面，所以也不产生环境阴影。从渲染计算角度来说，均匀光是计算最简单、渲染最快、效果最粗糙的环境光。在所有光照模式中，计算均匀光的方法是一样的。

2. 全局环境模式

◉Global ambience[全局环境]：该模式对环境光的算法进行了改进，能更精细地计算环境光。

此光照模式会计算天空在所有方向上的颜色差异。即是说，场景中朝向蓝色天空的地方呈现蓝色色调，而其他朝向红色天空的地方呈现红色色调。该模式能够添加有趣的渲染润色效果，而仅需增加很少的渲染计算负荷。

3. 环境遮蔽模式

○Ambient occlusion[环境遮蔽]：该模式对全局环境模式进行了改良。天空穹顶上的每个点均被视为一个个 "小光源"，向 "小光源" 追踪光束，查看邻近对象是否遮蔽环境光线，这样，靠近其他对象的物体会出现非常精细的阴影。

显然，追踪所有这些光束增加了很多渲染时间。环境遮蔽模式的效果非常好，场景中不直接暴露在光源中的区域也很令人满意。

因为环境遮蔽模式需要计算环境光照明，当使用这种模式时，通常建议增加场景中环境光的比重。

为了加快渲染速度，可在其右侧的 Range [范围 □] 参数内输入一个距离值，它控制着渲染器搜索的最大距离，只有在此距离之内的对象，才纳入遮蔽计算处理之中。邻近的对象离得越远，产生的遮蔽效果就越少，超过这个距离的对象，将不参与遮蔽计算。

因为渲染器不需要检查整个场景来寻找能够产生遮蔽的对象，使得场景的渲染速度远快于 Global illumination[全局照明] 模式，而又不会影响质量太多。

Range [范围 □] 值越大，表示搜索范围越大，越接近 Global illumination[全局照明] 模式，渲染得也越慢；Range [范围 □] 值越小，表示搜索范围越小，越接近 Global ambience[全局环境] 模式，渲染得也越快。

4. 全局照明模式

○Global illumination[全局照明]：该模式追踪通过向天空穹顶的所有光束，改善了环境遮蔽模式，这样，确保了任何对象都会在其他对象上面投射环境阴影，而不管距离有多远，渲染效果通常比选用环境遮蔽模式要暗些。

该模式的效果非常好，场景中不直接暴露在光源中的区域也很令人满意。但是，追踪所有光束会显著增加渲染时间。

因为全局照明模式需要计算环境光照明，当使用这种模式时，通常建议增加场景中环境光的比重。

当选用 Ambient occlusion[环境遮蔽] 模式或者 Global illumination[全局照明] 模式时，关键是要增加场景中环境光的比例。否则，几乎不能看到高级照明模式的效果。

5. 全局辐射模式 {{NEW9.0}}

○Global radiosity[全局辐射]：这是在照明质量和真实性方面最高级的模式。场景中的非光源对象，会根据其表面的光学特性向各个方向再次辐射一些间接光，光会因此在场景中反复"四处反弹"，就像它在真实的自然界中也会反弹一样，结果，场景中的每个点都会接收来自场景中其他所有对象的光线。也就是说，该模式在场景中传播"光线"，而不像环境遮蔽模式和全局照明模式那样传播"阴影"。

显然，这种模式需要极其复杂的计算，尽管在 Vue 中采取了许多优化，还是会导致渲染时间比其他模式慢很多——但同时也产生了令人难以置信的满意效果。

如果在 Render Options【渲染选项】对话框 >> Indirect Lighting Solution[[间接照明方案]] 参数组中选中 ☑Re-use indirect lighting[重复使用间接照明] 复选框，则 Vue 渲染场景之后，会保存间接照明结果。在下一次渲染场景时，会重复使用所保存的间接照明结果，这样，可以大大地降低渲染所需的时间。

> 注意：当使用全局辐射模式时，如果材质包含了自发光，或者包含了非标准比例的 ~Diffuse[漫反射↔ □]/~Ambient[环境↔ □]，可能会导致奇怪的照明效果。要达到期望的大气效果，必须予以调整。

当选择了全局辐射选项时，在该选项的旁边，有一些特定的控件变得可用：

1) ☑Indirect skylighting[间接天空光照明]

如果选中此复选框，Vue 会计算被每一个对象接收并反射到场景中其他对象上面的天空光（是一个缓慢的过程），如果取消选中此复选框，不再计算天空光的间接作用，而改为使用 Ambient light color[环境光颜色 ☑]，通常效果也不错。

2) ☐Indirect Atmospherics[间接大气]

如果选中此复选框，计算场景中的间接照明时，会考虑光线从云层反射到对象（如穿越云层的飞机）上面的光。{{NEW9.0}} 该选项是 Vue 9.0 增加的新功能。

3) ☑Optimize for outdoor rendering[优化户外渲染]

如果选中此复选框，Vue 会假设要渲染的是一个无限大的户外景观。对渲染室内场景来说，辐射通常具有非常大的影响，原因是光会被截留在一个房间中，进行了多次反弹。但是，对户外风景来说，光线很少被截留和反弹，大多迅速地"逃"向天空中，辐射影响比较弱。因此，对于户外的场景来说，选中此复选框，降低辐射照明的次数，忽略高空中的间接照明的作用，既符合户外场景的实际，也能有效地降低辐射计算的复杂程度，从而提高渲染速度。

4) Gain[增益 □]

控制对象之间辐射光照的强度。

5) Bias[偏置 ☑]

定义一种偏置颜色，该颜色会被添加到对象从其环境接受的辐射光上。例如，如果添加一种微红颜色，阴影和光会披上一种很轻微的红色调。该设置只用于非常精细地优化辐射效果。

6. 精调全局光照模式的效果

在上述五种光照模式中，其中后四种（全局环境、环境遮蔽、全局照明、全局辐射）也被称为"全局光照模式"。当选择其中之一时，在 Lighting model[[光照模式]] 参数组右侧，相应的控件变得可用，这些控件用于微调或优化照明效果。

> 注意：当选择不同的光照模式时，在 Lighting model[[光照模式]] 参数组中的某些参数是否被禁用，能够反映不同光照模式的差别。

1) Shadow smoothing[阴影光滑 □]

该参数可用于环境遮蔽、全局照明、全局辐射模式，以及控制全局照明阴影的整体光滑性。

较低的值会产生尖锐而精确的阴影，但是，可能需要较高的质量设置以避免杂斑。

如果使用较高的值，会使阴影更光滑，形成不太精确的阴影，但也不必使用太高的质量设置。

2) Artificial ambience[模仿环境 □]

该参数可用于环境遮蔽、全局照明模式，作用是补偿在这些模式中对象相互之间没有辐射光线的问题。在该参数中设置的环境光的数量会添加到天空光的作用效果中，以便确定每个点从周围对象中接收光线的总量，该项的颜色使用 Ambient light color[环境光颜色 ☑] 进行控制。

3) Sky dome lighting gain[天穹光照增益 □]

该参数控制着天空光的整体强度，增加该设置，会向场景中添加更多的环境光。其效果有些像把 Light balance[光平衡↔ □] 滑块向左侧（"Ambient[环境光]"侧）拖动并全局性地增加场景曝光的效果。

4) Overall skylight color[整体天空光照颜色 ☑]

该色块代表了天空光的整体颜色，可以调整该颜色，以便优化环境光照明（调整颜色的方法见前文"选取颜色"章节）。

例如，如果感觉场景中某些阴影部分中的色调太刺眼，就可以减少整体颜色的饱和度来予以改善。

因为该颜色代表的是天空光的整体颜色，如果编辑了天空的其他设置（如 Sky color[天空颜色 ◢]、"Sun light[太阳光]"对象的 Color[颜色 ◢] 色块的颜色），显示在该色块中的颜色会相应改变。而且，先前改变色块颜色时形成的颜色修正仍然会应用到新的颜色中。

> 注意：Sky color[天空颜色 ◢] 和 Overall skylight color[整体天空光照颜色 ◢] 之间有密切的联系，但不是一个概念。

5）Quality boost[质量提高↔ ▢]

该设置是 EasyGI 技术的一部分，它把需要有效地渲染全局照明的多种复杂设置综合到一个简单的质量设置中。

就像遍布于 Vue 中的其他质量提高设置一样，该设置与 Render Options【渲染选项】对话框中的 Advanced effects quality[高级效果质量↔ ▢] 设置协同使用。如果正在进行 ◉Preview[预览] 模式的渲染（见前文"渲染选项"章节），全局照明的质量会适当粗糙一些，但是，如果准备进行 ◉Final[最终] 模式的渲染，会自动增加全局照明的质量，以产生良好的效果。

如果正在做测试渲染，全局照明质量并不重要，就可以减小 Quality boost[质量提高↔ ▢] 设置，以便加速渲染进程；而在最终的产品级渲染中，如果发现照明质量方面存在一些不足，才应当提高该设置。

7.4.2 全局光照调整

位于 Global lighting adjustment[[全局光照调整]] 参数组中的控件，用于调整场景中光线的分布状态。如果正在使用全局照明或全局辐射模式，建议增加场景中环境光的比例，以便使全局照明的效果更明显可见。

1）Light intensity[光强度↔ ▢]

用于调整场景的整体亮度。

> 注意：此处曝光仅影响光源强度，而且不同于相机对象的【对象属性】面板 >> ◢【外观】标签中的"Exposure[曝光 ▢]"参数（调整的是光圈）。

2）Light balance[光平衡↔ ▢]

用于调整来自太阳的光和来自环境的光（环境光）的相对比例。

白天或带明亮天空的场景中，天空、灰尘、烟雾等均会产生许多环境光，应多设一些环境光；反之，日落的场景中环境光应该很少。

3）Ambient light[环境光↔ ▢]

调整环境光如何在"From sky[来自天空]"和"Uniform[均匀]"两种成分之间分配。带雾的场景通常需要大量"Uniform[均匀]"的环境光，而带明亮天空的场景通常需要许多"From sky[来自天空]"的环境光。

7.4.3 应用设置到…

在 Apply settings…[[应用设置到…]] 中，包括以下选项。

1）○…to all lights[…到所有光源]

默认没有选择该单选按钮。如果希望场景中太阳光以外的光源也用于表现大气效果的话，应选择该单选按钮，那么，调整曝光会影响所有光源的强度（Light color[光颜色 ◢] 也会影响所有光源的颜色，不过在光谱大气模式中不可用）。

2）◉ …only to sunlight.[…仅到太阳光]

假如场景中有一座房子，它从内部照明，您不希望室内光线受到房子外面曝光变化的影响，则应选择该单选按钮。

3）☑…to sky and clouds[…到天空和云层]

如果选中该单选按钮，则照明调整也会影响天空和云层的颜色。

7.4.4 光颜色

可以为太阳光和天空 / 环境光赋予不同的色温。

1）Light color[光颜色 ◢]

像一个滤光镜一样调整场景中的光线颜色。不过该控件在光谱大气模式中不可用，在光谱大气模式中，可以直接编辑太阳光的颜色。

2）Ambient light color[环境光颜色 ◢]

调整环境光的颜色，包括来自天空的光和来自环境的光。因为环境光被云散射，比起直接太阳光，它通常带有一些蓝色色调。

特别注意，调整 Ambient light color[环境光颜色] 的颜色，会直接影响大气（包括雾、霾、空气等）的颜色。本章开头已经交待过，因为 Vue 是一款景观创作软件，所以，我们更应该注意这些设置对大气元素相互之间的影响，而不应该只把注意力放在场景中的某些实物对象上。我想，这也是为什么把这些设置放在 Atmosphere Editor【大气编辑器】对话框中的主要原因。同时，也是与其他三维软件应该区别的一个方面。

7.5 【云】标签 《

Clouds 〖云〗标签的界面如下图：

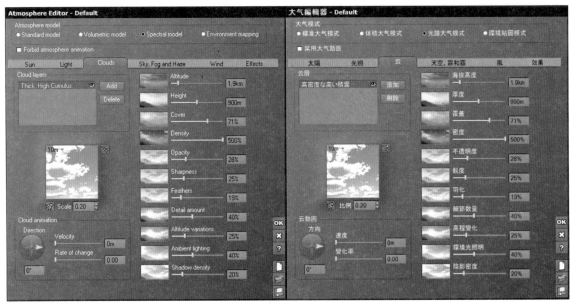

云层一般呈半坦的层状（有的有厚度，有的没有厚度）。在天空中，可以创建任意数量的云层（就像在平面设计软件 Photoshop 中可以创建许多相互叠加的图层一样）。对于不同的云层，可以分别设置其在天空中漂浮的海拔高度，并赋予不同效果的云层材质，从而创造出丰富而又变化无穷的云层效果。

7.5.1 云层名称列表

在 Clouds 〖云〗标签的左上部，是 Cloud layers[[云层]] 名称列表，显示了场景大气中使用的所有云层名称。在该列表中，云层名称按照所在的海拔高度排序：较高的云层位于上面，较低的云层位于下面。当云层的海拔高度被调整之后，云层名称列表会自动重新排序。

1. 云层名称列表的常用操作

对云层名称列表的操作，主要包括以下几项：

1）添加云层

单击 **Add** [添加] 按钮，或者单击 Vue 主界面左侧工具栏中的 □ [添加云层…] 按钮，会弹出【云层浏览器】，该浏览器其实就是一个可视化材质浏览器，在其中的 "Clouds[云]" 收藏夹中，包含了许多经典的云层材质，从中选择一种，就可以创建一个新的云层。

注意：当从可视化大气浏览器中载入某种预定义的大气效果时，往往附带有一定数量的云层。

2）选择云层

单击云层名称，会反色显示，就表示选择了该云层，下面的云层材质预览框和 Clouds 〖云〗标签右面的参数设置都会相应地发生变化。

3）删除云层

先选择云层，再单击 **Delete** [删除] 按钮，就可以把云层从列表中删除。

4）隐藏或显示云层

单击云层名称右侧的 "👁" 图标，会变成 "👁" 图标（和渲染时隐藏是同步的），表示该云层不再出现在天空中，再次单击会变回 "👁" 状态，表示在天空中会重新显示该云层。

5）重命名云层

选择云层后，再次单击云层名称（即分两次单击），云层名称会变成可以改写的状态，可以重新输入新名称覆盖原名称。

注意：云层的名称和云层材质的名称是相同的。

2. 体积云和光谱云

在【云层浏览器】>>Clouds[云] 收藏夹中，分类存放了许多漂亮的云层材质，尤其是其中的体积云和光谱云，是很实用的资源，大家要熟悉它们的特征，并善加运用。如右图：

1）体积云

体积云层采用的是一种特殊的体积材质，并进行了优化，以便准确地模拟真实的云层。体积云层材质的参数设置和编辑方法基本和标准的体积材质是相同的，但是会有一些参数设置被锁定。

在【云层浏览器】>>Clouds[云] 收藏夹 >>Volumetric Clouds[体积云] 子收藏夹中，包含了许多预设的体积云层。在 Advanced Cloud Material Editor【高级云层材质编辑器】>>Lighting & Effects〖照明和效果〗标签 >>Lighting[[照明]] 参数组 >>Lighting model〖照明模式 ▽〗下拉列表中，体积云层材质使用的照明模式是 Flat layer[扁平云层] 模式。

2）光谱云

光谱云层是一种有厚度的特殊云层，就像真实的云层一样，这种云层具有浓度、质量和湿气，云层外观是根据光线穿透云粒子的方法生成的。

光谱云分为光谱云 1 和光谱云 2。在【云层浏览器】>>Clouds[云] 收藏夹 >>Spectral[光谱云 1] 子收藏夹中和 Spectral 2[光谱云 2] 子收藏夹中，包含了许多预设的光谱云 1 和光谱云 2。在 Advanced Cloud Material Editor【高级云层材质编辑器】>>Lighting & Effects〖照明和效果〗标签 >>Lighting[[照明]] 参数组 >>Lighting model〖照明模式 ▽〗下拉列表中，光谱云 1 和光谱云 2 使用的照明模式分别为 Volumetric layer（v1.0）[体积云层（v1.0）] 模式和 Volumetric layer（v2.0）[体积云层（v2.0）] 模式。

光谱云层有两个特殊的设置参数：一个是 Height[厚度↔ □]，它控制着云层的整体厚度，较高的值意味着云层较厚，因此也变得较暗；另一个是 Shadow density[阴影密度↔ □]，它控制云层所投射的阴影的密度，包括云层在地面上投射的阴影密度和在大气内投射的阴影密度（在大气内投射阴影可以产生著名的上帝之光）。关于这两个参数和上帝之光，下文我们还要进一步讲解。

在光谱大气模式中，既可以使用光谱云层，也可以使用体积云层；但是，在体积大气模式中，如果添加某个光谱云层，会强制性地转换为体积云层，转换后效果差异很大。

注意：云层材质的类型也可以是简单材质。例如，在【云层浏览器】>>Clouds[云] 收藏夹 >>Cumulus[积云] 子收藏夹中和 Stratus - Cirrus[层云 - 卷云] 子收藏夹中，就包含了许多使用简单材质的云层。

7.5.2 云层材质预览 {{NEW9.0}}

在云层名称列表中选择不同的云层名称，在云层列表下侧的云层材质预览框中，就会显示相应云层材质的效果。每当修改云层的外观时，都会刷新云层材质预览框。

单击 [载入云层材质…] 按钮，会弹出可视化材质浏览器，可以更换云层材质。更换云层材质后，云层名称也会自动改变，Clouds〖云〗标签右侧的云层设置也会相应改变。

双击云层材质预览框（或使用右键弹出菜单中的"Edit material[编辑材质]"命令），会弹出 Advanced Cloud Material Editor【高级云层材质编辑器】，可以编辑云层材质。

编辑云层材质的方法，详见后文"材质"章节。

注意：在【世界浏览器】>> ▨▨▨ 〖材质〗标签 >>Cloud materials[[云层材质]] 类别中，双击材质名称，也可以直接打开 Advanced Cloud Material Editor【高级云层材质编辑器】。

可以使用 Scale[比例：□] 参数调整云层材质的比例。

单击 [随机化] 按钮，可以随机变化云层内云团的分布状态。{{NEW9.0}} 这是 Vue 9.0 增加的新功能。

云层材质的一个重要性质是带有局部透明度。如果云层材质不透明，就看不到该云层上部的天空和其他云层，因此，云层应该是部分透明的。改变云层材质的全局透明度（即下文要讲的 Opacity[不透明度↔ □] 参数）是修改云层浓度的好方法；也可以在【高级云层材质编辑器】>> Color & Density〖颜色和密度〗标签 >>Density production[[密度生成]] 参数组中，利用 [密度生成滤镜 ▨] 使云层产生密度变化。

7.5.3　云层设置

当选择了某一个云层时，在 Clouds〖云〗标签的右侧，会显示相应的云层设置参数。编辑这些设置参数，可以自定义云层的外观。

在每项设置参数的前侧，有一个形象的微型示意预览图，当改变该设置参数时，会动态显示云层产生的典型效果。

当鼠标移动到微型示意预览图上面时，光标也会变为双向箭头，向左或向右进行拖拉，和直接拖拉右侧滑块的功能是一样的。但是，由于微型示意预览图比滑块要大，所以以拖拉微型示意预览图，实际上比拖拉滑块要省劲儿一些。

当使用不同类型的云层材质时，会有部分云层设置参数处于禁用状态。

下面，我们以光谱大气模式为例，讲解云层的各个设置参数。

1）Altitude[海拔高度↔ ▢]

该参数非常简单，可以调整云层的海拔高度。

拖拉滑块能够调整的海拔高度处于"通常"值内。在右侧的数值输入框中，可以输入任何值。

云层的海拔高度和材质，是云层最重要的两个特征。云层的海拔高度会影响云层中云团的视觉大小，也会影响到不同云层的相互遮挡关系。

当云层的海拔高度调整后，在 Cloud layers[[云层]] 名称列表中，云层名称顺序会重排。

2）Height[厚度↔ ▢]

该参数只有在光谱大气模式中并使用了光谱云层时才可用。

该参数实际上是指云层自身的"垂直厚度"，值越大，包含的可见云团越多。

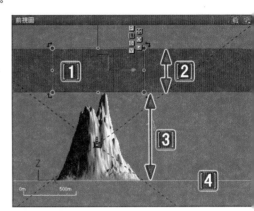

光谱云是一种有厚度的特殊云层，因此，与其他类型的云层不一样的是，光谱云层在【前视图】和【侧视图】中可见。这样，能够直观地观察到光谱云层与其他对象（如山脉、飞机）的相对位置关系，如右图：

[1]——光谱云层。

[2]——光谱云层的厚度。

[3]——光谱云层的海拔高度。

[4]——地面（Z 坐标值为 0）。

由上图我们可以得到这样的关系：

$$光谱云层的海拔高度 = 光谱云层的 Z 坐标值 - 光谱云层的厚度 ÷2$$

3）Cover[覆盖↔ ▢]

控制云层内可见云团的总体数量。

4）Density[密度↔ ▢]

该参数只可用在光谱大气模式中。它控制光线穿透云层的远近程度，以及光线怎样在云层里面散射。与上面"Cover[覆盖↔ ▢]"参数不同，该参数主要控制组成云层的云团的总体密度和厚重感：值越大，使云团显得厚重、粗实；值越小，云团显得单薄、轻盈。

5）Opacity[不透明度↔ ▢]

该参数只可用在光谱大气模式中。它控制着透过云层能够看到多么远的对象。如果云层非常不透明，云层内部的对象会迅速变得不可见。

在光谱大气模式中，下列控件也可用。

6）Detail amount[细节数量↔ ▢]

控制云层细节的丰富性。较高的值会创造带有大量内部密度变化的云，而较低的值会使云层光滑而简洁。

7）Altitude variations[高程变化↔ ▢]

控制云层内发生高程变化的部位的多少。高程变化在云层的顶部特别明显，此设置只会明显影响应用了较大缩放比例的云层。

要表现飞机在高低起伏的云层上下穿飞的效果，此参数非常有用。

8）Ambient lighting[环境光照明↔ ▢]

只可用在光谱大气模式中，控制云层内环境光的多少。该值越高，云层会显得越亮。

9）Shadow density[阴影密度↔ ▢]

只可用在光谱大气模式中，控制着云层投下的阴影的黑暗程度。

它既影响云层投射到场景中（如地面）的阴影密度，也影响上帝之光的密度（如果已经在 Sky, Fog and Haze〖天空、雾和霾〗标签中启用 Godrays[上帝之光] 复选框的话）。为了尽可能明显地看见上帝之光效果，应该将其设置为最大值 100%。

如果云层已经被设成不投射阴影（即在 Advanced Cloud Material Editor【高级云层材质编辑器】>>Lighting & Effects〖照明和效果〗标签 >>Lighting[[照明]] 参数组中取消勾选 pCast shadows[投射阴影] 复选框），此设置会被禁用。

10）Sharpness[锐度↔ ▢]

控制云团边缘的尖锐程度。较高的值会创建带尖锐边缘的云团，较低的值会创建较光滑的云形。

11）Feathers[羽化↔ ▢]

控制云团形状的羽化程度，较高的值会创造大量的丝状云。较低的值会创建较光滑的云形。

7.5.4　简单云动画

在 Cloud animation[[云动画]] 参数组中，可以控制简单且基本的云层动画（包括移动和演变），能够模拟风吹动云层的效果。

1) Direction[方向↔ □]

使用了一个圆形的、方向盘式的滑盘（上面的滑块呈箭头状指针），鼠标移动到滑盘上面时，光标会变为 "＋" 的样式，进行拖拉，可以旋转指针方向，该方向就代表了云层动画移动的方向。

在滑盘下侧的文本框内，也可以直接输入云层的漂动方向。

2) Velocity[速度↔ □]

控制云层漂动的快慢。

3) Rate of change[变化率↔ □]

控制云层的形状随着时间发展演变的快慢。

注意：在 Cloud animation[[云动画]] 参数组中，只能控制简单的云层动画，通过 Material Editor【材质编辑器】还能够生成更高级的云层材质动画。

7.5.5　云层对象

在 Cloud layers[[云层]] 名称列表中添加的云层，还会作为一个对象出现在【世界浏览器】>> ▨▨▨ 〖对象〗标签中。{{NEW8.5}} 这是 Vue 8.5 增加的新功能，也是一项非常实用的改进！

在 3D 视图中，可以使用变换工具或变换手柄移动、旋转、缩放云层对象，这样，可以使用鼠标在 3D 视图中直观地修改云层对象的原点、海拔高度、厚度、整体比例或旋转角度。也可以方便地制作云层对象动画。

在 World Browser【世界浏览器】中，单击云层对象名称前侧的标识图标 " ☁ "，会在该标识图标上出现一个 "×" 号，表示启用 ▨ [渲染时隐藏] 复选框，这和在 Cloud layers[[云层]] 名称列表中把 " 👁 " 图标切换成 " ◠ " 图标的作用是等同的。

在 World Browser【世界浏览器】中，双击云层对象名称，也可以直接打开 Atmosphere Editor【大气编辑器】对话框。

7.5.6　局部云层 {{NEW9.5}}

{{NEW9.5}} 可以把光谱云层限制到一个用户定义的圆柱形区域内，是 Vue 9.5 开始增加的新功能。

在【世界浏览器】中，选择某个光谱云层对象的名称，进入其【对象属性】面板 >> ▨▨▨ 〖外观〗标签中，如右图：

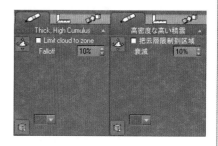

在上图中，选中 ☑Limit cloud to zone[把云层限制到区域] 选项，就把该光谱云层对象限制为局部云层（或区域云层）。

在 3D 视图中，使用两个同轴的虚线圆柱体表示光谱云层被限制的范围大小，圆柱体之内的部分被保留，圆柱体之外的部分被裁除。渲染场景时，只渲染光谱云层在虚线圆柱体之内的局部，之外的部分不进行渲染。显然，渲染光谱云层的一小部分，要比渲染整个光谱云层快很多！

在两个虚线圆柱体之间的区域，表示的是局部云层从有到无发生过渡衰减的区域。使用 Falloff[衰减 □] 参数，可以调整衰减区域的大小。

在上图左侧，有一个 ▨ [移动云层 / 移动限制区域] 图标。这是一个切换图标，正常显示状态下，在 3D 视图内，使用变换工具或变换手柄进行变换操作，针对的是整个云层对象。如右图：

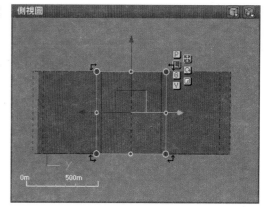

单击 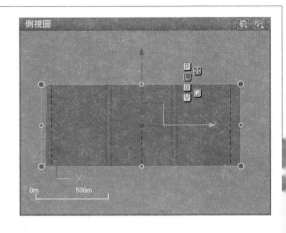 ［移动云层／移动限制区域］图标，可以将之切换为黄色的 ◎。此时，在 3D 视图内，使用变换工具或变换手柄进行变换操作，针对的只是代表光谱云层被限制区域的虚线圆柱体。如右图：

对局部云层进行适当的变换操作之后，我们可以把光谱云层中比较漂亮的一小部分独立出来，达到"取其精华"的目的。

7.6 【天空、雾和霾】标签 《

Sky, Fog and Haze〖天空、雾和霾〗标签只可用在光谱大气模式中。如下图：

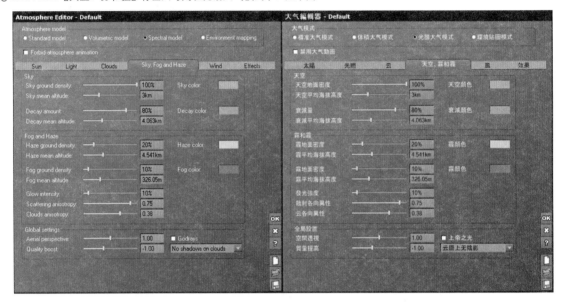

7.6.1 大气中气体的构成

构成地球大气的元素很复杂，归结起来，可以简单地分为以下几类。

1）天空

天空主要包括氧气、氮气等成分。其效果主要体现在高空中，是产生环境光的重要来源。天空对场景中的对象所造成的遮挡很微弱。

2）云

云主要是由凝结的水滴或冰晶组成，多由气候原因造成，如果下降到地面就变成了雾。

3）雾

雾主要是由凝结的水滴或冰晶等湿气成分组成，多由气候原因造成，厚度比较小。

雾的粒子直径比较大，反射效果较明显，散射的光与波长关系不大，因而，在现实生活中，雾看起来呈乳白色或青白色。

雾会降低能见度，对象往往逐渐消失在雾中，对象越远，会越多地混合雾的颜色。

4）霾

霾主要是由各种灰尘、烟尘、有害气体等微小粒子组成，大多是人类生产活动造成的。

霾会使大气混浊、视野模糊。粒子直径比组成雾的粒子直径要小，会比较多地散射波长较长的光，因而，在现实生活中，霾看起来呈黄色或橙灰色。

注意：在大气层的外面，是太空，太空会渲染成黑色。

7.6.2 天空

在 Sky[[天空]] 参数组中，可以调整组成大气的气体（也就是氮气和氧气）的密度。在地球上，就是这些气体使天空产生蓝色，使太阳靠近地平线时变红。

在该参数组中，上边的三个控件涉及天空和蓝色出现的方法。

1) Sky ground density[天空地面密度↔ □]

该参数控制地面处（地球表面）大气气体的密度。在文本框内，可以输入远大于 100% 的值。

2) Sky mean altitude[天空平均海拔高度↔ □]

该参数指明了大气的气体密度随着海拔高度升高而下降的速度。该值越低，密度下降得越快（大气密度与海拔高度是指数关系）。该参数直接影响大气层的有效厚度。

所谓"平均海拔高度"是指，随着海拔高度升高，大气密度下降到地平面处密度（即上述"Sky ground density[天空地面密度↔ □]"的值）的一半时的海拔高度。因为大气密度和海拔高度是指数关系，平均海拔高度通常远小于最大海拔高度的一半。

例如，我们知道，地球大气层的厚度达到大约 60 英里高，但它的平均海拔高度仅仅只有 5.5 英里。也就是说，当上升至 5.5 英里高的地方，大气的密度就减小到地平面处的密度的一半。

3) Sky color[天空颜色 █]

该控件用于改变因大气中的气体使阳光散射所导致的天空颜色变化。

在地球上，该颜色是蓝色的。如果要创建的是一个外星球场景，在那儿，大气中的气体可能会造成不同的大气颜色，就可以使用该控件改变天空的颜色。关于如何改变颜色，见前文"选取颜色"章节。

7.6.3 光线颜色衰减

在 Sky[[天空]] 参数组中的其他设置，和大气中的气体造成的光线颜色衰减有关，控制着当太阳靠近地平线时光线颜色转变为红色的方法。

1) Decay amount[衰减量↔ □]

即当太阳靠近地平线时发生光线颜色变红的程度。在文本框内，可以输入远大于 100% 的值。

2) Decay mean altitude[衰减平均海拔高度↔ □]

该参数类似 Sky mean altitude[天空平均海拔高度↔ □]，控制着衰减随着海拔高度的升高而消失的速度。

3) Decay color[衰减颜色 █]

该设置用于改变当太阳降落到地平线时呈现的颜色色调。

在地球上，大气气体会导致蓝色的天空，靠近地平线的光线会变红。然而，其他星球上（如科幻场景）的大气气体可能会造成不同的基本天空颜色和光线衰减。

> 注意：这种光线颜色变化，除了影响不同海拔高度处的天空颜色，也会直接影响雾和霾在不同海拔高度处的颜色（通常呈渐变过渡效果）。

对于地球大气，我们没有必要修改 Sky color[天空颜色 █] 和 Decay color[衰减颜色 █]，使用这两个颜色控件的默认颜色，就能够得到很真实的效果。

7.6.4 雾和霾

位于 Fog and Haze[[雾和霾]] 参数组中的设置，控制大气的其他组成部分——微小粒子（例如灰尘）和湿气。微小粒子是产生霾的主要原因，而湿气是产生雾的主要原因。

霾和雾对于精调大气效果非常重要，它们强化了场景的距离感和空间层次感。

这些设置的使用方法和上一小节相似。

1) Haze ground density[霾地面密度↔ □]

该参数标明了灰尘粒子或污染粒子在地面处的密度。当太阳升起到天空中时，霾是使地平线附近出现灰色的主要原因。

2) Haze mean altitude[霾平均海拔高度↔ □]

该参数控制着大气中微小粒子的密度随着海拔高度升高而下降的速度。它直接影响霾层的有效厚度。

3) Haze color[霾颜色 █]

该参数控制着由微小粒子造成的、添加到大气上面的颜色，通常，该颜色是灰色的。

初学 Vue 渲染场景时，经常发现靠近地平线的地方白茫茫的，部分原因就是没有调整好上述有关霾的参数设置。

4）Fog ground density[雾地面密度↔ □]

该参数标明了水粒子在地面处的密度。

当这些水粒子被从后面照明时，会创造出一种强烈的发光效果。当大气中含有许多湿气时，大气变得逐渐不透明。

5）Fog mean altitude[雾平均海拔高度↔ □]

该参数控制着大气中水粒子的密度随着海拔高度升高而下降的速度。该参数直接影响雾层的有效厚度。

6）Fog color[雾颜色 ✍]

该参数控制着水粒子造成的、添加到大气上面的颜色，通常，该颜色是暗灰色的。

7）Glow intensity[发光强度 ✍]

发光是因为水粒子被从后面照明而引起的，它们导致太阳周围产生明亮的光辉。该设置控制太阳周围大气中出现光辉的多少。

在场景中，我们所看到的太阳形象，是由太阳圆盘、日冕、霾和雾造成的光辉等几个部分组成的。一般来说，霾和雾在太阳周围形成的光辉，比日冕要暗、范围更大。

8）Scattering anisotropy[散射各向异性↔ □]

该设置控制发光效果的"方向"。它影响太阳周围发光效果的整体形状，并根据观察方向的不同而影响雾的亮度。

9）Clouds anisotropy[云各向异性↔ □]

该设置提供了光线在云内部散射方式的额外控制。例如，可以在最靠近太阳的晚霞内制造生动的变化。

7.6.5　全局设置

在 Global Settings[[全局设置]] 参数组中，包括以下控件。

1）Aerial perspective[空间透视↔ □]

该参数控制大气的整体"厚度或浓度"。值设为"1"符合典型的地球大气。如果增加该值，造成的大气效果变化就像是增加了场景的比例一样。

从可视化大气浏览器中载入的预置大气，该值通常设为"10"，这样，在场景中不必使用"真实世界"尺寸的大气环境，就能够明显地看到大气效果。

如果想追求自然的精确性，应当把该值重设为"1"（该值设为"1"适用于真实、自然的地球大气），还应当按照真实的地球比例（可能是数百英里）构造场景。

2）Quality boost[质量提高↔ □]

此设置只可用在体积大气模式和光谱大气模式中。它控制着为了计算光与空气的相互作用而贯穿大气的采样数量。

在渲染大气之后，如果看到了不应有的噪点，请增加该设置（当心，可能需要较长的渲染时间）。

3）□Godrays[上帝之光]

此选项只可用在光谱大气模式中，默认没有取消选中该复选框。

如果选中 ☑Godrays[上帝之光] 复选框，云层会在大气中投射阴影，导致穿透云层缝隙的光束明显地显示出来。这种效果，通常特别令人印象深刻。

渲染上帝之光会大大增加渲染时间，但是，未必一定有明显的效果（就像在现实世界中一样，需要非常特殊的条件，才能看到太阳光穿出云层时照耀出明显的光束）。下文中，还要深入讲解影响上帝之光的诸多因素。

在 □Godrays[上帝之光] 复选框下侧的下拉列表，与云层上的阴影有关。如右图：

No shadows on clouds[云层上无阴影]：云层不接收来自上方的其他云层或对象（如飞机）的阴影。

Projected shadows on clouds[在云层上投射阴影]：云层接收并显示来自上方的其他云层或对象（如飞机）的阴影。

Volumetric sunlight[体积太阳光]：选择此选项，太阳光会投射完整的体积光（和选择"Sun light[太阳光]"对象，并在其【对象属性】面板

>>　🖊　《外观》标签中把 🔺[🖱体积光 开 / 闭 ‖ 🔺体积光选项…] 图标切换为 🔺的功能是一样的，二者会同步切换）。在云层上和大气中，会接收其他云层或对象（如飞机、大山、建筑物、树林中的树木、云团对象）投射的体积阴影。

云团对象只能在选择了 Volumetric sunlight[体积太阳光] 的情况下投射上帝之光。

注意：不应在水下使用光谱大气模式，因为它会在空气粒子密度和水之间产生冲突，导致非常不真实的结果。

7.6.6　产生显著上帝之光的多种因素

人们都很喜欢上帝之光效果，但是需要在场景中创建明显的上帝之光效果，需要特殊的条件。下面，我们把影响上帝之光效果的诸多因素列举如下

1）打开"总开关"

需要选中上述 ☑Godrays[上帝之光] 复选框，这是在场景中启用上帝之光效果的"总开关"。

2）打开"分开关"

对于要在大气中投射上帝之光的云层，进入其 Advanced Cloud Material Editor【高级云层材质编辑器】>>Lighting & Effects〖照明和效果〗标签 >>Lighting〖〖照明〗〗参数组中，选中☑Cast shadows[投射阴影] 复选框。这是使该云层能够投射上帝之光效果的"分开关"。使用"分开关"，可以针对某个云层单独打开或关闭上帝之光。

3）云层中要有"孔隙"

也就是说，云层中的"透明部分"和"不透明部分"要有显著的对比差异。不但二者的透明程度上要存在显著的对比差异，而且"透明部分"的面积要比"不透明部分"的面积小。这样，被云层挡住的阳光在大气中留下大片阴影，而一小部分阳光则穿出云层中的"孔隙"，并照亮阳光经过处的大气，通过明、暗的对比，上帝之光效果就显现出来了！

要使云层中出现"孔隙"，最主要的途径是，进入 Advanced Cloud Material Editor【高级云层材质编辑器】>>Color & Density〖颜色和密度〗标签 >>Density production〖〖密度生成〗〗参数组中，通过编辑 [密度生成函数 ⬤] 和 [密度生成滤镜 ▦] 来实现，详见后文"材质"和"函数"章节。

在 Clouds〖云〗标签中，云层的 Height[厚度↔ ▢] 和 Cover[覆盖↔ ▢] 参数也会影响"孔隙"的大小和多少。

如果天空中云层太多，因为彼此遮挡，不利于形成通畅的"孔隙"。

4）云层渲染后的颜色要暗一些

目的是使衬托上帝之光的大背景变得暗一些。

在 Clouds〖云〗标签中，云层的 Density[密度↔ ▢] 和 Opacity[不透明度↔ ▢] 参数会影响衬托上帝之光的大背景，因此，需要适当地把这两个参数的值调大一些（这两个参数可以输入超过 100% 的值）。

要使渲染后的云层颜色变暗，也可以减小 Ambient lighting[环境光照明↔ ▢] 的值。

要使渲染后的云层颜色变暗，还可以进入 Advanced Cloud Material Editor【高级云层材质编辑器】>>Color & Density〖颜色和密度〗标签，把 Volumetric color〖〖体积颜色 ▦〗〗色块的亮度调整得暗一些。

注意：云层的颜色不会影响上帝之光的颜色。

5）要使用较高的云层阴影密度

要增大 Shadow density[阴影密度↔ ▢]，最好设置为最高值 100%。这样，上帝之光的明暗对比效果才会比较明显。

6）大气层的密度、颜色和大气层的有效高度

在 Sky〖〖天空〗〗参数组中，调整天空的密度和颜色，会对上帝之光产生明显的影响。

举一个极端的例子，如果天空的有效高度还没有云层高，就会产生"半截子"的上帝之光。

同样，调整霾和雾的密度、颜色、有效高度，均会对上帝之光产生影响。

7）太阳光的入射角度和颜色

太阳光的入射角度要高一些（在 Sun〖〖太阳〗〗标签中，提高 Pitch[仰角↔ ▢] 的值）。

改变太阳光的颜色（方法是，选择"Sun light[太阳光]"对象，进入其【对象属性】面板 >> ▰▰▰〖〖外观〗〗标签中，改变 Color[颜色 ▦] 色块的颜色），也会影响上帝之光的颜色。

8）空间透视和质量提高

在 Global Settings〖〖全局设置〗〗参数组中，提高 Aerial perspective[空间透视↔ ▢] 的值，会强化上帝之光的效果；提高 Quality boost[质量提高↔ ▢] 的值，能够得到更精细的上帝之光。

尽管上面已经罗列了许多影响上帝之光的因素，但并不是全部。在实际工作中创建上帝之光场景时，我们要善于综合运用各种方法，反复调整有关参数，反复渲染场景，发现问题后再有针对性地调整，相信创建超凡脱俗的上帝之光不再是难事！

最后强调一下，在我们还没有深入学习材质和函数的知识之前，要善于利用 Vue 预置的上帝之光效果。这些效果位于【请为您的场景选择一种大气】对话框（即可视化大气浏览器）>>Effects[效果] 收藏夹 >>Godrays[上帝之光] 子收藏夹内。如右图：

7.6.7　偏移上帝之光

　　当调整出了满意的上帝之光后，有时我们想简单变化一下上帝之光，可以在 Clouds〖云〗标签中单击云层材质预览框右上角的 [随机化] 按钮，就可以在保持现有上帝之光整体风格不变的情况下，随机偏移上帝之光的位置。

　　如果我们希望某一束上帝之光刚好能够照射到场景中的特定地方，可以在【顶视图】中使用变换工具直接拖动云层对象，上帝之光也会相应地偏移位置。

　　此外，调整云层材质的原点也可以偏移上帝之光，但是很不直观。

　　我们也可以换一种思路：不偏移上帝之光，而是移动场景中的对象（如果场景允许这样的话），也可以使上帝之光照射到特定的对象上面。

7.6.8　山体、建筑和树木的体积光

　　在风景图片中，太阳光照射山体、建筑或树木时，可能会在大气中投射体积光，人们都非常喜欢这种富有感染力的效果。

　　例如右图，是 Vue 预置的一个场景文件"VistaPeeps.vue"（位于【可视化场景文件浏览器】>>Samples 2[范例 2] 收藏夹）中的山体投射的体积光效果：

　　又例如右图，是 Vue 预置的一个场景文件"13_Arbor9.vue"（位于【可视化场景文件浏览器】>>Samples 3[范例 3] 收藏夹中），阳光照射到密林深处，创造了良好的体积光效果：

　　"Sun light[太阳光]"对象是一种平行光，平行光的体积光效果和一般点光源或聚光灯光源的体积光效果是不同的。

　　平行光是无限光，它的体积光效果通过在大气气体中投射的体积阴影来体现，其结果依赖于大气。

　　而点光源或聚光灯光源是有限光，它的体积光效果通过添加体积光雾并在体积光雾中投射体积阴影来体现，其结果不依赖于大气，即使在太空中也能够存在。

　　要创建山体、建筑物或树木在太阳光中的体积光效果，需要在 Global Settings[[全局设置]] 参数组内的下拉列表中选择 Volumetric sunlight[体积太阳光] 项，或直接选择"Sun light[太阳光]"对象，并进入其 〖外观〗标签中，把 [体积光 开 / 闭 ‖ 体积光选项…图标切换为 ，即可。

　　关于如何使太阳光中的山体、建筑物或树木产生显著的体积光效果，也可以参阅上文关于如何产生显著上帝之光的知识，虽然有不尽相同之处，但只要能够举一反三、触类旁通，就能够轻松地创造出富有艺术感染力的体积光效果！

通过 Wind〖风〗标签，可以控制场景中应用到植物上面的微风的强弱和自然状态。

倘若激活了微风，在 Vue 中创建的所有植物，都会自动地在微风中轻轻摇动。但是，微风不能吹动植物以外的对象（如水面）。

Wind〖风〗标签的界面如右图：

7.7.1 激活强风

Vue 的植物能够对风吹作出响应。能影响植物的风包括三种：风控制器、风机和微风。相对于微风而言，风控制器和风机也称为"强风"。

在 Wind〖风〗标签中，默认选中 Enable wind（on a per plant basis）[激活强风（针对个别植物）] 复选框。如果取消选中该复选框，即使已经在场景中定义了一些强风，这些强风也不会在植物上产生任何效果。

注意：该选项不影响是否产生微风效果（如果已定义有一些微风的话）。

如果取消选中 □Enable wind（on a per plant basis）[激活强风（针对个别植物）] 复选框，当选择某个或某些植物时，在【顶视图】内，不会显示风控制器图标 ▲ 。

注意：强风虽然能够使植物产生变形，但是，不能使植物产生摇动！

7.7.2 调整微风

1. 激活微风

1）☑Enable breeze[[激活微风]]

默认选中该复选框，只有选中该复选框之后，下侧的其他控件才可用。如果不想让场景中的植物在微风中摇动，请取消选中该复选框。

微风与强风不一样，微风是一项全局设置（在动画场景中才能表现出来），不能只在给定的植物上启用或禁用微风。

注意：不要混淆微风和强风。微风会全局性地影响场景中的所有植物，它适用于温和地、自动地摇动植物；强风在特定的植物上定义，只针对场景中的某个或某些植物发生作用，比较适用于强烈而大幅度地使植物发生变形。可以在场景中创建多个强风，并分别设置或定义。受到强风影响的植物，比仅受到微风影响的植物渲染得要慢。

2）Intensity[强度↔ □]

该设置控制微风的整体强度。较低的值意味着非常弱的微风，而较高的值会使植物产生较强的摇动。

注意：当改变微风的强度时，为了得到真实的微风摇动效果，也应当修改其他设置。

3）Pulsation[震动↔ □]

此设置控制着微风使植物摇动的平均速度。使用较低的值，会使植物慢速摇动，增加该值，会使植物快速摇动。

该参数与 Intensity[强度↔ □] 参数不同，Intensity[强度↔ □] 强调的是摇动幅度，而 Pulsation[震动↔ □] 强调的是摇动速度和频率。

注意：上述两个参数，一个控制摇动幅度，一个控制摇动频率。也就是说，可以分别进行控制。例如，可以使振幅大而频率低，这与自然界中真实植物的情况稍有不同。在自然界中，一般来说，真实植物的摇动幅度和频率成正比例关系，摇动幅度越大，摇动频率也就越高。

4）Uniformity[一致性↔ □]

在 Vue 中，微风的效果会全局性地遍及整个场景中的植物。如果所有的植物分别自行摇动，或者一起整齐划一地摇动，均会显得不真实。

在真实世界中，如果认真观察在微风中摇动的植被（如树林、草丛）时，会发现，每个植物似乎独立地摇动，但是，有时也能看到像波浪一样的整体运动滑过植被，就像较强的阵风吹过一样。

上述这种效果，可以使用微风的 Uniformity[一致性↔ □] 参数进行模拟控制。较低的值，意味着植物相互独立地摇动，而较高的值，意味着所有植物相互协调一致地一起摇动。

5）Turbulence[紊乱↔ □]

该设置控制植物上面每片叶子摇动的随机程度（这是因为空气紊乱流动引起的）。较低的值，意味着所有的叶子相互协调一致地一起摇动，较高的值，意味着所有叶子相互独立地摇动。

2. 阵风

阵风随机地出现在整个微风上，会创造较大振幅的突然摇动。

使用 Gusts of wind[[阵风]] 参数组中的控件，可以自定义阵风的影响。

1）Amplitude[振幅↔ □]

此设置控制阵风所造成的植物摇动的整体振幅。较低的值，意味着阵风只造成很不显眼的影响，而较高的值，意味着阵风会在植被中造成强烈的摇动。

阵风的振幅具有随机性。

2）Frequency[频率↔ □]

此设置控制阵风发生的平均速率。由于阵风出现具有随机性，此设置只是表明两次阵风间隔的平均时间。

此外，因为阵风的振幅是随机的，并不是所有的阵风都必然会造成明显的效果。

3. 强风强度的影响

如果观察某种植物在强风中摇动的方式，就会发现，随机摇动的程度会随着强风强度的增大而增加。Vue 的微风也可以实现这种效果。

使用 Influence of wind intensity[[强风强度的影响]] 参数组中的设置，可以控制强风强度影响微风的方式。

1）Intensify[强化↔ □]

此设置控制着强风强度和微风强度之间的整体关系。

较低的值，意味着随着强风强度的增大，微风强度只是略有增大。如果想模拟一棵树木在强风作用下发生变形而又不会在变形中造成随机"干扰"，使用较低的值比较恰当。

较高的值，意味着强风强度会强烈地受到微风强度的影响，强风会导致植物在强风风向周围强烈地随机摇动。

2）Accelerate[加速↔ □]

此设置控制强风对于微风引起的植物整体摇动频率的影响。

如果该值低，不管强风强度大小如何，随机摇动的频率会相同；如果该值高，强风会导致植物随机摇动得更快。

4. 叶片飘动

如果观察叶子在微风中摇动的方式，会发现，叶子会随机地、突然开始爆发一种快速摇动，这种效果叫做"叶片飘动"，也能在 Vue 中实现。

使用 Fluttering of leaves[[叶片飘动]] 参数组中的设置，可以控制叶片飘动效果。

1）Amplitude[振幅↔ □]

该设置调整叶片飘动的幅度。较低的值，意味着没有飘动；而较高的值，意味着叶片会突然爆发强烈的飘动。

2）Speed[速度↔ □]

这也是一个直观的设置，简单地控制叶片飘动的速度（频率）。

7.7.3 微风预览

在 Wind 〖风〗标签的右半部，显示的是一株正在摇动的热带植物的动画，通过该动画，可以预览微风的效果。

1）☑Breeze preview[微风预览]

选中该复选框，才会显示微风作用在热带植物上面时的效果预览。

使用鼠标右键拖拉动画预览，可以进行旋转（拖拉时鼠标光标变为 "👆" 形状）；按住 Ctrl 键 + 鼠标右键上、下拖拉，可以缩放预览（拖拉时鼠标光标变为"🔍"形状）；按住 Shift 键 + 鼠标右键拖拉，可以平移预览（拖拉时鼠标光标变为"✋"形状）。

在微风预览框的下面，有三个复选框，用于选择要预览的是微风的哪个方面的效果。其中前两个复选框的下侧，带有横向的"量表"（类似音频播放器的信号图），能够形象地表示风波的强度、频率等信息。

2）☑Show example wind[显示范例强风]

如果选中此复选框，一股强度渐增的范例强风会应用到预览框中的热带植物上。范例强风具有循环周期性，一开始没有风，然后风力强度逐渐增大到峰值，随后逐渐下降回归到零，之后，再开始一个新的循环周期。

可以在"量表"中监视当前强风的强度。通过"量表"，有助于观察强风强度对微风作用效果的影响，特别是，它有益于理解 Influence of wind intensity[[强风强度的影响]] 参数组中的设置。

3）☐Preview gusts of wind[预览阵风]

如果想在微风预览框中查看突发性阵风的效果，请选中此复选框。当前阵风的强度可以在"量表"中监视（"量表"的峰值和频率取决于 Gusts of wind[[阵风]] 参数组中的设置）。

如果取消选中此复选框，类似于把阵风的 Amplitude[振幅↔ ☐] 参数设置为"0"。

通过选中或取消选中此复选框进行比较，是理解 Gusts of wind[[阵风]] 参数组中的设置效果的一个好办法。

4）☐Preview leaf fluttering[预览叶片飘动]

如果选中此复选框，可以查看突然快速爆发的叶片飘动效果。

通过选中或取消选中此复选框进行比较，是理解 Fluttering of leaves[[叶片飘动]] 参数组中的设置效果的一个好办法。

7.8 【效果】标签 《

在 Atmosphere Editor【大气编辑器】中，最后一个标签是 Effects〖效果〗标签，可以为渲染结果添加很酷的大气效果，诸如星星、彩虹或日晕等。该标签的界面如下图：

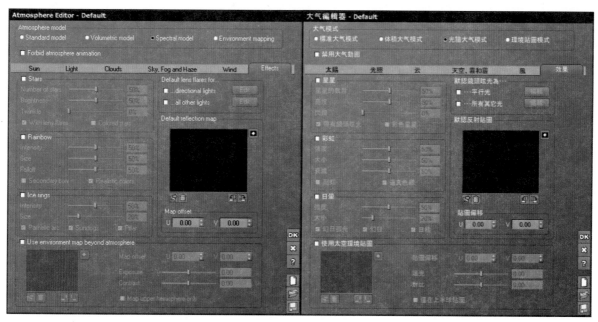

7.8.1 星星

默认情况下取消选中 ☐Stars[[星星]] 复选框，如果选中该复选框，会自动把星星添加到天空中，下面的控件才变得可用。

1）Number of stars[星星的数目↔ ☐]

增大该值，会在天空中添加更多的星星。

2）Brightness[亮度↔ ☐]

增大该值，会使星星更亮。

如果要表现黑暗的天空，可以增加星星的亮度；如果天空是蓝色的，可以减少星星的亮度，因为在白天星星几乎不可见。

3）Twinkle[闪烁↔ □]

该参数可以调整星星在动画过程中闪烁的程度，其效果在动画过程中才能表现出来。

零值意味着星星根本不闪烁；而值设成 100%，意味着星星在动画过程有可能会完全"关闭"一会儿，忽明忽暗。

4）☑With lens flares[带有镜头眩光]

如果选中此复选框，能够把很酷的"十"字形的微小镜头眩光添加到所有比较明亮的星星上。

5）□Colored stars[彩色星星]

如果选中此复选框，会使星星带有随机色彩。

7.8.2　彩虹

默认情况下，取消选中 □Rainbow[[彩虹]] 复选框。如果选中该复选框，会自动把彩虹效果添加到场景中。

不过，我们必须明白，当太阳从相机后面照耀时，彩虹才出现，否则，彩虹会出现在相机视野之外。所以，如果没有看到彩虹，请调整太阳位置，使之位于相机的后面，并且接近地平线。这是因为，彩虹的形成有其特殊的天气条件，来自太阳的光线在下落的雨水内被衍射，并且被反射回来，才能形成彩虹。

当启用 ☑Rainbow[[彩虹]] 复选框之后，下面的控件才变得可用。

1）Intensity[强度↔ □]

此设置控制彩虹效果的整体强度。值设置得越低，彩虹会越不明显。

2）Size[大小↔ □]

此设置控制彩虹的厚度（即红色和蓝色两个端点颜色之间的跨度）。

3）Falloff[衰减↔ □]

此设置控制彩虹的强度随着海拔高度升高而减小的方式。

如果该值较大，彩虹会在上方附近消失，该值越高，彩虹越短（类似断桥）。

4）□Secondary bow[副虹]

选中此复选框，会显示副虹，副虹的颜色排列和主虹相反，比主虹更大、更暗。

副虹的形成原因和主虹相同，只是光线在水珠中的反射多了一次，红色在内，紫色在外。

5）☑Realistic colors[逼真色彩]

如果想让彩虹显示真实的色彩分布，请选中此复选框。否则，会显示规则的、漫画风格的红 - 绿 - 蓝彩虹。

7.8.3　日晕

日晕与彩虹相反，当直视太阳时，日晕才会在天空中可见。

日晕是由悬浮在空中的微小冰晶体造成的，这些冰晶体把光集中到一个绕着太阳的环上，与光线方向有特定的角度（这个角度为 22°），因而，日晕的大小与冰晶体两侧之间的角度直接关联。

日晕现象以及 □Ice rings[[日晕]] 参数组中的其他几种罕见的天象，都有其特殊的形成原因和条件，如果不清楚，可以通过网络查阅相关天文气象知识和图片，了解其特殊的形成机理。

当启用 ☑Ice rings[[日晕]] 复选框之后，下面的控件才变得可用。

1）Intensity[强度↔ □]

此设置控制日晕效果的整体强度（是否显眼）。值越低，日晕会越不明显。

2）Size[大小↔ □]

此设置控制日晕的厚度（即光线扩展角度的大小）。较低的值会创造细而不太明显的日晕。

3）☑Parhelic arc[幻日弧光]

选中此复选框，在日晕周围显示幻日弧光，这是一种次要的、更暗的环，出现在与太阳方向成 46°的角度上。

4）☑Sundogs[幻日]

选中此复选框，会显示太阳两侧的幻日，幻日是一种水平闪耀的光。

5）☑Pillar[日柱]

选中此复选框，会显示日柱（即太阳光柱）。日柱是一道垂直闪耀的光，从太阳中心伸展到日晕的边缘。

7.8.4 使用太空环境贴图 {{NEW9.5}}

如果选中 ☑Use environment map beyond atmosphere[[使用太空环境贴图]] 复选框，可以选择一幅图片，作为外太空环境贴图。

{{NEW9.5}} 使用太空环境贴图，是 Vue 9.5 增加的新功能。

例如，可以选择一幅外层空间的图片，或者选择一幅星座图片，对天空中的星星效果进行改善。这种做法，叫做"自定义星星贴图"。

在 Use environment map beyond atmosphere[[使用太空环境贴图]] 参数组中，载入的图片会显示在太空环境贴图预览框中。

> 载入或更换图片的方法，以及贴图预览框下侧、右侧按钮的使用方法，和阿尔法平面对象是相同的，请大家回到前文"阿尔法平面"章节中复习一下，这里不再重复。

当载入一幅图片时，如果图片不能够水平光滑地环绕，会弹出一个询问对话框，建议在图片的两个边缘之间建立光滑的无缝连接，如右图：

这是因为，贴图被映射到一个虚构的球体上，形成 360°的环绕包裹效果（贴图会被拉伸），为了避免形成不合理的接缝，请单击 Yes ［是］按钮，会在贴图的右边缘到左边缘之间添加一条光滑的过渡区域。当然，如果不想改变贴图，请单击 No ［否］按钮。

在该参数组中，包括以下几个控件。

1) Map offset[贴图偏移 U□V□]

使用这两个参数，可以调整贴图的位置。

左侧的"U□"参数可以使贴图绕垂直轴旋转（表现为水平移动）；而右侧的"V□"参数可以使贴图上下移动。这两个值的有效范围处于 -1 ～ +1 之间。

2) Exposure[曝光↔ □]

该设置调整太空环境贴图的曝光值。如果当前贴图是 HDRI 图像，拖拉滑杆上的滑块，可以观察整个图像的动态。

3) Contrast[对比↔ □]

该设置调整太空环境贴图的对比值。

4) □Map upper hemisphere only[仅在上半球贴图]

默认取消选中此复选框，太空环境贴图会映射到一个完全包裹场景的虚构球体上。在地平面以上，只能看到贴图的一半。

如果选中此复选框，太空环境贴图会全部出现在地平面以上。

7.8.5 默认镜头眩光

当创建一个新的光源时，可以为它赋予一种默认镜头眩光。

在场景中，不同的光源可以分别定义不同的镜头眩光（叫做"自定义镜头眩光"）。而所有没有明确定义镜头眩光的光源，可以统一使用"默认镜头眩光"。

在 Default lens flares for…[[默认镜头眩光为…]] 参数组中，包括两个复选框：一个是 □…directional lights[…平行光] 复选框，另一个是 □…all other lights[…所有其他光] 复选框。

1) □…directional lights[…平行光]

如果选中 …directional lights[…平行光] 复选框，其右侧的 Edit ［编辑］按钮会变得可用。单击该按钮，会弹出 Lens Flare Editor【镜头眩光编辑器】对话框，可以编辑镜头眩光的外观，完成编辑并关闭该对话框以后，场景中的平行光就可以使用新的默认镜头眩光了（默认镜头眩光的设置会和大气一起保存起来）。

如果取消选中 □…directional lights[…平行光] 复选框，会清除所有没有使用自定义镜头眩光的平行光上面的默认镜头眩光。

2) □…all other lights[…所有其它光]

该选项适用于平行光以外的其他光源（如点光源、聚光灯），其使用方法同上。

与默认镜头眩光相应的是自定义镜头眩光。如果某个光源使用了自定义镜头眩光，它就不会受到上述设置的影响。这样，使用了自定义镜头眩光的光源，可以保留其镜头眩光的独特性。

定义默认镜头眩光有很多的好处：

①可以避免必须为每一个光源定义镜头眩光。只需一次性定义，就可以应用到所有使用默认镜头眩光的光源上；

②比较符合实际。因为镜头眩光发生在同一个相机镜头内，不同的光源对象，如道路两旁成排的路灯，使用相同的镜头眩光很合理。

7.8.6 默认反射贴图

在场景内不同对象的材质中，可以分别定义不同的反射贴图（叫做"自定义反射贴图"）。而所有没有明确定义反射贴图的材质，可以统一使用"默认反射贴图"。

设置默认反射贴图非常有用，因为理论上讲，场景中的所有对象都处于相同的大环境中，因此，所有的对象应该使用相同的反射贴图（这当然不是必须的，不同对象的材质，可以分别使用不同的自定义反射贴图）。

在 Default reflection map[[默认反射贴图]] 参数组中，载入的图片会显示在默认反射贴图预览框中。

当载入一幅图片时，如果图片不能够水平光滑地环绕，会弹出一个询问对话框，建议在图片的两个边缘之间建立光滑的无缝连接。其含义同上文"使用太空环境贴图"。

改变 Map offset UV[贴图偏移 U□ V□] 的值，可以使默认反射贴图产生偏移。

注意：在 Material Editor【材质编辑器】对话框 >>Reflections 〖反射〗标签 >>Reflection map[[反射贴图]] 参数组中，还可以使用 Set default [设为默认] 按钮来设置默认反射贴图，详见后文"材质"章节。

7.9 保存大气 《

使用 Atmosphere Editor【大气编辑器】对话框右下角工具栏中的□[新建]、🖿[载入]、🖬[保存]按钮，可以重设、载入或保存大气。

如果用户认为已编辑完成的大气效果比较令人满意，可以用一个独立文件的形式把当前大气设置保存起来，以备将来使用或共享。

单击【大气编辑器】右下角的🖬[保存]按钮，会弹出一个中文界面的【另存为】对话框，在该对话框中，选择好要保存的文件夹位置，并输入大气文件名（大气文件名的后缀为".atm"）、标题和描述等信息，然后，单击[保存(S)]按钮，会弹出以下提示信息，如右图：

在上图中，单击[OK][确定]按钮，开始渲染大气预览图（开始渲染之前，会自动向场景中添加一个地形对象，渲染结束后该地形对象会自动消失），进行渲染时，还会显示渲染进度窗口和【渲染显示】窗口，方便用户监视。渲染得到的图片会用于可视化大气浏览器之中。

7.10 范例：3D 合璧版"富春山居图" （阳光、云层和天空）

本章，我们详细学习了编辑大气的知识。在本范例中，我们继续上两章中留下的创作任务，为场景添加大气效果。

7.10.1 设置大气

1）调整太阳光的照射方向

为了较明显地观察地形表面上隆起和沟壑的效果，需要调整太阳的照射角度。打开 Atmosphere Editor【大气编辑器】对话框，进入 Sun 〖太阳〗标签 >>Position of the sun[[太阳位置]] 参数组中，把太阳的照射角度调整为午后的状态（据说，"富春山居图"描绘的是午后的秋景，从"富春山居图参照图 .png"中山体和沟壑的阴影，我们可以判断，太阳照射方向应该是从西南方向过来，这是午后的阳光）。这步工作，我们在前面已经做过了。如右图：

输入方位角之后，场景中的阴影效果也会立即发生相应改变。

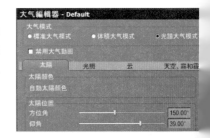

在 Vue 中，水平方位角的计算是从 Y 轴正向开始，在水平面（XY 平面）内绕原点沿逆时针方向旋转，360°
为一周。在右图中，表示了太阳光的照射方位角是如何确定的：

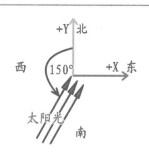

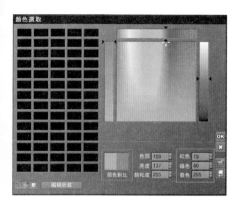

2）调整天空蓝色

下面，使天空显得更蓝一些。

进入 Atmosphere Editor【大气编辑器】对话框 >>Sky, Fog and Haze 〖天空、雾和霾〗
标签 >>Sky〖 天空 〗参数组中，单击 Sky color[天空颜色 ■] 色块，会弹出 Color Selection【颜
色选取】对话框，把原有的浅蓝色调整为深蓝色（虽然真实的天空未必有这么蓝，但是，很多人
都喜欢使用比实际天空更饱和的蓝色来表现天空）。如左图：

3）在天空中添加白云

单击 Vue 主界面左侧工具栏中的 ■ [添加云层…] 按钮，或者进入 Atmosphere
Editor【大气编辑器】对话框 >>Clouds 〖云〗标签 >>Cloud layers〖 云层 〗列表中，
单击 Add [添加] 按钮，均会弹出可视化云层浏览器，该浏览器其实就是一个可视化
材质浏览器，在其中的 Clouds[云] 收藏夹中，包含了许多经典的云层材质，从中选
择一种光谱云层。如右图：

4）调整空间透视

进入 Atmosphere Editor【大气编辑器】对话框 >>Sky, Fog and Haze 〖天空、
雾和霾〗标签 >>Global Settings〖 全局设置 〗参数组中，把 Aerial perspective[空
间透视↔ ▢] 参数的值设为 1.8。

这样调整的目的是，为了使远景江岸既显得清楚，又不失苍茫感觉，使画面的层次更加丰富。

此处提醒大家的是，影响对象模糊感的因素不仅只有空间透视，还有雾、霾、相机焦距、模糊设置等。

至此，场景的大气效果初步设置完毕，请大家把场景文件保存起来。

7.10.2　设置渲染选项

（1）用鼠标右键单击主界面顶部工具栏中的 ■ [■渲染 ‖ ■渲染选项…] 按钮，会弹出 Render Options【渲
染选项】对话框。

（2）进入 Render Options【渲染选项】对话框 >>Picture size and resolution〖 图片大小和分辨率 〗参数组中，
展开 Aspect ratio 〖宽高比 ▽〗下拉列表，从中选择 "Free (user defined) [自由（用户定义）]"。然后设置渲染
图片的宽高比为 1000×300，如右图：

（3）进入 Render Options【渲染选项】对话框，在 Preset render quality〖 预设渲染质量 〗列表中，选择 Final[最终]
单选按钮；在 Render destination〖 渲染目的地 〗参数组中，选择 ◉Render to screen[渲染到屏幕] 单选按钮。如左图：

（4）在 Render Options【渲染选项】对话框中单击 Render [渲染]按钮，并关闭【渲染选项】对话框，同时，开始进行渲染运算。

（5）渲染的过程和结果会显示在 Render Display【渲染显示】窗口中，如下图：

　　至此，场景的创作完毕，请大家把场景文件保存起来。

　　创作一幅作品，通常不能一蹴而就，往往需要不断尝试。就本范例而言，仍然有许多需要改进的地方（例如细节、环境光、太阳光的阴影、江水、气氛等，都需要改进），实际工作中往往还要进行后期处理。所以，本范例到目前为止，还不能称为最终作品。请大家结合以往学习的知识，以及后文将要学习的材质和函数知识，发挥想象力，自行予以优化。

第 8 章　材　质

在场景中创建好模型之后，还需要赋予模型纹理、凹凸、光泽、透明度、反射等材质属性，才能产生真实、自然的效果。同一个模型，使用不同的材质，渲染得到的图片会大相径庭。

和其他的 3D 软件一样，在 Vue 中，材质正是生成高质量图片背后的秘密。

Vue 中的材质有以下两个特点。

（1）材质不仅仅能够使用映射到对象模型表面上的 2D 纹理贴图，还能够使用程序算法，在模型上生成真正的三维纹理。这就意味着，当"切开"模型时，实际上也会同时"切开"了材质，材质会显露出新的部分。

（2）材质被设计成能够对所处的环境（如高程、斜度、方向等）做出响应（即"环境敏感"）。

在 Vue 的材质中，因为涉及三维纹理、函数、节点、滤镜、色彩图等诸多知识点，虽然 Vue 已经尽力使设计高质量的材质尽可能地既简单又直观，但是，即使是熟练的用户，也会觉得创建材质是一个复杂的过程。

为了克服上述问题，Vue 在可视化材质浏览器中预置了许多常用的材质，能够满足大多数普通用户的需要。以这些已经设计好的材质为基础开始编辑，比从"零"基础开始创建材质要容易得多。

所以，Vue 不推荐用户从"零"基础开始编辑材质，而是推荐用户首先在可视化材质浏览器中看一看有没有符合需要的预置材质，如果不能满足场景需要，再利用 Material Editor【材质编辑器】对话框，对效果近似的现有材质进行加工改造，从而高效地得到理想的材质效果。

关于如何使用可视化材质浏览器载入或更换材质，在前文中已要求熟练掌握，请大家回到前文"创建场景"章节中复习一下，这里不再重复。

8.1.1 打开材质编辑器

Material Editor【材质编辑器】对话框是编辑材质的专用工具，要打开（或访问）它，有以下常用方法。

（1）选择某个对象，进入【对象属性】面板 >>  【外观】标签，在材质预览框中直接双击鼠标，或者单击左侧的 [编辑材质] 按钮。

（2）在材质预览框中单击鼠标右键，从弹出的快捷菜单中选择 Edit Material[编辑材质] 命令，如右图：

（3）按住 Ctrl 键或 Shift 键的同时，用鼠标左键单击材质预览框，也会直接打开 Material Editor【材质编辑器】对话框。

（4）其他一些访问【材质编辑器】的特殊途径，分别放在不同的章节中讲解。

Material Editor【材质编辑器】对话框的初始界面如右图：

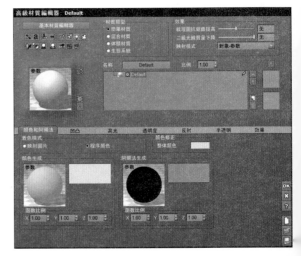

当打开 Material Editor【材质编辑器】对话框之后，不限制（或不妨碍）进入 Vue 软件的其他部分进行编辑（属于非模式对话框的概念）。例如，在不关闭【材质编辑器】对话框的情况下，可以打开【大气编辑器】对话框，此时，【材质编辑器】标题栏的颜色会变淡（并可能会被遮挡），表示处于非当前状态，如果单击【材质编辑器】的某个部位，会使之切换为当前状态。

Material Editor【材质编辑器】面板比较大，如果遮挡了视图，或妨碍了操作，可以用鼠标把它拖动到其他位置。注意，拖动时，不要习惯于拖动标题栏，可以拖动面板中任何空白的地方（通常是靠近边缘的空白地方），这样，会省一些手劲儿，对于整日操作的人来说，大有益处！

注意：当 Material Editor【材质编辑器】处于打开状态时，如果换选了其他对象，会接受原来对象的材质参数设置，并直接切换为新选择对象的【材质编辑器】的参数设置。这是一种快速切换不同对象的【材质编辑器】的简捷方法！

当 Material Editor【材质编辑器】处于打开状态时，如果取消选择任何对象，会接受原来对象的材质参数设置，并直接关闭【材质编辑器】对话框。

8.1.2 通用材质控制

本小节，讲解各种类型的材质均通用的控制操作。

1. 材质编辑器的类型

在 Vue 中，有以下两种类型的材质编辑器。

（1）Basic Material Editor【基本材质编辑器】：使用它，可以很容易地设置基本的 2D 纹理贴图材质，参数较少，化繁就简，只适用于简单材质和混合材质。

（2）Advanced Material Editor【高级材质编辑器】，它能够完整地访问、编辑所有材质参数，使用多个标签页组织参数，适用于所有类型的材质。

【基本材质编辑器】是【高级材质编辑器】的简化形式。在【高级材质编辑器】中，单击左上角的 [Basic material editor] [基本材质编辑器] 按钮，可以把【高级材质编辑器】切换成【基本材质编辑器】。切换成【基本材质编辑器】后，此按钮会变为 [Advanced material editor] [高级材质编辑器] 按钮，单击该按钮，可以再次切换回【高级材质编辑器】。

把【高级材质编辑器】切换为【基本材质编辑器】之后，未能显示的参数仍然保留在材质中，仍然会产生相应的效果，预览图保持不变。

本书中，我们只讲解 Advanced Material Editor【高级材质编辑器】，通常简称为 Material Editor【材质编辑器】。

> 注意：【材质编辑器】的种类与材质的类型是两个概念，"编辑器"一词的英文为 "Editor"，而材质的英文为 "Material"，Material Editor【材质编辑器】是编辑不同类型材质的工具或场所。

2. 右侧工具栏

在【材质编辑器】对话框右下角的工具栏中，有几个常用的按钮。前三个按钮，在前文中我们已经学习过。后三个按钮，含义如下。

1）▯ [新建]

单击该按钮，会重设材质的所有参数和特性（包括材质的名称），使材质回归到一个"零"基础的空白材质，用户可以从头重新开始打造所需的材质。

2）▤ [载入]

单击该按钮，会弹出可视化材质浏览器，可以从中载入某个已存在的材质文件，并在此基础上，详细编辑已设置过的材质参数。

> 注意：如果正在编辑的材质是动画的，载入一种新材质，会创建一个新的材质动画关键帧。

3）▣ [保存]

使用该按钮，允许把当前材质以一个独立材质文件的形式保存起来，材质文件的后缀名为 ".mat"，以便将来在其他场景中重复使用，或者和团队中其他人员共享使用。

> 特别注意，上述几个按钮，对于分层材质，均是针对当前所选择的材质层而言的。

3. 材质名称和比例

1）Name[名称 ▢]

在此文本框内，可以输入新的名称重命名材质。材质的名称也会出现在【材质编辑器】对话框的标题栏中。

材质的名称非常重要。当场景中材质很多、材质层级比较复杂时，为材质起一个易记、易懂的名称，尤其显得重要。如果材质名称混乱不堪，会降低思维的流畅性和操作的效率。当设计的材质用于商业目的或团队协作时，更要注重从整体上规划好材质的名称。

2）Scale[比例 ▢]

在 Name[名称 ▢] 文本框的右侧，是 Scale[比例 ▢] 微调整，调整该值，可以改变材质的比例。

> 注意：在多层材质或混合材质中，不同的材质层或子材质可以设置不同的 Scale[比例 ▢] 值。在【材质编辑器】对话框的某些标签页中，也有一些参数可以设置缩放比例，最终的缩放比例是它们综合在一起的结果（相乘关系）。
>
> 还要注意，当在【材质编辑器】的层级列表中选择最顶层级时，对应的 Scale[比例 ▢] 参数的值和 ✎【外观】标签中显示的 Scale[比例 ▢] 参数的值是相同的（或同步）。

4. 效果切换图标 {{NEW9.5}}

{{NEW9.0}} 自 Vue 9.0 开始，对【材质编辑器】的界面进行了较大的调整。把一部分效果以切换图标的形式放在了【材质编辑器】的左上角，一部分效果仍然以参数的形式放在右上角。

位于【材质编辑器】左上角的效果图标都是切换图标，单击之后，会切换成黄色（相应的图标图案亦有所变化），代表了相应效果被启用。

> 注意：虽然效果图标有两种颜色状态，但是，当鼠标光标在其上面稍做停留时，弹出的提示信息都是一样的。这些提示信息和效果图标被切换成黄色时的含义是一致的。

注意：根据材质中具体设置的不同，有时候，某些效果图标会变成灰色，表示处于锁定状态，不允许用户进行干涉调整。

1）［单面］

如果选择该图标，会转变为黄色的""样式，表明使用该材质的对象和每条追踪光束只产生一个交点。因为不透明对象会阻挡住光束，所以，该选项只对透明材质有影响。

默认情况下，材质没有启用该效果，当渲染某个透明对象时，既能够看到对象朝向相机一面（前面）的材质，因为透明，也能够看到对象被自身遮挡的另一面（背面）的材质；如果启用［单面］效果，则只能够看到前面的材质，而看不到背面的材质。因此，如果只想观察前面的表面细节，启用［单面］效果，可以排除背面材质的干扰。

此效果不应该用于有衰减效果的材质。例如，如果在 Transparency〖透明度〗标签中选中☑Fuzzy［羽化］复选框，该图标会变为灰色（不再允许用户进行干涉调整）。

如果透明材质具有折射率，启用［单面］效果时，不会影响折射效果或焦散效果。

2）［禁用抗锯齿］

选择此图标，会转变为黄色的""样式，表示启用了禁用抗锯齿效果。这样，用户可以有选择性地在给定的材质上禁用抗锯齿效果。

如果不启用禁用抗锯齿效果（有些拗口，也就是施加抗锯齿处理），能够消除图片上的颗粒状噪点，使图片显得更光滑，增加了渲染图片的质量。但是，有时候用户可能会希望利用不施加抗锯齿处理所产生的颗粒状噪点，去表现某些特殊的效果，就可以单击此图标，启用禁用抗锯齿效果（也就是不施加抗锯齿处理）。

3）［隐藏相机光线］

选择此图标，会转变为黄色的""样式，渲染时，材质不会直接出现在相机里面。但是，被折射或被反射时，仍然会出现。{{NEW9.5}} 这是 Vue 9.5 增加的新功能。

注意：启用此选项时，不会影响使用该材质的对象在 3D 视图中的正常显示。

4）［隐藏反射／折射光线］

选择此图标，会转变为黄色的""样式，渲染时，材质在相机中直接被观察得到时，才会出现。但是，被折射或被反射时，却不会出现。{{NEW9.5}} 这是 Vue 9.5 增加的新功能。

5）［禁用间接照明］

选择此图标，会转变为黄色的""样式，可以禁止在此材质上产生间接照明效果。

6）［禁用焦散］

选择此图标，会转变为黄色的""样式，可以禁止此材质产生焦散效果。

注意：此图标既会影响折射焦散，也会影响反射焦散。

7）［忽略照明］

选择此图标，会转变为黄色的""样式，渲染时，会禁止直接光源（如太阳光或照明聚光灯等）在该材质上造成任何影响。

注意：如果启用此选项，当渲染场景时，不管是在白天，还是在夜晚，材质原有的颜色会保持不变，并且缺乏层次感。

启用此选项时，不会影响使用该材质的对象在 3D 视图中的正常显示。

8）［忽略大气］

选择此图标，会转变为黄色的""样式，可以禁止环境照明或者其他各种大气效果在此材质上造成影响。

9）［不投射阴影］

单击此图标，会转变为黄色的""样式，可以防止对象投射阴影。这对于表现自发光对象来说是有用的。

说白了，对象不投射阴影，相当于不遮挡光源发出的光线（但与透明材质不是一回事）。特别需要注意，不管是否投射阴影，在对象自身的表面上，从迎光面过渡到背光面时，均会逐渐变暗。背光面之所以变暗，是因为光线不能直接照射造成的，而不是阴影造成的。

当不需要某个对象投射的阴影效果时（例如该对象不在相机取景范围之内时），选择该图标，还能明显地提高渲染速度。

10）［不接受阴影］

选择此图标，会转变为黄色的""样式，可以防止使用此材质的对象接受场景中其他对象投射的阴影。

因为计算处理阴影是一个比较耗费时间的过程，在不需要接受阴影的地方（或者实际上无法接受到阴影的地方），就可以选择该选项禁止接受阴影。

注意：那些没有漫反射照明的材质，无论如何也不会接受到阴影。

11）［只有阴影］

选择此图标，会转变为黄色的""样式，渲染时，不能直接在图片中见到使用此材质的对象，但是，该对象仍然可以向其他对象上投射阴影（是鬼影吧）！

12）［暗区／阴影／反射］

选择此图标，会转变为黄色的""样式，渲染时，会生成阿尔法遮罩（或叫做蒙版），该遮罩与阴影和被反射的形状成比例。全局照明的阴影也精确地参与计算。{{NEW9.5}} 这是 Vue 9.5 增加的新功能。

13）▦ [显示在时间轴内]

选择此图标，转变为黄色的"▦"样式，会把该材质添加到动画时间轴内，在【材质编辑器】对话框的标题栏中，还会附加 "Animated Material[动画材质]"字样。

14）▦ [禁用材质动画]

选择此图标，转变为黄色的"▦"样式，会防止使该材质发生动画（或者摧毁该材质已有的材质动画）。

15）▦ [动画材质表面 (Z = 时间)]

选择此图标，转变为黄色的"▦"样式，会启用材质表面动画，在【材质编辑器】对话框的标题栏中，还会附加 "Time dependent material[时间依赖材质]"字样。

{{NEW9.0}} 上述三个按钮，是 Vue 9.0 新增加的按钮（但并非新功能）。

5. 材质类型

在 Type[[材质类型]] 列表中，材质的类型分为以下四种。

（1）◉Simple material[简单材质]。

（2）○Mixed material[混合材质]。

（3）○Volumetric material[体积材质]。

（4）○EcoSystem material[生态系统材质]（在这里简称 "EcoSystem"）。

选择这些单选按钮之一，材质会转换成相应类型。对于不同类型的材质，在【材质编辑器】的下半部分会显示不同的标签。在本章中，我们会分别详细讲解这几种类型的材质，这是本书的重点之一。

简单材质和生态系统材质可以分层（见后文）。

6. 其他效果

在【材质编辑器】对话框右上角的 Effects[[效果]] 参数组内，有以下设置。

1）TAA boost[纹理图抗锯齿提高↔ ▢]

该参数可以在某个特定的材质上面调整纹理图抗锯齿（或反走样）的质量。

2）Subray quality drop[二级光线质量提高↔ ▢]

该参数可以在特定的材质上提高二级光线（即反射光和折射光）的渲染质量。

7. 映射模式

在 Effects[[效果]] 参数组内，展开最下边的 Mapping 〖映射模式 S〗下拉列表，可以从中选择不同的映射模式。

所谓"映射模式"，简单来说就是 3D 空间和映射坐标系的组合。

3D 空间分为"世界空间"和"对象空间"两种，而材质的映射坐标系（也叫做"材质坐标空间"）划分为以下四种（或者说，可以在四种映射坐标系中表现出来）。

1）Standard[标准]

这是标准的笛卡尔坐标系，其中 X 和 Y 代表某个点在水平面内的坐标，Z 代表垂直高度。

2）Cylindrical[圆柱]

X 代表某个点到垂直轴的距离，Y 代表该点和原点的连线在水平面内的角度，Z 代表垂直高度。该映射坐标系最适合于圆柱形对象。

例如，右面两幅图片，是把一个棋盘格图案的材质应用到一个圆柱体对象和平面对象上时，分别采用 Standard[标准] 映射坐标系和 Cylindrical[圆柱] 映射坐标系时的效果比较：

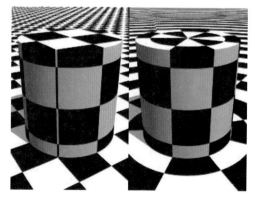

3）Spherical[球体]

X 代表某个点到垂直轴的距离，Y 代表该点和原点的连线在水平面内的角度（方向），Z 代表该连线的仰角。该映射坐标系最适合于球形对象。

例如，左面两幅图片，是把一个棋盘格图案的材质应用到一个球体对象和平面对象上时，分别采用 Standard[标准] 映射坐标系和 Spherical[球体] 映射坐标系时的效果比较：

4) Parametric[参数]

在这种模式中，映射坐标系会自动调整。例如，要把一幅图片映射到一个立方体上，采用这种模式，当缩放立方体时，这幅图片也会同步缩放。

3D 空间分为世界空间和对象空间两种，在世界空间或对象空间内，均可以分别应用上述四种映射坐标系。因此，两种 3D 空间和四种映射坐标系分别进行组合，可以组合得到八种映射模式。分别为：World - Standard[世界 - 标准]、World - Cylindrical[世界 - 圆柱]、World - Spherical[世界 - 球体]、World - Parametric[世界 - 参数]、Object - Standard[对象 - 标准]、Object - Cylindrical[对象 - 圆柱]、Object - Spherical[对象 - 球体]、Object - Parametric[对象 - 参数]。

从上述讲解，我们可以区分映射模式、3D 空间、映射坐标系这三个概念的差异。

展开 Mapping〖映射模式 ▽〗下拉列表，可以看到这八种映射模式，如右图：

因为映射图片有其自身的特殊映射模式，在某个特殊函数内，这些映射模式可能会被取代（或覆盖）。

在不同的材质映射模式下，材质纹理（包括 2D 纹理图和 3D 纹理）是否会随着对象的移动、旋转或缩放而发生改变，和程序地形中高程函数的映射模式类似，参见前文"地形"章节。

8. 材质层级

材质层级位于【材质编辑器】中间的列表中，这个列表叫做"材质层级列表"（或叫做"材质堆栈"）。该列表显示了隶属于混合材质或分层材质的所有子材质或材质层的结构关系。

当材质的层级结构比较复杂时，材质层级列表才可以大显身手！对于只有一个材质层的简单材质，没有太大意义。

在不同类型的材质层级的名称前侧，会标识不同的图标，在标识图标的前侧，会显示材质的微型预览。

材质层级列表的功能主要体现在以下三个方面。

(1) 构建功能：如创建、载入新的材质层或子材质。

(2) 组织功能：如改变材质层的排列位置。

(3) 导航功能：例如折叠、展开层级列表，以便选择并编辑某个材质层或子材质。

关于分层材质的更多知识，详见后文"分层材质"章节。

9. 材质预览 {{NEW9.0}}

在材质层级列表的左边，是当前材质层的材质预览框，通过该材质预览框，可以监视当前材质层的效果。

每当编辑材质时，材质预览框由一个多线程的后台任务进行重绘（即刷新预览），所以不会使其他界面的刷新速度变慢。

有时候，在材质预览框的右上角，会出现一个"⚠"符号，这表示该材质预览框没有及时进行刷新（或更新）。此时，只要用鼠标在材质预览框上单击一下，就可以立即刷新材质预览框。

如果在【对象属性】面板 >> 🖉〖外观〗标签中的材质预览框内出现了"⚠"符号，其含义同上。

当在【材质编辑器】的层级列表中选择最顶层级时，对应的材质预览框和 🖉〖外观〗标签中的材质预览框是相同的（或同步）。

直接双击材质预览框，会弹出可视化材质浏览器，可以更换当前材质层的材质。

在材质预览框的右边，有几个按钮，功能如下。

1) ▨ [随机化]

单击此按钮，会随机改变在材质中使用的所有分形节点和噪波节点。{{NEW9.0}} 这是 Vue 9.0 增加的新功能。

该按钮只可用于程序材质。可以连续单击此按钮，直到变化出喜欢的效果为止。

2) 🔘 [预览选项]

单击此按钮，会弹出 Preview Options【预览选项】对话框，如右图：

在上图 Objects to be displayed[[要显示的对象]]列表中，可以选择某个假想的对象,利用它在材质预览框中表现材质效果。其中,Cube[立方体]渲染刷新得最快,Cloud[云]适宜表现云材质,XY Plane[XY平面]使用带透视效果的 2D 平面表现材质,2D Plane[2D平面]使用顶视平面来表现材质。

在 Background type[[背景类型]]列表中,可以选择背景的类型。背景类型分为 ○Uniform[统一] 和 ◉Checker[棋盘格] 两种样式。要预览透明材质时,适宜选用 ◉Checker[棋盘格] 类型。

默认选中 ☑Local light[本地光] 复选框,在材质预览框中的照明效果,使用本地光而禁用平行光。

双击 Background color[背景色彩 ▨▨] 色彩图,会弹出可视化色彩图浏览器（注意,这是一个色彩图而不是一个色块）,可以更换或编辑这个色彩图。详见前文"色彩图"章节。

展开 Object size〖对象大小 ▽〗下拉列表,可以从中选择预览对象的大小。当材质映射模式选用了 Object - Parametric[对象 - 参数] 或者 World - Parametric[世界 - 参数] 时,在材质预览框的左上角,会标示为"Parametric[参数]"字样,而如果选用其他几种材质映射模式的话,会标示为"10ms"字样。{{NEW9.0}}此功能是 Vue 9.0 增加的新功能。

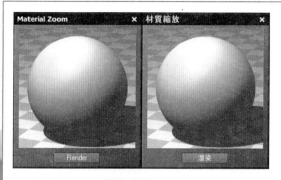

注意：既可以使用 Object size〖对象大小▽〗下拉列表改变预览对象的大小值，
也可以直接在材质预览框中单击黑色的三角形按钮，从弹出的相同下拉列表中改
变该数字值。

3）［放大］

单击此按钮，会显示一个放大的材质预览窗口，使用户可以更详细地观察材质的细节
效果，如左图：

在上图中，单击 Render ［渲染］按钮，会重新渲染放大的预览图窗口，按下键盘上的 Esc 键，则停止渲染，拖拉窗口的边框，可以改变窗口大小。

特别注意，如果当前材质层是多层材质中的某一个带有透明度的材质层，并且其下面还跟有其他材质层，材质预览框实际上显示的是当前材
质层和下邻材质层以及下面"远邻"的所有材质层合成后的效果。

10. 暂存材质 {{NEW10.0}}

在材质层级列表的右侧，有一个 ［ 🔘创建材质快照 ‖ 🔘在暂存区内创建材质快照 ］按钮。

用鼠标左键单击该按钮，可以把当前材质层的预览效果和参数设置复制到该按钮下边的第一个可用暂存区中，即创建一个"材质快照"，在最新
创建的材质快照的周围，会出现一个红色的边框。

材质暂存区只有两个。使用上述方法，创建的第一个材质快照排列在上面，创建的第二个材质快照排列在下面，当创建第三个材质快照时，会清
除第一个材质快照，把第二个材质快照向上提到上面的暂存区，新创建的第三个材质快照则位于下面的暂存区。以此类推，下面的暂存区总是保存最
新创建的材质快照。

在" "按钮的右下角，附带有一个正方形的小白点，表明该图标是一个双重图标。{{NEW10.0}} 这是 Vue 10.0 增加的新功能。

| Save to slot 1 | 保存到暂存区1¥ |
| Save to slot 2 | 保存到暂存区2¥ |

用鼠标右键单击 ［ 🔘创建材质快照 ‖ 🔘在暂存区内创建材质快照 ］按钮，会变为黄色的" "样式，
然后会弹出一个菜单，如下图：

使用上述菜单，可以有选择性地把材质快照暂存到选定的暂存区内。

创建材质快照有什么用处呢？

创建材质快照的主要用途在于，当以后需要的时候，可以恢复材质快照的预览和相应的设置。尤其是，还能够把几个材质设置的预览效果放在一
起进行比较，观察比较差异，决定取舍。

在某个材质暂存区中单击鼠标右键，会弹出快捷菜单，如右图：

Save Current Version	暂存当前版本
Restore This Version	恢复此版本
Help	帮助

如果选择 Save Current Version ［暂存当前版本］命令，会创建当前材质预览框及其相应设置（位于对话框的当前版面中）的材质快照。{{NEW10.0}}
这是 Vue 10.0 增加的新功能。

如果选择 Restore This Version［恢复此版本］命令，或者双击某个暂时存储的材质快照，相应的材质设置就会恢复并覆盖到当前选择的材质层以
及其材质预览框中，但不会影响非当前材质层。例如，对于分层材质，随着当前所选材质层的不同，恢复材质快照时，只会覆盖当前选择的材质层以
及其材质预览框。

特别注意，如果当前材质层是多层材质中的某一个材质层，并且其下面还有并列的其他材质层（上面讲了，在这种情况下，材质预览框实际
上显示的是当前材质层和下面的材质层合成后的效果），恢复材质快照时，实际上会覆盖当前材质层以及其下面的其他所有材质层。

如果创建了材质快照，关闭【材质编辑器】对话框之后，当再次打开其他对象的【材质编辑器】对话框时，这些材质快照仍然存在；如果关闭了
当前场景文件，但不关闭 Vue 主程序，然后再打开别的场景文件，这些材质快照也仍然存在；只有当关闭了 Vue 主程序之后，材质快照才会丢失。
可见，材质快照只是暂时保存在内存中，它们并没有随着场景文件一起保存到磁盘中。

8.1.3　用函数驱动材质的设置

Material Editor【材质编辑器】中，在许多材质参数设置之前，附带有 ［用函数驱动］图标，这表明，可以使用函数驱动该参数设置。

单击 ［用函数驱动］图标，会弹出 Function Editor【函数编辑器】对话框，其中带有一个新的输出节点可用。此输出节点对应于该材质参数，
一个常数节点会连接到该输出节点，并且，此常数节点的输出值和该材质参数被引出之前的值相同。此时，该材质尚未受到上述操作的实际影响（除
了在非常特殊的情况下）。不过，现在该参数已经被引出了，我们可以用任何类型的函数（例如一个噪波节点）驱动它！

如果回到最初的参数，会发现 ［用函数驱动］图标已切换为黄色的" ［断开参数］"图标，并且不再显示原来的参数调整控件（如滑杆和数

值输入框），而是在原来的参数位置处标示"- connected-[被连接]"字样。

如果单击 [断开参数] 图标，或者，如果在 Function Editor【函数编辑器】中断开该参数的输出，该参数会被重新恢复到原来的位置，并恢复成原有的数值。

在被连接（或被引出）的材质参数的右侧，会显示一个 ▶ [转到函数] 按钮，单击此按钮，会打开 Function Editor【函数编辑器】对话框，并且已经自动选择了相应的参数输出。

使用函数驱动材质参数，可以实现非常惊人的强大功能！可以创造非常独特的材质着色效果。例如，把 Highlights〖高光〗标签中的 Highlight color[[高光颜色 ✏ 🖼]] 连接到某个函数，可以创造出独特的彩虹效果。

8.2 简单材质 《

在 ⊙Simple material[简单材质] 类型的 Material Editor【材质编辑器】对话框中，包含七个标签，这些标签的主要功能是：

（1）Color & Alpha〖颜色和阿尔法〗标签：定义材质表面的颜色和阿尔法值。

（2）Bumps〖凹凸〗标签：定义表面上的凹凸（凹凸映射算法）。

（3）Highlights〖高光〗标签：定义镜面反射，使表面显得光泽或阴暗。

（4）Transparency〖透明度〗标签：定义材质的透明度和折射。

（5）Reflections〖反射〗标签：定义材质表面上的反射。

（6）Translucency〖半透明〗标签：定义次表面散射和半透明材质。

（7）Effects〖效果〗标签：定义局部表面照明和特殊效果。

（8）如果简单材质属于多层材质（即分层材质）之中的一个材质层，并且没有位于材质层级列表（或材质堆栈）的最底层的话，在标签区的最右边，会额外增加一个 Environment〖环境〗标签，该标签控制环境约束条件如何影响当前材质层的出现率。在材质预览框的下面，还会额外增加一个 Alpha boost[阿尔法提高↔ ▢] 参数。它们的用法放在后文"分层材质"章节中讲解。

> 注意：在下面学习材质知识时，许多地方会涉及有关函数的概念，大家如果不能理解，也没有关系，等到后文学习完了"函数"章节，再回过头来复习，就可以比较深刻地理解了！

8.2.1 〖颜色和阿尔法〗标签

Color & Alpha〖颜色和阿尔法〗标签定义了材质表面的颜色和阿尔法值。

1. 着色模式

在 Coloring mode[[着色模式]] 参数组中，包括两种模式选项：一种是 ○Mapped picture[映射图片] 模式，它把 2D 图片映射成材质表面的颜色；另一种是 ⊙Procedural colors[程序颜色] 模式，它使用数学算法在模型上生成真正的三维纹理。

选择不同的着色模式，会相应显示不同的参数设置。

2. 程序材质

默认情况下，在 Coloring mode[[着色模式]] 参数组中，已经选择了 ⊙Procedural colors[程序颜色] 模式，使用这种模式的材质，通常也叫做"程序材质"。

在材质层级列表中，程序材质前侧的标识图标为"▨"。

当选择了 ⊙Procedural colors[程序颜色] 模式时，Color & Alpha〖颜色和阿尔法〗标签中的参数设置如下图：

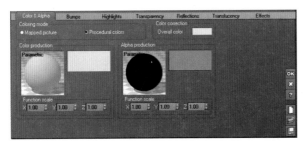 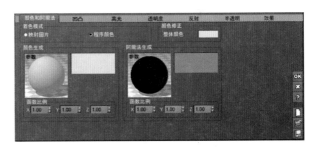

在程序材质中，使用了一个函数（即 [颜色生成函数 🎨]）、一个滤镜和一个色彩图（即 [颜色生成色彩图 🎨🖼]）生成材质表面的颜色。它的工

作原理是：对于表面上的每一个点，由［颜色生成函数 ⊙］计算输出一个介于 -1 ～ +1 范围内的值（在函数预览图上，-1 表现成黑色，+1 表现成白色），然后这个输出值被滤镜（该滤镜位于 Function Editor【函数编辑器】内）转化成另一个介于 -1 ～ +1 范围内的值，最后由［颜色生成色彩图 ◪◪］根据滤镜的输出值，在材质表面分配颜色（如果某点最终输出值是 -1，分配色彩图左端的颜色，如果是 +1，分配色彩图右端的颜色。这个原理，等我们在后文学习了"函数"知识，才可能会理解得比较深刻。目前，只需要有初步的认识就可以了。

上述函数、滤镜、色彩图的作用和相互关系，对于初学者来说，是比较难以理解的。下面，我们换一种不太严谨的通俗说法：说白了，函数就是一个数学运算方程，它在对象表面上生成一幅黑白贴图，滤镜把这幅黑白贴图调整为另外一幅黑白贴图，然后色彩图再把黑白贴图转化为一幅彩色贴图！

因此说，材质与函数、滤镜、色彩图之间存在着密切的关系。编辑材质时，用户首先从可视化函数浏览器中选择某个预定义的函数（表现为三维图案），再根据场景需要，使用滤镜修改函数的输出值，最后通过编辑色彩图，标明哪些颜色分配给哪些相应的值。

> 还要强调一下，对象渲染时的实际颜色，不但受材质影响，也受光源特性（如光线颜色、照射方向、强度）的影响，是多种因素综合作用的结果。试想，一个纯红颜色（R255、G0、B0）的对象，放在纯蓝颜色（R0、G0、B255）的灯光下，会渲染出什么结果呢？结果为黑色。所以说，材质的渲染效果与自身的设置和光源的特性均有密切的关系。

3. 颜色生成

在 Color production[［颜色生成］]参数组中，包括以下控件和参数。

1）［颜色生成函数 ⊙］

要更换该函数，最常用的方法就是直接双击颜色生成函数预览框，或从右键弹出菜单中选择 Load Function［载入函数］命令，均会弹出可视化函数浏览器，可以从中选择一种新的函数。

用户也可以编辑［颜色生成函数 ⊙］，方法是从右键弹出菜单中选择 Edit Function［编辑函数］命令，或者按住 Ctrl 键单击函数预览框，均会打开 Function Editor【函数编辑器】对话框，进而编辑其中的参数。

> 关于如何编辑、更换函数的更多方法和知识，详见后文"函数"章节。

2）Function scale[［函数比例 X□Y□Z□］]

调整该参数，可以沿 X、Y 和 Z 轴向缩放函数。

> 注意：在这里调整 Function scale[［函数比例 X□Y□Z□］]的值，对材质的影响，会反映到位于材质层级列表左边的材质预览框中，但是却不会影响［颜色生成函数 ⊙］的预览比例。如果是在 Function Editor【函数编辑器】对话框之内调整有关节点的总比例或波长参数，会影响到［颜色生成函数 ⊙］的预览比例！

3）［颜色生成色彩图 ◪◪］

关于如何更换或编辑色彩图，详见前文"色彩图"章节。

> 注意：该色彩图实际上来源于【函数编辑器】，也就是说，该色彩图和【函数编辑器】内的某色彩图节点是一致的。

如果色彩图是单纯色（单纯色只有一种颜色，是色彩图的一种特殊情况），无论函数和滤镜的输出值是什么，材质总会使用相同的颜色。

4. 阿尔法生成

Alpha production[［阿尔法生成］]参数组控制材质的阿尔法值。阿尔法是非折射透明度，可以用来"切掉"材质的某些部分。

我们可以把阿尔法透明度理解为在表面上（表面没有厚度）产生的透明度，而把 Transparency【透明度】标签中的透明度理解为有一定厚度的体积透明度（能使光线发生折射）。

阿尔法透明度在多层材质中特别有用；阿尔法透明度还可以与折射透明度联合使用，能够"切掉"玻璃材质的某些部分；也可使用阿尔法值控制某个材质层的出现率。

如果材质的表面使用了程序颜色（即程序材质），阿尔法输出节点会自动连接到［颜色生成色彩图 ◪◪］的阿尔法值（进入【函数编辑器】内，可以查看这些连接关系）。

1）［阿尔法生成函数 ⊙］

可以更换或编辑该函数，方法和上文［颜色生成函数 ⊙］是一样的。

2）Function scale[［函数比例 X□Y□Z□］]

调整该参数，可以沿 X、Y 和 Z 轴向缩放函数。

3）［阿尔法生成滤镜 ▦］

默认情况下，该滤镜和［颜色生成色彩图 ◪◪］中的透明度设置（即 Opacity Filter Editor【不透明度滤镜编辑器】中的曲线）是一致的（注意，也可以在【函数编辑器】内改换成其他的滤镜节点），可以更换或编辑该滤镜。详见前文"滤镜"章节。

在程序材质中，阿尔法生成的工作原理与颜色生成的原理是类似的，只不过在默认情况下，Alpha production[［阿尔法生成］]中的［阿尔法生成滤镜 ▦］没有应用［颜色生成色彩图 ◪◪］的颜色输出，而是应用了［颜色生成色彩图 ◪◪］的透明度输出（即 Opacity Filter Editor【不透明度滤镜编辑器】中的曲线）。如果某点最终输出值是 +1，就完全透明，如果是 -1，就完全不透明。

注意: [阿尔法生成滤镜 ▨] 和 [阿尔法生成函数 ◉] 实质上是关联在一起的，如果更换或编辑 [阿尔法生成滤镜 ▨]，会在 [阿尔法生成函数 ◉] 的预览框中反映出来。

如果材质的表面使用了位图（即位图材质，见下文），阿尔法输出节点会自动连接到映射图片文件的阿尔法值（默认完全不透明）（进入【函数编辑器】内，可以查看这些连接关系）。可以通过其他图像处理软件（如 Photoshop）编辑该图片的阿尔法通道后，再同步到材质中来；如果图像不平铺（即把平铺模式设为 Once[一次]）并且图像比例小于 1 的话，在图像之外没有平铺的地方，会自动把阿尔法值设置为 +1（完全透明）。

5. 位图材质

如果在 Coloring mode[[着色模式]] 参数组中选择了 ◉Mapped picture[映射图片] 模式，使用这种模式的材质通常也叫做"Bitmap material[位图材质]"。

在材质层级列表中，位图材质前侧的标识图标为"▣"。

当选择了 ◉Mapped picture[映射图片] 模式时，Color & Alpha 〖颜色和阿尔法〗标签中的参数设置变得如下图：

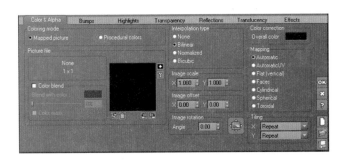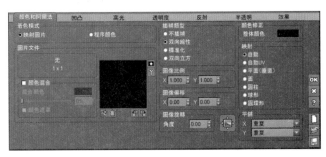

6. 颜色修正

在 Color correction[[颜色修正]] 参数组内，只包含了一个 Overall color[整体颜色 ▨] 控件，该颜色控件在映射图片模式和程序颜色模式中都存在，用于修改材质的整体颜色。

由于该控件显示的是平均颜色，其颜色可能与材质中不同地方的实际表现有出入。例如，如果材质是一种红色与白色相间的棋盘格图案，Overall color[整体颜色 ▨] 会变成粉红色（尽管材质中实际上只有红色或白色）。

如果调整 Overall color[整体颜色 ▨]，材质中的所有颜色均会改变，产生一种和新的 Overall color[整体颜色 ▨] 相同的平均颜色。

既然在材质中可以修正图片颜色，那么，有些细心的读者可能会问，为什么不事先把贴图图片的颜色编辑好了之后，直接载入材质中呢？

其实，在材质中修改贴图图片的颜色，与使用其他 2D 图像编辑软件修改图片颜色，有很大区别，主要体现在：

（1）在材质中修改贴图图片的颜色，可以记录成关键帧动画；

（2）在材质中修改贴图图片的颜色，更方便快捷，而且可以方便地使用 Vue 的函数、滤镜等工具。当然，如果用户对其他 2D 图像软件很熟练，通过【世界浏览器】>> ▨ 〖链接〗标签，也可以方便地调用外部 2D 图像编辑软件（如 Photoshop）编辑贴图图片。

7. 图片文件、颜色混合

在 Picture file[[图片文件]] 参数组中，可以载入一幅图片作为材质表面上的颜色。

1）图片预览框

在该参数组右边，显示了图片的预览。关于如何载入图片，以及旁边有关按钮的使用方法，在前文中我们已经多次学习、使用过，这里不再重复。

在图片预览框的左边，显示图片文件在磁盘上保存的位置、文件名、分辨率等信息。

如果要载入的图片具有阿尔法通道（例如在 Photoshop 图像文件中创建的选区信息），会弹出如下询问对话框：

在上图中，单击 Yes [是] 按钮，在载入图片的同时，还会自动把阿尔法输出连接到图片的阿尔法通道上面。

如果没有载入图片，则图片颜色使用纯黑色（或纯白色）。

载入的材质图片文件，也可以是动画纹理贴图。

2）位图材质转化为程序材质

位图材质可以转化为程序材质。用鼠标右键单击图片预览框，会弹出一个快捷菜单（普通的图片预览上没有该快捷菜单），这个快捷菜单只有一个命令，如右图：

选择该命令后，会打开 Function Editor【函数编辑器】对话框，如果删除其中特定的纹理贴图节点，则着色模式会自动转换为 ◉Procedural colors[程序颜色] 模式。或者说，位图材质可以转化为程序材质。

在程序材质中，当然也可以非常灵活地使用图片。

3）颜色混合

如果选中 ☑Color blend[[颜色混合]] 复选框，可以使用某种纯色和图片颜色混合。

使用 Blend with color[混合颜色 ✍ ↔ ▢] 控件，可以调整要混合的颜色和混合的比例。要混合的颜色和图片颜色之间是相乘关系，混合比例越高，该颜色对图片造成的改变越多。

如果选中 ☑Color mask[颜色遮罩] 复选框，颜色会替换位图，当设置为 0% 时，颜色的作用是一个遮罩，当设置为 100% 时，颜色会完全取代位图。

8. 映射

为了把 2D 图片映射到 3D 模型上，必须选用适当的映射模式。不同类型的映射模式，适合于不同类型的对象。例如，Spherical[球形] 模式最适合球体对象。

在 Mapping[[映射]] 选项列表中，包含了以下映射模式可用。

1）⦿Automatic[自动]

根据使用该材质的对象，自动选择映射方法（如球体对象自动选择球形模式，圆柱体对象自动选择圆柱模式）。

2）○Automatic UV[自动 UV]

该映射模式用于 3D 置换纹理地形，在渲染时生成地形的网格。{{NEW9.5}} 这是 Vue 9.5 增加的新功能。

3）○Flat（vertical）[平面（垂直）]

图片垂直投影到地面上，不依赖高程。

4）○Faces[面]

幻灯投影机类型，沿着某个世界坐标轴进行投影。对于每一个点，投影轴是和法线向量最接近的轴。

5）○Cylindrical[圆柱]

墨卡托投影，投影之前，把图片环绕在垂直圆柱上。

6）○Spherical[球形]

图片会严密地包裹成一个球体，垂直环绕 180°，水平环绕 360°。

7）○Toroidal[圆环形]

图片会严密地覆盖一个圆环体。这是一个冷僻的、没有太大用处的映射模式。

在上述映射模式中，用户如果不知道应该选用哪一个，请选择 "⦿Automatic[自动]" 单选按钮。注意，对象的形状没有必要和所选用的映射类型相同。

9. 插值类型

当非常靠近地观察材质时，由于图片的分辨率有限，可能会看到像素（就像马赛克一样。例如在 Photoshop 中，不停地放大图像，就会看到马赛克样子的像素）。

为了减少这种负面效果，可以在 Interpolation type[[插补类型]] 选项组中选择一种插值方法进行改善。

（1）○None[不插补]：不进行插补。

（2）⦿Bilinear[双向线性]：这是默认选项，在像素之间使用双向线性插值。

（3）○Normalized[标准化]：插值和到像素角点的距离成比例。

（4）○Bicubic[双向立方]：在像素之间使用双向立方插值（连续导数）。

上述选项，究竟选用哪一个合适，可以通过快速渲染进行比较之后再确定。

10. 图像比例、偏移、平铺

1）Image scale[[图像比例 X▢Y▢]]

改变该参数，可以调整图像在水平轴向和垂直轴向的比例。

2）Image offset[[图像偏移 X▢Y▢]]

改变该参数，可以精确地调整图像在对象上的位置。

3）Tiling〖平铺 X▽Y▽〗

使用该下拉列表中的选项，可以控制图片沿 X 轴（水平轴向）、Y 轴（垂直轴向）重复平铺的方式，其中包含三种平铺方式，如右图：

Repeat[重复]：这是默认平铺方式。图像沿着相应轴向简单地重复平铺。

Mirror[镜像]：在这种模式中，图像沿着相应轴向以镜像重复方式平铺，在接缝处会产生自然、无缝的过渡。

Once[一次]：图像沿着相应轴向只显示一次。注意，对象表面上没有平铺的地方，会变得完全透明。

8.2.2 〖凹凸〗标签

使用 Bumps 〖凹凸〗标签，可以在材质表面生成凸起和凹洞。该标签的界面如下图：

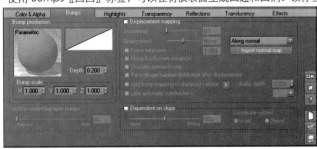 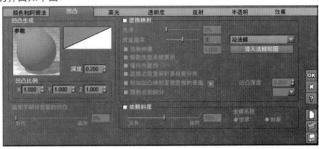

1. 凹凸生成

1）[凹凸生成函数 ●] 和 [凹凸生成滤镜]

在材质表面上生成凸起和凹洞的工作原理是：为了在材质的表面上生成凸起和凹洞，Vue 使用了一个函数（即 [凹凸生成函数 ●]）和一个滤镜（即 [凹凸生成滤镜 ■]），对材质表面上的每个点，[凹凸生成函数 ●] 生成一个介于 -1～+1 范围之间的值（-1 在函数预览上表现为黑色，+1 是白色）然后，这个值被 [凹凸生成滤镜] 转化成另一个介于 -1～+1 范围之间的值（对凹凸轮廓进行修改），此值就表示了该点处凸起的高度或凹洞的深度，表示一个深陷的凹洞，+1 表示一个升高的凸起。

在 Bump production[[凹凸生成]] 参数组中，可以更换、编辑 [凹凸生成函数 ●] 或 [凹凸生成滤镜 ■]，其方法在前文已多次讲过，大家应该已经掌握，这里不再重复。

> 注意：[凹凸生成滤镜] 并没有包含在 [凹凸生成函数 ●] 之内，所以，更换或编辑 [凹凸生成滤镜 ■]，不会在 [凹凸生成函数 ●] 的预览框中反映出来（估计在以后的版本中，也可能会把二者关联起来）。这与 [阿尔法生成滤镜 ■] 和 [阿尔法生成函数 ●] 之间的关系不一样。

2）Bump scale[[凹凸比例 X□Y□Z□]]

使用该参数，可以分别沿 X、Y 和 Z 轴向缩放函数。

3）Depth[深度 □]

此值越大，表面会越凸起或越凹陷。

> 注意：该值可以是负值。如果输入负值，会向相反的方向产生凹凸。

2. 置换映射

使用普通的凹凸设置，虽然能在材质中产生凹凸效果，但是，在材质的边缘部分，凹凸效果显得不真实。

如果改用置换映射，则可以产生真实的凸起和凹洞，相当于把对象的模型或形状进行了编辑修改。

要激活材质的置换映射效果，请选中 ☑Displacement mapping[[置换映射]] 复选框，相关设置才会变得可用。

激活置换映射后，"Bump production[[凹凸生成]]"和"Bump scale[[凹凸比例 X□Y□Z□]]"等参数文本会相应地转变为"Displacement production[[置换生成]]"和"Displacement scale[[置换比例 X□Y□Z□]]"文本。

1）[置换生成函数 ●] 和 Depth[深度 □]

置换映射使用的 [置换生成函数 ●] 和 [凹凸生成函数 ●] 是同一个函数，该函数的输出值介于标准的 -1 到 +1 范围之内，此范围以外的任何会被裁削（即被钳制，例如，当使用有较大输出值的分形节点时，会把大于 +1 的值视为 +1，把小于 -1 的值视为 -1）。所以，当使用置换映射时请确保 [置换生成函数 ●] 不要输出超出此有效范围的值，以免产生不自然的棱角。要想调整置换幅度，可以通过输入较大的 Depth[深度 □] 值实现从而创建任意强度的置换效果。

2）Smoothing[光滑↔ □]

该参数用于消除因置换设置造成的任何过高频率的棱角。

3）Quality boost[质量提高↔ □]

增大该值，会增大添加到对象形状上的置换细节的数量。

如果置换效果看起来有锯齿，请增加该设置。值越高，材质看起来越好，但需要花费更长的渲染时间，内存开销也越大。太高的值会导致增加多微小多边形（微小到甚至在最后渲染中不可见。当最终以高质量的渲染模式进行渲染时，才应该这样做）。

> 注意：在 Vue 中，启用置换映射非常简单，只需勾选一下！但是，我们应该知道，此功能会给场景增加令人难以置信的复杂性和内存开销，所以一定要小心使用置换映射功能（尤其是当创建非常高分辨率的渲染时）。因为添加到场景中的多边形数量可能会达到令人望而生畏的程度，当创建这样的渲染时，可以考虑降低材质的 Quality boost[质量提高↔ □] 设置，或者预先把对象烘焙成设定的分辨率。

4）〖置换方向 ▽〗下拉列表

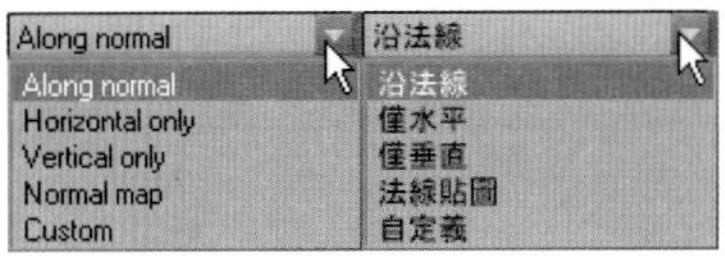

该下拉列表位于 Quality boost[质量提高 ↔ □] 的右边，可以对置换方向进行制约。如右图：

Along normal[沿法线]：沿法线方向进行置换，这是最常用的方向。

Horizontal only[仅水平]：只适用于置换映射。

Vertical only[仅垂直]：只适用于置换映射。

Normal map[法线贴图]：如果选择此项，会显示可视化图片浏览器，可以选择一幅法线贴图．如果单击 ▆▆Import normal map▆ [导入法线贴图] 按钮，也可以选择一幅位图。关于法线贴图，本书不要求掌握。

Custom[自定义]：选择该选项，会打开 Function Editor【函数编辑器】对话框，里面带有一个 "Displace Direction{ OUT 🔘 置换方向 }" 输出节点，该节点需要一个 3D 向量输入。

5）□Force extension[强制伸展 □]

这是一个控制最大可能置换量的参数（上限），如果选中此复选框，可以手动设置置换伸展量。任何超出此界限的值会被裁削。

默认情况下，取消选中该复选框，伸展量是自动计算的，包括 [置换生成函数 ☉] 产生的所有可能的值。然而，可能会发生置换值超出伸展范围的情况，这会导致在被置换的对象上出现平坦的置换区域（这些区域饱和了）。如果选中 ☑Force extension[强制伸展 □] 复选框，并输入一个较大的值，可以很容易地修复上述问题。反之，如果想在置换效果中创建平坦的地区，可以输入一个较低的值。

6）☑Move EcoSystem instances[移动生态系统实例]

默认选中这个复选框，繁殖到该对象表面上的生态系统实例，会根据置换幅度自动重新定位，所以，这些生态系统实例（如树木），总是能保留在基地对象的表面上，尽管实际上基地对象的表面是被置换过的。

7）□Displace outwards only[仅向外置换]

如果选中这个复选框，会把置换值调整为只产生正值，结果，对象表面只会向外置换。

提供此选项，主要是为了兼容其他不支持负数置换值的软件。

8）□Re-evaluate material distribution after displacement[置换之后重新计算材质分布]

如果选中这个复选框，在应用了置换之后，Vue 会重新计算环境敏感材质因环境条件改变而产生的分布或比重变化。

典型的例子是，当对象表面被置换而形成新的斜度时，材质会考虑到环境条件的新变化，并改变材质的分布。

9）□Add bump mapping to displaced surface[附加凹凸映射至被置换的表面]

如果选中该复选框，能够在置换映射效果上面附加渲染凹凸效果，从而产生额外的细节。

例如，可以先按一定比例创建置换映射（作为大形），再添加一个比例较小的凹凸映射（作为细节）。这是非常强大的功能！

单击该选项右边的小三角箭头按钮 ▶ [转到函数]，就会打开 Function Editor【函数编辑器】（主输出节点是 "Bump{ OUT 🔘 凹凸 }" 输出节点），可以添加需要的节点并编辑有关参数。

使用 Bump Depth[凹凸深度 □] 参数，可以设置附加凹凸的深度。

10）□Limit automatic subdivision to 〖限制自动细分 ▽〗

选中该复选框，可以设置自动细分的程度。在右边的下拉列表中，包括 1× ～ 32× 共六种细分级别，值越大，细节越丰富。

3. 依赖斜度

凹凸效果或置换效果均会受到环境的影响。

如果选中 ☑Dependent on slope[[依赖斜度 ↔ □]] 复选框，在垂直表面上，会比在平坦表面上产生更深、更强的置换效果。拖拉滑竿上的滑块，可以改变斜度的影响力。

这种效果，适宜表现受侵蚀的地形表面上自然形成的典型地貌。因为垂直面受到重力、水流等侵蚀作用的影响较大，容易形成凹凸形状。

在 Coordinate system[[坐标系统]] 选项列表中，包含 ◉World[世界] 和 ○Object[对象] 两个单选按钮，决定表面斜度值的计算方式。

4. 追加下邻材质层的凹凸或置换

当选择了多层材质（见后文）中的某个没有位于最底层的材质层时，Add to underlying layer bumps[[追加下邻材质层的凹凸（或置换）↔ □]] 参数才变得可用。

使用此参数，可以控制在当前材质层的凹凸或置换效果上如何追加它之下的材质层（不是指下级或子级，而是指材质层级列表中排列顺序在下面的相同级别的材质层）所生成的凹凸或置换。

如果该值设成 0%，完全不追加下邻材质层的凹凸或置换效果，或者说追加了下邻材质层凹凸或置换效果的 0%，下层材质的凹凸或置换被当前材质层的凹凸或置换彻底取代。

如果该值设成 100%，会完全追加下邻材质层的凹凸或置换效果，或者说追加了下邻材质层凹凸或置换效果的 100%。

注意：如果设置该参数大于 0%，即使当前材质层完全不透明，仍然会追加下邻材质层的凹凸或置换效果。

材质层之间最终总的凹凸或置换效果，还会受到 Alpha boost[阿尔法提高 ↔ □] 参数以及 Environment〖环境〗标签中有关参数的影响。

8.2.3 〖高光〗标签

通过 Highlights〖高光〗标签,可以设置材质表面的光滑质量(光泽或阴暗)。例如抛光大理石,其表面如同镜子一般,在朝向光源方向的表面上,会产生镜面高光点,表面越光滑,光点就越集中、越明亮。

该标签的界面如下图:

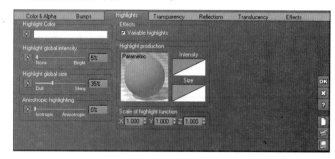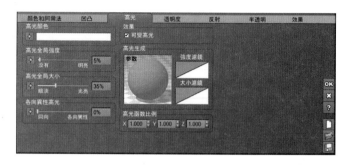

1. 在材质表面制造高光效果的主体

为了深刻地理解高光效果,首先说明以下几点。

(1)只有能发射真实光线的直接光源,如太阳光和点光源,才能在对象的表面上制造高光效果。高光效果的本质是,光滑的材质表面对直接光源的反射,光源的强弱、离对象的远近,均对高光反射效果有明显的影响。

(2)体积光不会制造高光效果。

(3)天空、环境光不会在对象表面制造高光效果。

(4)在非光源对象之间,不会相互造成高光效果,但可以产生反射效果(形成映像,反射效果是通过 Reflections〖反射〗标签设置的)。场景中相邻的两个非光源对象,如两个球体 A 和 B,不管球 A 有多么明亮(如设置成纯白颜色或者自发光),不管离球 B 有多么近,也不管球 B 的表面有多么光滑,都不会在球 B 的表面制造高光效果。即使把光照模式设置为全局辐射模式,球 A 也不会在球 B 的表面制造高光效果。

2. 颜色、强度、大小、各向异性

1)Highlight Color[[高光颜色 ✎ 🖼]]

该控件给予高光一种统一的色调。对于创建像珍珠 般的材质是很有用的(珍珠上的高光呈现一种蓝颜色)。

注意:高光效果的颜色主要是由光源的颜色决定的。

下面的两个参数,是高光效果最主要的两个参数,一个定义高光点在表面上出现的强度,另一个定义高光点在表面上出现的大小。

2)Highlight global intensity[[高光全局强度 ✎ ↔ ▢]]

该设置使用一个百分数控制高光点的平均强度(或亮度)。

此值设为 0% = 无高光点,100% = 非常强烈明亮的高光点。

在【函数编辑器】中,此参数对应的输出节点是"Highlight intensity{ OUT 🔘 高光强度 }"。

3)Highlight global size[[高光全局大小 ✎ ↔ ▢]]

该设置使用一个百分数控制高光点的平均集中程度(或大小)。

此值设为 0% = 在暗淡的材质上产生大而弱的高光点,100% = 在光滑材质上产生非常小而强烈的高光点。

在【函数编辑器】中,此参数对应的输出节点是"Highlight size{ OUT 🔘 高光大小 }"。

4)Anisotropic highlighting[[各向异性高光 ✎ ↔ ▢]]

该效果出现在某个特定方向的周围,用于模拟出现在编织物或纤维材质上的特殊类型的高光点(能制造椭圆形的高光效果)。要创造真实的头发效果时,此参数特别有用。

在上述四个参数滑竿的左边,均有一个 ⚡[用函数驱动]图标。单击该图标,会切换为黄色的"⚡"样式,可以分别使用函数独立地驱动这几个参数。

对于高光效果的全局强度和全局大小,也可以先选中 ☑Variable highlights[可变高光] 选项,然后在 Highlight production[[高光生成]] 参数组中应用同一个函数进行控制。然而通过单击 ⚡[用函数驱动] 图标,并使用函数进行驱动,可以用两个相互之间没有任何关系的函数进行控制。

3. 可变高光效果

如果希望镜面高光特性依赖位置,请在 Effects[[效果]] 参数组内选中 ☑Variable highlights[可变高光] 复选框。选中该复选框以后,在其下面,会出现 Highlight production[[高光生成]] 参数组。

Vue 使用一个函数(即 [高光生成函数 🔘],在【函数编辑器】中,对应的输出节点是"Highlight{ OUT 🔘 高光 }")和两个滤镜(即 Intensity[强度滤镜] 和 Size[大小滤镜])生成可变高光。

它的工作原理是：对于表面上的每个点，[高光生成函数 🌐] 返回一个介于 -1 ～ +1 范围内的数字值（-1 在预览上表现成黑色，+1 表现成白色）。然后这个数字被 Intensity[强度滤镜] 和 Size[大小滤镜] 转化成该给定点的高光强度和大小（-1 表示暗淡的表面，而 +1 表示光亮的表面）。最大可变高光值是整体高光值。

> 说白了，由 [高光生成函数 🌐] 在对象的表面上生成一幅黑白图片（即灰度图片，只用于控制可变高光，不影响材质表面颜色），然后用两个滤镜把这幅黑白图片调整为另外两幅黑白图片。白色的地方，意味着较强、较大的高光效果，黑色的地方，意味着较弱、较小的高光效果。

可以更换、编辑 [高光生成函数 🌐]、Intensity[强度滤镜 ▦] 或 Size[大小滤镜 ▦]。

使用 Scale of highlight function[[高光函数比例 X▢Y▢Z▢]] 参数，可以沿 X、Y 和 Z 轴向缩放函数。

> 注意：如果使用函数驱动 Highlight global intensity[[高光全局强度 ✎ ↔ ▢]]，并同时启用 ☑Variable highlights[可变高光] 复选框，最终的高光效果是二者综合的结果。

4. 忽视标准高光模式

当编辑材质的函数时，在 Function Editor【函数编辑器】中，可以定义一个不对应于任何特定材质设置的附加输出节点，这个输出节点叫做"Highlight Value{ OUT ⬆ 高光值 }"，它需要输入颜色值。如果把一个颜色节点连接到该输出节点上，该颜色会被用作高光的值。该节点会计算每个光源，因此能够创建一个完全自定义的高光效果（例如，在低入射角度创建强烈的高光）。

当应用了"Highlight Value{ OUT ⬆ 高光值 }"输出节点时，Highlights〖高光〗标签中原有的相关设置会被忽视，或者说会被禁用。要创建既有标准高光效果，又有自定义高光效果的材质，可以使用多层材质。

> 本小节的内容，现在不要求大家掌握，等学习了函数知识之后，再回过头来看这部分内容，就有能力创建自定义高光了。

8.2.4 相关光学基础知识

在开始学习下两节有关材质透明度和反射性质的知识之前，我们先回顾一下光学方面的基础知识，初步认识 Vue 所能够模拟的光学现象。然后我们再学习在 Vue 中如何启用这些奇妙的效果。

1. 入射光与漫反射光、透射光、反射光之间的关系

从物理学的角度讲，入射光（分为光源发出的光和非光源对象在相机中成像的光）到达材质表面时，被分解为三种不同的光，如右图：

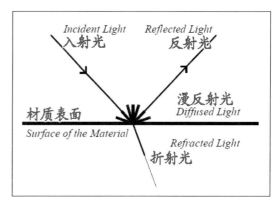

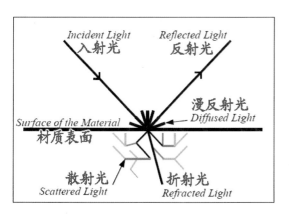

对于不规则的半透明材质，入射光到达材质表面时，被分解为四种不同的光，如左图：

（1）漫反射光：因为表面并非绝对光滑，所以会向各个方向反射光线（比较紊乱，在高光周围较强），产生了材质表面的颜色（渲染得到的表面颜色，是光线颜色和材质表面定义的颜色或者纹理贴图等多种因素相互作用的结果）。

（2）反射光：从光滑的材质表面反射的光（比较整齐，能够形成映像）。

（3）折射光：进入表面并整齐地穿透材质的光线，可设置成折射光，也可设置成非折射光（能够穿出材质另外一个面的称为透射光）。

（4）散射光：进入表面之后，在材质内部无规律地反复折射的光线。散射与漫反射不一样：漫反射本质上是反射，通常不改变颜色（不绝对）；散射本质上是光线在材质内部多次折射、反射、衍射的综合，光的颜色会改变。

通常来说，存在以下平衡式：

$$入射光 = 漫反射光 + 反射光 + 折射光 + 散射光$$

2. 焦散

如果某个透明材质具有比空气更大的密度（即大于 1 的折射率，如常用的玻璃凸透镜或放大镜），它就会改变穿过其表面的光束方向，这就是光

的折射现象。

因为光会发生折射现象，通过放大镜看东西时，物体形状会发生弯曲。

当光源射出的光线穿过放大镜时，折射光束聚集到一个点上，在光学中，这个点叫做"焦点"（记不记得小时候在太阳底下玩过的用放大镜烧纸或者火柴头的游戏？）。因为所有的光束被聚集到一个焦点上（从理论上说），放大镜后的其他区域就变暗了。但是，这只是光线的分布发生了改变，放大镜后面总的光线数量仍然是相同的。（请读者自行查询凸透镜、凹透镜、焦点、虚焦点等高中的光学知识。）

现实生活中，并没有绝对均匀或绝对光滑的透明物质，穿过透明物体后的光线，只是大部分被集中在阴影区中某些区域，而不是被平均地分布在阴影区中，这种现象叫做"焦散"。

材质的折射率越高，光线就会越集中，中心部位的光点也就越明亮，而阴影中的其余部分就越暗。

在 Vue 中，也可以模拟这种"焦散"现象。如右图，从左到右分别是水、玻璃、水晶产生的焦散效果：

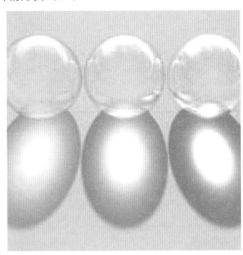

3. 物理精度焦散

在 Vue 中，焦散有两种精度的计算方法，一种是默认焦散，另一种是物理精度的焦散。

如果在 Render Options【渲染选项】对话框中选中 ☑Compute physically accurate caustics[计算物理精度的焦散]复选框，那么当渲染焦散时，会生成具有物理精确度的焦散效果，如左图：

物理精度焦散效果的处理计算比起默认焦散效果要复杂许多。但是当渲染精细的折射材质时，能产生有趣的结果。

4. 反射焦散

当光线从反光材质的表面反弹时，反光材质把光线按特定的方向进行反射。根据反光物体表面形状的不同（是内凹或是外凸），光线可能会被物体的凹面区域"聚焦"，产生"热点"，这是凹镜的原理，例如手电筒、太阳灶都是这个原理；光线也可能会被物体的凸面区域"离散"，这是凸镜的原理，例如车的后视镜或哈哈镜。

请看右图金属圆环：

在上图的圆环图片中，可以看到，圆环的中心有一个明亮的"热点"，这就是光线被圆环的内凹面（如同凹镜）反射后集中的地方；在圆环的外侧附近，您也可以看到有一片稍微明亮的区域，这就是光线被圆环的外凸面（如同凸镜）反射后被离散的地方。

物理精度焦散不但能捕捉到折射光线的焦散效果，也能捕捉到反射光线产生的焦散效果。

注意：因为无限平面的表面构造是无限的，所以，无限平面不能生成物理精度的焦散。虽然无限平面不能生成精确的焦散，但是，它仍能从其他对象接收到精确的焦散效果。

5. 色散

当不同波长的光线没有被同等折射时，就会发生色散。

例如，玻璃或水晶棱镜对不同波长的光有不同的折射率，当光线穿过一块水晶棱镜后，就产生了众所周知的光谱效应。这种效果在 Vue 中也能模拟，如右图：

关于在 Vue 中如何启用上述焦散、物理精度焦散、反射焦散、色散等奇妙的效果，我们会在接下来几节中进行讲解。

8.2.5 〖透明度〗标签

通过 Transparency〖透明度〗标签，可以控制材质的透明度和折射率。其界面如下图：

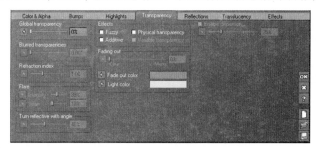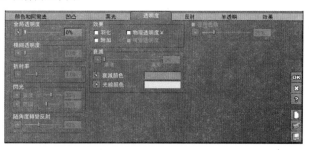

材质的透明度也可以通过 Color & Alpha〖颜色和阿尔法〗标签中的阿尔法设置控制。阿尔法透明度和折射透明度是不同的，阿尔法透明度不影响光的方向，而折射光的方向会被材质的折射率改变。

此标签中的多个参数，可以使用函数进行独立驱动（通过单击相应的 ⚡ [用函数驱动] 图标）。

> Transparency〖透明度〗标签是简单材质中的一个难点，原因之一是，设置材质的透明度和折射率需要一定的光学知识，其效果不直观，原因之二是，相关效果毕竟是用软件进行模拟，并不是严格符合现实中的物理现象。在景观创作中，很多时候并不需要透明材质，所以，这部分内容并非本书的重点。

1. 全局透明度和模糊透明度

1）Global transparency[[全局透明度 ✗ ↔ ☐]]

该参数控制穿透对象表面的光线数量，也就是控制材质的透明程度。

2）Blurred transparencies[[模糊透明度 ✗ ↔ ☐]]

如果希望隔着透明材质观看对象时显得模糊（因为材质不纯或歪曲），请提高该参数值。该参数值大于零时才会产生效果。

这两个参数，既可以使用函数独立驱动（通过引出参数，可以用一个与其他函数毫不相关的函数进行控制），也可以应用 ☑Variable Transparency[可变透明度] 复选框施加控制。

2. 折射率

如果 Global transparency[[全局透明度 ✗ ↔ ☐]] 的值大于零，Refraction index[[折射率 ✗ ↔ ☐]]（英文简称 IOR）参数变得可用。

该参数标识材质的光学密度。它使穿过材质表面的光束发生弯曲，从而创造出放大镜效果（同理，观察水中的棍子，感觉上好像被折断了一样）。

常见的折射率如下：

空气：折射率 = 1.00。这是参考折射率。

水：折射率 = 1.33。

玻璃：折射率 = 1.52。

> 注意：折射率小于 1 的折射现象很少被观察到，对应的材质还没有空气的密度大。

3. 闪光

当从一个部分透明材质的后面观看光线时，光线会导致材质表面变得非常明亮，这就是所谓的"闪光"。

闪光现象能使透明材质的背光面显得更亮一些。它不会发生在完全透明的材质表面，最大使用 50% 的透明度。闪光效果对云彩特别有用。

在 Flare[[闪光]] 参数组中，使用 Intensity[✗ 强度 ↔ ☐] 和 Span[✗ 范围 ↔ ☐] 这两个参数，可以控制闪光效果，其中 Span[✗ 范围 ↔ ☐] 是指发生闪光的面积，较大的值会产生较大范围的闪光。

4. 随角度转变反射

当以较低的角度观察某个透明且带有折射率（即 IOR 不等于 1）的材质时，会发现材质变得具有反射性（或反光性）。

请拿一块玻璃，从玻璃的侧面看（观察角较低），会发现它变得好似一面镜子；同样的现象也会发生在水面上，垂直看时，能够看透水面，但在远处看时（观察角较低），水面变得具有反射性。

在 Vue 中，通过 Turn reflective with angle[[随角度转变反射 ✗ ↔ ☐]] 参数，可以模拟这种现象。可以使用滑竿微调该效果，设置成 0% 取消这种效果，通常使用 40% 左右的值能产生良好的效果。当然了，这种效果的强弱，受观察角度的影响很大。

> 注意：设置该效果，并不需要在 Reflections〖反射〗标签中设置 Global reflectivity[[全局反射率 ✗ ↔ ☐]]，或者说，即使 Global reflectivity[[全局反射率 ✗ ↔ ☐]] = 0%，仍然可以观察到该效果。有的用户在使用 Vue 时，可能会遇到这种情况：明明材质的 Global reflectivity[[全局反射率 ✗ ↔ ☐]] = 0%，但却出现了反射映像，原因就出在这里。

5. 衰减效果

当光线透过材质时，它会随着距离增加而逐渐衰减。例如，深水总是看起来呈现蓝色，就是这个原因。在 Vue 中，可以捕捉这种效果。

默认情况下，在 Effects[[效果]] 选项列表中，没有选择任何效果选项，在该列表的下面，会出现一个 Fading out[[衰减 ✗ ↔ □]] 参数组。

1）Fading out[[衰减 ✗ ↔ □]]

使用 Fading out[[衰减 ✗ ↔ □]] 参数，可以控制原有的光线颜色完全消失的深度，在该深度颜色变成衰减颜色。

如果该值很小，材质会很清澈，能够看到材质很深入的地方，如果其值是零，永远也不会出现衰减效果。

2）Fading out color[✗ 衰减颜色 ■]

即当光线穿入到材质深部时材质的颜色。

3）Light color[✗ 光线颜色 ■]

放在透明材质后面的对象，会接收到某种颜色的光，该颜色取决于穿过透明材质的距离。当光线通过材质传播得较远时，光线呈现的某一种特殊颜色，可以使用该颜色控件定义。这就是当沙子靠近水面时，如何让蓝水看起来发绿的方法。

6. 可变透明度

如果想使材质的透明度依赖于位置（即在不同的位置使用不同的透明度），请在 Effects[[效果]] 选项列表中选中 ☑Variable Transparency[可变透明度] 复选框。选中该复选框之后，在右边，会出现 Transparency production[[透明度生成]] 参数组。

Vue 通过一个函数和两个滤镜生成可变透明度。其工作原理是：对于表面上的每个点，由 [透明度生成函数 ◉] 生成一个介于 -1 ～ +1 范围之间的值（-1 在函数预览上表现为黑色，+1 是白色），然后，这个值被 Transparency[透明度滤镜 ▨] 和 Blurring[模糊滤镜 ▨] 转化成透明度值和模糊值。最大可变透明度等于整体透明度。

说白了，由 [透明度生成函数 ◉] 在对象的表面上生成一幅黑白图片（即灰度图片，只用于控制可变透明度，不影响材质表面颜色），然后用两个滤镜把这幅黑白图片调整为另外两幅黑白图片。白色的地方，意味着较高的透明度或较高的模糊程度，黑色的地方，意味着较低的透明度或较低的模糊程度。

可以使用常用的标准方法更换、编辑 [透明度生成函数 ◉]、Transparency[透明度滤镜 ▨] 和 Blurring[模糊滤镜 ▨]。

使用 Function scale[[函数比例 X□Y□Z□]] 参数，可以分别沿着 X、Y 和 Z 轴向缩放函数。

注意：简单材质的可变透明度只发生在对象的表面上，与体积材质有本质的不同。

7. 其他效果

在 Effects[[效果]] 选项列表中，还有其他几个效果选项。

1）□Fuzzy[羽化]

默认取消选中该效果选项。

如果选中 ☑Fuzzy[羽化] 复选框，会使得对象的边缘变得羽化（或模糊），其下边的 Fading out[[衰减 ✗ ↔ □]] 控件会相应改变成 Fuzziness[[羽化 ✗ ↔ □]] 控件，Turn reflective with angle[[随角度转变反射 ✗ ↔ □]] 控件会消失，Refraction index[[折射率 ✗ ↔ □]] 控件会被禁用（值被恢复为 1）。

可以使用滑杆调整该效果的强度。此效果与 ☑Variable Transparency[可变透明度] 复选框相结合，可制作真实的云彩和烟雾。

2）□Additive[附加]

默认取消选中该效果选项。

如果选中 ☑Additive[附加] 复选框，材质的颜色会被添加到背景的颜色上，产生明亮的虚化对象效果，这是一种有趣的效果，可用于模拟光束。

3）□Physical transparency[物理透明度]

在 Effects[[效果]] 选项列表中，有一个 □Physical transparency[物理透明度] 复选框。{{NEW10.0}} 这是 Vue 10.0 增加的新功能。

如果选中该复选框，可以真实地模拟光线穿过透明介质时的体积散射和吸收效果，该选项特别适合于模拟真实的玻璃和水材质。

选中 ☑Physical transparency[物理透明度] 复选框之后，可以在下面的 Absorption & Scattering[[吸收和散射]] 参数组中进行设置，本书不要求掌握。

8. 启用折射焦散

焦散是一种迷人的效果，通过以下步骤，可以启用焦散。

（1）设置 Global transparency[[全局透明度 ✗ ↔ □]] 参数大于 0，使材质具有透明度。

（2）设置透明材质的 Refraction index[[折射率 ✗ ↔ □]] 不等于 1，一般是大于 1。

（3）默认情况下，材质的焦散效果是被禁用的。要开启焦散效果，请在【材质编辑器】对话框的左上角单击 "■ [禁用焦散]" 图标，使之切换为 "■"。通过上述三步设置，打开的是普通的默认焦散效果。

（4）进入 Render Options【渲染选项】对话框 >>Render quality[[渲染质量]] 参数组中，选中 ☑Compute physically accurate caustics[计算物理精度的焦散] 复选框。

通过上述四步设置，在普通的默认焦散的基础上，升级到物理精度焦散效果，渲染效果好，但耗时较长。

当然，要观察到显著的焦散效果，除了具备以上几个条件之外，还要使对象具有适当的几何形状（例如，凸透镜会形成比较集中的焦散效果，而平坦的表面或凹透镜，会形成离散的焦散效果）和恰当的光线入射角度。

为了深入地理解焦散效果，再强调以下两点。
（1）焦散效果只针对光源发射的光线有效。
（2）透过带有折射率的透明材质观察非光源对象，如树、房屋、山、云等，会发生弯曲变形。但变形程度主要受折射率的影响，不受焦散设置的影响。

9. 启用色散

色散现象反映了同一材质对不同波长的光具有不同的折射率。

要激活色散选项，首先按照上一节所讲的四个步骤启用物理精度的焦散，然后再选中 ☑Enable Dispersion[[启用色散 ✗ ↔ □]] 复选框。

如果把该参数设置得较小，会产生不太明显的色散光谱，而较大的值，会把光谱分离得很清晰。

8.2.6　〖反射〗标签

通过 Reflections〖反射〗标签，可以控制材质表面如何反射光线。其界面如下图：

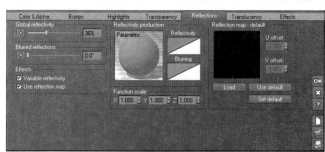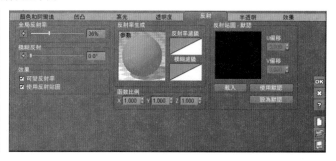

笼统地说，在 Reflections〖反射〗标签中定义的反射，和在 Highlights〖高光〗标签中定义的高光均属于反射的范畴。但是 Reflections〖反射〗标签与 Highlights〖高光〗标签不同：Reflections〖反射〗标签主要是定义材质对周围的树木、山体、云层、建筑物等可见对象的反射，这些反射能在材质表面形成邻近对象的虚像（镜像）；而 Highlights〖高光〗标签主要是定义对光源的反射。

为了在这两个标签之间找到联系点，便于对比记忆，我们也可以把高光点视为光源的映像（甚至也可以把高光点理解为高强度的漫反射）。

注意：光源的体积光效果在材质表面的反射映像受 Reflections〖反射〗标签控制。

此标签中的部分参数，可以使用函数进行独立驱动（通过单击相应的 ✦ [用函数驱动] 图标）。

1. 全局反射率和模糊反射

1）Global reflectivity[[全局反射率 ✗ ↔ □]]
此参数指定反射光的数量。

注意：如果反射光的数量加上透射光的数量超过 100%，材质会变得"发光"。如果您正在使用辐射模式，它实际上会发出光线。

2）Blurred reflections[[模糊反射 ✗ ↔ □]]
如果希望材质的表面产生不完美的反射（有时候太完美的反射显得虚假），使远处对象的反射映像出现模糊，请提高该值大于零。

这两个参数，既可以使用函数独立驱动（通过引出参数，可以用一个与其他函数毫不相关的函数进行控制），也可以应用 ☑Variable reflectivity[可变反射率] 复选框施加控制。

2. 可变反射率

如果设置了 Global reflectivity[[全局反射率 ✗ ↔ □]] 大于 0%，则 Effects[[效果]] 选项列表变得可用。

在 Effects[[效果]] 选项列表中，如果选中 ☑Variable reflectivity[可变反射率] 复选框，反射效果会依赖位置（即在不同的位置使用不同的反射率）。

当选中 ☑Variable reflectivity[可变反射率] 复选框后，在右边，会出现 Reflectivity production[[反射率生成]] 参数组。

Vue 使用一个函数和两个滤镜生成可变反射率。其工作方式是：对于表面上的每个点，由 [反射率生成函数 ◉] 生成一个介于 -1 ～ +1 范围之间的值（-1 在函数预览上表现为黑色，+1 是白色），然后这个值被 Reflectivity[反射率滤镜 ▨] 和 Blurring[模糊滤镜 ▨] 转化成反射值和模糊值。最大的可变反射率等于整体反射率。

可以使用常用的标准方法更换、编辑 [反射率生成函数 ◉]、Reflectivity[反射率滤镜 ▨] 和 Blurring[模糊滤镜 ▨]。

使用 Function scale[[函数比例 X□Y□Z□]] 参数，可以分别沿着 X、Y 和 Z 轴向缩放函数。

3. 反射贴图

应用反射贴图的原理是，把使用反射材质的对象放在一个虚构的球体的中心，选择一幅位图，把它拉伸后贴在该虚构的球体上，这幅拉伸的位图会被反射到使用该反射材质的对象表面。这样，要在某个对象表面产生特定的反射效果，不需要在其周围建立复杂的场景，只需使用一幅合适的图片就可以进行模拟！反射贴图有时也被称为"假反射"。

注意：反射贴图在虚构球体上的贴图方式，不受材质自身贴图方式的影响。

如果想使用反射贴图，请在 Effects[[效果]] 选项列表中选中 ☑ Use reflection map[使用反射贴图] 复选框（要使这个复选框可用，必须已经设置了一些反射率，即设置 Global reflectivity[[全局反射率 ⟋ ↔ □]] 大于 0%），选中之后，在右边，会出现 Reflection map[[反射贴图]] 参数组。

在 Reflection map[[反射贴图]] 参数组中，可以为材质定义一个自定义的反射贴图（会出现"- custom[自定义]"文字标示），也可以使用在 Atmosphere Editor【大气编辑器】对话框中定义的默认反射贴图（会出现"- default[默认]"文字标示）。还允许把在此处定义的反射贴图设置成默认反射图。

1) Load [载入]

单击此按钮，或者直接双击反射贴图预览框，会打开可视化图片浏览器，可以从中选择要用做反射贴图的图片，具体的使用方法和前文"大气 >> 效果标签 >> 使用太空环境贴图"章节类似。

注意：如果在可视化图片浏览器中单击 ✕ 按钮，会清除现有的反射贴图。

如果把 Blurred reflections[[模糊反射 ⟋ ↔ □]] 设置为非零，反射贴图被反射时，会出现模糊。反射贴图预览也会根据模糊值自动出现或多或少的模糊。

2) Use default [使用默认]

如果希望使用默认反射贴图（默认反射贴图在 Atmosphere Editor【大气编辑器】对话框 >>Effects 〖效果〗标签 >>Default reflection map[[默认反射贴图]] 参数组中定义），请单击该按钮。

3) 偏移反射贴图

如果需要水平或垂直偏移反射贴图，请调整 U offset[U 偏移 □] 和 V offset[V 偏移 □] 参数的值。

注意：使用默认反射贴图时，U offset[U 偏移 □] 和 V offset[V 偏移 □] 不可用，此时，这两个值需要通过 Atmosphere Editor【大气编辑器】才能进行调整。

4) Set default [设为默认]

单击该按钮，当前反射贴图会变成默认反射贴图，并会应用到所有使用默认反射贴图的材质，U offset[U 偏移 □] 和 V offset[V 偏移 □] 也会应用到所有使用默认反射贴图的材质。

5) 强制使用反射贴图

如果在 Render Options【渲染选项】对话框 >>Render quality[[渲染质量]] 参数组中选中 ☑Force use of reflection map[强制使用反射贴图] 复选框，所有带有反射性的材质，都会使用反射贴图：如果材质拥有自定义反射贴图，就使用自定义反射贴图；如果材质没有设置自定义反射贴图，会强制其使用默认反射贴图。

4. 启用反射焦散

通过以下步骤，可以启用材质的反射焦散效果。

（1）为材质表面设置反射属性，即设置 Global reflectivity[[全局反射率 ⟋ ↔ □]] 大于 0%；

（2）在【材质编辑器】对话框的左上角单击" ▣ [禁用焦散]"图标，使之切换为" ▣ "。

（3）进入 Render Options【渲染选项】对话框 >>Render quality[[渲染质量]] 参数组中，选中 þCompute physically accurate caustics[计算物理精度的焦散] 复选框。

当然，要观察到显著的反射焦散效果，除了具备以上几个条件以外，还要使对象具有恰当的表面形状（例如，圆弧形的凹面，会形成比较集中的焦散效果，而平坦的表面或凸面，会形成离散的焦散效果），以及适当的光线入射角度。

8.2.7 〖半透明〗标签

通过 Translucency 〖半透明〗标签，可以控制材质的半透明特性。

要启用材质的半透明效果，需要选中 ☑Enable sub surface scattering[启用次表面散射] 复选框，当选中这个复选框之后，Translucency 〖半透明〗标签中的各项控件才变得可用。其界面如下图：

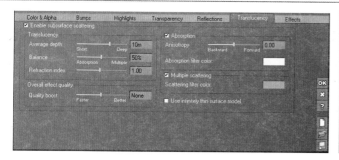 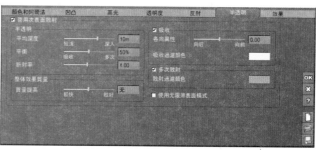

1. 理解半透明材质

半透明材质和"规则"的透明材质相比，对光发生反应的方式非常不同。使用规则的透明材质（即普通的透明材质），入射光要么被漫反射、反射、或折射。而使用半透明材质，光线还会被材质的表面吸收，并在某个不同于它到达时的地点被重新发射。用于捕获这种效果的技术，叫做"次表面散射"，英文简称"SSS"（即"sub-surface scattering"的首写字母），也有人译为"面下散射"。

典型的半透明材质有大理石、玉石、人的皮肤、果肉、牛奶、橙汁，等等。当光线进入这类材质中时，有一部分会被吸收，有一部分经过多次反射或折射后，再从其他地方穿出材质。之所以发生这种现象，是因为在这类材质内部，存在许多不均匀的微小粒子或各种形状的微小瑕疵，光线遇到它们时，会被吸收或者会被不断地四处反弹。

在右图中，左边的立方体对象使用的是普通的透明材质。当一缕光束照射到普通的透明材质表面上时，光斑只会显示成平面的，既没有纵向深入，也没有横向扩散（对玉石材质来说，使用普通的透明材质配合表面反射效果，虽然比较容易获得明亮光滑的感觉，但是会缺乏那种圆润、晶莹剔透的感觉）。

在右图中，右边的立方体对象使用的是半透明材质。当一缕光束照射到半透明材质表面上时，形成的光斑会变大（既有横向也有纵深）、变厚（纵深），增强了立体感、穿透感和浑厚感（对玉石材质来说，就是那种圆润、剔透的感觉）。

半透明材质的效果主要表现在以下两个方面。

（1）吸收效果：在上图中右边的立方体对象上，沿着光斑的纵深方向，光线渗入表面之后（设置成红色），为什么会逐渐减弱呢？这是因为光线被逐渐吸收了，叫做"吸收效果"。为什么它的边缘比较清晰呢？这是因为光线只是被材质内部的粒子反射了一次。所以，吸收效果也叫做"单次散射"。

（2）多次散射效果：在上图中右边的立方体对象上，光线渗入表面之后，为什么会沿着横向（实际上也有纵深）向光斑的四周扩散呢（设置成绿色）？这是因为光线被材质内部的粒子沿着不同的方向多次反射，方向比较紊乱，所以它看起来没有清晰的边缘，变得向四周分散了。这种效果叫做"多次散射"。

如何理解半透明材质名字中使用的"半"字呢？例如，一缕光线照射过来，50%的光进入了材质内部，但这50%的光又全部穿出了材质，这种效果是普通的透明材质；如果50%的光进入了材质内部，只有20%的光顺利地出来了，其他光线要么被材质吸收了，要么被散射到其他方向，这种效果才叫做"半透明"。

2. 半透明设置

在 Translucency[[半透明]] 参数组中显示的这些控件，对吸收效果和多次散射的效果，均会造成影响。

1）Average depth[平均深度↔ □]

此设置控制材质半透明的程度。

它表明了光线在材质内穿行的平均距离。典型的"真实世界"的值，处于一毫米至两厘米之间的一个小范围内（蜡状材质）。

必须确保该参数和使用该半透明材质的对象的大小相协调（需要经验或尝试），才能明显看见次表面散射的效果。如果半透明材质只有一英寸的 Average depth[平均深度↔ □] 值，却把它赋予给一平方英里大小的地形对象，除了浪费极长的渲染时间外，别指望看到任何明显的效果！

2）Balance[平衡↔ □]

此设置控制吸收量和多次散射量的比例平衡。

默认值为50%。通过改变这种平衡，可以达到有趣的效果。

3）Refraction index[折射率↔ □]

该参数与 Transparency〖透明度〗标签中的 Refraction index[[折射率 ✗ ↔ □]] 是相同的（参数名相同，值同步，但一个能用函数驱动，一不能用函数驱动）。

当启用次表面散射时，会禁止在 Transparency〖透明度〗标签中调整 Refraction index[[折射率 ✗ ↔ □]] 参数的值（变成灰色）。如果在 Translucency〖半透明〗标签中调整 Refraction index[折射率↔ □] 参数的值，Transparency〖透明度〗标签中 Refraction index[[折射率 ✗ ↔ □]] 参数的值也会相应地同步变化。

3. 吸收

默认选中 ☑Absorption[[吸收]] 复选框，使材质启用了吸收效果。

1）Anisotropy [各向异性↔ □]

此设置控制在材质内如何确定散射方向。值为 0 表示光线向各个方向平等散射，负值表明光主要向后散射，而正值表示光向前散射（通常是向前散射）。

2）Absorption filter color[吸收过滤颜色 ✍]

此设置控制当光线在半透明材质内穿行时，光线获得的整体颜色。

例如，当把手指放在光源上时，手指会呈现红色的颜色（应把该颜色设为红色）。

> 说白了，当一缕光束照射到半透明材质表面上时，形成的光斑会向材质内部"渗入"（主要发生在纵深方向，有些类似体积光效果或者体积材质的效果），好像被"透视"了一般。该颜色会影响"渗入"后的光斑颜色。

4. 多次散射

在 ☑Multiple Scattering[[多次散射]] 中，可以设置 Scattering filter color[散射过滤颜色 ✍]，它控制材质的漫反射颜色（如皮肤的粉红色颜色）。

> 说白了，当一缕光束照射到半透明材质表面上时，形成的光斑会扩散变大（既有纵深，也有横向）。该颜色会影响扩散变大后的光斑颜色。

由于多次散射是把光线向所有方向反弹，此效果没有首选方向（与吸收效果不一样）。

5. 整体效果质量和无限薄表面模式

1）整体效果质量

在 Overall effect quality[[整体效果质量]] 参数组中，使用 Quality boost[质量提高↔ □] 参数，可以设置计算半透明效果的采样数量。

如果半透明效果看起来有噪点，请增加该设置（只有当最终以高质量的渲染模式渲染时，才应该这样做）。该值设置得越高，材质显得越好，但花费的渲染时间也越长。

2）☐Use infinitely thin surface model[使用无限薄表面模式]

默认取消选中此复选框。当渲染只有一个面的半透明材质时，例如平面，请选择此复选框。

8.2.8　〖效果〗标签

通过 Effects〖效果〗标签，可以控制材质的照明特点以及其他多方面的效果。其界面如下图：

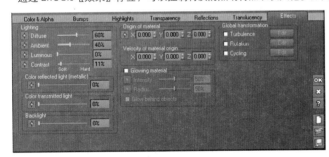 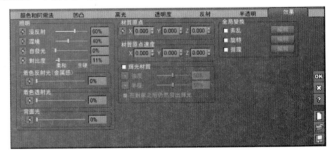

此标签中的多数参数可以使用函数进行独立驱动（通过单击相应的 ▨ [用函数驱动] 图标）。

1. 照明

材质的表面从光源（如太阳）和环境接收光线，对不同类型的光线可以做出不同的反应。

在 Lighting[[照明]] 参数组中，包括以下控件。

1）Diffuse[✗ 漫反射↔ □]

该参数控制材质对直接来自光源的光线作出反应的方式（会影响漫反射和高光效果的强弱）。

2）Ambient[✗ 环境↔ □]

该参数控制材质对环境照明作出反应的方式。

默认情况下，以上两个值分别为 60% 和 40%。

除非在非常特殊的情况下（例如，可以让云更多地对环境光作出反应，因为云太远了，按自然规律来说，不同于场景中地面上的实物对象），通常不建议修改材质的这两个参数值。原因是，如果修改这两个值，可能会导致场景中不同材质之间产生不协调。

如果确实想修改这两个设置，或许在场景级别上做会更好些（关于如何在场景级别上修改，请参阅前文"大气 >> 〖光照〗标签"章节）。此外，Diffuse[✔ 漫反射↔ □] 参数加上 Ambient[✔ 环境↔ □] 参数的和，应该始终等于 100%。

3）Luminous[✔ 自发光↔ □]

使用该设置，可以创建看起来发光的材质。

> 注意：自发光对象不投射真实光线（除非使用全局辐射光照模式），自发光会使对象自身原有的颜色减弱并且发白，但不会照亮别的对象。

根据需要，如果希望某个自发光对象投射光线，可以把一个光源放在自发光对象的内部，并禁止材质投射阴影（方法是，在【材质编辑器】对话框的左上角单击 "🎭" 图标，使之切换为 "🔲 [不投射阴影]" 样式）。

因为不发射真实的光线，自发光照明当然也不受场景全局设置的影响。

当 Luminous[✔ 自发光↔ □] 和 ☑Glowing Material[[辉光材质]] 参数组（见下文）协同使用时，能产生特别好的效果，因为辉光效果强调了对象正在发光的感觉。

4）Contrast[✔ 对比度↔ □]

调整材质从照亮区到背光区的过渡速度，这对创建蓬松造型的材质很有用。

5）Color reflected light(metallic)[[着色反射光（金属感）✔ ↔ □]]

使用此参数，能把材质表面颜色赋予高光和反射效果，可用于模拟金属性的反射材质。

6）Color transmitted light[[着色透射光 ✔ ↔ □]]

在有一定透明度的材质中使用此参数，会把材质表面的颜色赋予到穿透材质的光线上。对于创建彩色玻璃和教堂窗户效果，这个参数很重要。

> 注意：当启用了物理精度的焦散时（在 Render Options【渲染选项】对话框 >>Render quality[[渲染质量]] 参数组中，选中 ☑Compute physically accurate caustics[计算物理精度的焦散] 复选框），上述两个参数，即使全部设置为 0%，也总是会考虑材质表面颜色对折射焦散效果和反射焦散效果的影响。

7）Backlight[[背面光 ✔ ↔ □]]

如果一个材质非常薄，当光线从其一侧（迎光面）照明时，因为它太薄了，足以让一些光线透到另一侧（背光面），使另一侧也显现出照明效果。要表现这种效果，请使用此参数。

但是该参数的效果与前文所讲的透明度效果不是一回事儿。举一个典型的例子来说，当太阳照耀在一片树叶上面时，虽然树叶的背光面并没有直接被阳光照射，但是，因为阳光能够从树叶的迎光面渗透到树叶的背光面，所以，树叶的背光面也不是黑暗的，尽管我们并没有把树叶设置成透明材质。

> 注意：叶子是植物的重要组成元素，而植物又是场景的重要组成元素，所以，大家一定要记住 Backlight[[背面光 ✔ ↔ □]] 参数的重要性和用法。

2. 材质原点和材质原点速度

1）Origin of material[[材质原点 ✔X□Y□Z□]]

使用该参数，可以在材质坐标空间偏移材质，能够使材质在对象上精确定位。

如果材质是完全动画的，Vue 会自动计算相应的速度，并把结果值反馈到 Velocity of material origin[[材质原点速度 X□Y□Z□]] 中。

2）Velocity of material origin[[材质原点速度 X□Y□Z□]]

定义材质原点随着时间发生的位移，结果会使材质随着时间的推移而不断变化。

如果定义该参数，能够创建材质速度动画，关键字 "Time dependent material[时间依赖材质]" 会出现在【材质编辑器】对话框的标题栏中。

3. 辉光材质

> 如果选中 ☑Glowing Material[[辉光材质]] 复选框，会在材质周围创建辉光（或光雾）。

注意，辉光效果是一种后处理效果，当渲染过程完成时才添加。也就是说，在进行渲染的过程之中，均无法看到辉光效果，需要一直等待到渲染完成时，才能够观察到辉光效果是否理想。

辉光效果与自发光效果的区别和联系：不同点是自发光效果出现在材质表面，而辉光效果出现在材质表面的外围；相同点是它们都不发射真实的光线。辉光与自发光协同作用时，能够取得较好的表现效果。

当选中 ☑Glowing Material[[辉光材质]] 复选框之后，该参数组中的控件才变得可用。其中，Intensity[✔ 强度↔ □] 滑竿控制辉光的数量（强弱），而 Radius[✔ 半径↔ □] 滑竿控制辉光的平均大小（长短）。

辉光的颜色取决于材质的颜色。

默认选中 ☑Glow behind objects[在对象之后仍然发出辉光] 复选框。假如具有辉光效果的对象被前面的其他对象完全遮挡时，也能够看见辉光效果；如果取消选中此复选框，具有辉光效果的对象被前面的其他对象完全遮挡时，辉光效果会立即消失。

8.3.1 概述

在混合材质中，包含了两种混合在一起的子材质。

混合材质提供了许多规则（其中包括依赖环境约束条件的规则），用来定义子材质混合在一起的方式。在混合材质的任意给定点上，由这些混合规则来决定应该显示第 1 个子材质，还是应该显示第 2 个子材质，或是把两种子材质进行混合显示。

可以把简单材质混合在一起，也可以把混合材质再次混合在一起（创造嵌套材质层级，能够产生出惊人的效果！），还可以把生态系统材质混合在一起。但是，不能混合体积材质。

例如，可以把一个杉树生态系统材质和一个岩石生态系统材质混合在一起，把该混合材质赋予给一个地形，根据混合规则，能够把杉树的实例放置在低处，而把岩石的实例放置在高处！

在 Vue 中，默认赋予对象的材质类型是简单材质。在 Material Editor【材质编辑器】对话框 >>Type[[材质类型]] 列表中，选择 ⊙Mixed material[混合材质] 单选按钮，就把材质类型从简单材质转换成混合材质，材质的层级结构会发生相应变化。如右图：

在材质层级列表中，混合材质名称前侧的标识图标为 ""。

选择 ⊙Mixed material[混合材质] 单选按钮之后，Material Editor【材质编辑器】对话框下边的标签页就发生了相应改变。混合材质包含 Materials to mix 〖材质混合〗标签、Alpha〖阿尔法〗标签和 Influence of environment〖环境影响〗标签。

8.3.2 〖材质混合〗标签

在 Materials to mix 〖材质混合〗标签中，可以选择要混合在一起的子材质，以及它们混合的方式。其界面如下图：

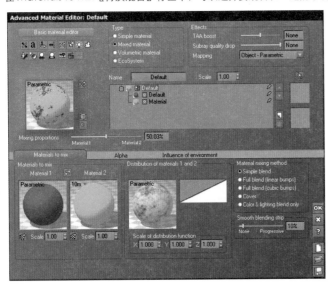
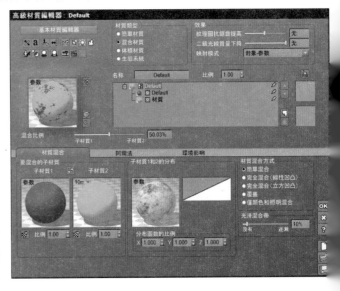

1. 要混合的子材质

1）子材质预览框

在混合材质中，要混合在一起的两个子材质的材质预览框显示在 Materials to mix[[要混合的子材质]] 参数组中，一个叫做 Material 1[子材质 1◉◉]。

> 在本书中，使用 "◉◉" 表示材质控件中使用的材质），另一个叫做 Material 2[子材质 2◉◉]。
>
> 有时侯，为了便于记忆，我们把 Material 1[子材质 1◉◉] 称为 "小编号的子材质"，把 Material 2[子材质 2◉◉] 称为 "大编号的子材质"。

2) ▨ [载入材质…]

单击该按钮，会弹出可视化材质浏览器，可以更换相应的子材质。

3) 编辑材质

双击某个子材质的材质预览框，会弹出一个新的 Material Editor【材质编辑器】对话框，可以编辑相应的子材质。

注意：如果在材质层级列表中单击选择某个子材质的名称，Material Editor【材质编辑器】对话框的下半部分会切换成相应子材质的标签页和参数设置（【材质编辑器】对话框的标题栏，亦会显示相应的子材质的名称），但是不会开启新的 Material Editor【材质编辑器】对话框。

在某个子材质的材质预览框中单击鼠标右键，会弹出快捷菜单，使用其中的命令，也可以更换或编辑相应的子材质。

4) Scale[比例 □]

使用该参数，可以分别缩放相应的子材质。

该参数值与相应子材质在材质层级列表上面的 Scale[比例 □] 微调框中显示的值是同步的。

注意：当载入新的子材质时，该参数值会被覆盖。

5) ⇄ [交换]

单击该按钮，会交换两个子材质的左、右位置。注意，也会同时交互左、右两个 Scale[比例 □] 参数的值。

单击该按钮，在材质层级列表中，两个子材质的上、下位置也会交换。

注意：对于混合材质的两个子材质而言，不能使用材质层级列表右边的▲ [上移] 或▼ [下移] 按钮改变两个子材质的上、下排列顺序。

2. 混合比例

在 Material Editor【材质编辑器】对话框的中间，有一个 Mixing proportions[混合比例↔ □] 参数，拖动滑竿上的滑块，可以调整两个子材质混合在一起的比例。

向右边拖动滑块，会较多地显示右边的 Material 2[子材质2◐◑]；而向左边拖动滑块，会较多地显示左边的 Material 1[子材质1◐◑]，此消彼长。

简单的记忆方法就是：Mixing proportions[混合比例↔ □] 值较小的话，会较多地显示"小编号的子材质"；值较大的话，会较多地显示"大编号的子材质"。

3. 子材质的分布

在混合材质中的不同地方，为了确定应该显示 Material 1[子材质1◐◑]，或者应该显示 Material 2[子材质2◐◑]，还是把两种子材质进行混合显示，Vue 主要是使用一个函数和一个滤镜对混合规则进行定义。此函数和滤镜位于 Distribution of materials 1 and 2[[子材质 1 和 2 的分布]] 参数组中。

其工作原理是：对于材质表面上的每一个点，由 [分布函数◉] 生成一个介于 -1 ～ +1 范围之间的值（-1 在函数预览上呈现为黑色，而 +1 呈现为白色），接着，这个值由 [分布滤镜▦] 转化成另一个介于 -1 ～ +1 范围之间的值。[分布函数◉] 和 [分布滤镜▦] 的输出值较小的地方，显示"小编号的子材质"；[分布函数◉] 和 [分布滤镜▦] 的输出值较大的地方，显示"大编号的子材质"；在输出值之中的某个范围内（其宽度由 Smooth blending strip[[光滑混合带↔ □]] 参数定义，其中心位置由 Mixing proportions[混合比例↔ □] 参数定义），把两个子材质进行混合，以便从一个子材质光滑地过渡到另一个子材质。

说白了，由 [分布函数◉] 在对象的表面上生成一幅黑白图片（即灰度图片，只用于控制子材质的分布和混合，不影响材质表面颜色），然后，用 [分布滤镜▦] 把这幅黑白图片调整为另外一幅黑白图片。黑色的地方，分布子材质 1；白色的地方，分布子材质 2；在某个灰色范围内，把两个子材质混合在一起。

下面的列表，可以帮助进一步理解记忆各种对应关系：

比较内容	Material 1[子材质1◐◑]	Material 2[子材质2◐◑]
按子材质编号大小分	小编号的子材质	大编号的子材质。
[分布函数◉] 和 [分布滤镜▦] 的输出值	分布在输出值较小的地方。 如果不改变默认滤镜（在这里使用的默认滤镜是条 y = x 的直线，输入值和输出值相等，实际上不进行调整），就是函数预览上黑色的地方	分布在输出值较大的地方； 如果不改变默认滤镜，就是函数预览上白色的地方
拖动 Mixing proportions[混合比例↔ □]	向左边拖动减小该值，较多地显示左边小编号的子材质 1	向右边拖动增大该值，较多地显示右边大编号的子材质 2

关于如何更换、编辑 [分布滤镜▦]，参见前文"滤镜"章节；关于如何更换、编辑 [分布函数◉]，参见后文"函数"章节。

注意：用鼠标双击函数预览框和双击材质预览框，两种操作的功能并不相似：用鼠标双击材质预览框，会打开一个新的 Material Editor【材质编辑器】对话框，而用鼠标双击函数预览框，会打开可视化函数浏览器，而不是打开 Function Editor【函数编辑器】对话框。

[分布滤镜] 并没有包含在 [分布函数 ◎] 之内，所以，更换或编辑 [分布滤镜 ▦]，不会在 [分布函数 ◎] 的预览框中反映出来（估计在以后的版本中，也可能会把二者关联起来）。这与 [阿尔法生成滤镜 ▦] 和 [阿尔法生成函数 ◎] 之间的关系不一样。

使用 Scale of distribution function[[分布函数的比例 X口Y口Z口]] 参数，可以沿 X、Y 和 Z 轴缩放函数。

注意：单击材质预览框右上角的 ▨ [随机化] 按钮，会随机改变 [分布函数 ◎] 的预览，可以连续单击此按钮，直到变化出喜欢的效果为止。

子材质的混合规则还受到本地斜度、高程和方向等环境条件的约束和影响（见下文）。

4. 光滑混合带和混合方式

使用 Smooth blending strip[[光滑混合带↔ 口]] 参数，可以调整两个子材质之间的混合过渡范围的宽度（通常分布有许多条混合带）：设置成较大的值，会形成较宽且光滑的混合带；设置成较小的值，在两个子材质之间，会产生快速过渡，形成较窄且陡的混合带。

在混合过渡带内，两个子材质被混合在一起，可以根据不同的需要，以几种不同的方式分别对两种子材质进行不同的凹、凸处理。

在 Material mixing method[[材质混合方式]] 列表中，包括以下几种混合方式。

1) ◉Simple blend[简单混合]

这是默认的混合方式，两个子材质的外观被混合在一起。如右图：

使用这种混合方式，两个子材质均不进行凹、凸处理。

特别注意，这里所指的"凹、凸处理"，并不是指子材质自身的凹凸通道（在 Bumps〖凹凸〗标签中设置的凹凸或置换效果）。

2) ○Full blend (linear bumps)[完全混合（线性凹凸）]

使用这种混合方式，子材质 1 占据的表面会向内凹陷，而子材质 2 占据的表面会向外凸起。如在左图（图中，红颜色是子材质 1 的颜色，绿颜色是子材质 2 的颜色）：

上图中，在凹陷的子材质 1 和凸起的子材质 2 之间，是一个斜面，这就是混合材质的过渡带。进行渲染时，在混合带之内，两种子材质的特征被逐渐混合在一起，其中表面高度以线性方式进行混合。

在上图中，如何控制过渡斜面的宽度和高度呢？该过渡斜面的宽度是由上面讲过的 Smooth blending strip[[光滑混合带↔ 口]] 参数进行控制的。不难理解的是，过渡斜面的高度也是由 Smooth blending strip[[光滑混合带↔ 口]] 参数进行控制的。换句话说，子材质 1 的凹陷深度加上子材质 2 的凸起高度之和，也是由 Smooth blending strip[[光滑混合带↔ 口]] 参数进行控制的！

3) ○Full blend (cubic bumps)[完全混合（立方凹凸）]

该方式与上述线性凹凸方式基本相同，不同之处是，表面高度是以立方方式进行混合，会形成一个圆形弯曲的斜面（例如岩石上的积雪）。如右图：

4) ○Cover[覆盖]

颜色没有光滑过渡，只有凹、凸会产生光滑的过渡，子材质 2 好像覆盖在子材质 1 上面，在过渡带内，只能看见子材质 2 的颜色（可以很好地表现地面上的积雪）。如左图：

5) ○Color & lighting blend only[仅颜色和照明混合]

在这种方式中，只使用子材质 2 的颜色和照明特征（环境和漫反射），保留子材质 1 的所有其他特征，这样有利于改变材质的颜色（例如水表面附近）。如右图：

8.3.3 〖阿尔法〗标签 {{NEW10.0}}

{{NEW10.0}} 混合材质的 Alpha 〖阿尔法〗标签是 Vue 10.0 增加的新功能。其界面如下图：

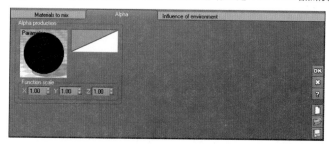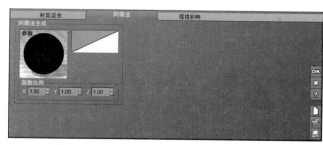

当混合材质属于多层材质中的一个材质层并且不位于最底层时，该标签才有实际意义。

该标签的功能与简单材质的 Color & Alpha〖颜色和阿尔法〗标签 >>Alpha production[[阿尔法生成]] 参数组相似，其中的参数的含义和用法则完全相同。这里不再重复讲解。

默认情况下，[阿尔法生成函数] 的预览是纯黑色的，表示完全不透明。

8.3.4 环境的影响标签

通过 Influence of environment〖环境影响〗标签，可以定义斜度、高程和方向等环境条件对于两种子材质的分布和混合效果的影响。

在该标签页中，需要先选中 ☑Distribution of materials dependent on local slope, altitude and orientation[材质分布依赖本地斜度、高程和方向] 复选框，此标签页中的控件才变得可用。如下图：

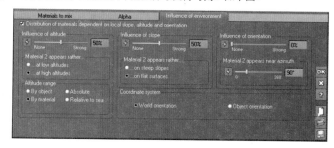

该标签中的部分参数可以独立地用函数驱动。

1. 高程的影响

通过 Influence of altitude[[高程的影响 ✗ ↔ □]] 参数组，可以调整高程对子材质分布的影响。

1）Influence of altitude[[高程的影响 ✗ ↔ □]]

该值设置成 0%，意味着 Material 2[子材质 2] 的分布不受高程的影响。

设置成非 0% 值，表示 Material 2[子材质 2] 会更多地出现在较高（或较低）的地方。

2）子材质 2 优先分布的高程

在 Material 2 appears rather…[[子材质 2 出现在…]] 单选项列表中，可以选择 Material 2[子材质 2] 是出现在低处，还是出现在高处。

○…at low altitudes[…在低处]：如果选择此单选按钮，Material 2[子材质 2] 会更多地出现在较低的地方。

◉…at high altitudes[…在高处]：如果选择此单选按钮，Material 2[子材质 2] 会更多地出现在较高的地方。

3）Altitude range[[高程范围]]

在该选项列表中，可以选择上述高程定义在什么范围之中，其含义和后文"分层材质 >> 〖环境〗标签"相同，详见后文。

2. 斜度的影响

通过 Influence of slope[[斜度的影响 ✗ ↔ □]] 参数组，可以调整斜度对子材质分布的影响。

1）Influence of slope[[斜度的影响 ✗ ↔ □]]

该值设置成 0%，意味着 Material 2[子材质 2] 的分布不受斜度的影响。

设置成非 0% 值，表示 Material 2[子材质 2] 会更多地出现在较陡峭的地方（或较平坦的地方）。

2）子材质 2 优先分布的斜度

在 Material 2 appears rather…[[子材质 2 出现在…]] 单选项列表中，可以选择 Material 2[子材质 2] 是出现在较陡峭的地方，还是出现较平坦的地方。

○…on steep slopes[…在陡峭的斜坡上]：如果选择此单选按钮，Material 2[子材质2] 会更多地出现在较陡峭的斜坡上。

⊙…on flat surfaces[…在平坦的表面上]：如果选择此单选按钮，Material 2[子材质2] 会更多地出现在较平坦的表面上。

3. 方向的影响

通过 Influence of orientation[[方向的影响 ╱ ↔ □]] 参数组，可以调整方向对子材质分布的影响。

1）Influence of orientation[[方向的影响 ╱ ↔ □]]

该值设置成 0%，意味着 Material 2[子材质2] 的分布不受方向的影响。

设置成非 0% 值，表示 Material 2[子材质2] 会更多地出现在某个优先方向附近。

2）子材质 2 优先分布的方向

调整 Material 2 appears near azimuth…[[子材质2出现在靠近方位角… ╱ ↔ □]] 参数，可以定义 Material 2[子材质2] 受到方向的影响时优先出现的方向。

例如，在雪景中，为了得到积雪因为受到温差、重力、风吹或阳光照射的影响而不均匀分布的真实状态（把积雪材质设为 Material 2[子材质2]），可以综合使用高程、斜度和方向的影响，步骤如下。

（1）设置 Influence of altitude[[高程的影响 ╱ ↔ □]] 大于 0%，并选择 ⊙…at high altitudes[…在高处] 单选按钮，指定积雪大部分出现在较高处（因为气温较低）。

（2）设置 Influence of slope[[斜度的影响 ╱ ↔ □]] 大于 0%，并选择 ⊙…on flat surfaces[…在平坦面上] 单选按钮，指定积雪集中在较平坦的表面上（受重力的影响较小）；

（3）设置 Influence of orientation[[方向的影响 ╱ ↔ □]] 大于 0%，并调整 Material 2 appears near azimuth…[[子材质2出现在靠近方位角… ╱ ↔ □]] 参数，设置积雪优先出现的方向（例如背风的方向或朝阴的方向。背风的方向受风吹的影响较小，而朝阴的方向受阳光的影响较小）。

4. 坐标系

在 Coordinate System[[坐标系]] 单选项列表中，可以指定环境规则影响混合材质时，是链接到对象自身（对象空间），还是链接到世界（世界空间）。

1）⊙World orientation[世界方向]

该选项默认选项，旋转对象时，会改变子材质在对象表面上的分布。

2）○Object orientation[对象方向]

如果选择此单选按钮，旋转对象时，不会改变子材质在对象表面上的分布（子材质的分布会随着对象一起旋转、移动）。

8.3.5 范例：青铜矿石

下面，请跟着我的操作步骤，使用混合材质创建一种青铜矿石的效果。

1）打开 Vue 的主程序。用鼠标右键单击左侧工具栏中的 [岩石 ‖ 载入岩石模板…] 图标，该图标会变为 形状，释放鼠标后，会打开可视化岩石浏览器，从中选择一种表面粗糙的石块。如右图：

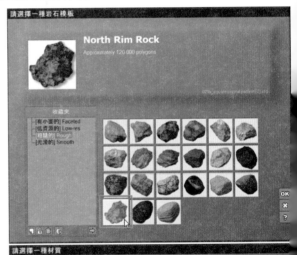

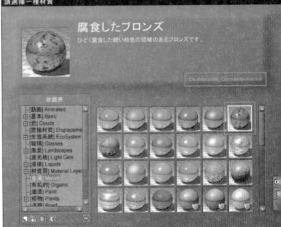

2）在刚才创建的岩石对象仍然被选择的情况下，打开其 Material Editor【材质编辑器】对话框，在 Type[[材质类型]] 列表中，选择 ⊙Mixed material[混合材质] 单选按钮，则把材质类型从简单材质转换成混合材质，材质的层级结构会发生相应变化。如左图：

3）在上图混合材质的材质层级列表中，下边的那个材质就是子材质 2。在子材质 2 的名称上面单击鼠标右键，从弹出的快捷菜单中选择"Load a material[载入一种材质]"命令，会弹出可视化材质浏览器，从中选择一种被腐蚀的铜材质。如右图：

4）选择刚刚载入的子材质 2，在材质层级列表上面的 Name[名称 □] 文本框内，输入一个新名称"QING TONG"（"青铜"的汉语拼音）。

用同样的方法，将子材质 " North Rim Rock" 重命名为 " KUANG SHI"（"矿石"的汉语拼音）；将混合材质 " North Rim Rock" 重命名为 " QT＋KS"（"青铜＋矿石"的汉语拼音首写字母）。

5）选择"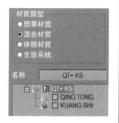 QT＋KS"，进入编辑器下面的 Materials to mix〖材质混合〗标签 >>Materials to mix[[要混合的子材质]] 参数组中，单击 🔁 [交换] 按钮，会交换两个子材质的左、右位置。在材质层级列表中，两个子材质的上、下位置也会交换。如右图：

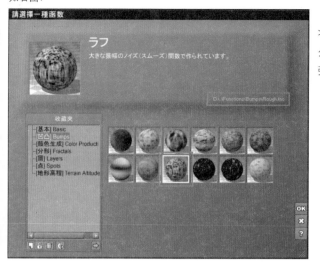

6）进入 Materials to mix〖材质混合〗标签 >>Distribution of materials 1 and 2[[子材质 1 和 2 的分布]] 参数组中，在 [分布函数 🌐] 预览框上双击，会弹出可视化函数浏览器，从中选择一种分布函数。如左图：

7）现在，调整视图画面，进行快速渲染，查看效果。如右图：

8）上图快速渲染的效果并不理想，还需要进一步调整。

在材质层级列表中，选择"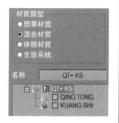 QT＋KS"，进入 Materials to mix〖材质混合〗标签 >>Distribution of materials 1 and 2[[子材质 1 和 2 的分布]] 参数组中，调整 [分布函数 🌐] 预览框下面 Scale of distribution function[[分布函数的比例 X□Y□Z□]] 参数的值为"0.1、0.1、0.1"。

在材质层级列表中，选择子材质"🔲 QING TONG"，然后，在材质层级列表上边的 Scale[比例 □] 微调框中输入"0.01"。

> 上述参数可以通过多次尝试、比较后确定，没有什么固定的模式。等您积累了经验之后，能够判断是应该往大处调整，还是往小处调整，就够了。

9）为地面对象赋予一种您喜欢的地面材质。

10）进行渲染，效果如左图：

11）进一步调整：如果您的计算机性能较好，也可以开启置换映射。例如，在材质层级列表中，选择子材质"🔲 KUANG SHI"，进入编辑器下边的 Bumps〖凹凸〗标签中，选中 ☑Displacement mapping[[置换映射]] 复选框（选中此复选框会降低渲染速度，如果您的计算机配置较低，也可以不使用此设置，对效果的影响不大），把 Displacement production[[置换生成]] 参数组中的 Depth[深度 □] 值由"2"改为"6"（也可以是负值），进行渲染之后，比较一下效果差异。这些操作，请大家自行完成。

8.4 分层材质 ≪

在 Vue 的 Material Editor【材质编辑器】中，可以把不同的材质以分层的方式系统地组织起来，从而能够创建、控制异常复杂的材质效果。这种材质叫做"Layered material[分层材质]"，也叫做"Multi-layer material[多层材质]"，它的标识图标是"🗂️"。在这种材质中包含的材质叫做它的"材质层"（也可叫做"层材质"）。

注意："Multi-layer material[多层材质]"和"Multi-materials[多重材质]"不是一个概念。

使用分层材质，无限地放大了艺术家的想象空间！

8.4.1　概述

在场景中，单击 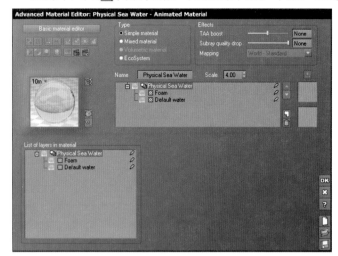[水面] 图标，可以在场景中创建一个名为 "Sea[海洋]" 的水面对象，它默认使用的材质就是一个分层材质，如下图：

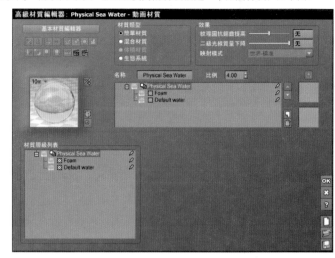

在上图分层材质中，材质层 "▨ Default water[默认水]" 主要生成水面的颜色和透明效果，材质层 "▨ Foam[泡沫]" 主要生成水面上漂浮的泡沫效果。

材质层的工作方式类似 Photoshop 图层（相邻的多个 Photoshop 图层，只有在上面的图层不存在像素或者有一定透明度的地方，下面的图层才可见），上面的材质层存在阿尔法透明度或折射透明度的地方，才能够显示出下面的材质层。

对于分层材质中的材质层，可以实现的操作主要如下。

（1）添加、删除或重命名材质层。

（2）在材质层级列表（也有人称为材质堆栈）中，向上或向下移动材质层。

（3）每个材质层拥有自己的阿尔法通道 .

（4）每个材质层对高程、斜度和方向等环境约束条件，作出自己独立的反应。

（5）创建带任意数量子材质的混合材质。可以把混合材质中包含的子材质转换成分层材质，或者说，混合材质的子材质可以由分层材质组成。

（6）也可以把分层材质中包含的简单材质层转换为混合材质，或者说，混合材质也可以被用做分层材质中的材质层。{{NEW9.0}} 这是 Vue 9.0 增加的新功能。

（7）材质层可以是简单材质、混合材质或者生态系统材质。但是，不能含有体积材质。材质层也不能是多重材质。

（8）通过材质层级列表，可以轻易地在极其复杂的分层 / 混合 / 嵌套材质中导航。

8.4.2　构建、管理分层材质 {{NEW9.0}}

总的来说，通过材质层级列表，主要能够实现三个方面的功能：构建功能、组织功能和导航功能。

1）添加材质层

要添加材质层，首先在材质层级列表中选择想要添加材质层的那一行，然后单击列表右侧的 [添加材质层] 按钮，会弹出可视化材质浏览器，可以从中选择将要之添加进材质层级列表中的某个材质，新材质层被添加到刚才选择的那个材质层之上的位置。

如果既想添加一个新的材质层，但又不想载入某个预设材质，在上述可视化材质浏览器中，只要简单地单击右下角的 [取消] 按钮，就会添加一个新的 "零" 基础的材质层。该材质层的类型是简单材质。在该材质层被选择的情况下，选中【材质编辑器】上部 Type[[材质类型]] 列表中的材质类型单选按钮，可以将之转换为 "零" 基础的混合材质或者 "空" 的生态系统材质层。

> 注意：混合材质也可以用做材质层。{{NEW9.0}} 这是 Vue 9.0 增加的新功能。

2）折叠或展开材质层级列表

分层材质或混合材质的层级列表，可以展开或折叠，以便显示或隐藏下一级材质层或子材质。其操作方法和展开、折叠组对象或收藏夹的方法相同。

3）选择材质层或子材质

单击某个材质层或子材质，其名称会反色显示，表示选中了该材质层或子材质，使之成为当前材质层或当前子材质。

> 注意：不能同时选择多个材质层或子材质。

梦境重现——Vue 10 三维景观创作详解

如果选择了某个材质层或子材质，在【材质编辑器】对话框中，材质的预览图、名称、比例、标签以及标签内的参数等，都会发生相应变化，以反映该材质层或子材质的具体设置。

因此，使用材质层级列表，可以很方便地访问材质的不同组成部分，起到导航的作用。

注意：很多编辑操作，都是针对被选择的当前材质层或当前子材质而言的。

4）重命名材质层

先单击选择某个材质层，然后在 Name[名称 ▢] 文本框内输入新的名称。

5）上移或下移材质层

在材质层级列表中，可以改变材质层的排列位置。

具体作法是，先选择某一个材质层，然后单击材质层级列表右侧的▲[上移] 或▼ [下移] 按钮。

注意：不能使用鼠标拖放的方法改变材质层的上、下排列位置。

如果改变了材质层的上、下排列位置，也会相应改变材质层的计算顺序。例如，把某个材质层上移，使之出现在其他材质层的上部，那么，该材质层在列表中会较早地进行计算。

注意：对于混合材质的两个子材质而言，不能使用这两个按钮改变两个子材质的上、下排列顺序。如果需要改变它们的位置，请进入混合材质的 Materials to mix〖材质混合〗标签 >>Materials to mix[[要混合的子材质]] 参数组中，单击⇄ [交换] 按钮，即可以交换子材质 1 和子材质 2 的上、下位置。

6）突出显示

在每个材质层或子材质所在行的右边，均有一个◢ [突出显示] 切换开关。

单击◢ [突出显示] 开关后，它会变成一种纯色的色块。在色块上右击（注意，这里不是左击），会弹出 Quick Color Selector【快速颜色选取器】面板，可以快速地改变该色块的颜色。

进行完上述操作之后，进入【材质编辑器】下面的 Color & Alpha〖颜色和阿尔法〗标签 >>Color correction[[颜色修正]] 内（假设该材质层是简单材质），观察一下 Overall color[整体颜色 ◢] 色块，会发现，该色块的颜色变得和上面选取的颜色完全一样，而且不能够再改变 Overall color[整体颜色 ◢] 色块的颜色（即使强行操作，也不会发生改变）。这样一来，预览材质时，或者渲染材质时，均会显示成在突出显示色块中选取的颜色，从而易于监视该材质层在场景中出现的位置和影响比重，进而有利于调整该材质层的参数。

当关闭了◢ [突出显示] 开关时，Overall color[整体颜色 ◢] 色块会恢复为原有的颜色，材质层随之也会恢复成原有的正常颜色。

7）删除材质层

要删除某个材质层，首先选择它，然后再单击🗑 [删除材质层] 按钮即可。

注意：使用该按钮，不能删除混合材质的子材质！

要删除混合材质中的子材质，请先选择该混合材质，然后到 Type[[材质类型]] 列表中，选择 žSimple material[简单材质] 单选按钮，会把混合材质转换为简单材质，转换后，只保留子材质 1。如果想保留子材质 2，请首先进入混合材质的 Materials to mix〖材质混合〗标签 >>Materials to mix[[要混合的子材质]] 参数组中，单击⇄ [交换] 按钮，交换子材质 1 和子材质 2 的上、下位置。

通过上述（5）、（7），我们能够进一步认识到，分层材质和混合材质是不同的。

8）材质层右键弹出菜单

在某个材质层上面单击鼠标右键（无论是否选择该材质层，只要在其所在行中的任意地方用鼠标右键单击即可），会弹出快捷菜单，如右图：

使用该快捷菜单中的命令，可以便捷地执行常用的操作。

Edit Material	编辑材质
Copy Material	复制材质
Paste Material	粘贴材质
Reset Material	重设材质
Load a Material	载入一种材质
Save Material	保存材质
Help	帮助

注意：上图菜单中的命令，是针对鼠标右键所单击的材质层（不一定是当前材质层）而言的（实际上还会涉及下邻材质层或子材质）。在该材质层的下面，如果还有相邻的材质层或"远邻"的材质层，在上图快捷菜单中，还会出现和下邻材质层的名称同名的子菜单（见下文），这样，可以逐级进入并调用针对下邻材质层或"远邻"材质层的相关命令。

9）其他导航

单击选择分层材质，在 Material Editor【材质编辑器】对话框的左下部，会出现 List of layers in material[[材质层级列表]]，该列表比【材质编辑器】对话框中部的材质层级列表要大一些，能显示更多的行。

单击 "▣" 图标前边的 "⊞" 或 "⊟" 符号，会展开或折叠，可以显示或隐藏所包含的材质层或子材质的名称。展开后，单击选择其中某个材质层或子材质的名称，在当前 Material Editor 【材质编辑器】对话框中显示的内容会切换成该材质层或子材质的标签和参数设置。

可见，这个 List of layers in material[[材质层级列表]] 的导航功能与【材质编辑器】对话框中部的材质层级列表的导航功能基本上是一样的，或者说重复了。

8.4.3 多层材质的处理顺序

在多层材质中，根据材质层类型的不同，有不同的处理计算顺序。

1）简单材质或混合材质作为材质层时的处理顺序

当计算分层材质时，Vue 从材质层级列表的顶部开始，依次自上而下渲染每一个材质层。如果某个材质层局部透明（例如阿尔法值小于 +1 或者具有折射透明度），或者在有些地方不存在（例如因为环境条件约束的原因），就继续渲染该材质层下面的相邻材质层（可简称为"下邻材质层"），以此类推，直至到达完全不透明的材质层，或者达到最底部的材质层。

简单材质表面上的凹凸效果以同样的方法计算处理。除此之外，某个给定材质层的凹凸效果，会被追加它下面的材质层的凹凸效果。即使该材质层完全不透明，或者有局部完全不透明的地方，仍然会追加下邻材质层的凹凸或置换效果（除非把 Add to underlying layer bumps[[追加下邻材质层的凹凸（或置换）↔ □]] 参数设置成等于 0%，其含义见前文"简单材质 >>〖凹凸〗标签"）。

2）生态系统材质层的繁殖顺序

如果分层材质中包含有生态系统层，生态系统的繁殖，是自下而上进行的。首先，繁殖最底层的生态系统，然后，上面相邻的生态系统层（可简称为"上邻生态系统层"），会根据下面生态系统层已繁殖的实例的分布状况，确定如何进行繁殖（根据 Affinity with layer[亲合层↔ □] 和 Repulsion from layer[排斥层↔ □] 参数）。以此类推，自下而上依次繁殖上部的生态系统层！这是自下而上的影响。

> 特别注意，生态系统层中实例繁殖的密度，还会受到上邻材质层的阿尔法透明度和 Alpha boost[阿尔法提高↔ □] 参数的影响。这是自上而下的影响。

3）通过改变材质层计算顺序来改变材质效果

在材质层级列表中，如果改变了材质层的上、下排列顺序，就改变了材质层的计算顺序，材质效果就会截然不同。因此，我们要充分认识到材质层排列顺序的重要性，并且要善于加以利用。

8.4.4 相邻材质层之间的关系

大家先看右图这个分层材质的材质层级列表：

上图中，材质层"▨ R1"是一个纯红颜色的材质层，材质层"▨ G2"是一个纯绿颜色的材质层，材质层"▨ B3"是一个纯蓝颜色的材质层。

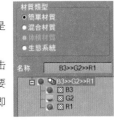

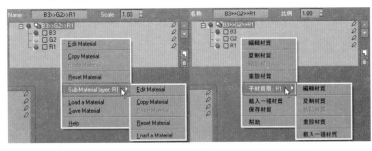

请在材质层"▨ G2"的名称上单击鼠标右键（无论是否选择该材质层，只要在所在行中的任意地方用鼠标右键单击即可），弹出如左图快捷菜单：

通过观察，我们会发现以下现象：相邻的两个材质层"▨ G2"和"▨ R1"，位于上面的那个材质层"▨ G2"的右键弹出菜单中，会包含一个叫做"Sub-Material layer:R1〖子材质层：R1▶〗"的子菜单。子菜单中标明有"R1"，说明该子菜单中的命令是针对下邻材质层"▨ R1"而言的。

接下来，请在材质层"▨ B3"的名称上面单击鼠标右键，会弹出如右图快捷菜单：

> 请大家注意上图中红色矩形内的子菜单，想一想，相邻的两个材质层之间是什么关系呢？通过上图，我们可以认定：多层材质中相邻的两个材质层，表面上看是处于相同的层级，实际上它们是"父、子"关系。如果有更多的材质层相邻，实际上会形成"父、子、孙子…"关系。

上述"父、子"关系，还表现在以下几个方面。

1）材质预览方面

当选择某个材质层时，在材质预览框中，以及在当前材质层名称前侧的小型预览图中，均会显示当前材质层和下邻材质层合成后的效果。

因为当前材质层的下邻材质层也有下邻材质层，所以，当前材质层的材质预览，实际上还可能包括下面更多其他"远邻"材质层（视材质层的透明度而定）。

如果您只想不受干扰地预览某一个简单材质层的效果，有什么方法呢？

方法 A：大家很容易想到的一种方法是，将该材质层移至最底层，预览或编辑之后，再将其移回。但是，如果下邻的材质层较多，这种方法不仅麻烦，还需要准确地记住原来的位置。所以这种方法不算是好方法。

方法 B：将该材质层转换成混合材质，它会自动成为混合材质的子材质 1，通过子材质 1，可以不受干扰地进行预览。预览或编辑之后，再将混合材质转换成简单材质即可。而且使用这种方法，也不会丢失 Environment〖环境〗标签中的参数设置。

2）执行菜单命令方面

例如，从某个材质层的右键弹出菜单中选择 "Reset Material[重设材质]" 命令，或者单击 Material Editor【材质编辑器】对话框右下角的 ■ [新建] 按钮，会把该材质层、下邻材质层以及下面 "远邻" 的所有材质层全部重设为一个叫做 "Material[材质]" 的 "零" 基础的材质层。

对于 Copy Material[复制材质] 命令和 Paste Material[粘贴材质] 命令，同上面一样，也会涉及到下邻材质层以及下面 "远邻" 的所有材质层。

又例如，从某个材质层的右键弹出菜单中选择 "Load a material[载入一种材质]" 命令，会把该材质层、下邻材质层以及下面 "远邻" 的所有材质层全部替换成一个新的材质层（但是，单击 Material Editor【材质编辑器】对话框右下角的 ■ [载入] 按钮，却不会涉及下邻材质层，这可能是一个漏洞，具体应用时，应以实际发生的变化为准）。

> 有人可能会问，既然相邻材质层之间有上述关系，如果想替换某个材质层，但是又需要保留其下邻材质层，该如何办呢？大家不要忘了，配合使用材质层级列表右边的 ■ [添加材质层] 按钮和 ■ [删除材质层] 按钮，能够很好地解决这个问题，这两个按钮均不涉及下邻材质层。

3）分层材质能否直接嵌套分层材质

因为相邻的材质层之间实际上已经是 "父、子" 关系，所以没有必要用分层材质直接嵌套分层材质。

8.4.5 材质层对环境的敏感性

在 Vue 中，分层材质的某一个材质层在什么地方出现或放置，可以由环境条件来决定，或者说，可以随着环境约束条件的改变而改变（即 "环境敏感"）。

可以把材质层约束到只出现在给定的高程范围内、给定的斜度范围内或给定的方向周围。

在材质层级列表中，处于最底层的材质层不会受到环境约束条件的影响。因为最底层的材质层必须是 "无处不在" 的。选择最底层的材质层时，不会出现相应的 Environment〖环境〗标签（对简单材质层而言）或 Presence〖出现率〗标签（对混合材质层而言）。

对于生态系统材质层，通过设置 Affinity with layer[亲合层↔□] 和 Repulsion from layer[排斥层↔□] 参数，可以和下邻的其他生态系统层相互影响。

下面，我们详细讲解环境约束条件对材质的影响。

8.4.6 分层材质中的简单材质

1.〖环境〗标签

在一个多层材质（或叫分层材质）的材质层级列表（或叫材质堆栈）中，如果被选择的材质层的类型属于简单材质，并且没有位于最底层的话，在标签区的最右边，会额外增加一个 Environment〖环境〗标签。

Environment〖环境〗标签控制环境约束条件如何影响当前材质层的出现率。其界面如下图：

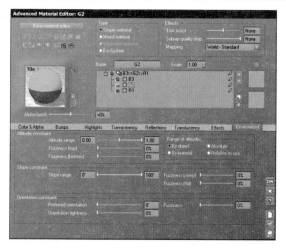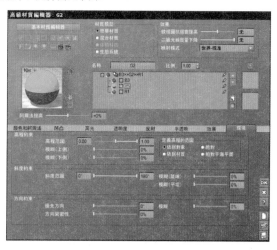

> 注意：如果材质层的下面还有生态系统层，Environment〖环境〗标签中的参数设置也会影响下邻生态系统层的出现率（准确地讲，是影响实例的分布范围和繁殖密度）。这一点需要大家特别注意！

2. 高程约束

使用 Altitude constraint[[高程约束]] 参数组，可以控制高程如何影响材质层的出现率。

1）Altitude range[高程范围 □ ↔↔ □]

该双滑块定义当前材质层出现的高程范围。

双滑块之间呈现白色的高程范围，就是该材质层将要出现的地方，或者说，该材质层被约束到双滑块之间呈现白色的高程范围内。

双滑块之外呈现灰色的高程范围，就是不允许该材质层出现的地方，这些地方会变得透明，从而显现出下邻的材质层。

拖动滑竿左边的滑块，可以调整左边的高程值（低值）；拖动滑杆右边的滑块，可以调整右边的高程值（高值）；拖动左、右滑块的中间，可以同时调整左、右值。

在对象的表面上，高程约束范围一般是一条上、下边缘平行的带状区域。如果对象的高低起伏较大、较多，例如在一个山脉中存在多个山峰的情形下，可能会形成多个符合条件的带状区域。

2）Fuzziness（top）[模糊（上侧）↔ □] 和 Fuzziness（bottom）[模糊（下侧）↔ □]

这两个参数控制材质层受到高程约束时，从其出现的地方过渡到不出现的地方的"突然"性，也就是上侧模糊程度和下侧模糊程度。

较高的值，表示材质层在其出现的区域内逐渐显示；而较低的值，会导致材质层显示在一个清晰的带状区域内（有明显边缘）。

3）Range of altitudes[[定义高程的范围]]

在该单选项列表中，可以选择上述 Altitude range[高程范围 □ ↔↔ □] 定义在什么坐标系统之中。

◉By object[依据对象]：在这种模式下，高程范围是依据应用该材质的单个对象独立定义的。如果旋转了对象，高程范围地带也会同步旋转，出现不是水平走向的高程范围地带。

○By material[依据材质]：在这种模式下，高程范围是依据使用该同一材质的所有对象共同定义的。

例如：场景中有一座高山，山脚下有一座低山，给它们分别赋予包含积雪层的同一种材质，如果只希望高山的山顶分布积雪带，应选择 ◉By material[依据材质] 模式；如果希望高山和低山的山顶都分布有积雪带的话，应选择 ◉By object[依据对象] 模式。

○Absolute[绝对]：在这种模式下，在全局坐标系中定义高程范围。

> 注意：当选择了该选项之后，Altitude range[高程范围 □ ↔↔ □] 参数会改变为绝对值的形式。

○Relative to sea[相对于海平面]：在这种模式下，高程范围是从海平面开始计算，而不是从 0 坐标点处计算的。{{NEW8.5}} 这是 Vue 8.5 增加的新功能。

> 注意：当选择了该选项之后，Altitude range[高程范围 □ ↔↔ □] 参数会改变为绝对值的形式。

3. 斜度约束 {{NEW9.0}}

使用 Slope constraint [[斜度约束]] 参数组，可以控制本地斜度（或局部斜度）如何影响材质层的出现率。

1）Slope range[斜度范围 □ ↔↔ □]

该双滑块定义当前材质层出现的斜度范围。

双滑块之间呈现白色的斜度范围，就是该材质层将要出现的地方，或者说，该材质层被约束到双滑块之间呈现白色的斜度范围内。

双滑块之外呈现灰色的斜度范围，就是不允许该材质层出现的地方，这些地方会变得透明，从而显现出下邻的材质层。

0°代表水平表面（最平坦，法线朝上）；90°代表垂直表面（法线水平）；180°代表朝下的表面（法线朝下）。{{NEW9.0}} 使用度数表示表面的倾斜程度，是 Vue 9.0 增加的新功能。在 Vue 9.0 之前的版本中，斜度的取值范围为 -1 ～ +1。

> 注意：斜度的计算会受到材质映射模式的控制（材质映射模式在 Material Editor【材质编辑器】>>Effects[[效果]] 参数组 >>Mapping 〖映射模式 ▽〗下拉列表中选择）。

对于表面起伏变化频繁的对象，容易出现许多块符合斜度约束条件的"支离破碎"的区域。

2）Fuzziness（steep）[模糊（陡峭）↔ □] 和 Fuzziness（flat）[模糊（平坦）↔ □]

这两个参数控制材质层受到斜度约束时，从其出现的地方过渡到不出现的地方的"突然"性，也就是陡峭处的模糊程度和平坦处的模糊程度。

较高的值，表示材质层在其出现的区域内逐渐显示；而较低的值，会导致材质层显示成清晰的区域（有明显边缘）。

4. 方向约束

使用 Orientation constraint [[方向约束]] 参数组，可以控制本地方向（或局部方向）如何影响材质层的出现率。

1）Preferred orientation[优先方向 ↔ □]

此参数定义最有利于材质层出现的表面的法线方向（它是一个单滑块，定义的不是范围），材质层在该方向上出现得最多。

0°代表 -X 轴向，按逆时针方向旋转，90°代表 -Y 轴向，180°代表 +X 轴向，270°代表 +Y 轴向。大家可以验证一下，是否正确。

如果要定义 -Z 向或 +Z 向，怎么办呢？不要忘了，这是通过上面的 Slope constraint [[斜度约束]] 参数组定义的。

2）Orientation tightness[方向紧密性 ↔ □]

此参数控制优先方向对材质层出现率的影响程度。值越大，材质层越集中在优先方向附近。

3) Fuzziness[模糊↔ □]

此参数控制材质层受到方向约束时，从其出现的地方过渡到不出现的地方的"突然"性。

较高的值，表示材质层在其出现的区域内逐渐显示；而较低的值，会导致材质层显示成清晰的区域（有明显边缘）。

5. 阿尔法提高

在一个多层材质的材质层级列表中，如果被选择的材质层的类型属于简单材质，并且没有位于最底层的话，在材质预览框的下面，会额外增加一个 Alpha boost[阿尔法提高↔ □] 参数。

此参数控制该简单材质层在多层材质内的整体"出现率"。会直接影响该简单材质层和下邻材质层出现的相对比重。

如果向正值方向拖动滑竿上的滑块，会增大整体"出现率"，该材质层会显现得较强烈；如果向负值方向拖动，会减小整体"出现率"，该材质层会变得透明；设置成 0%，表示不改变现有的整体"出现率"。

应用 Alpha boost[阿尔法提高↔ □] 参数时，要注意以下几点。

（1）该参数只影响材质层的阿尔法透明度（对于程序材质，阿尔法透明度在 Color & Alpha 〖颜色和阿尔法〗标签 >>Alpha production[[阿尔法生成]] 参数组中定义，对于位图材质，可以在 Function Editor【函数编辑器】对话框中定义阿尔法透明度）。

（2）该参数不影响材质的折射透明度（折射透明度在 Transparency 〖透明度〗标签中定义）。

（3）如果该材质层的下面还有生态系统层，Alpha boost[阿尔法提高↔ □] 参数也会影响下邻生态系统层的出现率（准确地讲，是影响实例的繁殖密度）。这一点需要大家特别注意！

此外，如果当前材质层的类型是简单材质，那么，该材质层的阿尔法透明度也会影响下邻生态系统层的出现率；但是，增大折射透明度，虽然会增大下邻简单材质层的出现率，却不会增大下邻生态系统层中实例的繁殖密度。

（4）Alpha boost[阿尔法提高↔ □] 参数和 Environment 〖环境〗标签共同发挥影响作用。对于材质表面上的同一个点，如果二者造成的透明度不一样，就使用二者中较高的透明度。

8.4.7 分层材质中的混合材质

1.〖出现率〗标签

在一个多层材质的材质层级列表中，如果被选择的材质层的类型属于混合材质，并且没有位于最底层的话，在标签区的最右边，会额外增加一个 Presence 〖出现率〗标签。该标签控制环境约束条件如何影响当前材质层的出现率。

混合材质层的 Presence 〖出现率〗标签中参数设置的含义和用法，与简单材质层的 Environment 〖环境〗标签完全相同，这里不再重复。

> 注意：在多层材质中，如果把简单材质层转换为混合材质层，简单材质层的 Environment 〖环境〗标签中的参数设置会转移到混合材质层的 Presence 〖出现率〗标签中。反之亦然。

混合材质的 Presence 〖出现率〗标签与 Influence of environment 〖环境影响〗标签不同：Influence of environment 〖环境影响〗标签定义的是在混合材质内部的两个子材质之间因为环境条件的不同形成的相互关系；而 Presence 〖出现率〗标签定义的是在多层材质中，混合材质作为一个材质层与相邻的其他材质层之间，因为环境条件的不同形成的相互关系。

2. 阿尔法提高

在一个多层材质的材质层级列表中，如果被选择的材质层的类型属于混合材质，并且没有位于最底层的话，在材质预览框下面 Mixing proportions[混合比例↔ □] 参数的右边，会额外增加一个 Alpha boost[阿尔法提高↔ □] 参数。

该参数控制该混合材质层在多层材质内的整体"出现率"。会直接影响该混合材质层和下邻材质层出现的相对比重。

混合材质层的 Alpha boost[阿尔法提高↔ □] 参数与简单材质层的 Alpha boost[阿尔法提高↔ □] 参数，含义和用法基本类似。此外，再补充说明以下两点。

（1）该参数只影响混合材质层的阿尔法透明度（对于混合材质，阿尔法透明度在 Alpha 〖阿尔法〗标签 >>Alpha production[[阿尔法生成]] 参数组中定义）。

（2）该参数不影响在混合材质的子材质中使用的阿尔法透明度和折射透明度。

8.5 生态系统材质 《《

我们已经学习过全局生态系统，本节，我们学习另一种重要的生态系统，即"生态系统材质"。生态系统材质在 Vue 中占有极其重要的地位。

生态系统材质可以在对象的表面上繁殖（或分布）物种的实例，而且能像其他材质一样，对环境约束条件做出反应。

注意：扎实地学好前文"全局生态系统"章节的知识，对学好本节非常有帮助。

8.5.1 概述

1. 范例：创建生态系统材质

下面，请跟着我的操作步骤，创建一个简单的生态系统材质。

（1）打开 Vue，随意创建一个地形对象。

这个地形对象的尺寸过大，请进入其【对象属性】面板 >> ▭▭▭ 【参数】标签 >> ▭ [大小] 子标签页，启用 🔒 [锁定缩放比例 开 / 关]，调整其大小为 "（（XX=100m，YY= 自动计算，ZZ= 自动计算））"。

（2）选择刚创建的地形对象，打开其 Material Editor【材质编辑器】对话框。在 Vue 中，默认赋予对象的材质类型是简单材质。在 Material Editor【材质编辑器】对话框 >>Type[[材质类型]] 列表中，选择 ⊙EcoSystem[生态系统] 单选按钮（全称为 ⊙EcoSystem material[生态系统材质]），就把材质类型从简单材质转换为 "空"的生态系统材质，材质的层级结构会发生相应变化。如右图：

（3）在上图材质层级列表中，首先选择名称为 " 📭 Default eco"的生态系统材质层，然后在上边的 Name[名称 ▯] 文本框内输入 "SHU MU"（"树木"的汉语拼音），将之重命名。

同样，选择上图材质层级列表中最底层名称为 " 🔳 Default"的材质层，将其重命名为 " 🔳 JI DI"（"基地"的汉语拼音）。

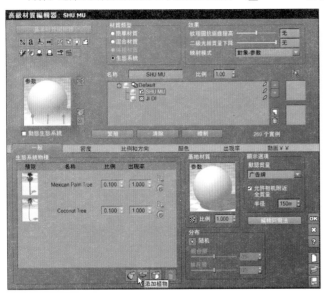

（4）在材质层级列表中，选择 " 📭 SHU MU"生态系统材质层，进入下边的 General 〖一般〗标签 >>EcoSystem population[[生态系统物种]] 列表中，仿照前文 "全局生态系统 >> 生态系统绘制器"章节的做法，从可视化植物浏览器中向 EcoSystem population[[生态系统物种]] 列表中随意添加两个树木的物种项目。如左图：

（5）当向 EcoSystem population[[生态系统物种]] 列表内添加了一些物种项目之后，【材质编辑器】对话框中部的 Populate [繁殖] 按钮变得可用。请单击该按钮，在应用该生态系统材质的地形表面上会立即随机生成树木的许多实例！

（6）进行快速渲染，查看效果，如右图：

现在，恭喜您！您已经成功地制作、应用了一个最简单的生态系统材质！

下面，我们把这个最简单的生态系统材质搞得复杂一点儿。

（7）选择材质层级列表中最顶层名称为 " 📭 Default"的分层材质，将其重命名为 " 📭 SM<<YS"（"树木 << 岩石"的汉语拼音首写字母）。

（8）在材质层级列表中，选择 " 🔳 JI DI"材质层，然后，在 Type[[材质类型]] 列表中，再一次选择 ⊙EcoSystem[生态系统] 单选按钮，这样，会添加一个新的名称为 " 📭 JI DI eco"的生态系统材质层。紧接着，将其重命名为 " 📭 YAN SHI"（"岩石"的汉语拼音）。如右图：

（9）选择"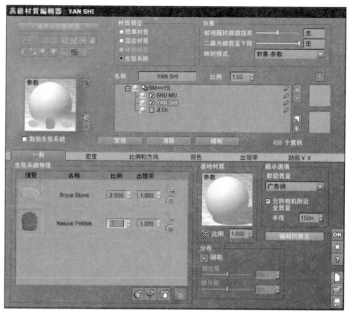YAN SHI"生态系统材质层，仿照上面步骤（4）的做法，随意添加一个或两个岩石物种项目。进入下边的 General〖一般〗标签 >>EcoSystem population[[生态系统物种]]列表中，适当增大岩石的 Scale[比例`]参数（因为地形比较大，而岩石比较小，如果不调整此参数的话，会生成过多的实例）。如右图：

（10）仿照上面步骤（5）的做法，在应用该生态系统材质的地形表面上，繁殖生成岩石的许多实例！

（11）进行快速渲染，查看效果，如左图：

现在，再次恭喜您！您已经成功地制作、应用了一个拥有两个生态系统层的生态系统材质！

2. 生态系统材质的层级结构

一个最简单的生态系统材质，在材质层级列表中至少包含一个父级和两个子层级。如右图：

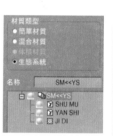

（1）"最顶级（或根级）"的分层材质，如右图中的"⬜ SM<<YS"。

在生态系统材质的层级列表中，该层级位于最顶级的位置，是"生态系统层"和"基地材质层"的父级。它的名称前侧带有一个"⊞"或"⊟"符号，单击"⊞"可以展开层级结构，单击"⊟"可以折叠层级结构。

最顶级的标识图标是"⬜"，它本质上就是一个分层材质，或者说，是以一个分层材质的形式把下面的"生态系统层"和"基地材质层"组织在一起。

（2）"生态系统层"，如右图中"⬛ SHU MU"或者"⬛ YAN SHI"。

该层级属于生态系统材质的子层级，标识图标是"⬛"。这是材质之所以成为生态系统材质的本质所在。

如果删除所有的"生态系统层"，生态系统材质会转换回简单材质（或混合材质）！

（3）"基地材质层"。

该层级位于生态系统材质最底层的子层级，它是应用到基地对象表面上的材质。

由上可知，在一个生态系统材质的层级列表中，在作为父级的分层材质下面，必须至少包含一个生态系统层和一个基地材质层，这样才能构成一个最简单的生态系统材质。

在一个生态系统材质的层级列表中，可以包含许多个生态系统层或基地材质层。这样非常有利于组织、管理复杂的生态系统！

例如，在生态系统材质的层级列表中，先选择基地材质层，然后在 Material Editor【材质编辑器】>>Type[[材质类型]]列表中，再次选择◉EcoSystem[生态系统]单选按钮（就是说，把基地材质层的类型从简单材质再次转换为生态系统材质），其结果是，会在层级列表中添加一个新的、同名的、"空"的生态系统层（标识图标是"⬛"），而且，原有的基地材质层仍然存在。

当然，使用材质层级列表右侧的▣[添加材质层]按钮，或使用右键弹出菜单等方法，也可以添加"非空"的生态系统层或基地材质层。

如果生态系统材质中包含有多个生态系统层，还可以定义不同生态系统层之间的亲合关系。

> 注意：对于复杂的生态系统材质，科学合理地划分生态系统层，并给予清晰易懂的命名，可以提高管理和编辑效率。

默认情况下，基地材质层位于生态系统层的下边。如果生态系统材质包含了多个生态系统层和基地材质层，则最下面的生态系统层的下侧，必须存在有至少一个基地材质层。

默认情况下，基地材质层是简单材质类型，也可以把它转换为混合材质类型。此外，生态系统材质也可以作为混合材质的子材质而被混合在一起。

3. 和全局生态系统的比较

有两种创建生态系统的方法：一种是全局生态系统，另一种是生态系统材质。

下面，我们对二者主要的不同之处做一个简单的比较。

（1）生成实例的方法不同：

在生态系统材质中，可以自动繁殖物种的实例，也可以手工绘制。而在全局生态系统中，只能手工绘制。

在生态系统材质中，使用【生态系统绘制器】面板，可以更精确地编辑生态系统材质，通常是在已经进行了自动繁殖以后，又想把实例的分布状况进行局部调整，才进行手工修改。

因为在生态系统材质中，可以通过【材质编辑器】内各个标签中的诸多参数设置定义生态系统，为了避免重复或冲突，针对生态系统材质打开的【生态系统绘制器】面板，相比较针对全局生态系统打开的【生态系统绘制器】面板，会有一些不同之处。

（2）实例和"基地对象"的关系不同。

全局生态系统不附属于任何对象，而生态系统材质附属于使用该材质的对象。

使用全局生态系统，可以自由地把实例直接绘制到场景中的一个或多个对象上面。绘制实例时，可以在多个对象表面上捕捉根基，但是，实例并没有"绑定"（或"附属"）到任何特定的对象上（这些实例一起组成一个独立的全局生态系统对象）。由于实例没有"绑定"到任何特定的对象上，所以当移动某个基地对象时，全局生态系统对象不会跟随该基地对象一起移动（此时，所谓"基地对象"已失去了原有的意义）。

在生态系统材质中繁殖的实例，会被"绑定"到应用该材质的基地对象上。如果移动基地对象，会移动该生态系统材质中的所有实例（但允许实例偏离表面）。

（3）不同的对象，可以应用不同的生态系统材质。对该生态系统材质的任何编辑，会被限制到属于该生态系统材质的实例中，这样一来，我们就不必担心会影响其他生态系统材质的实例。

（4）生态系统材质可以分层，而全局生态系统不能分层。

（5）在生态系统材质中，可以应用动态的生态系统，而在全局生态系统中却不能。

4. 生态系统材质编辑器的界面和标签构成

生态系统材质类型的 Material Editor【材质编辑器】对话框的界面如下图：

在生态系统材质类型的【材质编辑器】对话框中，包含以下几个标签。

1）General〖一般〗标签

该标签用于定义生态系统物种，并定义基地对象的表面材质。

2）Density〖密度〗标签

该标签控制生态系统物种的实例在基地对象表面上繁殖的密度。

3）Scaling & Orientation〖比例和方向〗标签

该标签控制生态系统实例的大小，并确定实例的方向（相对于基地对象）。

4）Color〖颜色〗标签

该标签定义生态系统种群的颜色变化；

5）Presence〖出现率〗标签

该标签定义环境约束条件对生态系统种群分布的影响。

6）Animation〖动画〗标签

该标签控制生态系统实例动画的相位。

下面，我们借用农业生产作个比喻，从整体上理解这几个标签的作用，列表如下：

标签名称	借用农业生产的比喻
General〖一般〗	备种、备苗、整地
中间工具	播种、栽种
Density〖密度〗	出苗、间苗、定苗
Scaling & Orientation〖比例和方向〗	长势
Color〖颜色〗	长势、成熟
Presence〖出现率〗	气象、天时、地理
Animation〖动画〗	

8.5.2 中部工具

在 Material Editor【材质编辑器】对话框的中部（标签区的上边），有三个按钮，分别是：`Populate`〖繁殖〗、`Clear`〖清除〗、`Paint`〖绘制〗。它们用于自动繁殖、自动清除或手工绘制生态系统物种的实例。在这些按钮的右边，显示了已繁殖的实例数量。

下面，分四种情况说明它们的用法。

（1）如果在材质层级列表中选择了某个生态系统层（标识图标是"🖼"），会同时显示上述三个按钮。

单击 `Populate`〖繁殖〗按钮，根据【材质编辑器】中的设置和基地对象的几何形状，自动生成生态系统物种的实例。注意，在这种情况下，只繁殖当前生态系统层中物种的实例。

在前文中已经讲过，所谓"实例"，就是指物种被复制的副本。成片的实例形成"种群"，用于表现艺术家想要创作的景观主题，体现艺术家的审美风格。

结合 SolidGrowth[实体生长]技术，在生态系统材质中繁殖的植物实例，都不是简单机械地复制，而是随机产生出带有不同形态、不同大小、不同方向、不同倾斜度等丰富多彩变化的植物实例，而且所有的植物实例都可以产生动画效果，逼真地模拟了真实的自然环境中植物千变万化的形态。

生态系统材质结合 SolidGrowth[实体生长]技术，是 e-on 所倡导的"数字自然"的重要组成部分，这些技术在近几年的多个影视大片中得到了极其成功的应用！

在为数不少的动漫作品中，场景中的植物大多都没有动画效果。我们坚信，应用 Vue 的生态系统材质技术，必将可以彻底改观这一现状！

当繁殖生态系统材质中的岩石时，像繁殖植物一样，也能够生成形态、大小、方向带有各种随机变化的实例。当繁殖 3D 网格模型时，生成的实例形状虽然没有随机变化，但是实例的大小、方向会带有各异的随机性变化。

单击 `Clear`〖清除〗按钮，会删除所有生态系统物种的实例。注意，只清除当前生态系统层中的物种的实例。

单击 `Populate`〖繁殖〗按钮进行生态系统繁殖，通常含有平等条件的随机性成分。这种"随机性"的控制方式是：在稍微改变材质设置（例如稍微增大密度）后，能够尽量避免大多数实例的位置发生根本性的改变。换句话说，在轻微改变材质设置后，单击 `Populate`〖繁殖〗按钮，会尽量避免触动已经存在的实例，所以，只会在现有的种群中造成轻微的改变。

如果我们不喜欢现有生态系统种群的分布状态，想更换成相同条件下其他差异较大的分布状态，操作方法是：先单击 `Clear`〖清除〗按钮，彻底清除所有实例，之后再次单击 `Populate`〖繁殖〗按钮，重新进行繁殖，虽然新的种群仍然遵从相同的生态系统材质规则，但是却得到了另外一种差异较大的分布状态。如果您还不满意，请反复使用这种方法，经过多次尝试比较，直到获得满意的分布效果！

单击 `Paint`〖绘制〗按钮，会弹出 EcoSystem Painter【生态系统绘制器】面板，使用其中的绘制工具，可以手工绘制生态系统物种的实例。具体使用方法参见前文"全局生态系统 >> 生态系统绘制器"章节和后文"绘制生态系统材质"章节。

（2）如果在材质层级列表中选择了某个生态系统层，并选中☑Dynamic population[动态生态系统]复选框（对于不同的生态系统层，可以分别选中该复选框，互不影响），则 `Populate`〖繁殖〗按钮会转变成 `Preview`〖预览〗按钮，并禁用其他两个按钮。

如果想在非常辽阔的陆地上乃至无限平面上进行繁殖，选中☑Dynamic population[动态生态系统]复选框是非常有用的。如果选中该复选框，渲染场景时，Vue 提供了许多非常精细的算法，在相机看不到的地方，不会生成实例，只有在相机真正"看得见"的区域，才自动繁殖一些有限数量的实例，用来代表无限数量的实例，目的是有效地降低对系统资源的占用。要处理非常巨大的生态系统种群，这是一项非常有效的技术！注意，在正交视图中，可以完整地观察到动态繁殖的实例集中在相机镜头前面的状况。

动态繁殖实际上发生在渲染的时候。在 Vue 8.5 之前的版本中，只有通过渲染场景，才能观察到动态繁殖的效果。{{NEW8.5}}自 Vue 8.5 开始，使用动态生态系统时，不论在任何时间（例如动画中的非关键帧处），单击 `Preview`〖预览〗按钮，均可以在 3D 视图中预览动态繁殖的效果（实例的最大数量和最小预览像素，可以在 Options【选项】对话框 >>Display Options〖显示选项〗标签中进行设置）。

（3）如果在材质层级列表中选择了"最顶级"的分层材质（标识图标是"🗇"），则中部工具只显示 `Populate`〖繁殖〗、`Clear`〖清余〗两个按钮。

注意：在这种情况下，会繁殖或清除所有生态系统层中物种的实例。如果包含有多个生态系统层，是自下而上进行繁殖的。

（4）如果生态系统材质是混合材质的子材质，当选择了混合材质时，也会显示 `Populate`〖繁殖〗、`Clear`〖清除〗两个按钮。

8.5.3 〖一般〗标签

在 General〖一般〗标签中，可以定义生态系统中使用的物种项目，也可以控制基地对象的表面材质。

1. 生态系统物种

在 General〖一般〗标签页左边的 EcoSystem population[[生态系统物种]] 列表中，可以定义在生态系统中需要使用的物种（即被用来在基地对象表面上复制实例的母体，可以把生态系统物种通俗地理解为一粒粒种子或种苗）。

根据需要，可以向该列表中添加多个植物、岩石或 3D 模型对象。当繁殖生态系统时，Vue 会将这些物种项目的实例添加到基地对象的表面。

关于如何向 EcoSystem population[[生态系统物种]] 列表内添加或删除物种项目，请参阅前文"全局生态系统 >> 生态系统绘制器"章节，这里不再重复。

> 注意：物种的微型预览，也会出现在相应生态系统层的材质预览框中。

前面我们曾学过，对于全局生态系统，可以从【世界浏览器】>> ▨▨ 〖对象〗标签中，用鼠标直接把某个对象或植物拖放到【生态系统绘制器】面板 >>EcoSystem population[[生态系统物种]] 列表区之中。请思考一下，对于生态系统材质，这种方法是否也适用呢？为什么？

在 EcoSystem population[[生态系统物种]] 列表内，每一个物种项目的左边，都显示有一幅预览图片和物种名称，用户不能改变预览图片和物种名称。

在每一个物种项目的右边，可以调整以下参数设置。

1) Scale[比例 □]

改变该参数，可以调整生态系统物种列表中相应物种所繁殖的实例的平均大小。要使不同的物种项目所繁殖的实例具有不同的相对大小，可以分别输入不同的值。

> 注意：要同时调整全部物种的整体大小，可以使用 Scaling & Orientation〖比例和方向〗标签中的 Overall scaling[[整体比例↔ □]] 参数进行控制。在 Vue 中，一直没有提供按绝对值设置物种大小的功能，也没有提供修改物种项目名称的功能，期待在以后的版本中，能够予以改进。

2) Presence[出现率 □]

改变该参数，可以调整该物种在最终生态系统种群中出现的频率。如果增大某个物种项目的该参数，会在种群中较多地看到该物种的实例。

因为一个物种的 Presence[出现率 □] 设置与列表中其他物种的 Presence[出现率 □] 设置有相互影响的关系，所以，共同增加列表中所有物种的 Presence[出现率 □] 值，通常不会增加生态系统物种实例的总数目。

在右边的 Distribution[[分布]] 参数组中，如果种群的分布状态不是随机的，而是由函数进行驱动的，则 Presence[出现率 □] 参数的形式改变成两个数字，这两个数字对应于分布函数输出值的一段范围，该物种的实例应该出现在这个范围内（见下文）。

3) 分别设置物种的显示质量

在每个物种项目的最右边，都有两个小型的切换图标，一个是 ▨ [实例预览模式]，另一个是 ▨ [相机附近全质量]，使用它们，可以分别自定义不同物种的 OpenGL 显示质量。它们的详细用法，参见前文"生态系统 >> 生态系统绘制器"章节，这里不再重复。

> 注意：上述两个图标的功能，只是针对相应的特定物种起作用，并且会优先于本标签页右边的 Display options[[显示选项]] 参数组中的设置（见下义）。

2. 基地材质

对于只有一个生态系统层和一个简单材质层的最简单的生态系统材质而言，所谓"基地材质"就是出现在"基地对象"表面上的材质。

例如，如果把植物繁殖到某个地形上，就可能需要把基地材质设置成某种土壤材质，才比较符合自然实际。在材质层级列表中，基地材质以一个材质层的形式出现在生态系统层的下面。

如果是从另外一种类型的材质（如简单材质或混合材质）转换到生态系统材质类型，新的生态系统材质会使用转换之前的材质作为基地材质。

在 Underlying material[[基地材质]] 参数组中，可以使用常用的标准方法更换、编辑、缩放基地材质，这些方法大家应该已经熟练掌握，这里不再重复。

> 注意：如果直接双击 [基地材质 ◐◑] 预览框，会打开一个新的【材质编辑器】面板。但是，如果在材质层级列表中选择基地材质层的名称，其参数设置会直接显示在当前【材质编辑器】对话框中。

3. 下邻材质

在上文中，我们使用了"基地材质"的概念，是比较通俗形象的。

问题是，生态系统材质是使用分层材质组织起来的，如果其中包含有多个生态系统层和多个简单材质层（或混合材质层），"Underlyin material"一词，应翻译成"下邻材质"才是准确的。

请看在前文实例中创建的生态系统材质，如右图：

在右图中，在当前生态系统层"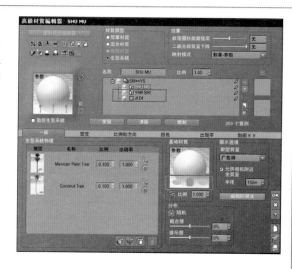SHU MU"的[基地材质 ◎◎]预览框中，出现了下邻的生态系统层"▣ YAN SHI"中的岩石物种的微型预览图（右图中下边的红色方框所示），该基地材质实际上是当前生态系统层下面的"▣ YAN SHI"和"▩ JI DI"合成在一起形成的（右图中上边的红色方框所示）。

因为生态系统材质是使用分层材质组织起来的，当前生态系统层和基地材质的关系，正确地说，应该是和下邻材质的关系！这种关系，请大家结合前文"分层材质 >> 相邻材质层之间的关系"章节理解。

4. 用函数驱动实例分布

当繁殖生态系统时，使用 Distribution[[分布]] 参数组，可以控制在不同的地点应该安放生态系统物种列表中哪一个物种项目的实例，并确定物种的实例相对于下邻生态系统层中那些物种的实例如何放置（对于多层生态系统而言）。

默认情况下，分布算法设置成 Random[~ 随机] 模式，繁殖生态系统时，随机选择列表中的物种。

如果单击 ⚡ [用函数驱动]图标，可以使用一个函数（即[分布函数 ◎]）控制（或驱动）不同物种的实例的分布方式。

首先，我们需要理解这种控制方法的工作原理。

1) 为每一个物种项目分配分布区间

首先单击 ⚡ [用函数驱动]图标，使之切换为黄色的"⚡"样式，然后，大家请观察 EcoSystem population[[生态系统物种]] 列表，如右图：

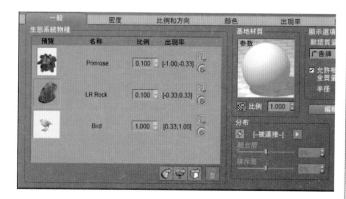

在上图中，会很容易地发现，Presence[出现率 ▢] 参数转变成为包含两个数字值的区间，其形式为"[m; n]"，我们把它叫做"分布区间"。其特点是：每个分布区间的长度（即 n - m 的值）是相等的，从上到下，每个分布区间的尾、首值相等（即无缝衔接），最上面的那个分布区间从"-1"开始，最下面的那个分布区间以"+1"结尾。换句话说，上图列表中的三个物种项目，平均地瓜分了"[-1; +1]"！

同理，如果列表中总共有四个物种项目，从上到下，每个物种项目平均瓜分得到的分布区间依次应该是：[-1; -0.5]、[-0.5; 0]、[0; 0.5]、[0.5; 1]。请大家尝试一下，进行验证。

2) 根据 [分布函数 ◎] 的输出值和物种项目的分布区间，确定实例的分布状态

繁殖生态系统时，为了确定基地对象表面某一点上应该放置哪个物种的实例，首先由 [分布函数 ◎] 在该点计算得到一个输出值，然后到 EcoSystem population[[生态系统物种]] 列表 >>Presence[出现率 ▢] 参数中，寻找包含该输出值的分布区间，或者说，判断在该点的输出值介于哪一个物种项目的分布区间内，介于哪一个物种项目的分布区间内，就在该点安放哪一个物种的实例！

> 说白了，由 [分布函数 ◎] 在基地对象的表面上生成一幅黑白图片（即灰度图片，只用于控制实例的分布，不影响材质表面颜色），在 EcoSystem population[[生态系统物种]] 列表中，把排列在下边的物种项目的实例安放在较白的地方，把排列在上边的物种项目的实例安放在较黑的地方。

> 注意：当使用 [分布函数 ◎] 控制物种繁殖的分布状态时，[分布函数 ◎] 输出的有效值介于 -1 ～ +1 之间，如果输出有效范围 [-1; 1] 之外的值，会被裁削（即把大于 +1 的值视为 +1，把小于 -1 的值视为 -1）。

在 Vue 中，把分布算法由 Random[✓ 随机] 模式改变为 [分布函数 ◎] 驱动的模式，属于能够立即影响实例分布状态的罕见情形之一。因为默认情况下，函数输出值为 0，所以，只有其分布区间包含 0 值的物种项目，它的实例才会出现。

5. 生态系统层之间实例分布自下而上的影响

如果某个生态系统材质的层级列表中包含有多个生态系统层，当自动繁殖生态系统时，是按自下而上的顺序进行繁殖的。

当选择非最底层的生态系统层时，在 Distribution[[分布]] 参数组中，下列两个控件可用。

1) Affinity with layer[亲合层↔ ▢]

此设置控制来自于当前生态系统层的实例，被"吸引"到下邻生态系统层中先繁殖的实例附近的强烈程度（生态系统层是自下而上进行繁殖的）。"下邻生态系统层的实例"既包括下侧直接相邻生态系统层的实例，也包括下侧非直接相邻（远邻）生态系统层的实例。

例如，如果现在已经有了一个树木生态系统层，还希望树木的周围有一些报春花，作法应该是：把一个报春花生态系统层添加到树木生态系统层上边，并在报春花生态系统层中输入一个正数的 Affinity with layer[亲合层↔ ▢] 值，值越高，会使报春花和树木"粘"得越近（靠近树木），报

春花不会出现在树木附近以外的其他地方；如果输入一个负值，报春花会出现在树木附近以外的地方（远离树木）。

这个例子，以及下面的例子，请大家亲自动手做，初步体验一下生态系统材质的魅力！

2）Repulsion from layer[排斥层↔ □]

此设置控制来自于当前生态系统层的实例，"远离"下邻生态系统层中先繁殖的实例的程度。排斥作用的效果比亲和作用的效果更"突然"许多。

例如，如果现在已经有了一个树木生态系统层，还希望在树木的周围、除了树冠之下的地方到处都长有草，作法应该是：在树木生态系统层之上，添加一个草生态系统层，并为草生态系统层设置正值的 Repulsion from layer[排斥层↔ □]，较高的值，会使草离树木更远；如果输入一个负值，会使草只出现在树木附近。

在上例中，如果同时使用亲合力和排斥力，可以使草既出现在树的附近，但又不出现在树冠下的阴影中！

下面的示意图，表示了同时使用 Affinity with layer[亲合层↔ □] 和 Repulsion from layer[排斥层↔ □] 时，二者的综合效果（"交集"关系）：

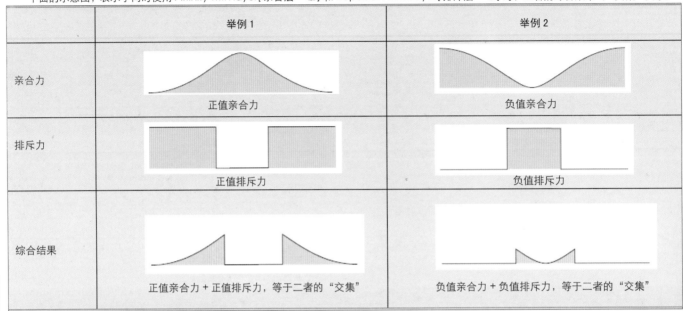

	举例 1	举例 2
亲合力	正值亲合力	负值亲合力
排斥力	正值排斥力	负值排斥力
综合结果	正值亲合力 + 正值排斥力，等于二者的"交集"	负值亲合力 + 负值排斥力，等于二者的"交集"

6. 生态系统层实例繁殖自上而下的影响

如果在生态系统层的上面添加一个简单材质层（或混合材质层），该简单材质层的出现率，也会影响下邻生态系统层中实例繁殖的密度。

这是自上而下的影响。

如右图中，简单材质层 " ▨ AAA" 是在原有的两个生态系统层之上添加的一个新材质层：

在右图中，上邻的材质层 " ▨ AAA" 出现的地方，在下邻的生态系统层 " ▣ SHU MU" 和 " ▣ YAN SHI" 中繁殖的实例密度均会减小。

影响上邻的材质层 " ▨ AAA" 的出现率的因素，包括它的阿尔法透明度、Alpha boost[阿尔法提高↔ □] 参数、Environment 〖环境〗标签，这些因素均会影响下邻的所有生态系统层中实例繁殖的密度。

注意：折射透明度不影响下邻生态系统层中实例繁殖的密度。

7. 编辑阿尔法 {{NEW9.0}}

{{NEW9.0}} 这是 Vue 9.0 增加的新功能。使用 Edit Alpha [编辑阿尔法] 按钮，可以访问并编辑生态系统层的阿尔法通道，生态系统层的阿尔法通道用于驱动实例在材质中的出现频率。如果确实定义了阿尔法通道，该按钮会切换成黄色的。单击该按钮后会弹出 Function Editor【函数编辑器】，可以在其中编辑阿尔法输出。

说白了，阿尔法生成函数在材质表面生成一幅黑白图片（只用于控制实例的出现率，不影响材质表面颜色），图片中白色的地方，表示"透明"，意味着生成的实例较稀疏；图片中黑色的地方，表示"不透明"，意味着生成的实例较稠密。

8. 显示选项

在 Display options[[显示选项]] 参数组中，可以设置当前生态系统层的实例在 3D 视图中如何显示。

注意：显示选项只影响实例在 3D 视图中的显示方式，而不影响实例最终的渲染效果。

该参数组中各个选项的含义，与全局生态系统的显示选项的含义相同，请参阅前文"全局生态系统 >> 生态系统绘制器"章节（在 EcoSystem Painter【生态系统绘制器】面板中，单击 [显示选项] 按钮，会弹出 EcoSystem Display Options【生态系统显示选项】对话框），这里不再重复

9. 生态系统显示质量的临时性全局设置

编辑生态系统场景时，如果发现计算机的反应速度明显减慢或内存资源枯竭，可以进入 Display【显示】主菜单 >>EcoSystem Preview〖生态系统预览 ▶〗子菜单进行调整。{{NEW8.5}} 这是 Vue 8.5 增加的新功能。如下图：

如果取消选中 Allow Full Quality Near Camera[允许相机附近全质量] 菜单选项（意思就是不允许相机附近全质量），会覆盖场景中所有生态系统材质的相应显示设置，并清空生态系统使用的所有相关 OpenGL 数据，减少场景线程。

使用 Display【显示】主菜单 >>EcoSystem Preview〖生态系统预览 ▶〗子菜单 >>Global Quality Limit〖全局质量限制 ▶〗子菜单中的选项，还可以对全局显示质量作出临时性的限制，同样会覆盖场景中所有生态系统材质的显示设置。包括的选项如下。

No limit[不限制]：取消限制，即不作任何限制，这是默认选项。

Limit To None[限制成无]：所有的实例都不显示，最节省资源。

Limit To Flat Billboards[限制成平面广告牌]：所有的实例都显示成平面广告牌模式。

Limit To Shaded Billboards[限制成投影广告牌]：仅用于 OpenGL 着色器模式。

8.5.4 〖密度〗标签

在 Density〖密度〗标签中，可以控制生态系统物种的实例密度在基地对象的表面上如何分布。如下图：

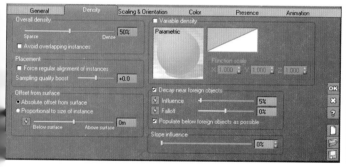 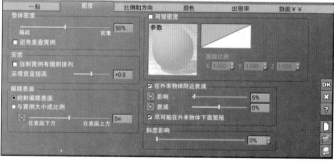

1. 整体密度

1）Overall density[[整体密度↔ □]]

使用该参数，可以调整在整个生态系统中单位面积内所繁殖的实例数量。值越高，意味着在生态系统中繁殖的实例越多、越拥挤。

2）□Avoid overlapping instances[避免重叠实例]

如果不希望生态系统物种的实例发生相互重叠的现象，请选中该复选框。

减少 Overall density[[整体密度↔ □]] 的值，是避免实例重叠的另外一种方法。

. 安置

在 Placement[[安置]] 参数组中，包括以下控件。

1）□Force regular alignment of instances[强制实例有规则排列]

默认取消选中该复选框。如果选中该复选框，可以消除繁殖实例时排列安置的随机性，适宜表现成行成排种植的人工造林、行道树或田间的农作物。

2）Sampling quality boost[采样质量提高↔ □]

该参数控制生态系统采样计算过程的精确性。

输入较高的 Sampling quality boost[采样质量提高↔ □] 值，则单位面积内繁殖的实例数量会更精确地服从已设置的密度参数，但繁殖的速度会变慢。

> 这个参数很重要！尤其是适宜表现人工管理的生态系统图案效果！
> 例如，当使用一幅位图创建一个生态系统标志图案（LOGO）时，增加该参数，能够取得更清晰、更精确的良好效果。

3. 偏离表面

在 Offset from surface[[偏离表面 ↗ ↔ □]] 参数组中，可以控制实例相对于基地对象的表面发生偏离的程度。

1）◉Absolute offset from surface[绝对偏离表面]

如果选择该单选按钮，下边文本框内的数值单位变为"m[米]"，该数值代表的是实例的根基到基地对象的表面之间的实际距离，所有实例会被放置在距离表面严格相等的位置处（使用函数驱动偏移距离的情况除外）。

可以拖动滑杆上的滑块调整实例的根基偏离基地对象表面的程度：默认值为 0，会把繁殖的实例刚好放置在基地对象的表面上；正数值会使实例"飞"在表面的上侧（好像拔苗助长的效果）；而负数值则把实例下沉到地面内。

单击参数前面的 ⚡ [用函数驱动] 图标，可以用一个函数（即"偏离表面函数"）进行驱动，这样，允许有高、有低地改变实例偏离基地对象表面的高度。

2）Ｏ Proportional to size of instance[与实例大小成比例]

如果选择这个单选按钮，下边文本框内的数值会变为百分数，每个实例的根基到基地对象表面之间的偏移距离，与每个实例的大小成比例。

例如，对于树木实例，值设置为"-50%"，会使每个树木实例的根基下沉到基地对象表面以下该实例高度一半的地方，只显露出枝叶。

4. 可变密度

如果选中 ☑Variable density[[可变密度]] 复选框，能够使生态系统实例的密度产生局部变化。

Vue 使用一个函数（即 [密度函数 🌐]）和一个滤镜（即 [密度滤镜 ▨]）生成可变密度。其工作原理是：对基地对象表面上的每一个点，[密度函数 🌐] 生成一个介于 -1 ～ +1 范围之间的数字值（-1 在函数预览上是黑色的，+1 是白色的），然后这个数字值再由 [密度滤镜 ▨] 转化成最终密度值。最大可变密度等于 Overall density[[整体密度 ↔ □]]。

> 说白了，由 [密度函数 🌐] 在基地对象的表面上生成一幅黑白图片（即灰度图片，只用于控制局部密度，不影响材质表面颜色），然后，[密度滤镜 ▨] 把这幅黑白图片调整为另外一幅黑白图片。白色的地方，意味着实例的密度较大，黑色的地方，意味着实例的密度较小。

刚选中 ☑Variable density[[可变密度]] 复选框时，[密度函数 🌐] 默认输出中间灰度的值（函数输出值为 0，代表 50% 的灰度），[密度滤镜 ▨] 也没有什么实际效果（y=x），这导致最终的密度等于选中该复选框之前密度的一半。

可以使用常用的标准方法更换、编辑 [密度函数 🌐] 和 [密度滤镜 ▨]，或缩放 [密度函数 🌐]。

5. 在外来物体附近衰减

1）☑Decay near foreign objects[[在外来物体附近衰减]]

这是一个非常有趣的功能，可以自动调整基地对象表面上外来物体周围的种群密度。例如，把一块大石头放置在被植被覆盖的地形中间，在大石头周围，植被密度会自动降低。

任何使用另外一种材质（非当前生态系统材质）的对象，会被视为"外来物体（或外来对象）"。但是，如果该对象启用 🌿 [繁殖生态系统时忽略此对象] 选项（在【对象属性】面板 >> ✏ 【外观】标签中，单击 🌿 图标，使之切换为黄色），那么，即使该对象刚好位于某个对外来对象存在敏感的生态系统材质的正中间，也不会影响该生态系统材质的繁殖结果。

因为渲染时隐藏的对象（即选择 💻 [渲染时隐藏] 选项的对象）仍然会影响生态系统的密度，所以，使用渲染时隐藏的对象，可以对生态系统进行局部编辑。

2）Influence[↗ 影响↔ □]

此参数控制外来物体对生态系统密度的影响程度。该值越高，外来物体周围的空旷地区越大。

3）Falloff[↗ 衰减↔ □]

此参数控制外来物体周围的衰减曲线。值为 0，会创建线性衰减的曲线，使外来物体周围生态系统密度形成光滑过渡；正数值，会增加外来物体周围的空旷地区，同时，使空旷地区出现得更突然。

上述两个参数，均可以使用函数进行驱动。

4）☑Populate below foreign objects as possible[尽可能在外来物体下面繁殖]

该选项与 ☑Decay near foreign objects[[在外来物体附近衰减]] 选项联合发生作用。

如果取消选中该复选框，存在于生态系统实例之间的外来物体，会在其下面造成一片空旷地带。

如果选中该复选框，并且如果外来物体处在基地对象表面之上（换句话说，外来物体下面还留有一定的生长空间），Vue 就会尽量把实例安置在外来物体的下面。如右图：

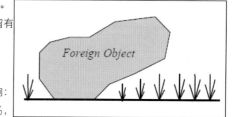

6. 斜度影响

使用 Slope influence[斜度影响↔ □] 参数，可以调整基地对象的表面斜度对实例分布的影响：值设为 100%，代表斜度造成的影响很大，在陡峭的斜坡上，实例会自动地变得稀疏；而值设为 0%，表示不考虑斜度的影响，无论在什么斜度的表面上，实例的密度都相同。

在真实的自然环境中，大多数植物在平坦的地面上生长得比较稳固。生长在较陡的斜坡上时，容易遭受到自重、风吹、雨水冲刷等自然力量的不良影响，所以，增大这个参数的值，可以表现悬崖处的植被很少能够长出或者很少存活的自然现象。

8.5.5　比例和方向标签

在 Scaling & Orientation〖比例和方向〗标签中，可以控制生态系统实例的大小和方向。其界面如下图：

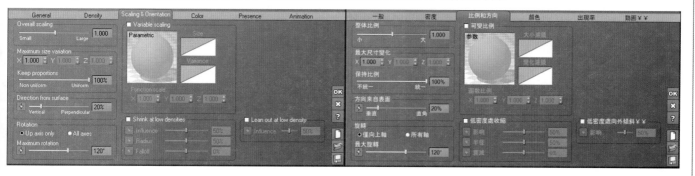

1. 整体比例

使用 Overall scaling[[整体比例↔ □]] 参数，可以控制生态系统中实例的总体大小。值为 1，保持实例的大小不变，而值为 2，会使生态系统实例的大小加倍。

此参数与 General〖一般〗标签 >>EcoSystem population[[生态系统物种]] 列表中各个物种项目的 Scale[比例 □] 参数共同影响实例的大小（相乘关系）。

> 注意：该参数会影响当前生态系统层中所有物种的实例。

改变【材质编辑器】中部材质层级列表上边的 Scale[比例 □] 参数值，不会改变生态系统实例的大小（但仍然影响其他有关函数的比例）。

2. 最大尺寸变化

1）Maximum size variation[[最大尺寸变化 X□Y□Z□]]

该参数组控制生态系统实例的大小沿着各个轴向怎样变化。

控制这种变化的数学算法比较复杂。举例来说：该值设为 1，会创建介于原始物种项目大小的一半和两倍之间的实例；该值设为 0，表示实例之间没有大小差异变化；该值越大，整个生态系统中实例之间的大小变化就越大、越明显。

实例沿着三个轴向的大小变化，还受到 Keep proportions[保持比例↔ □] 参数的影响。如果把 Keep proportions[保持比例↔ □] 参数设置为其最高值 100%，则只有沿 Z 轴的大小变化被考虑到，沿其他轴向的大小变化被完全忽略（即在沿 Z 轴的大小变化一样的情况下，X、Y 轴向的大小变化被禁止）。

2）Keep proportions[保持比例↔ □]

此参数控制怎样拉伸或挤压生态系统实例（这里的"比例"是指实例自身不同方向的相对比例）。

值设成 100%，表明实例自身的相对比例不改变（但这并不意味着不能沿着三个轴向同步缩放）。值设成 0%，表明沿着三个轴向的缩放比例完全不相关，导致实例可能会被强烈地拉伸或挤压。

> 注意：如果我们正在制作建筑室外效果图或园林景观规划项目，上述设置非常重要。因为在人工景观中，道路两旁的许多植物都是人工种植的，所以它们的大小不应相差太大，应该设置较小的 Maximum size variation[[最大尺寸变化 X□Y□Z□]] 值，这样才能使道路两旁的植物显得整齐划一。与其他 3D 软件不同的地方是，Vue 的植物总是会产生形态变化，从根本上克服了传统的景观规划效果图中那种千篇一律的、简单重复的、机械呆板的、虚假的植物贴图效果。

3. 方向来自表面

使用 Direction from Surface[[方向来自表面 ✗ ↔ □]] 参数，可以标明生态系统实例如何从基地对象的表面"生长"出来。

如果设置成 0%，实例总是会垂直生长（垂直于水平面），而不管基地对象表面的倾斜程度；设置成 100%，意味着实例总是会从根基所附着的表面中"生长"出来（与根基所附着的表面成直角，即和表面法线一致，也可理解成与表面倾斜程度相关联）。

该参数可以使用函数进行驱动。

4. 旋转

在 Rotation[[旋转]] 参数组中，可以定义如何随机旋转实例的方向。

该参数组中控件的含义和用法，参见前文"全局生态系统 >> 生态系统绘制器"章节。

旋转值介于 -180° ～ +180° 之间（早期版本使用 -1 ～ +1，分别代表 -180° ～ +180°）。

注意：如果使用函数驱动 Maximum rotation[最大旋转 ✗ ↔ □] 参数，可以比较精确地控制每个实例的旋转角度。当此参数和驱动函数连接之后，旋转角度就没有多少随机性了（不用函数驱动时，是随机的，现在有了函数驱动，当然要精确一些）。

把 Maximum rotation[最大旋转 ✗ ↔ □] 参数连接到一个函数上，是立即影响材质效果的罕见情形之一。因为，默认情况下，函数输出值是 0（函数预览是一个 50% 灰度的图片），所以，全体实例会朝向相同的方向。

5. 可变比例

如果选中 ☑Variable scaling[[可变比例]] 复选框，可以使用函数控制生态系统实例的缩放比例。

Vue 使用一个函数（即 [比例函数 🌑]）和两个滤镜（即 Size[大小滤镜] 和 Variance[变化滤镜]）生成可变比例。它的工作原理是：在基地对象表面上的每个地点，由 [比例函数 🌑] 生成一个介于 -1 ～ +1 范围内的数字值（-1 在函数预览上用黑色表示，+1 用白色表示）。然后，这个数字值由两个滤镜转化成一个大小值和一个变化值。最大缩放比例等于 Overall scaling[[整体比例 ↔ □]] 设置，最大尺寸变化等于 Maximum size variation[[最大尺寸变化 X□Y□Z□]] 设置。实例沿三个轴向的实际大小，根据大小值、变化值和 Keep proportions[保持比例 ↔ □] 值共同确定。

说白了，由 [比例函数 🌑] 在对象的表面上生成一幅黑白图片（即灰度图片，只用于控制可变比例，不影响材质表面颜色），然后用两个滤镜把这幅黑白图片调整为另外两幅黑白图片。白色的地方，意味着较大的实例或较大的差异程度，黑色的地方，意味着较小的实例或较小的差异程度。

当激活 ☑Variable scaling[[可变比例]] 复选框时，函数默认返回一个中间灰度的值（函数输出值为 0，代表 50% 的灰度），滤镜也没有实际影响效果（y=x）。这样导致的结果是，最终缩放比例和大小变化恰好是激活此复选框前的一半。

可以使用常用的标准方法更换、编辑函数或滤镜，也可以使用 Function scale[[函数比例 X□Y□Z□]] 参数缩放函数。

6. 低密度处收缩

1) □Shrink at low densities[低密度处收缩]

如果选中该复选框，当生态系统实例的密度降低时，实例的大小会自动减小。

例如，该功能可以和 Density 〖密度〗标签中的 ☑Decay near foreign objects[[在外来物体附近衰减]] 复选框相结合，在外来物体附近，能够形成实例的数量和大小均自动减少的效果。

还可以把该复选框和 Color〖颜色〗标签中的 Decay color[✗ 衰减颜色 ▣] 控件组合使用，能够模拟恶劣的生长条件。例如，农作物生长条件不利时，不但长得矮小，而且颜色也不健康。

2) Influence[✗ 影响 ↔ □]

此参数控制实例的大小随着密度降低而减小的程度。

特别注意：如果输入一个负值，实例的大小反而会在低密度处增加。这样，可以模拟那些当密度降低时反而长得茁壮的植物。例如，大部分农作物都不能太稠密，如果过于稠密，会因互相争夺养分和空间而显得瘦弱，通过适当地间苗，就可以让苗长得更茁壮！颜色也更好看！

3) Radius[✗ 半径 ↔ □]

此参数设定一个密度值，在该值以下的密度，才被认为是较低的，才会对实例的大小产生影响。

如果 [密度函数 🌑] 的输出值是逐渐变化的，在生态系统种群边缘，会形成视觉上的大小过渡带（尽管半径值和实际的过渡带宽度之间的关系并不直观）。

4) Falloff[✗ 衰减 ↔ □]

此参数控制实例大小随着密度降低而减小的曲线。

值设置为 0%，会创建实例大小呈现线性减少的曲线，在低密度地区周围，生态系统实例的大小会产生光滑的变化过渡；而正数值会使实例大小减小得更突然，会使大小过渡带更加显眼。

上述几个参数，均可以使用函数进行驱动。

7. 低密度处向外倾斜 {{NEW10.0}}

如果选中 ☑Lean out at low density[[低密度处向外倾斜]] 复选框，在实例密度较低的区域，实例会趋于向外倾斜。{{NEW10.0}} 这是 Vue 10.0 增加的新功能。

这种效果，可以模拟植物的向阳性，也可以模拟人行道旁边的小草向道路倾斜的自然状态。

使用 Influence[↗ 影响↔ □] 参数，可以设置倾斜效果的强度。此参数可以使用函数进行驱动，能够生成变化的向外倾斜效果。

8.5.6 〖颜色〗标签

在 Color 〖颜色〗标签中，可以定义生态系统种群的颜色变化。其界面如下图：

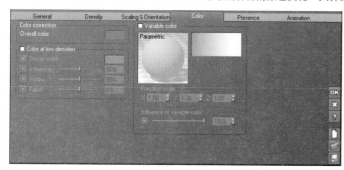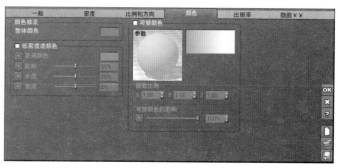

1. 颜色修正

在 Color correction[[颜色修正]] 参数组内，只包含了一个 Overall color[整体颜色 🎨] 控件，它控制生态系统实例的整体颜色。

Overall color[整体颜色 🎨] 代表生态系统中所有物种项目的平均颜色，由于这些物种项目的颜色差异可能很大，所以该颜色往往显得比较灰暗。

如果改变 Overall color[整体颜色 🎨]（当颜色被调整时，显示为"嵌套色块"样式，例如"▨▨"），会修改所有生态系统实例的颜色。例如，如果把该颜色换成一种更明亮的颜色，则所有的实例也会变得更明亮。

2. 低密度处颜色

1) ☐Color at low densities[[低密度处颜色]]

该复选框的工作方式与 Scaling & Orientation 〖比例和方向〗标签中的 ☑Shrink at low densities[低密度处收缩] 复选框相似。它的作用是当实例的密度降低时，自动改变实例的颜色。

使用该复选框，可以很容易地使植物生态系统中的植物实例在密度较低的地方显得枯黄，模拟恶劣的生长条件（例如，缺少水肥或遭受病虫害）。该复选框和 ☑Shrink at low densities[低密度处收缩] 复选框协同工作，效果更棒（农作物在生长条件不利时，不但长得矮小，而且颜色也不健康）！

当选中 ☑Color at low densities[[低密度处颜色]] 复选框之后，该参数组中的其他控件才可用。

2) Decay color[↗ 衰减颜色 🎨]

这是位于低密度处的那些实例的整体颜色。它不是实例的实际颜色（因为每个实例都可以有不同的颜色），可以把它理解为平均颜色（和上述 Overall color[整体颜色 🎨] 类似）。

3) Influence[↗ 影响↔ □]

此参数控制实例的颜色受到 Decay color[↗ 衰减颜色 🎨] 影响的强烈程度。

4) Radius[↗ 半径↔ □]

此参数设定一个密度值，在该值以下的密度，才被认为是较低的，才会对实例的颜色产生影响。

如果 [密度函数 🎨] 的输出值是逐渐变化的，在生态系统种群边缘，会形成视觉上的颜色过渡带（尽管半径值和实际的过渡带宽度之间的关系并不直观）。

5) Falloff[↗ 衰减↔ □]

此参数控制实例颜色随着密度降低而改变的曲线。

该值设置为 0%，会创建实例颜色呈现线性改变的曲线，在低密度地区周围，实例的颜色会产生光滑的改变过渡；而正数值会使颜色改变得更突然，会使颜色过渡带更加显眼。

上述几个参数，均可以使用函数进行驱动。

3. 可变颜色

如果选中 ☑Variable color[[可变颜色]] 复选框，可以使用函数控制生态系统实例的颜色。

Vue 使用一个函数（即 [颜色函数 🎨]）、一个滤镜（该滤镜位于 Function Editor【函数编辑器】内）和一个色彩图生成可变颜色，色彩图根据

[颜色函数 🌑] 和滤镜的输出值来确定不同地方（局部）的实例的"平均颜色"。它的工作原理是：对基地对象表面上的每个地点，[颜色函数 🌑] 生成一个介于 -1 ~ +1 范围内的数字值（-1 在函数预览上用黑色表示，+1 用白色表示）。然后，这个数字值被滤镜和色彩图转化成该点的颜色。此颜色不是该点处生态系统实例的实际颜色，而是该位置处实例的平均颜色。

说白了，由 [颜色函数 🌑] 和滤镜在对象的表面上生成一幅黑白图片（即灰度图片，只用于控制可变颜色，不影响材质表面颜色），然后用一个色彩图把这幅黑白图片转换为一幅彩色图片。在不同颜色的地方，生成不同颜色的实例。

当刚选中 ☑Variable color[[可变颜色]] 复选框时，默认的 [颜色函数 🌑]、滤镜、色彩图会生成和当前 Overall color[整体颜色 🎨] 相同的颜色。如果改变了 Overall color[整体颜色 🎨]，会反映到色彩图内。同样地，如果改变了色彩图，也会反映到 Overall color[整体颜色 🎨] 上。

可以使用常用的标准方法更换、编辑函数或色彩图，也可以使用 Function scale[[函数比例 X□Y□Z□]] 参数缩放函数。

一般来说，使用预置的色彩图生成可变颜色不是太明智，因为这会使生态系统种群的颜色产生过分的改变（可能不符合自然情况）。所以，最好是手工编辑色彩图，以便产生很轻微的颜色改变。

使用 Influence of variable color[[可变颜色的影响 ∥ ↔ □]] 参数，可以调整实例颜色变化的敏感性。该参数也可以使用函数进行驱动。

8.5.7 〖出现率〗标签

在标签区的最右边，是 Presence〖出现率〗标签和 Animation〖动画〗标签。Presence〖出现率〗标签控制在相应生态系统层中环境如何影响实例的分布状态。

该标签中各项参数设置的含义和简单材质的 Environment〖环境〗标签或者混合材质的 Presence〖出现率〗标签是完全相同的，这里不再重复（对于混合材质层，该标签名称使用的也是"Presence〖出现率〗"一词，但是，对于简单材质层，该标签名称使用的却是"Environment〖环境〗"一词）。需要强调的是，该标签的功能异常强大！大家一定要做到熟练掌握。

注意：在简单材质层或混合材质层中，如果改变了环境约束条件，实质上会影响相邻材质层出现的相对比重。但是，在生态系统层中，改变 Presence〖出现率〗标签中的环境约束条件，只会影响自身实例的分布范围，却不会影响相邻生态系统层中实例的分布范围。如果希望生态系统层繁殖实例时能够切实受到下邻生态系统层中先繁殖的实例的影响，需要到 General〖一般〗标签中设置 Affinity with layer[亲合层 ↔ □] 参数和 Repulsion from layer[排斥层↔ □] 参数。

8.5.8 绘制生态系统材质

在生态系统材质中，除了可以自动繁殖实例之外，还可以使用手工方法绘制实例。

单击 Material Editor【材质编辑器】对话框中部的 [Paint] [绘制] 按钮，会弹出 EcoSystem Painter【生态系统绘制器】面板，使用其中的绘制工具，可以手工绘制生态系统物种的实例。它的具体使用方法和前文"全局生态系统 >> 生态系统绘制器"章节中所讲述的大部分方法是一样的。

在使用 EcoSystem Painter【生态系统绘制器】面板绘制生态系统材质时，强调以下几点。

（1）根基捕捉设置：

从生态系统材质中打开 EcoSystem Painter【生态系统绘制器】面板，在面板的顶部，有两个切换图标：一个是 ▨ [限制到基地对象]（单击会切换为黄色的 ▨ 样式），另一个是 ▨ [限制到被选择的对象]（单击会切换为黄色的 ▨ 样式）。

使用这两个切换图标，可以确定在哪里绘制实例。这是两个很重要的切换图标，它们限制了"根基捕捉"的范围，提高了针对性，避免"误绘"。

例如，当 Vue 和其它 3D 软件协同工作时，要在其他 3D 软件内某个特定的对象表面上绘制实例，启用 ▨ [限制到被选择的对象] 图标就非常有用。

（2）从生态系统材质中打开 EcoSystem Painter【生态系统绘制器】面板，不管在哪里绘制或删除实例，这些实例都隶属于相应的生态系统层，隶属于使用该生态系统材质的基地对象。

（3）使用生态系统繁殖规则：

如果取消选中 □Use EcoSystem population rules[使用生态系统繁殖规则] 复选框，进行绘制时，会应用【生态系统绘制器】面板中的参数设置。

如果选中 ☑Use EcoSystem population rules[使用生态系统繁殖规则] 复选框，进行绘制时，会应用【材质编辑器】的各个标签页中的参数设置。【生态系统绘制器】面板中的某些设置和【材质编辑器】标签页中的相应设置是同步的。

例如，如果我们在 General〖一般〗标签 >>Distribution[[分布]] 参数组中应用了一个 [分布函数 🌑]，在该函数内使用了一个纹理贴图节点，并载入一幅图片控制实例在材质表面的分布状态，那么，用手工进行绘制时，如果选中 ☑Use EcoSystem population rules[使用生态系统繁殖规则] 复选框，实例的分布状态就会自动受到该图片的控制！

注意：当在生态系统材质中使用【生态系统绘制器】面板时，在 ☑Use EcoSystem population rules[使用生态系统繁殖规则] 复选框的右边，没有类似全局生态系统中的那个" [Edit] [编辑]"按钮（因为没有必要重复设置）。

（4）在基地对象的下侧面绘制实例：

细心的用户会发现，自动繁殖生态系统实例时，在基地对象的上侧面，通常能够正常繁殖，但是，在基地对象的下侧面，有时候不能自动繁殖实例。解决这个问题的办法就是，使用【生态系统绘制器】，用手工在基地对象的下侧面绘制实例。

（5）科学合理地划分生态系统层：

因为绘制生态系统材质时，只涉及当前生态系统层中物种的实例，根据需要，可以把不同的物种项目划分到不同的生态系统层中。这样，可以避免相互干扰，有利于实现更复杂的控制，也有利于提高工作效率。

例如，对于同一个物种，可以把它分别添加进两个生态系统层内：在一个生态系统层内，用手工进行绘制；在另一个生态系统层内，进行自动繁殖，这样，进行自动繁殖时就不会影响到用手工绘制的实例！

（6）使用 EcoSystem Selector【生态系统选择器】也能够实现强大的编辑功能。

8.5.9 范例：海岛景色

下面，请跟着我的思路和操作步骤，使用生态系统材质，创建一个海岛景色。

大家先看一看渲染的图片：

> 本例涉及的知识点比较多（这些知识点均已经学习过），其中的重点是，生态系统材质的创建和编辑，讲得比较详细，其他次要的知识点，讲得比较简略。
>
> 学习的关键是要理清创作思路，当出现不满意的效果时，知道从何处着手进行解决（往往有多种方法），不要拘泥于范例中参数设置的具体数值。

1. 基本构图

首先，创建场景中比较"基础"的元素，如地形、海洋。

（1）打开 Vue 的主程序，开启一个空白场景，新建一个图层。

（2）把场景中默认创建的地面对象在 Z 方向的位置值设为"-50m"（表示位于水下 50 米）。

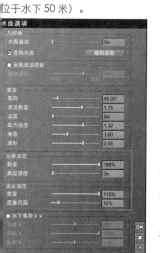

（3）新建一个水面对象（代表海洋），调整其在 Z 方向的位置值为"0m"。

海水效果的编辑，关键是要有一定程度的沿岸浪花和泡沫的效果。它的设置方法不是本例的重点，请参考左图自行设置：

（4）在近景的海水中，有两头鲸鱼，请大家自行完成把鲸鱼从可视化对象浏览器中载入到场景中的操作。

调整鲸鱼的大小时，既可以通过【对象属性】面板 >> ▭ 〖参数〗标签精确调整，也可以在正交视图中直接调整。如果是在正交视图中使用缩放工具或缩放手柄直接进行调整，可以通过比例尺知道鲸鱼的大小。

在鲸鱼的身边，有微弱的浪花效果。制作方法是：创建一个球体，将其缩放成一个扁平的椭圆形（作为产生浪花的辅助物体）放在鲸鱼身体的中后部。把该扁平椭圆形的材质设置成完全透明（渲染时看不到），结合 Water Surface Options【水面选项】对话框 >>Foam along coasts[[沿岸浪花]] 参数组的设置，就能够产生鲸鱼身体两侧和后面的白色浪花效果。

（5）新建一个程序地形对象，将其重命名为" ▭ HAI DAO"（"海岛"的汉语拼音），调整其在 X 方向和 Y 方向的长度各为 500 米。

（6）打开上述程序地形对象的 Terrain Editor

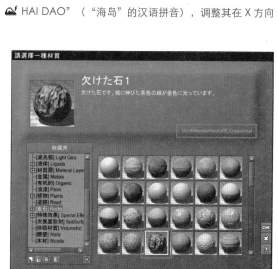

【地形编辑器】对话框，使用地形笔刷，仿照上图进行雕刻，形状大致符合就可以了（也可按照您喜欢的形状雕刻）。

如果您有一定的函数基础，也可以使用函数调整地形的形状。当然，最好是能够把雕刻方法和函数方法结合起来。

2. 设计材质的结构

（1）选择" ▭ HAI DAO"对象，进入其【对象属性】面板 >> ▭ 〖外观〗标签，单击左侧工具栏中的 ▭ [载入材质…] 按钮，从弹出的可视化材质浏览器中选择一幅岩石材质，如右图。

（2）打开" ▭ HAI DAO"对象的 Material Editor【材质编辑器】对话框，把刚才载入的材质重命名为" ▭ SHUI XIA"（"水下"的汉语拼音）。

（3）在材质层级列表中，选择材质层" ▭ SHUI XIA"（此时，只有这一个层级），在 Material Editor【材质编辑器】对话框 >>Type[[材质类型]] 列表中，选择 ⊙EcoSystem[生态系统] 单选按钮，会在材质层 "▨ SHUI XIA" 的上面添加一个 "空" 的生态系统层，将之重命名为 "🌴 YE ZI SHU"（"椰子树" 的汉语拼音）。

（4）在材质层级列表中，选择最顶层级的分层材质，将其重命名为 "🗂 YS<<YZS"（"岩石 << 椰子树" 的汉语拼音首写字母）。

（5）选择材质层 "▨ SHUI XIA"，单击材质层级列表右侧的 🗂 [添加材质层] 按钮，在弹出的可视化材质浏览器中，单击右下角的 ⊠ [取消] 按钮，会在材质层 "▨ SHUI XIA" 的上面添加一个新的 "零" 基础的材质层。将其重命名为 "▨ SHUI SHANG"（"水上" 的汉语拼音）。如右图。

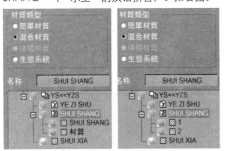

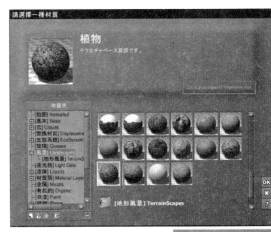

（6）选择材质层 "▨ SHUI SHANG"，在 Type[[材质类型]] 列表中，选择 ⊙Mixed material[混合材质] 单选按钮，把材质类型从简单材质转换成混合材质。如左图。

展开混合材质层 "▨ SHUI SHANG" 的层级结构。将子材质 1 重命名为 "▨ 1"，将子材质 2 重命名为 "▨ 2"。如右图。

（7）在材质层 "▨ SHUI XIA" 的名称上面单击鼠标右键，从弹出的快捷菜单中选择 "Copy Material[复制材质]" 命令。

在混合材质层 "▨ SHUI SHANG" 的子材质 1 "▨ 1" 上面单击鼠标右键，从弹出的快捷菜单中选择 "Paste Material[粘贴材质]" 命令。

粘贴材质后，"▨ 1" 的名称会变为 "▨ SHUI XIA"，将其重命名为 "▨ 1-TU SHI"（"1-土石" 的汉语拼音）。

（8）在 "▨ 2" 上面单击鼠标右键，从弹出的快捷菜单中选择 "Load a material[载入一种材质]" 命令。会弹出可视化材质浏览器，从中选择一个植被材质（这是一个带有凹凸效果的材质，非常适宜表现远景的茂密植被，大家要记住有这么好的一个材质，并善加利用），如右图。

把刚刚载入的植被材质重命名为 "▨ 2-ZHI BEI"（"2- 植被" 的汉语拼音）。如右图。

（9）选择混合材质层 "▨ SHUI SHANG"。

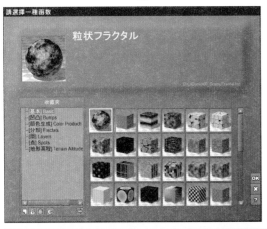

进入其 Materials to mix 〖材质混合〗标签 >>Distribution of materials 1 and 2[[子材质 1 和 2 的分布]] 参数组中，在 [分布函数 ◉] 预览框上双击，会弹出可视化函数浏览器，从中选择一种分布函数。如左图。

这样，在混合材质层 "▨ SHUI SHANG" 的效果中，既分布有土石效果，也覆盖有植被效果。

（10）选择混合材质层 "▨ SHUI SHANG"。进入其 Presence 〖出现率〗标签，按卜图进行设置：

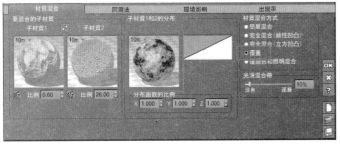

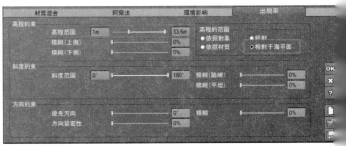

上图设置的目的是，使包含土石和植被的混合材质层 "▨ SHUI SHANG" 只出现在海平面 1 米以上的地方；而在这个位置以下的地方，会显示出下邻的材质层 "▨ SHUI XIA" 的效果。

（11）进行快速渲染，查看效果。如右图：

3. 创建生态系统、思考

下面，着手创建海岛上面生长的椰子树，以及海岸边散落的石块。

（1）选择生态系统层"YE ZI SHU"，向物种列表中添加一种椰子树，如右图：

（2）减小椰子树的密度，避免生成过多的实例。如右图：

（3）通过右图设置，减小不同椰子树之间的高矮变化（增大了均匀性），在椰子树比较稀疏的地方（主要是海边），使椰子树实例向外边倾斜一些：

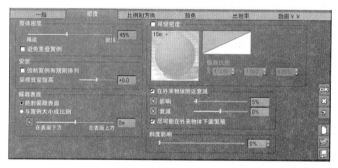

（4）通过下图的设置，主要目的是使椰子树显得更绿一些：

（5）通过下图的设置，主要目的是使椰子树只生长在高于海平面 1 米以上并且比较平坦的地方：

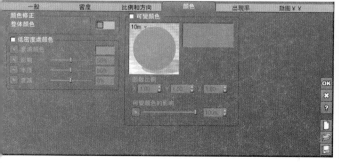

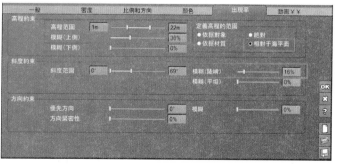

（6）单击 Material Editor【材质编辑器】面板中部的 Populate [繁殖] 按钮，在海岛表面上自动繁殖椰子树的实例。

（7）进行快速渲染，查看效果。如右图：

（8）延伸思考：

看了上面的快速渲染图，有的朋友会发现问题：海岛上的椰子树显得过于"瘦高"，希望把椰子树调整得"粗壮"一些（海岛上的椰子树经常遭受海风吹打，长得低矮、强壮一些，可能更符合实际情况），也就是说，希望椰子树的实例在 Z 方向上小一些，在 X、Y 方向上大一些。

> 解决这个问题的办法其实我们已经学习过了，请大家回到前文"全局生态系统 >> 生态系统选择器"章节中复习一下，经过思考，应该可以顺利地解决上述问题（很多时候，学习的乐趣，在于自己找到了解决问题的答案）。

（9）接下来，要在岸边创建一些散落的石块效果。

在生态系统层" YE ZI SHU"的上面，添加一个新的生态系统层，将其重命名为" YAN SHI"（"岩石"的汉语拼音），并向其中随意添加一种岩石，作为繁殖实例的物种。

在该岩石生态系统层中，关键在于，要设置好岩石的散落位置（使石块集中分布在岸边附近，水面上有一些，水面下也有一些，能够受到海水的冲刷），如右图：

> 注意：为了不使海洋对象妨碍岩石实例的自动繁殖，需要开启海洋对象的" [繁殖生态系统时忽略此对象]"选项。

其他设置（主要是比例和密度），请大家仿照前面的做法，自行完成。

（10）在近景的局部地方，如果感到椰子树或石块自动繁殖生成的某些实例的分布状态不理想，可以单击中部的 Paint [绘制] 按钮，会弹出 EcoSystem Painter【生态系统绘制器】面板，使用其中的绘制工具，在近景的水岸边，根据需要或对景色的直觉认识，手工点缀一些椰子树或岩石的实例。

4. 优化大气环境、拓展

下面，调整场景中的大气效果。

（1）单击主界面左侧工具栏中的 [添加云层…] 按钮，从可视化云层浏览器中选择一种光谱云层，如左图：

（2）调整上述云层的比例，如左图：在右图中，增大云层比例的目的是，使云层感觉上更近、更醒目一些。

（3）请大家自行完成其他大气效果的设置：主要是把太阳的照射角度调整得更高一些，使天空更蓝一些。

（4）做完上述工作，本实例基本上创建完毕，请大家进行渲染查看效果（即本范例开始的第一幅图片）。

（5）拓展：

三维景观最吸引人的地方之一是，可以在现有场景的基础上，根据自己的喜好，改变一部分设置参数，或者调整相机的观察角度，从而改造出更新奇的效果。也就是说，可以共享、升级、创新自己或他人的成果。

例如，下面的两幅图片，就是以上述场景为基础改造而来的场景，在这两个新的场景文件中，改变相机取景角度之后，仅通过改变大气效果和基地材质，就获得了截然不同的新效果。如下图：

请让您的想像力插上翅膀，尽情地变换新奇的效果吧！

8.6 体积材质 《

8.6.1 概述

体积材质与简单材质、混合材质不一样，简单材质和混合材质仅仅通过表面进行定义，而体积材质定义在整个体积之中。

在 Vue 中，默认赋予对象的材质类型是简单材质，在 Material Editor【材质编辑器】>>Type[[材质类型]] 列表中，选择 ⊙Volumetric material[体积材质] 单选按钮，就把材质类型从简单材质转换为体积材质。

在材质层级列表中，体积材质名称前侧的标识图标是"□"。

材质类型转换为体积材质后，【材质编辑器】面板下边的标签区就发生了改变，包括两个基本的 Color & Density 〖颜色和密度〗标签和 Lighting & Effects 〖照明和效果〗标签。如果照明模式不同，或者编辑的是云层体积材质和云团体积材质，会出现某些特殊的标签。

8.6.2 〖颜色和密度〗标签

Color & Density 〖颜色和密度〗标签主要用于调整体积材质的颜色和密度。其界面如下图：

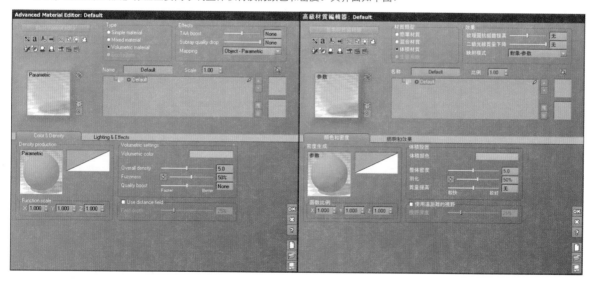

1. 密度生成

体积材质主要是基于 Density production[[密度生成]] 参数组定义的。

该参数组定义了材质在整个体积中的局部密度。它的工作原理是：对于体积之中的每一个点（不只是表面上的点），由 [密度生成函数] 产生一个介于 -1 ～ +1 范围之间的值（-1 在函数预览上呈现为黑色，而 +1 呈现为白色），然后该数值被 [密度生成滤镜] 转化为该点的密度，如果结果值是 -1，表示材质不存在，+1 表示材质是实体。当渲染体积材质时，Vue 沿着穿越材质的光线将材质的密度累计起来，然后计算材质的结果颜色。

> 说白了，由 [密度生成函数 📷] 在对象占据的空间内生成一个黑白模型（即灰度模型，只用于控制密度，不影响材质颜色），然后，用一个滤镜把这个黑白模型调整为另外一个黑白模型。模型中白色的地方，代表较高的密度，黑色的地方，代表较低的密度。

可以使用常用的标准方法更换、编辑 [密度生成函数 📷] 和 [密度生成滤镜]。

使用 Function scale[[函数比例 X□Y□Z□]] 参数，可以分别沿着 X、Y 和 Z 轴向缩放函数。

2. 体积设置

在 Volumetric settings[[体积设置]] 参数组中，包括以下控件。

1) Volumetric color[体积颜色 📷]

该参数控制体积材质的全局颜色。关于如何更换、编辑颜色，参见前文"选取颜色"章节。

2) Overall density[整体密度 ↔ □]

使用该参数，可以修改体积材质的整体密度，会在全部体积范围内增加或减少体积材质的平均密度。

3) Fuzziness[羽化 ✎ ↔ □]

该参数控制体积材质边缘附近的密度。

当靠近边缘时，材质的密度会自动减少。如果该参数设置为 0%，接近边缘时材质的密度不受影响；该值越大，靠近边缘的材质显得越薄。

该参数可以使用一个函数进行驱动。

羽化效果的概念与模糊效果不一样，羽化效果强调的只是边缘处的模糊。

4) Quality boost[质量提高 ↔ □]

使用该参数，可以改变计算体积材质时的采样次数。

如果渲染效果看上去有杂点，请增加该设置。设置得越高，材质看起来越好，但渲染时间也越长。从策略上讲，只有当最终以高质量的渲染模式渲染场景时，才应当增加此项设置。

3. 使用远距离的视野

如果选中 ☑Use distance field[[使用远距离的视野]] 复选框，当计算体积材质的密度时，会考虑对象内部深度因素的影响。随着从对象表面向内部的逐步深入，密度会自动增加，自动增加的深度范围可以使用 Field depth[视野深度 ↔ □] 参数界定，到达该深度时，密度函数达到最大值。

8.6.3 〖照明和效果〗标签

Lighting & Effects〖照明和效果〗标签的界面如下图：

该标签中的多数参数可以使用函数进行驱动。

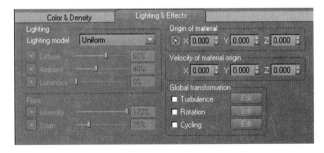 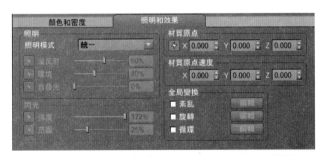

1. 照明

在 Lighting[[照明]] 参数组中，可以自定义材质对光的反应方式。

展开 Lighting model〖照明模式 ▽〗下拉列表，可以从中选择用于体积材质的照明模式，如右图：

1) Uniform[统一]

该模式是最简单的照明模式，也是默认的模式。

材质的颜色是统一的，只依赖密度而定。当计算颜色的时候，不考虑光源的影响。换句话说，即使由白天转到晚上，材质的颜色也不会变暗。

2) Shaded[投影]

选用这种模式，在材质表面计算光源和阴影的影响。Diffuse[✔ 漫反射↔ □]、Ambient[✔ 环境↔ □]、Luminous[✔ 自发光↔ □] 和 Flare[[闪光]] 控件变得可用。

3) Additive[附加]

该模式类似于 Uniform[统一] 模式。不同之处是，体积材质的颜色被附加到背景中，而不是把背景遮住。

4) Volume shaded[体积投影]

该模式是一种更高级的模式，会遍及整个材质之内计算光线的影响，而不是只在材质表面计算光线的影响，材质颜色可以在体积内发生变化。该照明模式对于火球、浓烟或爆炸是理想选择。

使用此模式，材质的计算速度比起较简单的 Shaded[投影] 模式或者 Uniform[统一] 模式要慢许多。

选择 Volume shaded[体积投影] 照明模式后，会添加一个 Volumetric color 〖体积颜色〗标签（见下文）。相应地，Color & Density 〖颜色和密度〗标签 >>Volumetric settings[[体积设置]] 参数组中的 Volumetric color[体积颜色 +] 控件会消失。

5) Hypertexture[超级纹理]

选择该模式后，会添加一个 Hypertexture Material 〖超级纹理材质〗标签（见下文）。相应地，Color & Density 〖颜色和密度〗标签 >>Volumetric settings[[体积设置]] 参数组中的 Volumetric color[体积颜色 📷] 控件和 Fuzziness[羽化 ✔ ↔ □] 参数会消失。

只有当选择了 Shaded[投影] 或者 Volume shaded[体积投影] 照明模式时，位于 Lighting[[照明]] 参数组下边的其他参数才可用，这些参数的作用，和简单材质中的相应参数相似。

2. 闪光

当选择了 Shaded[投影] 或 Volume shaded[体积投影] 照明模式后，才可以使用 Flare[[闪光]] 参数组中的参数。

当从一个稀疏的体积材质后面观看光线时，它会导致材质变得非常明亮，这叫做"闪光"。当体积材质太密实或太稀疏时，都不会发生闪光效果。

在 Flare[[闪光]] 参数组中，可以使用 Intensity[✔ 强度↔ □] 和 Span[✔ 范围↔ □] 这两个参数控制闪光效果。Span[✔ 范围↔ □] 是指发生闪光的面积，较大的值产生较大的闪光。

8.6.4   〖体积颜色〗标签

Volume shaded[体积投影] 照明模式是最高级的体积材质模式。这种照明模式中，在每个采样点处，会重新计算材质的颜色，当部分材质把阴影投射到同一材质的其他部分上时，也会重新计算照明和内部阴影。

选择 Volume shaded[体积投影] 照明模式后，Color & Density 〖颜色和密度〗标签 >>Volumetric settings[[体积设置]] 参数组中的 Volumetric color[体积颜色 📷] 控件会消失。相应地，为了定义材质内部的颜色，在【材质编辑器】中，会添加一个 Volumetric color 〖体积颜色〗标签，如下图：

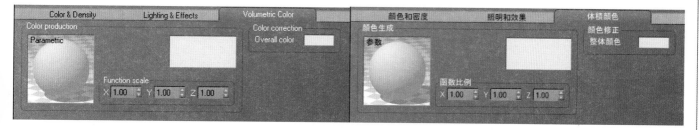

使用该标签，可以定义材质在整个 3D 体积内的颜色。该标签中 Color production[[颜色生成]] 参数组的含义和使用方法和简单材质的 Color & Alpha 〖颜色和阿尔法〗标签 >>Color production[[颜色生成]] 参数组相同（选择 ⦿ Procedural colors[程序颜色] 模式的情况下）。

特别注意，在这里，是把体积颜色定义在了整个 3D 体积之内，而不仅仅是表面。

8.6.5   〖超级纹理材质〗标签

如果在 Lighting model 〖照明模式 ▽〗下拉列表中选择了 Hypertexture[超级纹理] 模式，Color & Density 〖颜色和密度〗标签 >>Volumetric settings[[体积设置]] 参数组中的 Volumetric color[体积颜色 📷] 控件和 Fuzziness[羽化 ✔ ↔ □] 参数会消失。相应地，会添加一个 Hypertexture Material 〖超级纹理材质〗标签，如下图：

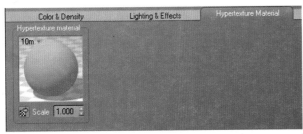

超级纹理材质是实体和体积杂合的结果，可用于创建多孔材质，例如腐蚀金属或海绵，以及各种像水溅起一样的特殊效果。

超级纹理材质也是使用 Color & Density〖颜色和密度〗标签中的 [密度生成函数 ◉] 定义的，但是使用密度值的方式有所不同：密度值不是用于定义体积材质的密度大小，而是用于定义存在材质或不存在材质的分界面。密度值较大的地方，视为材质的"内部"（是实体的），密度值较小的地方，视为"外部"（不存在材质，完全透明）。分界面的位置是由 Overall density[整体密度↔ □] 参数控制的，Overall density[整体密度↔ □] 参数的值越大，会有更多的地方转变成材质的"内部"，值越小，材质的"内部"就变得越少。所以，拖动 Overall density[整体密度↔ □] 滑杆上的滑块，可以调整超级纹理材质的外观。

> 说白了，由 [密度生成函数 ◉] 在对象占据的空间内生成一个黑白模型（即灰度模型，只用于控制分界面，不影响材质颜色），然后，用一个滤镜把这个黑白模型调整为另外一个黑白模型。模型中白色的地方，是存在材质的地方，黑色的地方，是不存在材质的地方，变得完全透明。

在 Hypertexture Material〖超级纹理材质〗标签中，可以定义（更换或编辑）出现在分界面上的 Hypertexture material[[超级纹理材质 ◉◉]] 及其比例。

> 注意：在材质层级列表中，该材质是以子材质的形式出现（可以把该子材质转换成混合材质或分层材质，甚至可以转换成生态系统材质）。如右图：

所以，通过材质层级列表，也可以选择并编辑应用在分界面上的 Hypertexture material[[超级纹理材质 ◉◉]]。

8.6.6 范例：侵蚀矿石

下面，请跟着我的操作步骤，以前义"范例：青铜矿石"中创建的场景文件为基础，使用超级纹理材质对青铜矿石材质进行改造，得到一种带裂纹的侵蚀效果。

(1) 打开上述场景文件。

(2) 选择场景中的岩石对象。打开 Material Editor【材质编辑器】对话框，其材质层级列表如右图：

(3) 右图中，在 "◉ QT + KS" 名称上面单击鼠标右键，从弹出的快捷菜单中选择 "Copy Material[复制材质]" 命令。

(4) 再次在 "◉ QT + KS" 名称上面单击鼠标右键，从弹出的快捷菜单中选择 "Reset Material[重设材质]" 命令。

(5) 进入 Type[[材质类型]] 列表中，选择 ◉Volumetric material[体积材质] 单选按钮，就把材质类型转换成体积材质。

(6)进入 Lighting & Effects〖照明和效果〗标签>>Lighting[[照明]] 参数组，从 Lighting model〖照明模式▽〗下拉列表中选择"Hypertexture[超级纹埋]"选块。

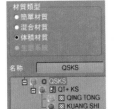

(7) 在材质层级列表中，用鼠标右键单击位于体积材质下面的"子级"（即超级纹理材质）的名称，从弹出的快捷菜单中选择"Paste Material[粘贴材质]"命令。

(8) 在材质层级列表中，选择超级纹理材质的"父级"，将其重命名为 "◉ QSKS"（"侵蚀矿石"的汉语拼音首字母）。如左图：

(9) 进入 Color & Density〖颜色和密度〗标签 >>Density production[[密度生成]] 参数，双击 [密度生成函数 ◉] 预览框，会弹出可视化函数浏览器，从中选择一种分布函数。如右图：

(10) 在 Color & Density〖颜色和密度〗标签中，按左图进行设置：

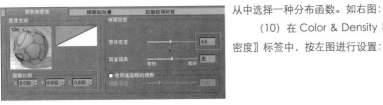

上述参数，一般来说没有办法一下子断定究竟该采用多大的值才十分合适，可以通过多次尝试、比较后确定。等您积累了经验之后，能够判断是应该往大处调整，还是往小处调整，就够了。

（11）进行渲染，效果如右图，在右图中，如果您伸手去捡这块岩石，是不是有一种担心把它碰碎的感觉？

（12）进一步调整：请您尝试把［密度生成函数 ］更换成其他的函数，调整相关参数，体验不同的效果。

8.7　光谱云层体积材质 《

云层体积材质是一种特殊类型的体积材质，适用于光谱云层或体积云层。

注意，云层不一定必须使用体积材质，在可视化云层浏览器（即可视化材质浏览器）中，有不少云层使用的材质类型是简单材质。

打开云层体积材质的 Advanced Cloud Material Editor【高级云层材质编辑器】的方法，参见前文"大气"章节。

在光谱云层材质的【高级云层材质编辑器】对话框中，包括三个标签，分别为：Color & Density〖颜色和密度〗标签、Large Scale Density〖大比例密度〗标签和 Lighting & Effects〖照明和效果〗标签。

在 Vue 中，光谱云层是比较高级的云层，所以，本节就针对光谱云层体积材质的特殊之处，分成几个主题进行讲解（不按标签顺序讲解）。

8.7.1　照明

进入 Advanced Cloud Material Editor【高级云层材质编辑器】>>Lighting & Effects〖照明和效果〗标签 >>Lighting[[照明]] 参数组中，展开 Lighting model〖照明模式 ▽〗下拉列表，可供选择的的照明模式有三种，如右图：

其中，光谱云层材质使用的照明模式为 Volumetric layer（v1.0）[体积云层（v1.0）] 或者 Volumetric layer（v2.0）[体积云层（v2.0）]，分别对应光谱云 1 和光谱云 2。在正交视图中，光谱云层表现为有一定厚度的灰色云层；普通的体积云层材质使用的是 Flat layer[扁平云层] 模式。

改用不同的照明模式，对云层效果影响很大。一般来说，我们使用的光谱云层都是预置好的，各参数之间有比较好的搭配协调关系。所以，我们不应该无故更改照明模式。

在 Lighting model〖照明模式 s〗下拉列表中，如果选择 Volumetric layer（v1.0）[体积云层（v1.0）] 或 Volumetric layer（v2.0）[体积云层（v2.0）] 照明模式，位于 Lighting[[照明]] 参数组下边的几个复选框变得可用。

1）☑Internal shadows[内部阴影]

当选中此复选框时，会计算云层内部的阴影，这意味着云层内的某些部分会把阴影投射到云层内的其他部分上。

该选项能产生非常真实的云，但也显著增加了渲染时间。

2）☑Cast shadows[投射阴影]

当选中此复选框时，云层会在大气中投射阴影。如果条件有利，会出现上帝之光效果（要产生上帝之光效果，还必须在【大气编辑器】中选中☑Godrays[上帝之光] 复选框）。

选中此复选框也会显著增加渲染时间，应慎重使用，而且它并不一定会明显改善图像效果和质量。

3）☑GI ambient lighting[全局环境照明]

云层应用全局环境照明。

4）□Force ambient color[强制环境颜色]

可以调整当前光谱云层的环境光颜色，通常在阳光照射不到的地方（如内部阴影或背光面），造成的实际影响较大。

在同一个场景中，不同的光谱云层，可以设置不同的环境光颜色。

8.7.2　云层颜色

调整云层的颜色，通常会对场景的气氛影响很大。

要调整云层颜色，可以从以下几个方面入手。

（1）进入 Color & Density〖颜色和密度〗标签，调整 Volumetric color[[体积颜色]]。

此设置可以调整云层的整体颜色，云层最终的实际颜色是以此处指定的整体颜色为基础，和复杂的光线过滤相互作用的结果。

这种效果是不符合"自然"的，感觉上，云层的颜色应该只能由照明条件定义，此设置是"歪曲"自然规则的一种方法。

如果要使云层"变暗"，应该避免使用这种方法，而是应该使用密度和不透明度设置。

（2）调整太阳光的颜色。

（3）进入 Lighting & Effects〖照明和效果〗标签 >>Lighting[[照明]] 参数组，调整 ☑Force ambient color[强制环境颜色]。

上文已讲过。运用该控件时，要注意和 Atmosphere Editor【大气编辑器】对话框 >>Light〖光照〗标签中的 Ambient light color[环境光颜色 +] 的区别。

（4）云层最终的颜色还会受到 Atmosphere Editor【大气编辑器】对话框中其他多个设置的影响。例如，进入 Atmosphere Editor【大气编辑器】对话框 >>Sky, Fog and Haze〖天空、雾和霾〗标签 >>Sky[[天空]] 参数组，调整 Decay color[衰减颜色]，对傍晚时的云层颜色有很大影响。

8.7.3　云层形状

要改变云层的形状，主要通过以下几个途径。

（1）通过 Color & Density〖颜色和密度〗标签 >>Density production[[密度生成]] 参数组：

该参数组的使用方法与一般的体积材质相同。通过该参数组，用户可以运用各种强大的函数。

（2）通过 Color & Density〖颜色和密度〗标签 >>Cloud layer detail[[云层细节]] 参数组：

位于该参数组中的参数，控制云层中可以看得见的细节数量。

Scaling[比例 ↔ □]：控制云层细节的总体比例，较高的值会产生较精细的云层形状。

Roughness[粗糙度 ↔ □]：控制云层形状中的"羽化"（典型值应低于 50%，），较高的值会在云的周围产生很多羽化效果。

Variations[变化 ↔ □]：控制粗糙效果在整个云景中变化的程度，该参数的效果不易以较小的比例看见，只会给云景添加较大比例的变化。

Uniformity[均匀 ↔ □]：此参数根据云层内部的高程，控制粗糙度效果内的变化。较高的值，意味着云层均匀粗糙；而较低的值，创建的云层较圆滑而且底部缺乏羽化。

上述几个参数和云层形状的关系，不是很直观。它们其实是通过某些特殊的函数对当前云层的局部密度施加控制，只不过，这些特殊的函数是"隐藏"的，用户无法直接通过函数编辑器对其进行编辑调整。

（3）通过 Color & Density〖颜色和密度〗标签中的 ☑Custom cloud layer profile[[自定义云层轮廓]] 复选框：

如果选中 ☑Custom cloud layer profile[[自定义云层轮廓]] 复选框，可以使用一个滤镜沿着高程调整云层的密度轮廓。

（4）通过 Color & Density〖颜色和密度〗标签中的 Cloud modulation[[云调制]] 参数组：

{{NEW9.5.0}} 这是 Vue 9.5 增加的新功能。该参数组在云团体积材质中也适用。

该参数组中的参数，均可以使用函数进行驱动。使用函数进行驱动时，可以创建非常独特的效果（如穿越山峰的流云效果）。

（5）通过 Atmosphere Editor【大气编辑器】对话框 >>Clouds〖云〗标签中的参数设置云层。详见前文"大气"章节。

（6）通过 Lighting & Effects〖照明和效果〗标签 >>☑Dissolve near objects[[接近对象处消散]] 参数组：

如果选中 ☑Dissolve near objects[[接近对象处消散]] 复选框，可以自动定义云层靠近场景中的其他外来对象时如何作出反应。通常来说，云层在接近场景中其他对象（如山峰）的地方，密度会自动下降，这样，山脉或山峰穿破云层时，才能生成比较自然的效果。

Accuracy[精度 ↔ □]：此参数控制云层接近场景中的其他对象时，生成消散效果所采用的计算精度。

Softness[柔和性 ↔ □]：此参数控制云层接近其他外来对象时消散的速度。设置成较低的值，意味着云层在接近其他对象的地方会突然消散。

Distance[距离↔ □]：此参数控制云层中距离其他外来对象多远的地方，才会受到影响。可以使用该参数和 Softness[柔和性↔ □] 参数协同控制云层消散的程度。

（7）除了以上途径之外，在 3D 视图中，使用移动工具改变云层的海拔高度，或者使用缩放工具改变云层的厚度，或者使用旋转工具改变云层的方向，均会对云层的视觉效果产生较大影响。

8.7.4　云层密度贴图

Large Scale Density 〖大比例密度〗标签是光谱云层材质特有的标签。

此标签中的云层设置和星球地形（或星球场景）一起使用，不管是从太空中向下观察整个星球，或是在地面附近向上看，都可以获得很好的效果。

要激活该标签页中的各项参数设置，需要选中 ☑Use planetary cloud density map[[使用星球云层密度贴图]] 复选框。如下图：

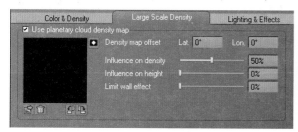 

1）星球云层密度贴图预览框

在该标签页的左边，是星球云层密度贴图预览框，更换贴图图片的方法和有关按钮的使用方法，大家应该已经熟练掌握了，这里不再重复。

为了加深理解，强调以下几点。gan

（1）必须载入一幅贴图，才能激活此标签中的设置。

为了正确地映射星球云层贴图，选用的贴图图片应该是使用圆柱体或墨卡托投影生成的（图片的上下两侧在两极处被拉伸），这样，可以防止渲染的时候贴图出现严重扭曲。

（2）当只载入一幅贴图时，是静态的云层密度贴图。除了静态云层密度贴图，还可以载入系列图片或动画文件（预览框下面会添加一个 [动画纹理选项] 按钮），能够创建动态的星云旋涡、云层飓风效果。{{NEW8.5}} 动态云层贴图是 Vue 8.5 增加的新功能。

（3）星球云层密度贴图在云层上的映射方式是墨卡托投影。

2）Density map offset[密度贴图偏移 纬度 □ 经度 □]

该参数用于偏移贴图。

3）Influence on density[影响密度↔ □]

此参数值越高，从太空中看云层越明显。可以使用 Influence on height[影响高度↔ `] 参数平衡该效果。

4）Influence on height[影响高度↔ □]

该设置使用星球贴图驱动云层高程发生变化，明亮的区域比黑暗的区域要高。

该设置与云层基本的 Altitude variations[高程变化↔ `] 设置共同发生作用，根据影响程度把两种效果混合在一起。

5）Limit wall effect[限制云墙效果↔ □]

当使用一幅贴图定义云层密度时，可能会偶然发生"云墙"效果。例如，当从密度值为 0 的地方过渡到密度值为 1 的地方时，就会导致"云墙"效果突然出现在过渡地方。该设置会自动检测这种过渡情形并改造成较真实的云层分布，可以限制"云墙"效果。

第9章 函数

在前几章中，尤其是在地形和材质这两章中，我们已经多次接触到函数的概念。函数是程序地形和材质能够产生精细视觉质量的关键。

不少人很惧怕函数，一提到函数，就感到很头痛，函数被打上了"抽象"、"复杂"这类的印记。其实，对于函数，从概念方面讲，非常简单！从应用方面讲，虽然 Vue 提供了许多函数，但常用的并不多，而且都很易于使用。所以，大家应有学习好、应用好函数的充足信心。

9.1.1 函数的作用

函数的作用是什么呢？

请先考虑以下两个问题。

问题一：在场景中创建一个球体对象，随意在球体对象的表面上指定一个"P 点"，请大家认真想一想，这个"P 点"能承载（或拥有）哪些属性信息呢？下面这些属性信息，可能大家比较容易想到。

（1）自身模型方面的属性信息：点的位置、点的方向、点的法线、点的斜度、点的高程，等等。

（2）自身材质方面的信息：颜色、高光、凹凸、透明度、反射率，等等。

（3）与其他对象相互关系方面的信息：光线入射角度、到相机的距离，等等。

事实上，上面只是"P 点"的一部分常见的属性信息，对于对象表面上的任意某个点来说，还可以承载（或拥有）其他更多的属性信息。

问题二：请大家再想一想，"P 点"的这些属性信息之间存在有某种联系吗？能使用一种信息控制另一种信息吗？有没有能够使这些信息之间产生相互联系或相互控制的工具呢？

函数正是这样一种能够使各种信息相互联系、相互影响、相互控制、相互利用的工具。

例如，当函数应用到 Material Editor【材质编辑器】中时，通过函数，能够根据对象表面上"P 点"模型方面的某个属性信息（如位置），生成或控制"P 点"的材质通道方面的某个属性信息（如颜色或透明度）；又例如，通过函数，能够根据一幅图片，控制材质的颜色或透明度；又例如，在对象图表中，通过函数，能够使用一个对象的某个属性值（如大小），控制另一个对象的某个属性值（如大小）。

> 大多数函数以及其中的节点，可以使用黑白图片的方式进行预览（或黑白模型），所以通俗地说，用某个函数进行控制，（在多数情况下）就是使用其中的黑白图片进行控制。换句话说，函数根据某种属性信息，计算、生成一幅黑白图片，再使用这幅黑白图片，去影响、控制另外一种属性信息。

9.1.2 范例：彩环

下面，请跟着我的操作步骤，使用函数创建一种彩色圆环的效果。

（1）打开 Vue 主程序，开启一个空白场景，新建一个圆环体对象。

（2）选择上述圆环体对象，打开 Material Editor【材质编辑器】对话框。进入 Color & Alpha【颜色和阿尔法】标签 >>Color production[[颜色生成]]参数组，按住 Ctrl 键的同时，用鼠标单击[颜色生成函数 ●]预览框，会打开 Function Editor【函数编辑器】对话框。如右图所示：

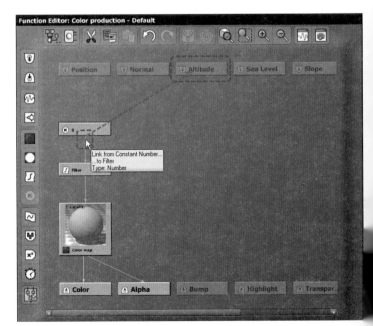

（3）在上图中，把鼠标光标移动到蓝色虚线方框内链接线的上端，按下鼠标按键，拖动链接线的上端，沿着红色虚线指示的方向，移向上边的

Altitude{ IN 🔽 高程 } 输入节点方格内，会出现下面左图所示的圆圈标记，释放鼠标，就建立了新的连接关系，如右图所示：

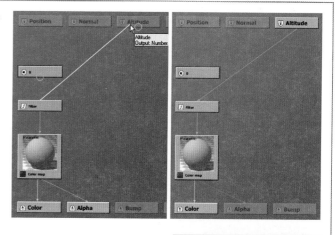

（4）不同的连接关系，决定了数据流动的路径不同。现在，解释一下上图中连接关系的含义。

①对于圆环体对象表面上的某一个"P点"，Altitude{ IN 🔽 高程 } 输入节点能够捕获它的高程值（该高程值是介于 -1～+1 之间的一个数值），并把该数值输送到下边的 "Filter{ ∫ 滤镜 }" 节点。

②在 Filter{ ∫ 滤镜 } 节点中，包含有一个滤镜曲线，它把接收到的数值转换成另外一个介于 -1～+1 之间的数值，然后把它输送到下边的 "Color map{ ■ 色彩图 }" 节点。

③在 Color map{ ■ 色彩图 } 节点中，包含有一个色彩图，该色彩图根据横向标尺和渐变颜色的对应关系（请回忆一下色彩图的原理），产生一个颜色，并把产生的颜色输送到下边的 "Color{ OUT 🔽 颜色 }" 输出节点。

④最后，Color{ OUT 🔽 颜色 } 输出节点把接收的颜色输出到 Color & Alpha〖颜色和阿尔法〗标签 >>Color production[[颜色生成]] 参数组 >>[颜色生成函数 ○] 预览框中，用于渲染生成 "P点"的颜色！

同理，对于圆环体对象表面上的其他任意点，均按照上述方法生成相应的颜色！

可见，上图中的中间处理计算单元就像一座桥梁一样，在"P点"的高程信息和材质颜色通道之间建立起联系！

（5）在上图中，用鼠标单击选择 Color map{ ■ 色彩图 } 节点，进入下边的〖节点/链接详情〗区域，双击 Color map[t 色彩图 ✱✱] 预览框，从弹出的可视化色彩图浏览器中随意选择一种预置的色彩图。如右图所示：

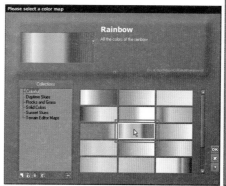

（6）进行快速渲染，查看效果，如左图所示：

（7）思考：

在本例中，我们很容易得知，如果改变了"P点"的高程，或者改变了中间环节的计算规则，它的颜色就会相应改变。说白了，通过控制"P点"的高程，或者控制中间环节的计算规则，就能够控制"P点"的颜色！具体说，可以从哪几个方面入手呢？

不难理解，要控制"P点"的材质颜色，至少可以从以下几个方面入手。

①编辑模型：在对象的模型已经确定的情况下，这种方法难以发挥作用。编辑模型通常对地形对象很有效。

②从输入节点入手："P点"可以承载或拥有多个类型的属性信息（位于【函数编辑器】图表区上部的默认输入节点列出了可以从"P点"调用的部分属性信息），如果选用不同类型的属性信息，其结果不一样。

例如，在本例的 Function Editor【函数编辑器】中，如果把 Filter{ ∫ 滤镜 } 节点连接到 "Slope{ IN 🔽 斜度 }" 输入节点，会得到不同的效果，如右图所示：

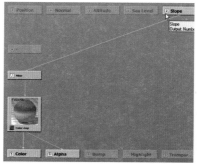

③从中间处理环节入手：即改变中间节点的类型、编辑节点的参数、调整节点的连接关系。

例如，在本例中，可以编辑 Filter{ ∫ 滤镜 } 节点内的滤镜曲线，可以编辑 "Color map{ ■ 色彩图 }" 节点内的色彩图，也可以增加、删减、换成其他节点。

④从输出节点入手：即决定把计算结果应用在哪一个材质通道上。

这些方法，请大家结合已有的知识，自行练习，通过练习，加深对函数的理解。

9.1.3 函数按用途的分类

请大家回忆一下，我们曾经接触过的有关函数的知识，有哪些地方可以调用或访问函数（即载入或编辑函数）。

从不同的地方调用函数，反映了被调用的函数能完成不同的任务，也反映了不同的函数有着不同的用途（或服务目标），用途（或服务目标）即是调用函数的场合，是函数发挥影响、发挥控制作用的舞台。

在 Vue 中，根据用途（或服务目标）的不同，通常把函数划分为以下几类。

（1）地形函数：对于程序地形，指在 Terrain Editor【地形编辑器】>>Procedural Altitudes〖程序高程〗标签中使用的高程生成函数；对于标准地形，使用 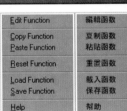[添加函数]按钮，可以从某个函数的输出结果中获得地形数据，能够改善标准地形的表面细节。

（2）材质函数：在 Material Editor【材质编辑器】中使用的函数。这将是函数最主要的用途之一。

（3）在对象图表中使用的函数。

（4）在一些特殊场合使用的函数：例如，在 Water Surface Options【水面选项】对话框（即【水面编辑器】）中使用的函数。

9.1.4 使用函数

1. 载入函数

要使用函数，可以从一个"空"的函数图表开始，一步一步地构造极其复杂的函数效果。但是，对于尚无经验的用户来说，编辑函数是一个比较复杂的过程。为此，Vue 预置了许多常用的函数，用户可以通过 Please select a function【请选择一种函数】对话框选用（即可视化函数浏览器）。如右图：

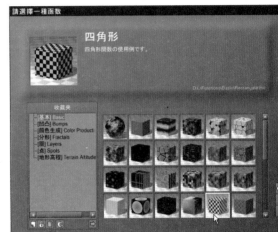

要打开上述可视化函数浏览器，通常有以下方法。

（1）双击函数预览框。

（2）在函数预览框上单击鼠标右键，并从弹出的快捷菜单中选择 Load Function[载入函数]命令。

（3）有些函数预览框的下侧，带有 [载入函数…]按钮（例如，程序地形的[高程生成函数]下侧就有此按钮），单击该按钮，也可以打开可视化函数浏览器。

（4）在 Function Editor【函数编辑器】面板的右下角，单击 [载入]按钮。

2. 函数预览右键快捷菜单

在函数预览框上单击鼠标右键，会弹出快捷菜单，如右图：

（1）Edit Function[编辑函数]：选择该命令，会打开 Function Editor【函数编辑器】对话框，可以编辑函数。

（2）Copy Function[复制函数]和 Paste Function[粘贴函数]：使用这一对命令，可以在不同的函数之间进行复制和粘贴，在实际工作中很有用。

（3）Reset Function[重置函数]：把函数重置为"空白"的默认函数。

（4）Load Function[载入函数]：见上文。

（5）Save Function[保存函数]：选择此命令，会弹出【另存为】对话框，可以把函数以一个单独文件的形式保存起来（文件的后缀名是".fnc"）以备将来重复使用。

9.2　函数编辑器基本概念 ❰❰

本节，我们以简单材质的函数为例，说明 Function Editor【函数编辑器】的基本概念。

9.2.1　打开函数编辑器

Function Editor【函数编辑器】对话框是编辑函数的专用工具，要打开该对话框，通常有以下几种方法。

1）通过函数预览框打开【函数编辑器】

从函数预览框的右键弹出的菜单中选择"Edit Function[编辑函数]"命令，或者，在按住 Ctrl 键（或 Shift 键）的同时，用鼠标单击函数预览框，均会打开 Function Editor【函数编辑器】对话框。

如下图所示，是在简单材质的 Material Editor【材质编辑器】>>Color & Alpha〖颜色和阿尔法〗标签 >>Color production[[颜色生成]] 参数组中，通过 [颜色生成函数 ⚫] 预览框，用上述方法打开的 Function Editor【函数编辑器】对话框的界面：

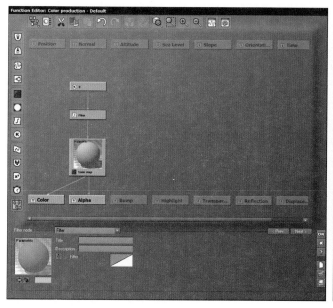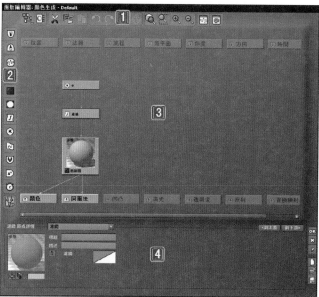

[1]——顶部工具栏。

[2]——节点工具栏（即左侧的垂直工具栏）。

[3]——函数图表区（中间的主显示区）。

[4]——节点 / 链接详情区域（或节点 / 链接属性区）。

材质（或材质层）的名称，会出现在 Function Editor【函数编辑器】对话框的标题栏中。

当 Function Editor【函数编辑器】对话框处于打开状态时，不限制（或不妨碍）进入 Vue 软件的其他部分进行编辑。

2）通过特殊的按钮进入【函数编辑器】

例如，在【材质编辑器】对话框中，单击某些参数前边的 ⚡ [用函数驱动] 图标，会打开 Function Editor【函数编辑器】对话框，并带有一个新的输出节点可用。在这种情况下，如果关闭 Function Editor【函数编辑器】对话框，单击该参数右边的 ▶ [转到函数] 按钮，会重新打开【函数编辑器】对话框。

又例如，在生态系统材质的 Material Editor【材质编辑器】>>General〖一般〗标签中，通过 � Edit Alpha [编辑阿尔法] 按钮，也可以打开相应的 Function Editor【函数编辑器】对话框。

又例如，在简单材质的 Material Editor【材质编辑器】>>Bumps〖凹凸〗标签 >> Displacement mapping[[置换映射]] 参数组中，有一个 ▶ [转到函数] 按钮，通过该按钮，也可以打开相应的 Function Editor【函数编辑器】对话框。

3）通过【世界浏览器】进入【函数编辑器】

在 World Browser【世界浏览器】>> 〖材质〗标签中，先选择某个材质，然后单击底部工具栏中的 [编辑材质图表] 按钮，可以直接打开所选材质的函数图表（即 Function Editor【函数编辑器】）。

在 World Browser【世界浏览器】>> 〖对象〗标签中，先选择某个对象，然后，单击底部工具栏中的 [编辑对象图表] 按钮，可以直接打开该对象的对象图表。

4）一种简便的切换方法

当在两个不同的 Function Editor【函数编辑器】中进行"复制－粘贴"时，例如，想把对象 A 的材质函数图表中的某个节点复制到对象 B 的材质函数图表中，对于初学者，可能会这样做：先打开对象 A 的【材质编辑器】→再打开其中的【函数编辑器】→复制某个节点→关闭对象 A 的【函数编辑器】和【材质编辑器】，然后再打开对象 B 的【材质编辑器】→接着打开其中的【函数编辑器】→粘贴节点。

上面的操作方法是不是挺麻烦？其实，有一种很省事儿的方法是，在复制完对象 A 的材质函数中的某个节点之后，不必关闭对象 A 的【函数编辑器】和【材质编辑器】，而是直接在【世界浏览器】中选择对象 B，【材质编辑器】和【函数编辑器】中盛装的内容，也会相应地直接切换成对象 B 的材质和函数，就可直接粘贴被复制的节点啦！是不是很省事儿？

9.2.2 函数图表

前面，我们对函数的作用和用途有了初步认识，理解了这些知识，就为学习下面的知识打下了良好的基础。

1. 图表的结构

"函数图表"从形式上表现为一组互相连接的节点，节点的作用是，根据给定的输入值生成输出值。

在 Function Editor【函数编辑器】对话框中间最大的区域，就是用来组装构成函数图表的各种节点和链接的场所。

从表面上看，图表是由输入节点、输出节点、节点和链接线组成的网络结构图，其实质是各种属性信息互相联系、互相影响、互相控制的具体表现形式。在图表中，对象的某种属性信息用数学值描述后（成为数据），经过多种数学计算，最终再把计算结果传送给另外一种属性使用。

1）输入节点

图表的输入位于图表区的顶部，具体表现为一组输入节点，是数据进入图表的入口。

输入节点是图表中的第一个节点，位于图表的最顶部，它产生的数据是从场景中某个对象"捕获"的业已存在的数据，是整个图表的初始数据。

2）中间节点

不同的初始数据从相应的输入节点进入图表，向下流经图表内不同的节点和链接，然后进行各种处理计算，数据流自上而下进行流动。用户不能把中间节点放在输入节点之上或输出节点之下。

3）链接

在不同的节点之间，使用链接线条进行连接，链接线条是数据流通的路径。

如果改变了节点的连接关系，就改变了数据流的运动方向，数据就会相应地在不同的节点内进行不同的处理计算，从而产生不同的处理结果。

4）输出节点

图表输出位于图表的底部，具体表现为一组输出节点，是数据离开图表的出口。

输出节点代表被函数计算的结果值。同一个数据流，如果被输送到不同的输出节点，就会应用到不同的材质通道中，从而产生不同的材质效果。

2. 默认输入节点

当我们打开 Function Editor【函数编辑器】面板时，会发现默认情况下，图表的顶部已经存在了几个输入节点，这是因为它们比较常用，Vue 为了方便用户而预先设置好的，这些输入节点，叫做"默认输入节点"。

用户不能删除默认输入节点。

本章一开始我们就介绍过，选取对象表面上的一个"P 点"，这个点能够承载（或拥有）多种属性信息。那么，某个特定的输入节点，究竟"捕获"的是哪一种属性信息的数据呢？这是用输入节点的名称标明的，输入节点的名称就代表了它所"捕获"的是哪一种属性信息数据，输入节点的名称理所当然地被用于划分输入节点的种类。

下面，我们以简单材质的函数图表为例，说明常用的默认输入节点。

1）Position{ IN 位置 }

该输入节点产生向量类型的数据，表示了点的位置。很明显，该输入节点产生的值依赖于对象材质所选用的映射模式。

> 注意：这里的"位置"不是指"对象在场景中的位置"（对象在场景中的位置是指对象原点的位置，在【对象属性】面板 >> ▬▬ 【参数】标签中定义），也不是指组成对象模型的子多边形的顶点的位置，而是在对象的表面上选取的、用于函数计算的采样点的位置（如果说还是不好理解，我们可以把它理解为渲染之后在对象表面上出现的像素点的位置）。

理论上来说，点没有大小之分，不管对象表面的面积有多大，都可以视为由无限个点组成。照这样说，难道会产生无限个点的位置吗？当然，无论计算机速度有多快、有多强大，所能进行的计算都是有限数量的。因此，对渲染引擎来说，实际上只是有代表性地选取对象表面上有限数量的点，也就是所谓的"采样点"，并"捕获"这些"采样点"的位置数据，提供给函数图表做进一步的处理计算。在函数中，我们把参与计算的"采样点"称为"计算点"。

2）Normal{ IN 法线 }

该输入节点产生向量类型的数据，表示"计算点"处表面的法线方向。

3）Altitude{ IN 高程 }

该输入节点产生的是数值类型的数据，其值同"计算点"处的高程成正比，并依赖于映射模式。

> 注意：该值使用的不是真实的高程度量单位（真实高程可以使用米、千米等绝对高度单位）。

4）Slope{ IN 斜度 }

该输入节点产生的是数值类型的数据，其值同"计算点"所在的子多边形面的局部斜度成正比。如果表面是水平的，产生的值是 +1，如果表面是垂直的，产生的值是 0，如果表面是水平朝下的，产生的值是 -1。

> 注意：斜度与数学中使用的"斜率"概念不同，斜率可以是任意值，而斜度值的范围仅介于 -1 ~ +1 之间。

5）Orientation{ IN ⬇ 方向 }

该输入节点产生的是数值类型的数据，其值根据"计算点"所在的子多边形面的法线指向的水平方位角而定，在 -1 ～ +1 范围之间变化。

如果表面法线指向 Y 轴的正向（即 +Y 轴），产生的值是 0。随着法线由西南转向东南（对于一个球体对象，在顶视图中看，从靠近 -Y 轴左侧的地方，沿着顺时针方向旋转到靠近 -Y 轴右侧），产生的值从 -1 变化到 +1。

注意：该输入节点与 Normal{ IN ⬇ 法线 } 有本质不同（产生的数据类型不同）。

用户不能删除默认输入节点，即使是闲置的默认输入节点也不能删除，但是可以删除用户自行添加的、和默认输入节点同名的输入节点。

想一想，为什么没有"大小"输入节点？

3. 非默认输入节点

默认输入节点只是所有可用的输入节点中的一部分，"非默认输入节点"是指除了默认输入节点之外其他可用的输入节点（输入节点的数量 = 默认输入节点的数量 + 非默认输入节点的数量）。因为非默认输入节点不像默认输入节点那样频繁使用，所以，当有需要的时候，才由用户把它们添加到图表中。

通过单击【函数编辑器】面板左边节点工具栏中的 ⬇ [添加输入节点] 按钮，会弹出一个包含全部可用输入节点的列表，可以从中选用某个输入节点。理论上讲，可以向图表区添加任意多个输入节点，而且，可以添加多个同名的输入节点。可以在〖节点 / 链接详情〗区域中为输入节点添加标题和说明。

用户不能删除默认输入节点，但可以删除非默认输入节点。

4. 默认输出节点

输出节点是数据离开图表的出口，代表函数计算的结果值。

函数的服务目标不同，会具有不同名称的输出节点。

例如，程序地形的高程生成函数具有一个"Altitude{ OUT ⬆ 高程 }"输出节点，即从 Terrain Editor【地形编辑器】>>Procedural Altitudes〖程序高程〗标签 >>Altitude production[[高程生成]] 参数组 >>[高程生成函数 ◉] 预览框中打开 Function Editor【函数编辑器】对话框时，图表区下部的那个输出节点。注意，程序地形的"Altitude{ OUT ⬆ 高程 }"输出节点与简单材质的"Altitude{ IN ⬇ 高程 }"输入节点名称虽然相同，但本质不同。

又例如，在简单材质的函数中，具有多个与材质通道相对应的输出节点。

每一个输出节点都有一个独特的名称，其名称代表了该输出节点将要影响（或控制）的相应属性参数。

例如，在简单材质的函数图表区下边，具有多个默认输出节点，分别对应于不同的材质通道（如果对"材质通道"的概念不好理解，可以简单地理解为【材质编辑器】对话框下部的标签页）。

下面，我们以简单材质函数图表中的默认输出节点为例进行讲解。

1）Color{ OUT ⬆ 颜色 }

对应于简单材质的颜色通道（位于 Material Editor【材质编辑器】>>Color & Alpha〖颜色和阿尔法〗标签内）。

注意：既可以向 Color{ OUT ⬆ 颜色 } 输送 Color[颜色] 类型的数据，也可以输送 Number[数值] 类型的数据（转换为灰度）。

2）Alpha{ OUT ⬆ 阿尔法 }

对应于简单材质的阿尔法通道（位于 Material Editor【材质编辑器】>>Color & Alpha〖颜色和阿尔法〗标签内）。

3）Bump{ OUT ⬆ 凹凸 }

对应于简单材质的凹凸通道（位于 Material Editor【材质编辑器】>>Bumps〖凹凸〗标签内）。

4）Highlight{ OUT ⬆ 高光 }

对应于简单材质的高光通道（位于 Material Editor【材质编辑器】>>Highlights〖高光〗标签内）。

5）Transparency{ OUT ⬆ 透明度 }

对应于简单材质的透明度通道（位于 Material Editor【材质编辑器】>>Transparency〖透明度〗标签内）。

6）Reflection{ OUT ⬆ 反射 }

对应于简单材质的反射通道（位于 Material Editor【材质编辑器】>>Reflections〖反射〗标签内）。

7）Displacement Mapping{ OUT ⬆ 置换映射 }

对应于简单材质的置换映射通道（位于 Material Editor【材质编辑器】>>Bumps〖凹凸〗标签内）。

输出节点的名称代表了它要影响的属性参数。对于简单材质，从输出节点的名称，我们就能够得知其指向的材质通道。

用户无法修改输出节点的名称。也不能够添加标题和说明。

在所有的输出节点中，还包括非默认输出节点。是指除了默认输出节点之外其他可用的输出节点（输出节点的数量 = 默认输出节点的数量 + 非默认输出节点的数量），因为它们不像默认输出节点那样频繁常用，所以，当有需要的时候，再由用户把它们添加到图表中。

通过单击【函数编辑器】面板左边节点工具栏中的 ⬆ [添加输出节点] 按钮，会弹出一个包含全部可用输出节点的列表，可以从中选用某个输出节点。在该列表中，与已存在的输出节点同名的项目，会显示成灰色，表明不能够创建多个同名的输出节点。这是可以理解的，因为如果存在多个同名的输出节点，会造成自相矛盾。

用户不能删除默认输出节点，但可以删除非默认输出节点。

5. 多路输出和主输出

在简单材质的 Function Editor【函数编辑器】中，在图表区的下部，虽然存在着多个输出节点，但是，如果没有链接线和某个输出节点相连接的话，这个输出节点就是"闲置"的，它就不会控制或影响相应的材质通道（颜色、凹凸、透明度，等等），或者，会按照软件默认的方法进行处理。

1）多路输出

当有两个以上的输出节点被连接时，意味着函数图表会同时向多个材质通道输出数据，我们称之为"多路输出"。

在函数图表中，属于多路输出的输出节点可以重复使用图表的某些组成部分。例如，可以把 Color{ OUT🔘 颜色 }输出节点和 Bump{ OUT🔘 凹凸 }输出节点共同连接到某个中间节点（即共用一个上游节点）。这样做的主要好处是：

①提高了节点的重复利用次数，减少了出错的机率；

②减少了计算机的运算负担；

③使图表更简洁，提高了图表的可读性。

2）主输出

在 Function Editor【函数编辑器】的图表中，属于多路输出的输出节点，其中总有一个被称为"主输出节点"。

在一个函数图表中，只能有一个主输出节点。如何确定哪一个输出节点是主输出节点呢？

对于简单材质，从哪个材质通道（或受函数驱动的参数）打开 Function Editor【函数编辑器】对话框，那么，与该材质通道（或受函数驱动的参数）相对应的的输出节点就是主输出节点。

例如，如果是通过 Material Editor【材质编辑器】>>Color & Alpha〖颜色和阿尔法〗标签 >>Color production[[颜色生成]] 参数组中的 [颜色生成函数🎨] 打开【函数编辑器】，那么，Color{ OUT🔘 颜色 }输出节点就是主输出节点；如果是通过 Material Editor【材质编辑器】>>Bumps〖凹凸〗标签 >>Bump production[[凹凸生成]] 参数组中的 [凹凸生成函数🎨] 打开【函数编辑器】，那么，主输出节点就是 Bump{ OUT🔘 凹凸 }输出节点，而不再是 Color{ OUT🔘 颜色 }输出节点。

和某个材质通道相对应的主输出节点的名称，会出现在 Function Editor【函数编辑器】对话框的标题栏中。

与其他输出节点相比，主输出节点显示得更鲜明显眼一些，即使它未被选中时（或连接到该主输出节点的节点或链接未被选中时），也是如此。

如果单击【函数编辑器】对话框右下角工具栏中的🔲 [保存] 按钮，在函数图表中，只有连接到主输出节点的部分会被保存，以备将来重复使用。同理，如果单击📁 [载入] 按钮（从可视化函数浏览器中载入一个新函数到图表中），或者单击🗋 [新建] 按钮（重置函数），在函数图表区中，只有连接到主输出节点的部分会被替换或重置。

6. 节点

在函数图表中，位于输入节点和输出节点之间的是普通的"节点"，一个节点占用一个矩形方格，在外观上表现为一个矩形方框，我们称之为"节点框"。

一个节点在其入口处（位于节点框的上侧）接收数据流，根据该节点的性质和参数设置，对这些数据流进行某种处理计算，产生一个或若干个新的数据流，产生的数据可以和接收的数据是同一类型，也可以是不同的类型。

有十一种不同类别的节点，分别是：噪波节点、分形节点、颜色节点、纹理贴图节点、滤镜节点、常量节点、紊乱节点、组合节点、数学节点、动态节点和元节点。

为了便于识别，在节点框的左下角，会标识一个形象的节点类别图标，该图标和【函数编辑器】面板左边节点工具栏中的相应按钮图标是一致的。

在大的节点类别中，通常细分为若干个"子类"，每个子类中包括若干个具体的、不同名称的节点。

图表内的某个节点框，可以显示成两种不同的大小。

1）大版形式

在节点框内，包含节点的可视化预览图、节点所属的类别图标以及节点标题三个部分。如右图：

可以使重要的节点比其他节点显示得更大，使之突出显示出来。

2）小版形式

只包含节点所属的类别图标、节点标题两个部分。如右图：

关于如何设置节点框的外观形式，详见后文。

7. 数据的类型

基于一般的数学知识和物理知识，我们知道，要描述同一种属性值，可以使用不同的数据形式。输入节点采用的数据形式比较适用于计算机的算法，往往和日常使用的数据表示方式有所不同，注意不要混淆。

在 Function Editor【函数编辑器】图表中，节点可以处理以下四种不同类型的数据。

1）Number[数值]

该类型数据是一个浮点值，是函数图表的典型输出。噪波节点和分形节点都会生成数值类型的数据。

在默认输入节点中，Altitude{ IN⬇ 高程 }、Slope{ IN⬇ 斜度 } 和 Orientation{ IN⬇ 方向 } 均产生 Number[数值] 类型的数据。

2) Color[颜色]

这是颜色节点的典型输出。

3) Texture Coordinates[纹理坐标]

这是一个二维向量，典型情况下用于表示计算点的纹理坐标，这是投影节点的典型输出。

4) Vector[向量]

这是由三个数字组成的向量，表示空间中的一个位置或一个方向。

典型情况下，位置和法线都用向量表示。在这里，位置指的是函数计算点的位置（根据所选用的映射模式，被转换进适当的坐标系统），法线指的是函数计算点所在的子多形面的法线所指向的方向。

在默认输入节点中，Position{ IN 📷 位置 } 和 Normal{ IN 📷 法线 } 均产生 Vector[向量] 类型的数据。

> 注意：从数据类型看，在默认输入节点中，Orientation{ IN 📷 方向 } 产生的是 Number[数值] 类型的数据。Normal{ IN 📷 法线 } 产生的是 Vector[向量] 类型的数据。所以，这两个输入节点有本质的不同。

8. 链接

"链接"是把不同的节点连接起来的线路。

链接代表流经图表的数据流，数据总是向下流动（从顶部的输入节点经中间节点流向底部的输出节点）。如果一个节点高于另一个节点，就会较早地进行处理计算。

一条链接线的上、下两端，分别连接着两个节点，从相互关系上来说，上端的节点我们称之为 "upper node[上游节点]"，下端的节点我们称之为 "lower node[下游节点]"。链接线从上游节点的出口（位于节点框的底侧面），连接到下游节点的入口（位于节点框的上侧面），上游节点先于下游节点进行处理计算。

一个节点可以拥有多个下游节点，这有利于重复使用节点产生的数据，可以减少计算机的运算量，使图表更简洁整齐。

有的节点可以拥有多个上游节点，一个节点是否可以拥有多个上游节点，是由该节点自身的性质决定的。

用鼠标单击可以选择链接线，被选择的链接线会高亮、加粗显示，相应的上游节点和下游节点会显示在 Function Editor【函数编辑器】面板下部的〖节点 / 链接详情〗区域内。

根据传送的数据类型的不同，链接线条会显示成不同的颜色，如下表所示：

链接线条的颜色	传送的数据类型
浅蓝色	Number[数值]
浅绿色	Color[颜色]
浅紫色	Texture Coordinates[纹理坐标]
浅红色	Vector[向量]
灰色	未定义类型的数据。例如，在组合节点中生成的数据类型尚未确定时的情况

图表中的链接线使用不同的颜色表示传送的数据类型，增强了图表的可读性。还有一个好处是：当多个链接线交叉在一起时，便于区分识别。

9. 查看节点和链接的数据类型

在编辑函数图表时，需要知道节点能够接收的数据类型、生成数据的名称和类型等信息。

要知道，这些信息可以凭借记忆和经验，可以查看不同的颜色标示，还可以通过查看节点框和链接线条上的提示信息得知这些信息。对于初学者，要善于利用查看提示信息的方法。

把鼠标光标移动到节点框的不同部位，稍做停留，根据节点性质和停留部位的不同，会弹出不同的提示信息。

把鼠标光标移动到链接线条上，稍做停留，也会弹出相应的提示信息。

这些提示信息的用法，会在后文中多个地方涉及到。

9.3　函数编辑器基本操作 《

通过前几节，大家应该已经初步认识了函数，本节中，我们开始着手"改变"函数，学习 Function Editor【函数编辑器】对话框中的各种编辑方法（以简单材质的函数为例）。

9.3.1　编辑函数图表

1. 添加节点

在 Function Editor【函数编辑器】对话框中，要使用节点，首先需要把它们添加到图表区中。

1）使用节点工具栏添加节点

用鼠标单击图表的某个空白区域，会在图表中选择一个红色的矩形格，然后单击左侧节点工具栏内的某个节点按钮，新的节点就会添加到所选择的位置处。

但是，用户使用上述方法只是告诉图表要输入的是哪一大类别的节点，并未具体到哪一种节点，所以，图表会默认选用一种节点。用户可以到〖节点/链接详情〗区域内，展开〖节点子类 s〗或〖节点种类 s〗下拉列表，从中选择某一个具体的节点。

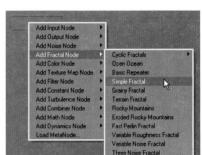

使用上述方法，当鼠标光标移动到某个节点按钮上时，弹出的提示信息为"添加 XX 节点"。例如，当鼠标光标移动到 按钮上时，提示信息显示为" Add Noise Node [添加噪波节点]"；当鼠标光标移动到 按钮上时，提示信息显示为" Add Fractal Node [添加分形节点]"；当鼠标光标移动到 按钮上时，提示信息显示为" Add Filter Node [添加滤镜节点]"；当鼠标光标移动到 按钮上时，提示信息显示为" Add Math Node [添加数学节点]"，等等。

2）使用快捷菜单添加节点

在图表区中的某个空白处，用鼠标右键单击（不管是否选择了红色的矩形格），会弹出添加节点的快捷菜单，如右图所示：

在上述弹出菜单中，带有子菜单，逐级进入子菜单后，能够直接选择具体要添加的是哪一个节点。

3）复制和粘贴节点

使用这种方法，可以把某个（或某几个）已经设置好的节点从一个位置复制到另外一个位置，或者从一个图表复制到另一个图表，相应的按钮位于 Function Editor【函数编辑器】对话框的顶部工具栏中。这种方法，在实际工作中很常用。

2. 选择节点或链接

要选择节点或链接，可以使用以下多种方法。

1）鼠标单击选择

用鼠标单击某个节点或者链接，可以选择该节点或链接。被选择的节点会高亮显示，周围还会出现一个红色的边框；被选择的链接线条会高亮、加粗显示。

当选择了某一个节点或链接时，连接到该节点或链接上面的所有其他节点（如上游节点、下游节点、参数节点）均会加亮显示（但没有红色边框），连接它们的链接线条也会加亮显示（但不会加粗），这样，可以帮助我们查看数据流在函数图表内的流动和处理路径。

如果函数有多路输出，其中主输出节点以及所有与之相连接的节点，均会高亮显示（不管是否被选择），而其他节点未被选择时会以浅灰颜色显示。

2）框选

在函数图表区中，用鼠标拖拉出一个半透明的蓝色矩形，在该选取矩形内的所有节点均会被选中。

注意：不能用框选的方法选择链接线。

3）加选

如果想选择多个节点，请按住 Shift 键的同时连续单击（或框选）要选择的所有节点。

注意：不能同时选择多个链接线，也不能既选中节点，又同时选中链接线。

4）选择空白方格

如果用鼠标单击图表区中某个不存在节点或链接的空白处，就会选择鼠标光标下面的一个空白方格，一个红色的边框会出现在所选空白方格的周围。不能同时选择多个空白方格。

选择空白方格的目的，是为了确定要添加节点的位置。选择空白方格之后，单击节点工具栏中的某个节点按钮，就会把一个新的节点添加到该红色方格内。

3. 节点工具栏

节点工具栏就是位于 Function Editor【函数编辑器】面板左侧的垂直工具栏，用于在函数图表区内添加或替换节点。

为了使精细、烦琐的函数创建工作成为一个轻松、容易的过程，位于节点工具栏内的同一个按钮，根据实际情况的不同，有时候具有添加新节点的功能，有时候具有替换现有节点的功能（按钮的提示信息会相应发生变化），这项独特的技术，是受到人工智能系统的启发而设计的，叫做"SmartGraph[智能图表]"（见下文）。

学习节点时，我们首先要掌握不同类别的节点，需要接收什么类型的数据，能够产生什么类型的数据。这样，进行连接时，我们才能清楚，应该把它们连接到什么类别的上游节点或下游节点。

下面，简单认识节点工具栏内的部分常用节点。

1) [U] [添加输入节点]（或 [替换成输入节点]）

在节点工具栏内，排列在第一位的是 [U] [添加输入节点] 按钮。单击此按钮，会弹出一个很大的列表，可以从中选择一个新的输入节点。具体使用方法我们已经学习过了。

输入节点有很多种，在本书中，大家应重点熟练掌握默认输入节点的含义和用法。

在输入节点列表中，还包括构建 Object Graph[对象图表] 的输入节点（列表中显示的可用输入节点取决于正在编辑的对象的类型）。关于对象图表，本书不要求掌握。

2) [△] [添加输出节点]（或 [替换成输出节点]）

单击此按钮，会弹出一个列表，可以从中选择一个新的输出节点。

在输出节点列表中，可用的输出节点取决于该函数的用途（为谁服务），详见前文。

3) [※] [添加噪波节点]（或 [替换成噪波节点]）

单击此按钮，会创建一个噪波节点。

典型的噪波节点需要接收 Vector[向量] 类型的数据，并计算生成介于 -1 ～ +1 范围之间的数字值（Number[数值] 类型的数据）。

如果选择一个分形节点，再单击此按钮，通过 SmartGraph[智能图表] 技术，会把分形节点转换成一个和它使用的基本噪波相同的噪波节点。

4) [※] [添加分形节点]（或 [替换成分形节点]）

单击此按钮，可以创建一个分形节点。

分形节点是基于某个噪波产生的，该噪波以若干次不同频率进行重复，以创造更多与标准噪波节点一样的精细图案。分形节点创建的图案能够展现大频率范围的细节。

如果选择一个噪波节点，再单击此按钮，通过 SmartGraph[智能图表] 技术，会把该噪波节点替换成一个基于该噪波的 "Simple Fractal{ [◄] 简单分形 }" 节点。

5) [▦] [添加颜色节点]（或 [替换成颜色节点]）

单击此按钮，可以创建颜色节点。

根据连接的实际情况不同，颜色节点既可以基于数字值产生颜色，也可以把一种颜色转换成另外一种颜色。

典型的颜色节点需要接收 Number[数值] 类型的数据，能够生成颜色（Color[颜色] 类型的数据），也能够生成介于 -1 ～ +1 范围之间的阿尔法值（Number[数值] 类型的数据）。

如果先选择某个节点，再单击此图标，根据连接的实际情况不同，SmartGraph[智能图表] 技术通常会把一个适当的颜色节点添加成所选节点的下游节点。

6) [◉] [添加纹理贴图节点]（或 [替换成纹理贴图节点]）

单击此按钮，可以创建一个纹理贴图节点。

使用纹理贴图节点，可以把图片（即纹理贴图）映射到对象上。

有的纹理贴图节点还同时创建一个投影输入节点（以上游节点形式出现，例如 "UV Coordinates{ IN [▼] UV 坐标 }" 输入节点），投影输入节点把当前位置转换成映射坐标（Texture Coordinates[纹理坐标] 类型的数据），再输送给纹理贴图节点，用于映射纹理图片。

典型的纹理贴图节点需要接收 Texture Coordinates[纹理坐标] 类型的数据，然后根据载入的纹理图片，能够生成颜色（Color[颜色] 类型的数据），也能够生成灰度值（Number[数值] 类型的数据），还能够生成介于 -1 ～ +1 范围之间的阿尔法值（Number[数值] 类型的数据）。

纹理贴图节点是一类非常实用的节点，在后文的范例中，会有多处涉及此类节点，通过这些范例，大家一定要扎实地掌握好常用的纹理贴图节点。

7) [♫] [添加滤镜节点]（或 [替换成滤镜节点]）

单击此按钮，可以创建一个滤镜节点。

典型的滤镜节点需要接收 Number[数值] 类型的数据，并计算生成另一个 Number[数值] 类型的数据。

重复单击 [♫] [添加滤镜节点] 按钮，会连续添加多个上、下相连的滤镜节点。

8) [◎] [添加常量节点]（或 [替换成常量节点]）

单击此按钮，可以创建一个常量节点。

如果先选择另外某个节点，再单击此按钮，根据上、下连接的实际情况不同，SmartGraph[智能图表] 技术会把被选择的节点替换成一个适当的常量节点。

9) [U] [添加组合节点]（或 [替换成组合节点]）

单击此按钮，可以创建一个组合节点。

组合节点用于把多个数据流组合成一个数据流，大多数组合节点可以接收、处理所有类型的数据，并生成相同类型的数据。

4. 替换节点

要替换某个已存在的节点，首先选择该节点，然后单击左侧节点工具栏内的某个节点按钮，根据被选择节点种类的不同，以及所单击节点按钮类别的不同，被选择的节点要么被一个新类别的节点替换，要么把一个新的节点添加到被选择节点的下面，成为该节点的下游节点。

例如，先选择一个噪波节点，然后把鼠标光标移动到 ⬛ 按钮上，此时，该按钮的提示信息变为 " Replace by Fractal [替换成分形节点] "，单击此按钮，会使用一个分形节点替换该噪波节点（分形节点中会使用被替换的噪波）。

但是，如果先选择一个噪波节点，然后单击 ⬛ [添加滤镜节点] 按钮，则会把一个滤镜节点连接到噪波节点的输出，成为该噪波节点的下游节点。如果被选择的噪波节点已经连接到另一个节点，SmartGraph[智能图表] 会尝试着从所需类别的节点中插入一个兼容的节点，如果找不到这样的节点，会出现一条消息，询问是否要断开连接。

使用上述方法，要注意以下问题。

（1）注意按钮提示信息的不同。

例如，当把鼠标光标移动到 ⬛ 按钮上时，如果出现的提示信息显示为 " Add Fractal Node [添加分形节点] "，表示单击此按钮，将会添加一个新的分形节点；但是，当把鼠标光标移动到 ⬛ 按钮上时，如果出现的提示信息显示为 " Replace by Fractal [替换成分形节点] "，表示单击此按钮，将把被选择的节点替换成一个分形节点。

（2）在图表中，当选择了一个颜色节点或滤镜节点时，左侧节点工具栏中对应的节点按钮背景色会切换成黄颜色（⬛ 会切换成 ⬛，⬛ 会切换成 ⬛）。此时，单击它们，在图表中被选择节点的下面，会创建一个相同类别的下游节点。

这种情况还表明，这两个类别中的某些节点，能够组成上游节点和下游节点的关系。

（3）对于多数节点而言，当被选择之后，左侧节点工具栏中相应类别的按钮会禁用（变成灰色并带有淡黄色背景），表示不能替换成同一类别的节点。

要改变同一类别内不同节点的种类，要到〖节点 / 链接详情〗区域内，展开〖节点子类 ▽〗或〖节点种类 ▽〗下拉列表中进行选择。

上述现象还表明，对于这部分节点，同一类别的节点不能组成上游节点和下游节点的关系。例如，噪波节点之间、分形节点之间，均不能组成上游节点和下游节点的关系。主要原因是，因为节点需要接收的数据类型和能产生的数据类型是不同的。

（4）左侧工具栏中的节点按钮只标明节点所属的大类别，而不标明具体的节点种类，这种做法，为 SmartGraph[智能图表] 发挥应有的智能作用留足了广阔的空间。

可见，因为 Vue 使用了 SmartGraph[智能图表] 技术，添加、替换或插入节点的操作方法并没有严格的界限。

5. 智能图表

上面，我们多次提到了 SmartGraph[智能图表] 技术，这是一项独特而又极富聪明性的技术集成，是受到人工智能系统中所用技术的启发而设计的。

在 Vue 中，SmartGraph[智能图表] 的唯一目标就是，使函数图表的创建和编辑工作变得既轻松又愉快有趣。

当您添加、替换、删除节点或链接时，SmartGraph[智能图表] 会根据实际条件，自动完成某些任务（没有逻辑错误或数学冲突），从而简化用户的工作。

例如，如果有三个节点首尾依次连接在一起，如果删除第二个节点，SmartGraph[智能图表] 会尝试把第一个和第三个节点重新连接起来。

又例如，当您想把某一个类别的节点添加成现有某个节点的下游节点时，SmartGraph[智能图表] 会尝试着从该类别的节点内找到一种合适的节点，使得新添加的节点与上游节点生成的数据兼容。

又例如，如果有两个节点已经连接在一起，要想在现有的链接线中间插入某个类别的节点，SmartGraph[智能图表] 就会从该类别的节点内寻找并插入一种和原来的两个节点均兼容的新节点（新插入的节点会成为原来上游节点的下游节点，而成为原来下游节点的上游节点）。

所谓"兼容"，该如何理解呢？例如说一个噪波节点，它能够接收并进行处理计算的数据类型是向量类型的，生成的数据是数值类型的。那么，把一个噪波节点连接到一个输出向量值的节点的下游是合适的。但是把噪波节点和噪波节点连接在一起就不合适，也就是说，噪波节点不能互为上游节点和下游节点（但噪波节点可以是另一个噪波节点的参数节点，因为噪波节点的多数参数也是数值类型的）。

6. 插入、移动、删除节点

1）插入节点

要在某个链接线上插入一个节点（使链接线条一分为二），请用鼠标单击选择该链接线（会高亮加粗显示），然后到左侧节点工具栏中，单击要插入的某个类别的节点按钮，新的节点就会被插入到链接线内（新插入的节点成为原来上游节点的下游节点，而成为原来下游节点的上游节点；原来的上游节点也可能会成新插入节点的参数节点）。

按上述方法插入节点时，如果要插入的节点和原来的两个节点不兼容，那么就不能成功地插入新的节点（可能什么都不会发生）。

2）移动节点

使用鼠标拖动的方法，可以在图表中移动节点的位置，从而使图表中的节点排列得更加整齐、清晰。

3）删除节点

要删除某个节点，只需先选择它，然后按下键盘上的 Delete 键或回格键。

如果可能的话，SmartGraph[智能图表] 会把断开的节点重新连接起来。

4）自动清除"闲置"的节点

图表中的某些节点（包括非默认输入节点），可能未直接连接到或未间接连接到任何一个输出节点上，表明这些节点不会影响函数的输出结果，它们是"闲置无用"的节点。当关闭 Vue 主程序之后，这些"闲置无用"的节点会被自动清除干净。但是，如果只关闭场景文件而不关闭主程序，当再次打开该场景文件时，闲置节点仍然存在，说明闲置节点只是暂存在内存中。

5）删除与某个默认输出节点连接的节点和链接

先选择某个默认输出节点，然后按下键盘上的 Delete 键，会沿着链接线自下而上删除与该默认输出节点相连的所有节点和链接线，直至某个节点还有其他下游节点为止。注意，此方法不适用于非默认输出节点。

7. 新建、重建、删除链接

1）新建链接

对于一个尚没有上游节点的节点，在节点框的上侧边中部，有一条很短的连接线头（需要接收的数据类型不同，会使用不同的颜色）。当鼠标光标移动到该连接线头上时，会出现一个相同颜色的、方向朝上的三角手柄（例如"▲"）。当鼠标光标稍做停留时，还会弹出提示信息，显示该节点需要接收的数据类型（当鼠标光标移动到节点框的不同部位并稍做停留时，会弹出不同的提示信息，这些提示信息很有用）。如右图所示：

拖动三角手柄，会出现一条跟随鼠标的线段（即链接线），同时，图表中所有兼容节点的节点框的底侧边中间，会出现一个相同颜色的小圆圈形状的标记符号（如"●"），把链接线释放到某个兼容节点的节点框内（不必一定要释放到圆圈内。特别需要注意的是，当拖动链接线到另外一个节点框内准备进行连接之前，稍做停留，会弹出该节点产生的数据名称和类型的提示信息，这样，非常有利于连接操作），便会自动建立一个新的链接！但是，如果把跟随的链接线释放到图表的空白处，相当于放弃了连接操作。

在右图中，显示成灰色的数据，表示该数据是要连接在一起的下游节点所不能接收的数据类型。

在某些情况下，一个小十字叉又可能会出现在小圆圈标记符号的中心，这个十字叉的意思是说，节点之间是否兼容存在不确定性。但是，如果用户确信连接是恰当的，仍然可以建立链接（当建立这样的链接时会出现一个警告信息）。

2）自动创建链接

例如，当添加噪波节点或分形节点时，会自动和 Position{ IN 📍 位置 } 输入节点连接起来。

3）重建链接

如果要改变现有的连接状态，请"按住"链接线的上端或下端拖动（链接线会变成高亮白色），这时，在所有兼容的节点框上会出现一个小圆圈形状的标记符号（如果拖动链接线的上端，该圆圈出现在兼容节点框的下侧；如果拖动链接线的下端，该圆圈出现在兼容节点框的上侧），把链接线释放在某一个兼容的节点框内，新的链接会自动建立，原来的链接被取消。如果把跟随的链接线条释放到图表的空白处，相当于放弃了重建链接的操作，原有的链接保持不变。

不管是否选择某一个链接线，当把鼠标光标移动到链接线的箭头端时，箭头会"弹起"。这有利于"抓住"箭头端进行拖拉。

4）删除链接

要删除某一个链接，请用鼠标单击选择该链接线条，然后按下键盘上的 Delete 键，或者，抓住链接线的中间部位（不靠近两端），将之拖放到图表的空白处。

不管是否选择某一个链接线，当把鼠标光标移动到其上面时，链接线条会动态地"闪烁"一下。这有利于"抓住"链接线条进行拖动。

9.3.2 节点预览

通过节点预览，可以使节点产生的数据可视化（或形象化）。

1. 节点预览的原理

如果节点生成的是数值类型的数据，节点预览以黑白图案的形式显示在某个基本对象表面上（例如，球体、立方体、圆锥体，等等）。如果节点在某点上生成 -1，这一点会显示成黑色，如果生成 +1，该点会显示成白色。所以说，通过观察节点预览，就可以得知该节点的计算结果是什么。

正因为大多数节点预览显示成黑白图案，所以不严格地说，我们也可以通俗地把这些节点和函数理解为黑白图片。

如果节点生成的是颜色类型的数据，该颜色会显示在预览对象的表面上。在这种情况下，不严格地说，我们也可以通俗地把这些节点和函数理解为彩色图片。

在图表区内，节点显示可以附带预览图，称为"大版形式"，也可以不附带预览图，称为"小版形式"。

2. 节点产生多种数据时的预览

有些节点会产生多种数据，典型的如纹理贴图节点，能产生三种数据，包括颜色输出、灰度输出和阿尔法输出，其节点提示信息如右图：

那么，上述节点的预览图中，应该显示节点产生的哪一种数据呢？很明显，显示的是上图中排列在最上边的颜色输出（红色虚线方框所示）的预览。

那么，对于上图中的纹理贴图节点，如何预览产生的灰度数据和阿尔法数据呢？因为这两种数据都是 Number[数值]类型的数据，所以，我们可以在此纹理贴图节点的下边连接滤镜节点作为下游节点（在未调整默认滤镜之前，滤镜节点不产生实际的调整），间接预览该纹理贴图节点产生的灰度数据和阿尔法数据。如右图：

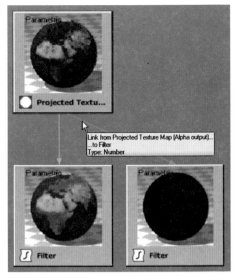

3. 节点外观的全局性设置

使用 Preview Options【预览选项】对话框，可以改变节点预览的外观。打开该对话框的方法是，在 Function Editor【函数编辑器】对话框的顶部工具栏中单击 [图表选项]按钮，会弹出图表选项下拉菜单，从中选择 "Preview Options…[预览选项…]" 命令。

该对话框的设置方法与前文学习过的 Material Editor【材质编辑器】对话框中的 Preview Options【预览选项】对话框是相同的。这些设置对整个图表而言，是全局性的。

注意：【函数编辑器】和【材质编辑器】的 Preview Options【预览选项】虽然在内容和使用方法上是完全一样的，但是二者是分别独立发挥作用的，就是说，二者可以分别设置不同的显示对象和背景颜色，不会相互干涉影响。

在图表选项下拉菜单中的其他全局性设置，参见下文 "顶部工具栏" 章节。

4. 独立改变节点在图表中显示的外观

节点生成数据的预览图显示在〖节点／链接详情〗区域的左边。在该预览框的下侧，有两个切换按钮和一个色块，能够改变该节点在函数图表区中显示的外观形式。

注意：这些设置，均是针对当前节点而言的，不影响其他节点。

1）切换大、小版式

如果选择 [在图表内显示预览]选项，或者取消选择该选项（单击使之切换为 ""），可以在节点的大版形式和小版形式之间切换。

2）切换大、小字号

如果选择 [显示大号文本]选项，或者取消选择该选项（单击使之切换为 ""），可以使节点标题显示成大号文本或小号文本。

3）设置图表中节点框的颜色

在改变节点预览框下侧的色块后，可以改变节点框的颜色。{{NEW8.5}} 这是 Vue 8.5 增加的新功能。

对于不同的节点，使用不同的颜色进行区分，可以增强图表的可读性。

9.3.3 顶部工具栏

1. 图表选项

单击顶部工具栏内的 [图表选项]按钮（左键或右键单击的效果一样），会弹出图表选项下拉菜单，如右图所示：

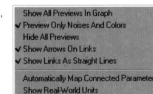

1）Show All Previews In Graph[显示图表中所有预览]

如果选择此此选项，图表中所有节点显示成大版形式的预览。

2）✓Preview Only Noises And Colors[只显示噪波和颜色预览]

默认已经选择此选项，只有噪波节点、分形节点、纹理贴图节点、颜色节点显示成的大版形式。

3）Hide All Previews[隐藏所有预览]

如果选择此选项，所有节点显示成小版形式（不附带预览图）。

以上三个选项是互斥性的单选项，只能选择其一。

注意：上述三个选项是全局性的。但是对于某个具体的节点而言，我们可以强制使用两个版面形式中的任一个，而且会优先于全局性设置。

4）✓Show Arrows On Links[在链接上显示箭头]

默认情况下，已选中此选项，链接线的下端会显示箭头，从而更清晰地表示出数据的流动方向；如果取消选中此选项，则显示成没有箭头的线条。

5) ✓Show Links As Straight Lines[显示为直线]

默认情况下，已选中此选项，链接线条显示为一条直线（两点连一线，不拐弯儿）。当图表中节点和链接线条较多时，倾斜的链接线条会产生许多交叉点。

如果取消选中此选项，则链接线会显示成带直角拐弯儿的外观（没有倾斜）。如果适当地移动某些节点的位置，则会自动调整链接线的走向，能够使整个图表结构看起来更整齐一些。

6) Preview Options…[预览选项…]

前文已经学习过。

2. 显示参数引接线头

如果单击 OE [显示参数引接线头] 图标，会切换为黄色的 OE，在图表中某些节点框的右侧边，会出现一些很短的线段形的引接线头。这些引接线头对应着该节点中那些能够被连接到其他节点（即参数节点）的参数，在〖节点 / 链接详情〗区域中，这些参数前面标示有 " ⚡ " 图标。

为了创建一个针对参数的链接，可以 "抓住" 引接线头上出现的箭头形手柄，把它拖放到另一个节点框内。

注意：为了建立这种类型的连接，并无须显示参数的引接线头（即是说，还有别的方法可用，见后文）。

参数引接线头会按照其所需要的数据类型显示成不同的颜色，和链接线条的颜色区分是一样的。

3. 一般编辑工具

1) ✂ [剪切]
当至少有一个节点被选择时，此按钮才可用。单击此按钮，会把选定的节点从图表中剪除，并放到剪贴板中。
此按钮的快捷键为 Ctrl + X。

2) 📋 [复制]
当至少有一个节点被选择时，此按钮才可使用。单击此按钮，会把选定的节点复制到剪贴板中。
此按钮的快捷键为 Ctrl + C。

3) 📋 [粘贴]
单击该按钮，把剪切或复制到剪贴板内的节点粘贴到图表中。
此按钮的快捷键为 Ctrl + V。

4) ↩ [撤销]
单击此按钮，会撤销最后一次操作，可以连续撤销多步编辑操作，当撤销了至少一步操作时，↪ [重做] 按钮变得可用。

5) ↪ [重做]
单击这个按钮，会重做最后一次被撤销的操作，如果已经撤销了多个操作，可以重做所有已经被撤销的操作（除非又进行了一些其他编辑操作）。

6) 🐾 [从选集创建元节点]
当选择了两个以上的节点时，该按钮才可使用。单击这个按钮，会将所选择的节点转换成一个元节点（即打包成一个群组）。
可以把元节点视为一个 "子函数"。如果用鼠标双击元节点，会打开一个新的 Function Editor【函数编辑器】对话框。

7) 🐾 [解散元节点]
当选择了某个元节点时，单击这个按钮，会把元节点中包含的内容解散到图表内。

4. 图表视图操作

为了观察和编辑函数图表，需要改变图表的视图显示。视图操作工具主要集中在顶部工具栏中。使用鼠标，也可以直接完成一些视图操作。

1) 🔍 [显示全部]（或 [全显]）
单击此按钮，会自动调整预览，能够使图表居中，并显示全部节点。

需要注意的是，图表的缩小是有限度的，当图表内节点数量很多、占用面积较大时，单击此按钮可能不能显示全部节点。

2) 🔍 [显示选择区]
单击此按钮后，视图并不会立即改变，而是等待用户以框选的方式拖拉出一个半透明的蓝色矩形（或者以单击的方式选择一个节点），这时，视图才会自动调整，使被框选区域的节点在图表内居中并放大至整个图表区。

3) 🔍 [放大]
单击此按钮，会放大图表视图，从而可以更细致地观察节点。当视图放大到一定程度，不能显示全部图表时，会出现滚动条，可以通过滚动条平移图表视图。

4) 🔍 [缩小]
单击此按钮，会缩小图表视图，能够从整体上更全面地观察图表。

5）用鼠标缩放、平移视图

按住 Ctrl 键的同时，按下鼠标右键在图表视图区进行上、下拖拉（鼠标光标会变为"🔍"形状，此时，可以松开 Ctrl 键），可以放大或缩小图表视图。

注意：放大和缩小的程度是有限制的，或者说不能无限止地放大或缩小视图。

用鼠标右键在图表视图区单击并且不要松开，鼠标光标会变为"✋"形状，四处拖动可以平移视图；如果按住空格键的同时用鼠标左键拖动视图，也可以平移视图。

6）🔳[函数节点预览]

单击此图标（该图标会切换为黄色的"🔳"样式），会打开 Function Node Preview【函数节点预览】面板。

如果所选节点生成的是数值类型的数据，在该面板中，会显示三条曲线，表示节点沿着三个轴向生成的数值大小。当节点生成的数值大于 +1 或小于 -1 时，通过节点的黑白预览图，已经不能分辨数值大小，此时，就可以通过 Function Node Preview【函数节点预览】面板中的三条曲线，详细观察节点生成的数值的大小。

注意：在该面板中，不仅可以观察某个节点的预览，当选择了某个链接线条时，还可以观察流经该链接线条的数值的大小。此外，通过该面板，还可以观察输入节点和输出节点的数据。

9.3.4 节点和链接详情

节点本质上是一个处理计算单元，节点的计算方法是"密封"的，用户没有必要看到节点里面的计算方法是如何实现的。用户所能够控制的，是节点的有关参数，这些参数位于 Function Editor【函数编辑器】面板下部的 Node/Link Details〖节点 / 链接详情〗区域中，正如其名称所示，该区域显示当前选择的节点或链接的详情（即属性参数的详细信息）。

当选择了单个节点时，在〖节点 / 链接详情〗区域中，才会显示相应的内容。如果框选了多个节点，该区域显示为空白。

1. 节点详情的基本设置

1）节点的类别

当某个节点被选择时，节点所属的类别会出现在〖节点 / 链接详情〗区域的左上角。用户不能在这里改变节点所属的类别。

2）改变节点的子类和种类

在类别的右边，是〖节点子类 ▽〗或〖节点种类 ▽〗下拉列表，展开之后，可以改变节点所属的子类和具体种类。

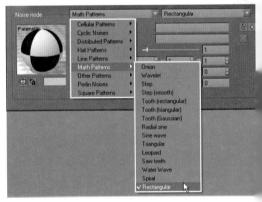

例如，当选择了一个"Rectangular{🕅 矩形 }"噪波节点时，通过〖节点 / 链接详情〗区域内的〖节点子类 ▽〗下拉列表，可以将其改变成其他子类或其他种类的噪波节点，如右图：

通过〖节点种类 ▽〗下拉列表，可以将上述噪波节点改变成同一子类内其他种类的噪波节点（在这个下拉列表内无法改变子类），如左图所示：

3）跳转到上游节点或下游节点

在〖节点 / 链接详情〗区域的右上角，单击 < Prev. [< 到上游] 按钮或者 Next > [到下游 >] 按钮，可以在图表中顺着链接线路跳转到上游节点或下游节点。

4）节点的标题

在 Title[标题 🔲] 文本框内，可以为节点添加一个标题。

在图表区的节点框内，添加的标题会出现在该节点所属类别图标的右侧。当设计复杂的函数时，为节点添加含义清晰的标题，有助于自己或他人阅读和使用。

如果没有为节点提供标题，在图表区的节点框内，默认会显示该节点的种类名称（或常量节点的常数值）来代替节点的标题。

5）节点的描述（或说明）

在 Description[说明 🔲] 文本框内，可以为节点添加简要描述（或说明）。

如果为节点添加了简要描述（或说明），在图表区内，当把鼠标光标移动到该节点上面时，简要描述会出现在该节点的提示信息内。

例如左图所示，是一个没有添加标题和描述的"Rectangular{🕅 矩形 }"噪波节点的外观和提示信息，而右图，是添加了标题文本"TTTTT"和说明文本"DDDDD"之后的外观和提示信息：

6）节点的参数和选项

被选择节点的参数和选项会显示在〖节点／链接详情〗区域中。不同类别和种类的节点，会拥有不同数量和性质的参数选项，参数很多时，〖节点／链接详情〗区域的面积会相应扩大。在后文中，会涉及部分常用节点的参数和选项，这里不进行集中讲解。

2. 引出节点常数值

在节点拥有的参数中，其中某些参数的前侧带有一个"⚡[引出参数]"图标（和⚡[用函数驱动]图标的样式相同）。如果单击该图标，会引出相应的节点参数。

1）从形式上引出节点的参数

如果要引出节点的某个参数，请用鼠标单击"⚡[引出参数]"图标，使之切换为黄色的"⚡[断开参数]"样式，在函数图表中，会立即自动添加一个新的常量节点（已被自动选择），并且，该常量节点被连接到刚才那个节点的节点框右侧边相应的参数连接线头上。

我们把其参数被引出的节点称为"引出节点"，而把和"引出节点"的某个参数相连接的节点称为"参数节点"。

当单击某个参数前侧的⚡[引出参数]图标时，刚刚自动添加的那个常量节点生成（或持有）的值，与该参数被引出之前的值相等，也就是说，被引出的参数的值并未改变。因此，在引出节点中进行的处理计算和生成的数据流，并未受到引出操作的实际影响。如果我们不对这个常量节点（即参数节点）做进一步编辑的话，以上进行的引出操作，纯属"画蛇添足"！

2）编辑参数节点

参数被引出成为常量节点（即参数节点）之后，我们就可以使用其他种类的节点（例如一个噪波节点）替换该常量节点。这样做的结果是，对于对象表面上各个不同的"计算点"，引出节点的这个参数的值，从原来的"不变"升级为"可变"（或者说由常量升级为变量），从而能够计算生成更加复杂的数据流。

这个简单功能的潜在力量，实在了不起！

例如，大多数噪波节点都有一个 Origin[t✎ 原点 X□Y□Z□] 参数（即噪波的原点）。如果引出此参数，自动添加的那个常量节点会被自动选中，然后单击节点工具栏中的▣[替换成紊乱节点]按钮，结果是，噪波节点的 Origin[t✎ 原点 X□Y□Z□] 参数会被紊乱节点生成的数据替换，这将会创建一种崭新的图案效果！

又例如，如果引出某个噪波节点的 Scale[t✎ 比例 X□Y□Z□] 参数，并将之连接到 Slope{ IN⬇ 斜度 } 输入节点，那么，噪波在对象表面上各个不同"计算点"的缩放比例，会自动根据不同斜度而产生变化，这又会创建一种崭新的图案效果！

在被引出参数的右边，有一个▶[转到参数节点]按钮。单击此按钮，会便捷地选择相应的参数节点（〖节点／链接详情〗区域会相应改变）。

3）断开参数节点

重新选择引出节点，在其〖节点／链接详情〗区域中，可以看到，原来的⚡[引出参数]图标，已变成黄色的⚡[断开参数]图标，并且，也不再显示原来的参数输入控件（即不再显示滑竿和数值输入框，参数名称当然还在），而是在原来参数输入控件的位置处标示"- connected-[- 被连接 -]"字样。

如果单击⚡[断开参数]按钮，会断开该节点和相应参数节点的连接，那么，该参数的输入控件会重新回归到节点内，恢复成它原来的参数值。

此外，如果破坏了引出节点和参数节点之间的链接线（是一种特殊的链接，有时我也使用"引接"一词），例如，删除相应的参数节点或者删除到参数节点的链接线，均能达到断开参数节点的目的。

4）参数节点和上游节点的区别

参数节点和上游节点是两个不同的概念。节点和上游节点的链接线位于节点框的上侧边，而节点和参数节点的引接线位于节点框的右侧边。

打个比喻，某个节点中封装的计算方法是通过一个方程"$y = ax^2 + bx + c$"实现的，那么，"y"代表的是节点通过计算生成的数据，"x"代表的是需要从上游节点接收的数据，而"a"、"b"或"c"代表的就是这个节点的参数，这些参数可以通过参数节点进行控制！

3. 使用参数引接线头引出参数

要使用参数引接线头，首先需要在图表视图中把节点的引接线头显示出来（方法是单击顶部工具栏中的◨[显示参数引接线头]图标，使之切换为黄色的◨样式）。

引接线头的排列顺序和该节点的参数在〖节点／链接详情〗区域中的排列顺序相符。

当鼠标光标移动到不同的引接线头上时，会弹出右箭头形的手柄（例如"▶"），鼠标稍做停留，还会弹出和该引接线头对应的节点参数的提示信息（其格式为：参数名称 + 节点种类名称 + 参数的数据类型），这样，用户才能准确地识别该引接线头和节点参数的对应关系。如右图：

用鼠标抓住手柄并将之拖放到另一个兼容节点的节点框内，会建立一个新的引接线，表示成功地引出了这个参数！

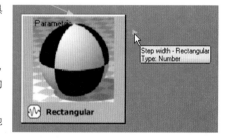

此方法和前面讲的单击"⚡[引出参数]"图标的方法能达到同样的效果。这两种方法在操作上各有优缺点，现比较如下。

（1）通过单击〖节点／链接详情〗区域中的⚡[引出参数]按钮引出参数的特点如下。

其优点是：在〖节点／链接详情〗区域中，可以引出的参数前面均带有"⚡[引出参数]"图标，这些参数排列整齐，一目了然。

其缺点是：需要把自动添加的那个常量节点替换为一个新的节点，多了个步骤。

对初学者，推荐使用这种方法引出节点。

（2）通过参数引接线头引出参数的特点如下。

其优点是：可以直接把参数引接到图表内的某个节点，直达目标。

其缺点是：需要把鼠标光标移动到引接线头上稍做停留，等待对应的节点参数提示信息弹出来，才能识别对应的是哪个参数。

4. 公布参数 {{NEW9.0}}

{{NEW9.0}} 公布参数功能是 Vue 9.0 增加的新功能。

使用公布参数功能，可以把 Function Editor【函数编辑器】中需要经常访问调整的某些参数设置的快捷方式复制出来，集中放置在一个便捷的地方以便于快速访问和调整。

能够公布的参数前侧带有一个"[公布参数]"图标。如果要公布该参数，请单击该图标，该图标会切换为黄色的""，同时弹出 Published Param editor【被公布的参数编辑器】对话框，如右图所示：

1）参数被公布之后使用的名称

在 Name[名称 □] 文本框中，是参数被公布之后使用的名称，其默认格式为"节点标题（或种类名称）- 参数名称"，用户可以把它重命名为一个容易记忆、容易区分的名称。

> 注意：改变参数被公布之后使用的名称，不会改变被公布之前原有的名称。它们的值是同步变化的。

2）编组名称

在 Group〖编组 □▽〗下拉列表框中，既可以输入一个新的编组名称，也可以从下拉列表中选择一个已存在的编组名称。把被公布的参数进行合理地编组，有利于阅读和编辑。

在上图中，单击 **OK** 按钮，完成公布参数的操作，参数前侧的""图标会变为""（右下角多了一个小白点，表示可以使用右键单击）。

3）参数被公布到哪里去了呢

如果是通过 Material Editor【材质编辑器】打开材质函数的 Function Editor【函数编辑器】，公布的参数被集中放置在 Material Editor【材质编辑器】>>Published Parameters〖公布的参数〗标签内，该标签位于材质标签区的最左边（因为标签名称比较长，简化显示为"Published"）。

如果是在程序地形中，通过 Terrain Editor【地形编辑器】>>Procedural Altitudes〖程序高程〗标签打开高程生成函数的 Function Editor【函数编辑器】，公布的参数被集中放置在 Terrain Editor【地形编辑器】>>Published Parameters〖公布的参数〗标签内，该标签位于 Procedural Altitudes〖程序高程〗标签的左侧。

4）改变参数被公布之后使用的名称和编组名称

如果把鼠标光标移动到""图标上面稍做停留，在弹出的提示信息中，会显示该参数被公布之后使用的名称和编组名称信息。

用鼠标右键单击""图标，会再次弹出 Published Param editor【被公布的参数编辑器】对话框，可以修改参数被公布之后使用的名称和所在的编组名称。

5）收回被公布的参数

如果再次用鼠标左键单击""图标，使之切换回""，会收回被公布的参数。

> 注意：公布参数和引出参数具有排斥性，被公布的参数不能再被引出，而被引出的参数也不能再被公布。

5. 链接详情

当选择了某个链接时，该链接所连接的两个节点的预览框会显示在〖节点 / 链接详情〗区域内，如右图显示的链接详情，其上游节点是一个噪波节点"Rectangular{ 矩形 }"，下游节点是一个颜色节点"Color map{ 色彩图 }"：

在两个预览框中间，带有两个小箭头按钮，单击左箭头按钮 ◀ [转到上游节点]，会跳转到上游节点，而单击右箭头按钮 ▶ [转到下游节点]，会跳转到下游节点。

9.3.5 常用节点：投影纹理贴图节点

使用纹理贴图节点，可以充分发挥图片的作用。例如，在对象表面生成材质纹理颜色和阿尔法值，使用图片控制生态系统实例的分布，使用图片控制云层密度，或者使用图片生成程序地形的高程，等等。所以，大家应该熟练掌握这一类节点的用法。

本小节，我们以"Projected Texture Map{ 投影纹理贴图 }"节点为例进行讲解。

使用 Projected Texture Map{ ☐ 投影纹理贴图 } 节点，可以把一幅图片映射到对象表面上。该节点有效地把 Texture Map{ ☐ 纹理贴图 } 节点和 UV Coordinates{ IN ▣ UV 坐标 } 输入节点的功能整合起来。其〖节点／链接详情〗区域中的参数设置如右图：

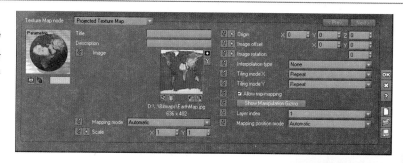

1. 需要接收的数据和能够产生的数据

因为在 Projected Texture Map{ ☐ 投影纹理贴图 } 节点中，已经整合了 UV Coordinates{ IN ▣ UV 坐标 } 输入节点的功能，也就是说，它自己就能够提供所需的 Texture Coordinates[纹理坐标] 类型的数据，所以，Projected Texture Map{ ☐ 投影纹理贴图 } 节点不再需要从输入节点中接收数据。

在 Function Editor【函数编辑器】的图表区中，把鼠标光标移动到某个 Projected Texture Map{ ☐ 投影纹理贴图 } 节点框内，稍做停留，弹出的提示信息如右图所示：

从弹出的提示信息可知，Projected Texture Map{ ☐ 投影纹理贴图 } 节点可以产生下列三种数据。

（1）第一种是颜色类型的 "Color output: Color[颜色输出：颜色]" （冒号前面是数据的名称，冒号后面是数据的类型），即纹理坐标在纹理贴图内指定点处的像素颜色。

> 注意：如果图像不平铺（把平铺模式设为 Once[一次]），并且比例小于 1 的话，在图像范围以外的地方，输出的颜色是纯黑色的。

（2）第二种是数值类型的 "Grayscale output:Number[灰度输出：数值]"，把像素颜色转换成灰度值。

（3）第三种是数值类型的 "Alpha output:Number[阿尔法输出：数值]"，即纹理坐标在纹理贴图内指定点处的像素所对应的阿尔法值。

> 注意：如果图像不平铺（把平铺模式设为 Once[一次]），并且比例小于 1 的话，在图像范围以外的地方，输出的阿尔法值为 +1（即完全透明）。

（4）选择要连接的数据：

因为 Projected Texture Map{ ☐ 投影纹理贴图 } 节点能够产生三种数据，当要把另外一个节点（例如一个滤镜节点）连接成它的下游节点时，根据上下连接的实际情况不同，SmartGraph[智能图表] 技术可能会弹出选项列表（在释放鼠标的时候出现），用户可以从中选择具体要使用的是哪一个输出数据，如右图：

因为 Projected Texture Map{ ☐ 投影纹理贴图 } 节点能够产生多种数据，大大地扩展了该节点的用途（而不仅仅是生成材质表面的纹理颜色）。例如，通过该节点，可以使用图片控制生态系统实例的分布或密度，或者使用图片生成程序地形。所以，大家应该熟练掌握该节点的用法。

2. 参数设置

请大家比较一下，Projected Texture Map{ ☐ 投影纹理贴图 } 节点中的主要参数和位图材质的有关参数基本上是一致的，所以这里不再重复讲解。

其实，进入简单材质的 Material Editor【材质编辑器】>>Color & Alpha 〖颜色和阿尔法〗标签 >>Coloring mode[[着色模式]] 参数组，如果选择 Mapped picture[映射图片] 模式（即位图材质），位于 Picture file[[图片文件]] 参数组中的图片就是在 Projected Texture Map{ ☐ 投影纹理贴图 } 节点中使用的图片。

要想验证上述说法，大家可以用鼠标右键单击 Picture file[[图片文件]] 参数组中的图片预览框，会弹出一个快捷菜单（普通的图片预览上没有该快捷菜单），这个快捷菜单只含有一个命令，如右图：

Edit Function   编辑函数

选择上图中的命令，会打开 Function Editor【函数编辑器】对话框，在图表区中，自动被选择的那个节点就是一个 Projected Texture Map{ ☐ 投影纹理贴图 } 节点！

9.4 综合范例 《

9.4.1 范例：水晶地球仪

在前文的 "范例：地球仪模型" 场景中，我们尚未在代表地球的球体表面上贴图。下面，请跟着我的操作步骤，为该球体贴上一幅地图图片。

（1）打开上述场景。选择代表地球的 " ◎ 球体—diqiu" 对象。

（2）打开" ◇ 球体—diqiu"对象的 Material Editor【材质编辑器】对话框，把原来载入的水晶材质重命名为" ▨ SHUI JING"（"水晶"的汉语拼音）。

（3）在材质层级列表中，选择材质层" ▨ SHUI JING"（因为目前只有这一个材质层，它默认总是被选择），然后单击材质层级列表右边的 ▣ [添加材质层]按钮，在弹出的可视化材质浏览器中，单击右下角的 ✖ [取消]按钮，会在材质层" ▨ SHUI JING"的上面添加一个新的"零"基础的材质层。这样，原来的简单材质就变成了包含两个材质层的分层材质。

把刚刚添加的新材质层重命名为" ▨ DI TU"（"地图"的汉语拼音）。把处于最顶级的分层材质重命名为" ▣ DT>>SJ"（"地图 >> 水晶"的汉语拼音首字母）。如右图所示：

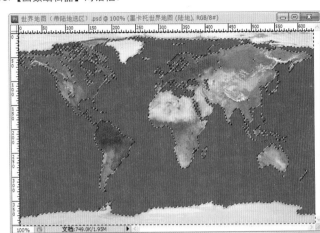

（4）选择材质层" ▨ DI TU"，进入 Material Editor【材质编辑器】对话框 >>Effects[[效果]]参数组内，展开 Mapping〖映射模式 ▽〗下拉列表，从中选择"Object - Parametric[对象 - 参数]"模式。

（5）选择材质层" ▨ DI TU"，进入下面的 Color & Alpha〖颜色和阿尔法〗标签，在 Coloring mode[[着色模式]]列表中，默认已经选择了 ⦿Procedural colors[程序颜色]模式，并保持该选项不动。

进入 Color production[[颜色生成]]参数组中，在[颜色生成函数 🎨]预览框中单击鼠标右键，从弹出的快捷菜单中选择"Edit Function[编辑函数]"命令，或者按住 Ctrl 键单击该函数预览框，均会打开 Function Editor【函数编辑器】对话框。

（6）进入 Function Editor【函数编辑器】对话框的图表区，可以看到，在默认输出节点 Color{ OUT 🔽 颜色 } 和 Alpha{ OUT 🔽 阿尔法 } 的上面，自上而下已经连接了一个常量节点、一个滤镜节点和一个颜色节点（请回忆一下程序材质的原理）。

用鼠标框选这三个节点，然后按下键盘上的 Delete 键，将这三个节点删除。

（7）在图表区中选择一个空白方格，然后单击左侧节点工具栏中的" ⬜ [添加纹理贴图节点]"按钮，会添加一个纹理贴图节点，默认情况下，该节点是一个"Projected Texture Map{ ⬜ 投影纹理贴图 }"节点。

（8）选择刚刚添加的 Projected Texture Map{ ⬜ 投影纹理贴图 }节点，进入下面的〖节点 / 链接详情〗区域，双击 Image[t. 图像]预览框，载入一幅名为"世界地图（带有地球陆地选区）.PSD"的图片文件，在该图片中，带有一个"地球陆地选区"，如右图中虚线所示（排除蓝色海洋的地球陆地部分）。

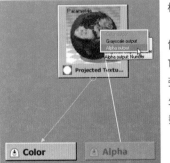

（9）抓住默认输出节点 Color{ OUT 🔽 颜色 } 上侧边的三角形手柄，拖拉出一条链接线到上述 Projected Texture Map{ ⬜ 投影纹理贴图 }节点框内，释放鼠标后，从弹出的列表中选择"Color output[颜色输出]"（对应于生成的三种数据中的"Color output: Color[颜色输出：颜色]"）。如左图：

（10）选择 Projected Texture Map{ ⬜ 投影纹理贴图 }节点，进入下面的〖节点 / 链接详情〗区域，展开 Mapping mode〖< 映射模式 ▽〗下拉列表，从中选择"Cylindrical[圆柱]"模式。

（11）进入 Material Editor【材质编辑器】对话框 >>Environment〖环境〗标签页 >>Altitude Constraint[[高程约束]]参数组，其中 Altitude range[高程范围 ▭ ↔↔ ▭]参数左边的数值输入框的默认值为"0"，将其改为"-1"。

（12）进行快速渲染，查看效果，如右图：

在上图中，因为材质层" ▨ DI TU"完全不透明，所以，完全遮住了下邻的" ▨ SHUI JING"材质层的效果。

（13）抓住默认输出节点 Alpha{ OUT 🔽 阿尔法 } 上侧边的三角形手柄，拖拉出一条链接线到上述 Projected Texture Map{ ⬜ 投影纹理贴图 }节点框内，释放鼠标后，从弹出的列表中选择"Alpha output[阿尔法输出]"（对应于生成的三种数据中的"Alpha output:Number[阿尔法输出：数值]"）。如左图：

（14）进行快速渲染，查看效果，如右图：

在右图中，凡是位于图片文件"世界地图（带有地球陆地选区）.PSD"的"地球陆地选区"之内的地方，Projected Texture Map{ ⬜ 投影纹理贴图 }节点生成的阿尔法值为"-1"（不透明，表示显示或保留相应的纹理颜色），凡是位于"地球陆地选区"之外的地方（即海洋部分），生成的阿尔法值为"+1"（透明，表示不显示或不保留相应的纹理颜色），从而显露出下邻材质层" ▨ SHUI JING"的效果。

（15）练习、思考：

对于"⬡ 球体—diqiu"对象，请大家只使用一个"▨ SHUI JING"材质层（不添加"▨ DI TU"材质层），应用可变透明度，实现类似上图的效果。

应用可变透明度，如果渲染得到下图，请思考，红色虚线方框内的高光效果，和上图为什么不一样？

9.4.2　范例：快乐鱼缸

下面，请跟着我的思路和操作步骤，创建一个快乐的鱼缸。

大家先看一看渲染的图片：

本例涉及的知识点比较多，其中的重点，是用函数驱动生态系统实例随机地偏离基地对象的表面，将讲得比较详细，其他次要的知识点，讲得比较简略。

1. 基本构图

首先，创建场景中比较"基础"的元素，如鱼缸。

（1）打开 Vue 的主程序，开启一个空白场景，新建一个图层"Layer 2"。

（2）创建鱼缸，此工作请大家按照下面的说明自行完成。

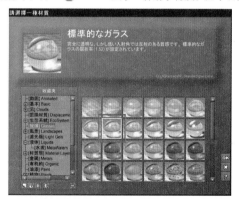

鱼缸的玻璃外壁，是由五个长方体对象组成的，把它们组合成一个简单组对象，重命名为"🛢 YU GANG"（"鱼缸"的汉语拼音）。

简单组对象"🛢 YU GANG"的整体尺寸为"（（XX=2m，YY=1m，ZZ=1.5m））"，鱼缸的壁厚为 1cm。

从可视化材质浏览器中，为"🛢 YU GANG"赋予一种玻璃材质，如下左图：

（3）鱼缸中的水，用一个长方体对象代表，将其重命名为"🗄 SHUI"（"水"的汉语拼音），大小为"（（XX=1.98m，YY=98cm，ZZ=1.36m））"。

从可视化材质浏览器中，为"🗄 SHUI"赋予一种清水材质，如下右图：

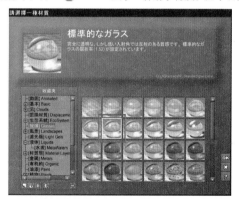

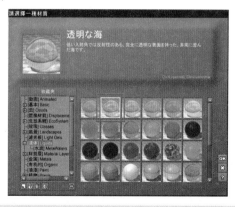

> 注意：为了不使鱼缸中的"🗄 SHUI"对象妨碍生态系统实例的自动繁殖，需要开启它的"▾ [繁殖生态系统时忽略此对象]"选项。

为了不使鱼缸中"🗄 SHUI"对象投射的阴影降低鱼和水草的亮度，可以开启"🗄 SHUI"对象的"🚶 [不投射阴影]"选项。

（4）在鱼缸的后面，创建一个长方体对象，用做蓝色的背景。将其重命名为"🗄 BEI JING"（"背景"的汉语拼音），大小为"（（XX=6m，YY=1cm，ZZ=3m））"。

进入"🗄 BEI JING"对象的 Material Editor【材质编辑器】对话框 >>Color & Alpha 【颜色和阿尔法】标签 >>Color correction[【颜色修正】]参数组，把 Overall color[整体颜色 ▨]色块的颜色调整为蓝色。

（5）把地面的材质颜色也设置成蓝颜色的。

（6）调高太阳光的入射角度。

（7）调整好相机的观察角度，进行快速渲染，查看基本构图的效果。

2. 创建鱼缸中的岩石造型和材质

下面，着手创建鱼缸中的"乐"字。

（1）建立一个新的图层。

（2）在鱼缸的水中，连续创建七块岩石，使用变换工具或变换手柄，将它们拼成一个汉语的"乐"字。然后，再把它们组合成一个简单组对象，重命名为"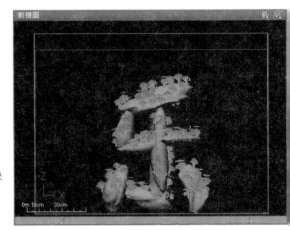 LE"（"乐"字的汉语拼音）。

（3）请自行仿照前文"范例：侵蚀矿石"中的做法，使用超级纹理材质，为"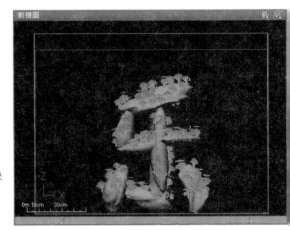 LE"创造一种侵蚀效果。其材质层级列表如右图：

（4）在左图中，选择"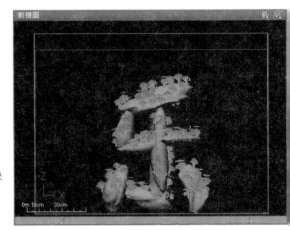 YAN SHI"（"岩石"的汉语拼音），在 Material Editor【材质编辑器】对话框 >>Type[[材质类型]]列表中，选择 EcoSystem[生态系统] 单选按钮，会将"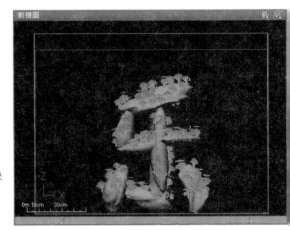 YAN SHI"转换成一个生态系统材质。请按照左图进行重命名：

在左图中，选择生态系统层"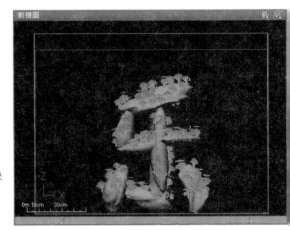 SHAN HU"（"珊瑚"的汉语拼音），从可视化植物浏览器中，向该生态系统层的物种列表内添加一种珊瑚。

（5）使用手工绘制生态系统材质实例的方法，在简单组对象"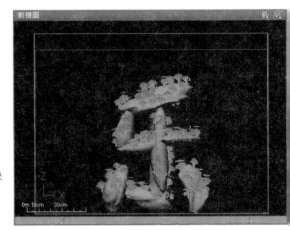 LE"（即七块岩石）的表面上，绘制一些珊瑚的实例。从【前视图】中看，其效果如右图：

3. 创建鱼缸中的细沙和生物

下面，着手创建鱼缸中的细沙和生物。

（1）在鱼缸的水底，创建细沙：

用鼠标左键单击 Vue 主界面左侧对象工具栏中的 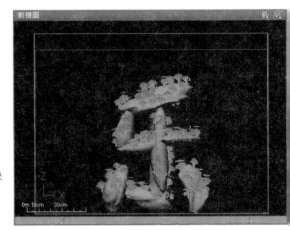[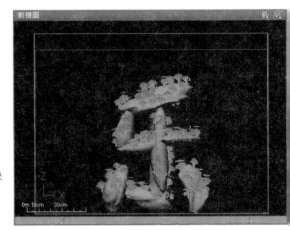 程序地形 ‖ 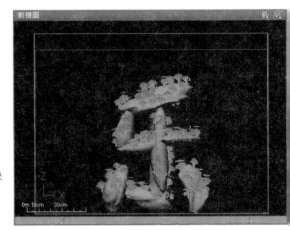 载入预置的程序地形…] 按钮，创建一个程序地形，将其重命名为"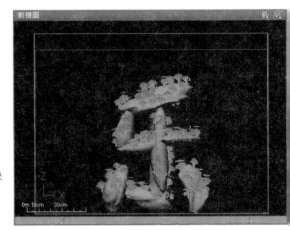 XI SHA"（"细沙"的汉语拼音）。

进入"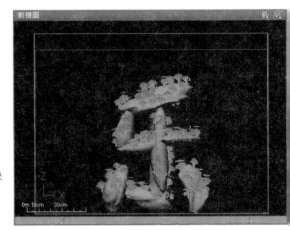 XI SHA"对象的【对象属性】面板 >> 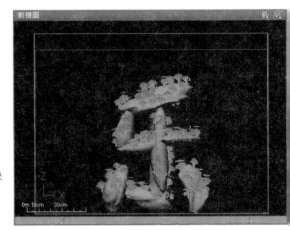〖参数〗标签 >> 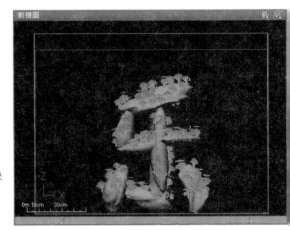[大小] 子标签页，用键盘输入新的大小值，调整为"（（XX=1.979m，YY=97.9cm，ZZ=5cm））"，该大小值在 X、Y 方向上比鱼缸里面的水稍小一点点（避免表面重叠）。

使用对齐工具，把"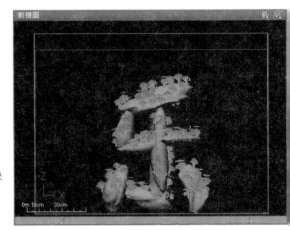 XI SHA"对象准确地放置到鱼缸底部。

打开"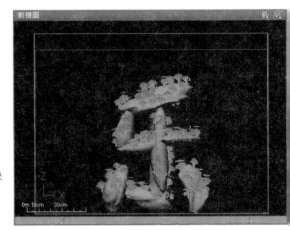 XI SHA"的 Terrain Editor【地形编辑器】对话框，单击左侧工具栏中的"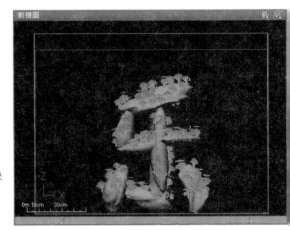[零边]"，使之切换为 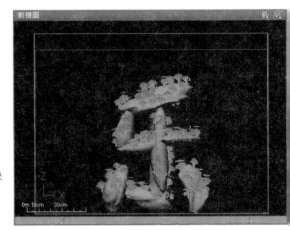（目的是使边缘部分有高有低，显得更自然）。

（2）请自行仿照前文"范例：海岛景色"中的做法，为"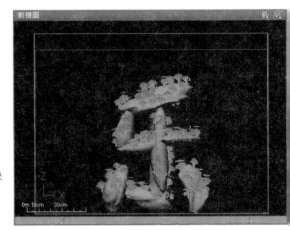 XI SHA"对象设计一个生态系统材质。其材质层级列表如右图（目前，尚未创建用于生成汽泡效果的"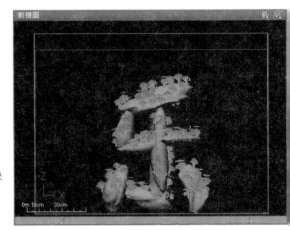 QP"生态系统层）：

（3）在上图生态系统层"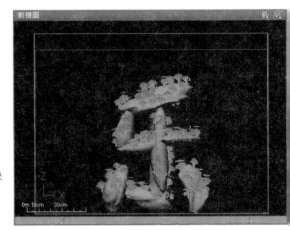 SHUI CAO"（"水草"的汉语拼音）中，添加的物种如下左图：

在生态系统层"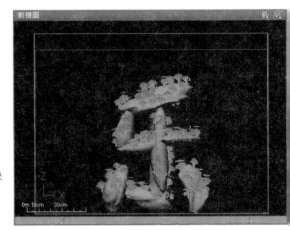 BEI KE"（"贝壳"的汉语拼音）中，添加的物种如下右图：

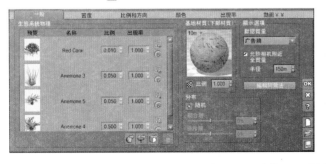
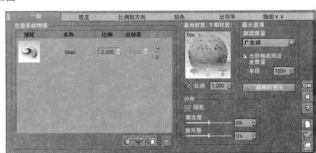

自行设置上述两个生态系统层的大小、密度方面的参数，分别单击相应的 [繁殖] 按钮，将水草和贝壳繁殖到水底"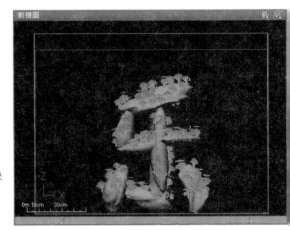 XI SHA"对象的表面上。

少数水草的实例，可能会和鱼缸壁产生"交叉"，请单击 [绘制] 按钮，会弹出 EcoSystem Painter【生态系统绘制器】面板，使用

其中的 Eraser[擦除] 工具，予以擦除；也可以使用 ⊙EcoSystem Painter【生态系统绘制器】面板，首先选择 ⊙Select[选择] 工具，用笔刷选择那些"交叉"的实例，之后再选择 ⊙ Manipulate[变换] 工具，进入三维视图，使用移动工具，把"交叉"的实例向鱼缸中间移动一些。

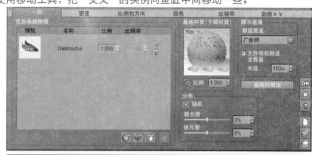

（4）请在生态系统层" YU 1"（"鱼 1"的汉语拼音）中，添加一种以红颜色为主的鱼，如右图：

在生态系统层" YU 2"（"鱼 2"的汉语拼音）中，添加一种以黄颜色为主的鱼。

自行设置上述两个生态系统层的大小、密度方面的参数，分别单击相应的 Populate [繁殖] 按钮，问题就出来了：鱼的实例均附着在作为基地对象的" XISHA"对象的表面上，这是不符合实际的。

如何使自动繁殖的鱼有高、有低地"游"在水中呢（这是本范例的重点）？

（5）选择生态系统层" YU 1"，进入 Density〖密度〗标签 >>Offset from surface[[偏离表面 ✎ ↔ ☐]] 参数组，默认选择的是 Absolute offset from surface[绝对偏离表面] 单选按钮。在本例中，我们不用此选项，而是改用 ⊙Proportional to size of instance[与实例大小成比例] 单选按钮。

单击下边的 [用函数驱动] 图标，会切换为黄色的" "样式，同时，会打开 Function Editor【函数编辑器】对话框。如右图所示：

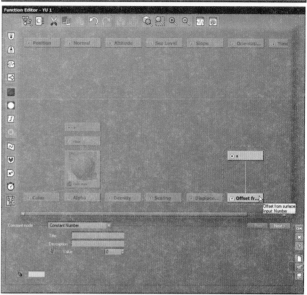

在上图中，箭头所指右下角的输出节点 Offset from surface{ OUT 偏离表面 } 就是当前函数的主输出。

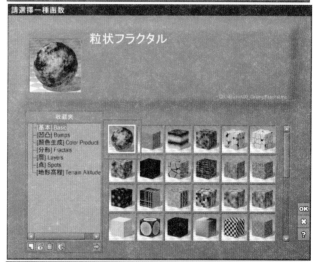

在上图中，单击右下角的 [载入] 按钮，会弹出可视化函数浏览器，从中选择一个函数，如右图：

因为输出节点 Offset from surface{ OUT 偏离表面 } 是当前函数的主输出，所以，载入上述函数后，只会替换原来连接到此主输出的节点（不关其他节点的事儿），如右图：

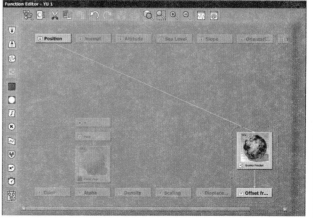

（6）在上图中，选择红色虚线方框内刚刚替换的节点和主输出节点之间的链接线，然后单击左侧节点工具栏中的 🔲 [添加滤镜节点] 按钮，再在该链接线的中间插入一个滤镜节点，如右图：

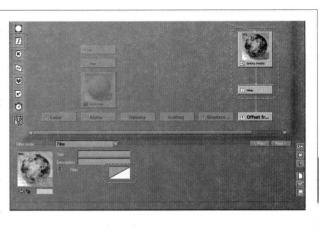

（7）在上图中，刚刚插入的"Filter{ 🔲 滤镜}"节点处于被选择状态，进入下面的〖节点 / 链接详情〗区域，按住键盘上的 Ctrl 键，用鼠标单击 Filter[< 滤镜 🔲] 预览框，会打开 Filter Editor【滤镜编辑器】对话框。

在滤镜曲线的左、右两端，用鼠标双击，各添加一个关键点。

首先选择左端的关键点，进入 Filter Editor【滤镜编辑器】>>Profile〖轮廓〗标签 >>Keypoint[关键点] 参数组，通过 Position[位置 [X=□，Y=□]] 数值输入框，设置左端关键点的位置值为"Position[位置 [X= -1，Y= 0.3]]"。

然后选择右端的关键点，设置右端关键点的位置值为"Position [位置 [X= +1，Y= 16]]"。

现在请单击 Populate [繁殖] 按钮进行自动繁殖，您会惊喜地发现，鱼的实例已经有高、有低地"游"在水中了！

（8）做完上面的工作，下面我们着手把生态系统层"🗹 YU 1"中的函数复制到生态系统层"🗹 YU 2"之中。

在上图中，用鼠标框选图表区中红色虚线方框内的两个节点，按下 Ctrl + C 快捷键（即复制），然后，单击 **OK** [确定] 按钮，关闭 Function Editor【函数编辑器】对话框。

（9）选择生态系统层"🗹 YU 2"，进入 Density〖密度〗标签 >>Offset from surface[[偏离 表面 ╱ ↔ □]] 参数组，选择 ⊙Proportional to size of instance[与实例大小成比例] 单选按钮。

单击下边的 🗹 [用函数驱动] 图标，同样会切换为黄色的"🗹"样式，并打开 Function Editor【函数编辑器】对话框，不过，该 Function Editor【函数编辑器】是针对生态系统层"🗹 YU 2"而言的，"YU 2"字样会出现在标题栏内。

在图表区中，先用鼠标单击选择一个空白方格，按下键盘上的 Ctrl + V 组合键（即粘贴），粘贴刚才复制的两个节点。然后，连接到输出节点 Offset from surface{ OUT 🔲 偏离表面 }，如右图：

（10）在上图中，选择"Filter{ 🔲 滤镜 }"节点，进入下面的〖节点 / 链接详情〗区域，按住键盘上的 Ctrl 键，用鼠标单击 Filter[< 滤镜 🔲] 预览框，会打开 Filter Editor【滤镜编辑器】对话框。

选择滤镜曲线左端关键点，设置左端关键点的位置值为"Position [位置 [X= -1，Y= 0.3]]"；同样，设置右端关键点的位置值为"Position [位置 [X= +1，Y= 6]]"。

现在，请单击 Populate [繁殖] 按钮，进行自动繁殖，您同样会惊喜地发现，生态系统层"🗹 YU 2"中黄颜色的鱼的实例也有高、有低地"游"在水中了！

> 注意：大家在设置上述两个滤镜关键点的值时，可以根据实际情况进行调整，没有必要和我设置的值一模一样，因为实例最终偏离基地对象表面的程度是多种参数综合的结果。

4. 创建水中的汽泡

下面，着手创建鱼缸中的汽泡。

要创建鱼缸中的汽泡效果，我们也可以照搬上面设置生态系统层"🗹 YU 2"的步骤，但是，这种方法既然已经学过了，就不重复了，下面，我们换一种方法。

（1）在生态系统层"🗹 YU 2"的名称上面单击鼠标右键，从弹出的快捷菜单中选择"Copy Material[复制材质]"命令。

（2）在生态系统层"🗹 YU 1"的名称上面单击鼠标右键，从弹出的快捷菜单中选择"Paste Material[粘贴材质]"命令。

会弹出一个询问对话框（包括三个选项，选择下面的那一项），如右图：

现在，请先想一想，材质层级列表会发生什么变化？

请比较右图（左图是未粘贴之前的，右图是粘贴之后的）：

在右图中，出现了两个名为"🗹 YU 2"的生态系统层！其中上面那一个是原有的，保留了原有的物种和实例，而下面那一个是新复制的，只有物种，但没有实例（为什么会出现这种结果，请大家复习一下前文"分层材质"章节中的有关内容，不难给出答案）。

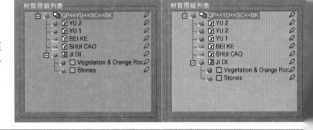

进入下面那个新复制的、没有实例的生态系统层" YU 2"的各个标签中去看一看，可以看到，有关的参数设置也全部被成功地复制！

把下面那个生态系统层" YU 2"重命名为" QP"（"汽泡"的汉语拼音首字母），单击材质层级列表右侧的 [上移]按钮，把它上移到最上层。如右图：

哈哈，我们就利用生态系统层" QP"创建鱼缸中的汽泡！

（3）创建一串汽泡模型（准备用做生态系统层" QP"中的物种项目）：

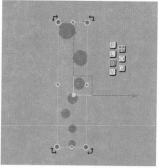

在场景中创建一个小型的球体对象，模仿汽泡的效果，设置一定的透明度、反射率和高光强度（本例中，使用了69%的透明度、16%的反射率和100%的高光强度）。将该球体再复制六次，进行缩放，并上下移动错开位置，制作成一串汽泡的样子，如右图：

把这总共七个球体组合成一个简单组对象，将其重命名为" QI PAO"（"汽泡"的汉语拼音）。

（4）下面，如何把" QI PAO"添加到生态系统层" QP"中呢？

选择生态系统层" QP"，单击中部的 Paint [绘制]按钮，会弹出 EcoSystem Painter【生态系统绘制器】面板，从【世界浏览器】>> 〖对象〗标签中，用鼠标直接把" QI PAO"对象拖放到 EcoSystem population[[生态系统物种]]列表区之内。接着，使用其中的绘制工具，手工绘制若干个汽泡的实例。

绘制之后，先别急着关闭 EcoSystem Painter【生态系统绘制器】面板，请先在 Material Editor【材质编辑器】的右下角单击 [确定]按钮进行确认（会同时关闭对话框），然后再次打开 Material Editor【材质编辑器】对话框，选择生态系统层" QP"，进入 General〖一般〗标签 >>EcoSystem population[[生态系统物种]]列表之中，您是否可以看到一个名为"QI PAO"的物种项目呢？是的，已经成功地添加了"QI PAO"物种项目的微型预览图片和名称！紧接着，删除原有那个黄颜色鱼的物种项目，只留下"QI PAO"物种项目。如右图：

在生态系统层" QP"中，请自行调整大小、密度、偏离程度等有关参数，之后，单击 Populate [繁殖]按钮进行自动繁殖，您会惊喜地发现，许多组汽泡已经有高、有低地飘浮在水中了！

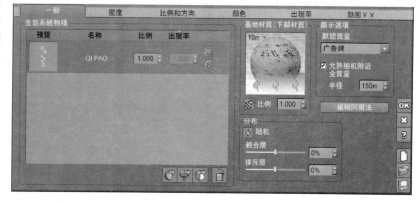

（5）请思考，还有其他的什么方法，能够把"QI PAO"物种项目添加到生态系统层" QP"的物种列表中呢？

5. 优化照明、渲染

（1）模仿日光灯管的效果，增强鱼缸内的照明。

在鱼缸的上面，创建一个面光源，大小调整为"（（XX=1m，YY=3.6cm，ZZ=自动））"，用旋转工具进行旋转，使光线向下照射。进入其【对象属性】面板 >> 〖外观〗标签页，下调 Power[功率 口]参数的值为"6"。

（2）选择代表水的" SHUI"对象，在 Material Editor【材质编辑器】对话框中，单击" [禁用焦散]"图标，使之切换为" "，表示启用焦散效果。

（3）用鼠标右键单击主界面顶部工具栏中的 [渲染 ‖ 渲染选项…]按钮，打开 Render Options【渲染选项】对话框，选中 Compute physically accurate caustics[计算物理精度的焦散]复选框（如果您的计算机性能太低，也可以取消选中此复选框）。

其他渲染设置，请自行安排。

在本范例中，因为透明材质比较多，并且透明材质的表面发生重叠，如果调整有关二级光线的设置，会影响渲染的效果（普通用户和大多数的场景应用不到这方面的设置）。因为本范例的重点不在于此，就不再深入涉及了。

（4）做完上述工作，本范例创建完毕。请大家进行渲染，查看效果（即本范例开始的第一幅图片）。

（5）换个观察角度，按下键盘上的 F9 键（这是鼠标左键单击 [渲染 ‖ 渲染选项…]按钮启动渲染的快捷键），再渲染一幅图片，如右图：

9.4.3　范例：林荫下的花砖路

下面，请跟着我的思路和操作步骤，在林荫下创建一条花砖路的效果。

大家先看一看渲染的图片：

1. 创建花砖路模型

（1）打开 Vue 的主程序，开启一个空白场景。

用鼠标左键单击 Vue 主界面左边对象工具栏中的 ![icon] [![icon] 程序地形 ‖ ![icon] 载入预置的程序地形…] 按钮，创建一个程序地形，将其重命名为 " ![icon] HUA ZHUAN LU" （"花砖路" 的汉语拼音）。

进入 " ![icon] HUA ZHUAN LU" 对象的【对象属性】面板 >> ![icon] 【参数】标签 >> ![icon] [大小] 子标签页，用键盘输入新的大小值，调整为 " （ (XX=5m，YY=100m，ZZ=3.6cm)) "。

（2）打开 " ![icon] HUA ZHUAN LU" 的 Terrain Editor【地形编辑器】对话框，进入 Procedural Altitudes〖程序高程〗标签 >>Altitude production[[高程生成]] 参数组，在 [高程生成函数 ![icon]] 预览框上面单击鼠标右键，从弹出的快捷菜单中选择 "Reset Function[重置函数]" 命令，这样，把默认的函数重置为 "空白" 函数。

单击左侧工具栏中的 ![icon] [零边]，使之切换为 ![icon] 。

（3）接着，再次在 [高程生成函数 ![icon]] 预览框上面单击鼠标右键，从弹出的快捷菜单中选择 "Edit Function[编辑函数]" 命令，会打开 Function Editor【函数编辑器】对话框。

（4）在上述 Function Editor【函数编辑器】对话框的图表区中，选择一个空白方格，然后单击左边节点工具栏中的 ![icon] [添加纹理贴图节点] 按钮，会添加一个纹理贴图节点，默认情况下，该节点是一个 "Projected Texture Map{ ![icon] 投影纹理贴图 }" 节点。

（5）选择刚刚添加的 Projected Texture Map{ ![icon] 投影纹理贴图 } 节点，进入下面的〖节点 / 链接详情〗区域，双击 Image[![icon] 图像] 预览框，载入一幅名为 "花砖图案 .jpg" 的图片文件，如右图：

（6）用鼠标抓住默认输出节点 Altitude{ OUT ![icon] 高程 } 上侧边的三角形手柄，拖拉出一条链接线到上述 Projected Texture Map{ ![icon] 投影纹理贴图 } 节点框内，释放鼠标后，从弹出的列表中选择 "Grayscale output[灰度输出]" （对应于生成的三种数据中的 "Grayscale output:Number[灰度输出：数值]"），建立连接，如右图：

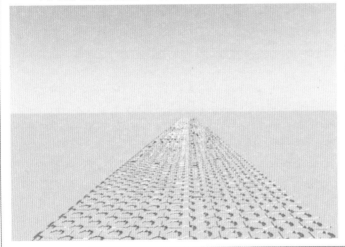

（7）在上图〖节点 / 链接详情〗区域中，按照两个红色方框所示，设置 Projected Texture Map{ ![icon] 投影纹理贴图 } 节点的参数，目的是使 "花砖图案 .jpg" 图片产生平铺效果（注意，下文中，我们还要复制此节点到材质的函数中加以利用）。

您能计算出每块花砖平铺的次数和平铺之后的大小吗？

（8）程序地形的高程通过函数编辑之后，整体高度可能会发生改变，

再次进入 " ![icon] HUA ZHUAN LU" 对象的【对象属性】面板 >> ![icon] 〖参数〗标签 >> ![icon] [大小] 子标签页，用键盘输入数值，仍然把大小值调整为 " （ (XX=5m，YY=100m，ZZ=3.6cm) ） "。

（9）调整相机观察角度，进行快速渲染，查看效果，如右图：

2. 创建花砖路材质

下面，着手创建 "🏔 HUA ZHUAN LU" 对象的材质。

（1）请看 "🏔 HUA ZHUAN LU" 对象的材质层级列表，如右图：

（2）在右图中，混合材质层 "🔲 TU"（"土"的汉语拼音）表现的是一种泥土和苔藓的材质效果（用于表现花砖中间凹坑内的泥土和苔藓），请大家参考前文"范例：青铜矿石"章节中的做法，自行设计。

（3）在右图中，简单材质层 "🔲 HUA ZHUAN"（"花砖"的汉语拼音）仅仅用于表现花砖路的褐红色上表面。

选择简单材质层 "🔲 HUA ZHUAN"，进入下边的 Color & Alpha〖颜色和阿尔法〗标签 >>Color correction[[颜色修正]]参数组，把 Overall color[整体颜色 🔳]色块的颜色调整为褐红色。

接着进入 Environment〖环境〗标签 >>Altitude Constraint[[高程约束]]参数组，调整 Altitude range[高程范围 ▢↔↔ ▢]参数，如右图：

调整 Altitude range[高程范围 ▢↔↔ ▢]参数的目的是，使简单材质层 "🔲 HUA ZHUAN"的褐红色效果只出现在花砖路的上表面，而在花砖的下部（也就是花砖凹坑内的泥土），则显露出混合材质层 "🔲 TU"的效果！

> 注意：上图中 Alpha boost[阿尔法提高↔ ▢]参数的默认值是"-50%"，请将其调整为"0%"。

（4）进入简单材质层 "🔲 HUA ZHUAN"的 Bumps〖凹凸〗标签，增大 Add to underlying layer bumps[[追加下邻材质层的凹凸（或置换）↔ ▢]]参数，目的是使花砖的上表面追加下邻材质层 "🔲 TU"的部分凹凸效果，从而使花砖的褐红色上表面不至于显得过于光滑（过于光滑显得不真实），如右图：

（5）进行快速渲染，查看效果，如右图：

（6）选择生态系统层 "🔲 QING CAO"（"青草"的汉语拼音），向物种列表中添加一种草，如右图：

感觉青草的颜色缺乏青嫩，通过下图设置，主要目的是使青草显得更绿一些：

通过右图中的设置，减小不同青草实例之间的大小差异变化（增大了均匀性）：

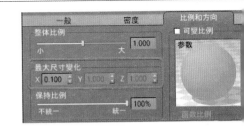

通过右图中的设置，设置青草的密度，并使草根向下偏离 3cm（即把青草的根部埋入土下 3cm）。

（7）用图片控制青草的密度变化（这是本范例的重点）：

在上图中，选中 ☑Variable density[[可变密度]] 复选框，用鼠标右键单击 [密度函数 ⚙] 预览框，从弹出的快捷菜单中选择 "Edit Function[编辑函数]" 命令，会打开 Function Editor【函数编辑器】对话框，其中主输出节点是 Density{ OUT ⏚密度 }。

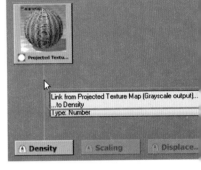

把上文 "创建花砖路模型 >> 步骤（6）、（7）" 中所述的那个 Projected Texture Map{ ⬚ 投影纹理贴图 } 节点复制并粘贴到主输出节点 Density{ OUT ⏚密度 } 的上面，用鼠标抓住主输出节点 Density{ OUT ⏚密度 } 上侧边的三角形手柄，拖拉出一条链接线到上述 Projected Texture Map{ ⬚ 投影纹理贴图 } 节点框内，释放鼠标后，从弹出的列表中选择 "Grayscale output[灰度输出]"（对应于生成的三种数据中的 "Grayscale output:Number[灰度输出：数值]"）。如右图：

（8）单击 Populate [繁殖] 按钮，繁殖青草（不必关闭 Function Editor【函数编辑器】对话框，把面板向一边拖动一些，能显露出 Populate [繁殖] 按钮即可）。

（9）调整相机，近距离观察青草繁殖后的效果（最好是建立多个相机，有的用于观察整体，有的用于观察细节），进行快速渲染，效果如右图。

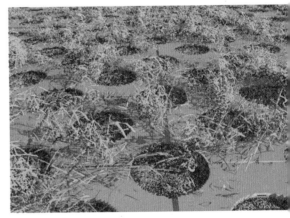

问题出来了：青草没有按期望生长在花砖中间凹陷的坑内！

（10）再次进入 [密度函数 ⚙] 的 Function Editor【函数编辑器】对话框，按左图插入一个滤镜节点：

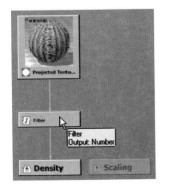

在上图中，刚刚插入的"Filter{$\int$}滤镜}"节点处于被选择状态，进入下边的〖节点／链接详情〗区域，用鼠标双击 Filter[< 滤镜 🖾] 预览框，从弹出的可视化滤镜浏览器中，选择一个反转滤镜，如右图：

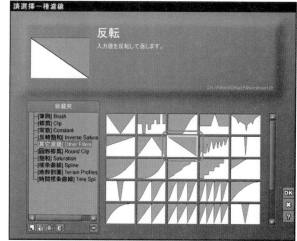

（11）再次繁殖青草，进行快速渲染，查看效果，如右图：

棒极了！问题解决了！

3. 创建花砖路两旁的林地

（1）创建一个平面对象，用于代表花砖路两旁的林地，将其重命名为" ⟋ LIN DI"（"林地"的汉语拼音），调整其大小为"（（XX=100m，YY=200m，ZZ= 自动设置））"。

（2）调整" 🏔 HUA ZHUAN LU"对象和" ⟋ LIN DI"对象的相对位置关系，使" 🏔 HUA ZHUAN LU"对象刚好位于" ⟋ LIN DI"对象的上面。

在本例中，设置" 🏔 HUA ZHUAN LU"对象的位置是"（0m，-50m，2cm）"，设置" ⟋ LIN DI"对象的位置是"（0m，0m，10mm）"。也就是说，在垂直方向上，." 🏔 HUA ZHUAN LU"对象比" ⟋ LIN DI"对象净高出 1cm。

（3）请看" ⟋ LIN DI"对象的材质层级列表，如右图：

（4）在上图中，选择生态系统层" 🖾 DA SHU"（"大树"的汉语拼音），向物种列表中添加一种大型树木，如右图。

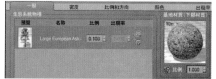

通过如右图中的设置，目的是使树木的实例能够横成排、竖成列，因为这些树木都是人工种植的。

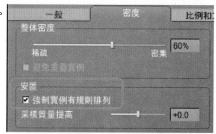

通过右图中的设置，目的是使树木的高、低看上去相差不多，因为这些树木是人工种植的。

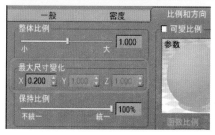

（5）选择生态系统层"  HUA DUO"（"花朵"的汉语拼音），向物种列表中添加两种花朵，如右图。

通过右图中的设置，目的是降低花朵的密度（不至于产生过多的实例）：

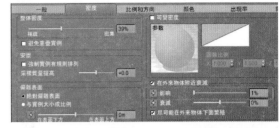

在上图的 Decay near foreign objects[[在外来物体附近衰减]] 参数组中，把 Influence[↗ 影响↔ ▭] 参数的值由默认的"5%"降低为"1%"，目的是使花朵的实例尽量靠近"  HUA ZHUAN LU"对象。

（6）在材质层级列表中，选择最顶层级的" HD<<DS"（"花朵 << 大树"的汉语拼音首写字母），单击 Populate [繁殖] 按钮进行繁殖，此时，既会繁殖生态系统层" DA SHU"中的实例，也会繁殖生态系统层" HUA DUO"中的实例。

（7）调整相机，进行快速渲染，效果如右图所示。

是不是气氛上缺少一些朦胧、神秘的感觉呢？

4. 调整大气效果

（1）用鼠标左键单击 Vue 主界面顶部工具栏中的 [大气编辑器 ‖ 载入大气…] 按钮，打开 Atmosphere Editor【大气编辑器】对话框，按右图设置太阳的位置：

把太阳设置成这个位置，目的是使太阳光线尽量避开树冠，较多地照射到花砖路面上。在三维视图中，可以直接用移动工具拖动太阳。

（2）通过右图中的设置，增加雾和霾的浓度，并令太阳光生成体积光效果：

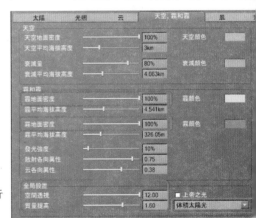

（3）做完上述工作，请大家进行渲染，查看效果，如左图：

5. 调整树叶颜色、思考

在上面渲染的图片中，如果您觉得树叶的颜色偏暗，如何让树叶显得青翠亮绿呢？请按如下步骤调整。

（1）进入【世界浏览器】>>  〖库〗标签 >>EcoSystem population[[生态系统物种]] 类别，找到物种项目 "Large European Ash - Summer Sparse Foliage"，在其上面单击鼠标右键，在弹出的快捷菜单中，依次进入子菜单，如右图：

（2）执行上图中的命令之后，会打开树叶材质 "Fraxinus 01" 的 Material Editor【材质编辑器】对话框，进入 Color & Alpha 〖颜色和阿尔法〗标签 >>Color correction[[颜色修正]] 参数组，把 Overall color[整体颜色 ■] 调整为浅绿色，例如颜色值（R66、G222、B16）。

在上图中，并排有两个名为 "Fraxinus 01" 的材质（这是两个名称相同，但参数不完全相同的材质），仿照上面的方法，把下面那个树叶材质 "Fraxinus 01" 的颜色也调整为浅绿色。

（3）现在，再次进行渲染，查看效果，树叶就显得有些青翠亮绿了，如右图：

（4）趁热打铁，如法炮制，请您再调整出类似本范例开始第一幅图片的效果（树叶的颜色值为 "（R255、G36、B16）"）。

（5）紧接着，请选择 " ✐ LIN DI" 对象，打开其 Material Editor【材质编辑器】对话框，选择材质层级列表中的生态系统层 " ▣ DA SHU"，进入 Color 〖颜色〗标签 >>Color correction[[颜色修正]] 参数组内，看一看 Overall color[整体颜色 ■] 的颜色是否发生了改变。

（6）思考：

请思考，按照上述步骤（1）、（2）调整树叶的颜色，能够在相应生态系统层的 Color 〖颜色〗标签 >>Color correction[[颜色修正]] 参数组 >>Overall color[整体颜色 ■] 色块之中得到反映（但并非嵌套色块的形式）。那么，如果改变 Overall color[整体颜色 ■] 的颜色，和按照上述步骤（1）、（2）调整树叶的颜色，存在什么不同之处呢？

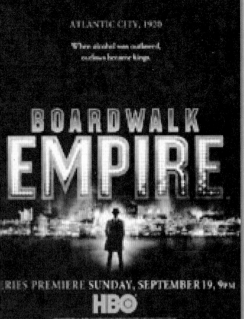

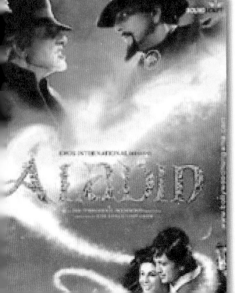
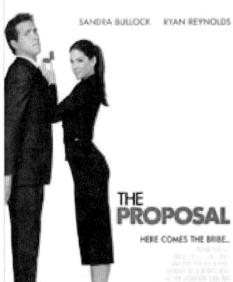